研究生系列教材

数 论 算 法

姜建国　臧明相　编著

西安电子科技大学出版社

内 容 简 介

本书从实用角度出发，介绍数论的有关基础理论、实用算法及其应用。全书共 9 章，主要内容包括整数的可除性、数论函数、同余及其运算、同余方程、二次同余方程与平方剩余、原根与离散对数、连分数、素性测试和整数分解、有限域等。

本书选材精练，推理严谨，重点突出，例题丰富，习题难易适度，对重点内容从不同角度进行论述，尤其对实用问题举例较多，有利于培养读者利用数论的理论和方法解决实际问题的能力。

本书可作为计算机、通信、信息和网络安全、数学等专业的研究生教材，也可作为相关领域科研人员的参考书。

图书在版编目(CIP)数据

数论算法/姜建国，臧明相编著. —西安：西安电子科技大学出版社，2014.5(2014.10 重印)
研究生系列教材
ISBN 978 - 7 - 5606 - 3302 - 2

Ⅰ. ① 数… Ⅱ. ① 姜… ② 臧… Ⅲ. ① 数论—研究生—教材 Ⅳ. ① O156

中国版本图书馆 CIP 数据核字(2014)第 086058 号

策　　划	李惠萍
责任编辑	王　瑛　李惠萍
出版发行	西安电子科技大学出版社(西安市太白南路 2 号)
电　　话	(029)88242885　88201467　　邮编　710071
网　　址	www.xduph.com　　　　电子邮箱　xdupfxb001@163.com
经　　销	新华书店
印刷单位	陕西华沐印刷科技有限责任公司
版　　次	2014 年 5 月第 1 版　2014 年 10 月第 2 次印刷
开　　本	787 毫米×1092 毫米　1/16　印张 23.5
字　　数	479 千字
印　　数	501～2500 册
定　　价	39.00 元

ISBN 978 - 7 - 5606 - 3302 - 2/O

XDUP 3594001 - 2

＊＊＊如有印装问题可调换＊＊＊

"十二五"重点图书　研究生系列教材
编审委员会名单

主　任：郝　跃

副主任：姬红兵

委　员：（按姓氏笔画排序）

　　　　马建峰　卢朝阳　刘三阳　刘宏伟　庄奕琪
　　　　张海林　李志武　武　波　高新波　郭宝龙
　　　　郭立新　龚书喜　焦李成　曾晓东　廖桂生

前　言

　　数论是研究整数性质的一个数学分支，它历史悠久，有着强大的生命力。数论问题叙述简明，"很多数论问题可以从经验中归纳出来，并且仅用三言两语就能向一个行外人解释清楚，但要证明它却远非易事"，因而有人说："用以发现天才，在初等数学中再也没有比数论更好的课程了"，所以在国内外各级各类的数学竞赛中，数论问题总是占有相当大的比重。

　　随着科学技术的发展，将经典理论与现代应用相结合已成为发展的一种趋势，故数论的应用领域也逐渐扩展开来，顺应发展趋势，推动数论应用，正是本书的编写目的和出发点。实际上，目前数论的有关理论和方法在计算机、通信等领域有着大量的应用，尤其在信息和网络安全、数字信号处理等方面应用更加广泛，而本书也主要从应用角度出发来研究数论问题，尤其是有关整数运算中实用的方法和具体算法。

　　本书共分9章，各章的主要内容概括如下：

　　第1章整数的可除性，主要介绍整除概念及与其相关的问题，如整除的定义及其性质，重点介绍了求最大公因数的有关算法。

　　第2章数论函数，给出了几种常用数论函数并讨论了其性质，同时介绍了函数的积性和函数的Dirichlet乘积等概念及性质。

　　第3章同余及其运算，介绍了整数按同余的分类、同余条件下幂函数的快速运算算法，给出了不定方程的解法、矩阵的同余运算和同余在信息安全和随机数生成方面的应用实例。

　　第4章同余方程，介绍了同余方程的概念，讨论了同余方程的解数及解法，给出了一次同余方程组和素数模的同余方程的求解方法及同余方程在秘密共享和数据加密方面的应用实例。

　　第5章二次同余方程与平方剩余，主要针对特殊的同余方程（即二次同余方程的求解）给出了问题的分类、化简和转换方法，重点介绍了利用勒让德符号和雅可比符号判断方程的可解性和模数为素数时的求解方法。

　　第6章原根与离散对数，从整数的阶与原根的定义出发，给出了阶的性质、原根及其判断方法与计算方法、n次剩余以及利用原根解特殊高次方程的方法，最后给出了原根和离散对数在密钥管理、信息加密和随机数生成等方面的应用。

第 7 章连分数，介绍了连分数的概念和有关性质，重点介绍了用连分数逼近实数和有理分数的方法。

第 8 章素性测试和整数分解，主要针对素数的精确判断方法的复杂度问题，介绍了素数的概率测试，以及正整数的分解方法。

第 9 章有限域，主要讨论与数论相关的群、环、域的概念和性质，重点介绍了同余运算与群、环、域的关系，以及利用同余运算实现有限域的构造等问题。

本书具有如下几个特点：

(1) 紧密结合研究生教学实际和教学大纲，在内容编排上力求深入浅出，循序渐进；在讲解理论和原理的同时，给出了大量例题，并在讲解例题时，重视对解题思路的分析，有利于提高读者独立分析问题和解决问题的能力。

(2) 针对工科研究生教学要求，书中除了数论的理论成果外，还结合实际应用，搜集并整理了相关问题的实用算法，尽力做到与时俱进，重在实用。

(3) 注重教学思想方法的渗透和解题水平的提高。拾众家之所长，精选题目，使例题和习题均具有典型性和代表性。

(4) 本书在撰写时，参阅了国内外大量的相关资料，并凝结了作者十多年来从事研究生"数论算法"课程教学的体会，力求内容新颖，取舍得当。

本书是在西安电子科技大学校内教材"数论算法"的基础上，经过多年的试用，并吸取了老师和学生大量的修改意见，不断完善而成的。

西安电子科技大学出版社对本书的出版给予了热情的关怀和支持，尤其是出版社李惠萍老师对书稿严格把关，在内容的叙述方式上提出了很多有益的建议，使作者深受教益，在此表示感谢。

由于作者水平有限，书中不足之处在所难免，恳请读者批评指正，使本书得以不断改进和完善。

编著者
2013 年 10 月

符 号 说 明

以下符号按其所出现的先后顺序排列：

Z——整数集合。

$a \in S$——元素 a 属于集合 S。

$b \mid a$——b 整除 a，即 $a = bq$。

$b \nmid a$——b 不能整除 a。

$A \Leftrightarrow B$——B 是 A 的充分必要条件（简称充要条件），或者说结论 A 成立的充分必要条件是条件 B 成立。

$|a|$——当 a 为整数时，表示 a 的绝对值。

a/b 或 $\dfrac{a}{b}$——当 $a = bq$ 时，表示 q 的值。

$(a)_b$——a 被 b 除所得的非负余数，$0 \leqslant (a)_b < b$。

$\lfloor x \rfloor$——下整数函数，即不大于变量 x 的最大整数。

$(a_k a_{k-1} \cdots a_1 a_0)_p$——整数的 p 进制表示。

$(a_1, a_2, \cdots, a_n)$——整数 $a_1, a_2, \cdots, a_n$ 的最大公因数。

(a, b)——整数 a 和 b 的最大公因数。

$\operatorname{lb} a, \log_2 a$——以 2 为底的 a 的对数。

$a \leftrightarrow b$——将变量 a 与 b 的值互换。

$A \Rightarrow B$——若条件 A 成立，则结论 B 必成立。

$[a, b]$——整数 a 和 b 的最小公倍数。

$[a_1, a_2, \cdots, a_n]$——整数 $a_1, a_2, \cdots, a_n$ 的最小公倍数。

$n = p_1^{\alpha_1} p_2^{\alpha_2} \cdots p_k^{\alpha_k}$——整数 n 的标准（素因数）分解式。

$\tau(n)$——正因数个数函数，即整数 n 的正因数的个数。

$p^{\alpha} \parallel n$, $\operatorname{pot}_p(n)$, $\operatorname{pot}_p n$ $p^{\alpha} \mid n$，但 $p^{\alpha+1} \nmid n$。

$\dbinom{n}{r}$, C_n^r——从 n 个相异元素中不重复地选 r 个元素的组合数，$\mathrm{C}_n^r = \dfrac{n!}{r! \, (n-r)!}$。

$\lceil x \rceil$——上整数函数，即不小于 x 的最小整数。

$[x]$——四舍五入函数。

P_n^r——从 n 个相异元素中不重复地选 r 个元素的排列数，$\mathrm{P}_n^r = \dfrac{n!}{(n-r)!}$。

$\varphi(n)$——Euler(欧拉)函数，即 $1, 2, \cdots, n$ 中与 n 互素的整数的个数。

$|S|$——当 S 为集合时，表示 S 的阶，即 S 的元素个数。

$\mu(n)$——Möbius(墨比乌斯)函数。

$\odot a_1 a_2 \cdots a_n$——元素 $a_1 a_2 \cdots a_n$ 的圆排列。

$\pi(n)$——素数个数函数，即 $1 \sim n$ 之间的所有素数的个数。

$f(n) * g(n)$——数论函数 $f(n)$ 与 $g(n)$ 的 Dirichlet(狄利克雷)乘积。

$I(n)$——单位数论函数，$I(n) = \left\lfloor \dfrac{1}{n} \right\rfloor$。

$f^{-1}(n)$——数论函数 $f(n)$ 的狄利克雷逆函数。

$n \gg 1$——n 充分大。

$a \equiv b \pmod{m}$——a 与 b 模 m 同余。

$a \not\equiv b \pmod{m}$——a 与 b 模 m 不同余。

a^{-1}——整数 a(对模 m)的逆，即 $aa^{-1} \equiv 1 \pmod{m}$。

$\boldsymbol{A}_{m \times n}$，$(a_{ij})_{m \times n}$，$(a_{ij})$——$m$ 行 n 列矩阵。

$\boldsymbol{\Lambda}$，$\operatorname{diag}\{a_1, a_2, \cdots, a_n\}$——($n$ 阶)对角矩阵。

$\boldsymbol{E}_n$，$\boldsymbol{E}$——(n 阶)单位矩阵。

$\boldsymbol{A}^{-1}$——方阵 $\boldsymbol{A}$ 的模 m 的逆矩阵，即 $\boldsymbol{A}\boldsymbol{A}^{-1} \equiv \boldsymbol{A}^{-1}\boldsymbol{A} \equiv \boldsymbol{E} \pmod{m}$。

$|\boldsymbol{A}|$——当 $\boldsymbol{A}$ 为矩阵时，表示 $\boldsymbol{A}$ 的行列式。

$\widetilde{\boldsymbol{A}}$，$\operatorname{adj}\boldsymbol{A}$——方阵 $\boldsymbol{A}$ 的模 m 的伴随矩阵。

$\deg f(x)$，$\partial^\circ f(x)$，$\partial^\circ [f(x)]$——多项式 $f(x) = a_n x^n + a_{n-1} x^{n-1} + \cdots + a_1 x + a_0$ 的次数。

$T(f(x); m)$，$T(f; m)$——同余方程 $f(x) \equiv 0 \pmod{m}$ 的解数。

$f'(x)$——多项式 $f(x)$ 的导式。

$\oplus$——异或运算。

$L(a, p)$，$\left(\dfrac{a}{p}\right)$——勒让德符号，其中 p 为素数。

$J(a, m)$，$\left(\dfrac{a}{m}\right)$——雅可比符号。

$\operatorname{ord}_m(a)$——整数 a 对模数 m 的阶(或指数，乘法周期)。

$\operatorname{dlog}_{m, g} a$，$\operatorname{dlog}_g a$，$\operatorname{dlog} a$，$\operatorname{ind}_g a$，$\operatorname{ind} a$——以 g 为底的整数 a 对模数 m 的离散对数(或对数，指标)。

$a/b \pmod{m}$——同余运算下的除法运算，规定为 $ab^{-1} \pmod{m}$。

$\langle x_0, x_1, \cdots, x_n \rangle$——有限连分数。

$\langle x_0, x_1, x_2, \cdots \rangle$——无限连分数。

$\langle a_0, a_1, \cdots, a_{m-1}, \overline{a_m, \cdots, a_{m+k-1}} \rangle$——循环连分数。

$\boldsymbol{\beta}(m) = (\alpha_1, \alpha_2, \cdots)$——整数 m 的指数向量，其中 m 的分解式为 $m = p_1^{\alpha_1} p_2^{\alpha_2} \cdots (\alpha_i \geq 0, i = 1, 2, \cdots)$。

$a \notin A$——元素 a 不属于集合 A。

$B \subset A$——集合 B 是集合 A 的子集。

$A \cap B, AB$——集合 A 与集合 B 的交集。

$A \cup B, A + B$——集合 A 与集合 B 的并集或和集。

$A - B$——集合 A 与集合 B 的差集。

$A_1 \times A_2 \times \cdots \times A_n$——集合 $A_1, A_2, \cdots, A_n$ 的积集（或 Descartes(笛卡尔乘积)）。

$\phi: A_1 \times A_2 \times \cdots \times A_n \to D$, $A_1 \times A_2 \times \cdots \times A_n \xrightarrow{\phi} D$, $\phi: (a_1, a_2, \cdots, a_n) \longrightarrow d$, $(a_1, a_2, \cdots, a_n) \xrightarrow{\phi} d$——由集合 $A_1 \times A_2 \times \cdots \times A_n$ 到 D 的映射。

ϕ^{-1}——映射 ϕ 的逆映射。

$a \circ b$——元素 a 和元素 b 的代数运算。

$A \cong B$——集合 A 与集合 B 同构。

$|G|$——当 G 为群时，表示群 G 的阶。

$|R|$——当 R 为环时，表示环 R 的阶。

$R[x]$——环 R 上所有以 x 为变量的多项式集合。

$\max(a, b)$——最大值函数，即选 a 和 b 中的最大者。

$R_q[x]$——系数属于环 R_q 的多项式集合。

$R_q[x]_{m(x)}$——系数属于环 R_q 中的次数低于 $\partial° m(x)$ 的所有多项式的集合。

$|F|$——当 F 为域时，表示域 F 的阶。

$GF(n), GF$——Galois(伽罗华)域。

Z_m——集合 $\{0, 1, 2, \cdots, (m-1)\}$。

Z_m^+——集合 $Z_m - \{0\} = \{1, 2, \cdots, (m-1)\}$。

$F[x]$——系数属于域 F 的多项式集合。

$F[x]_{p(x)}$——$F[x]$ 中次数小于 $\partial° p(x)$ 的多项式集合。

$Z_m^* = \{a \mid a \in Z_m, (a, m) = 1\}$——集合 Z_m 中与 m 互素的整数构成的集合。

目 录

第1章 整数的可除性 ········· 1
1.1 整除的概念与带余除法 ········· 1
1.1.1 整除及其性质 ········· 1
1.1.2 素数 ········· 4
1.1.3 带余除法 ········· 5
1.2 整数的表示 ········· 7
1.3 最大公因数与辗转相除法 ········· 8
1.3.1 最大公因数 ········· 8
1.3.2 辗转相除法 ········· 13
1.3.3 求(a, b)的算法 ········· 14
1.3.4 (a, b)与a、b的关系 ········· 17
1.3.5 其他性质 ········· 22
1.4 整除的进一步性质及最小公倍数 ········· 25
1.4.1 整除和最大公因数的其他性质 ········· 25
1.4.2 最小公倍数及其性质 ········· 26
1.5 算术基本定理 ········· 28
习题1 ········· 32

第2章 数论函数 ········· 38
2.1 数论函数 ········· 38
2.2 函数$\lfloor x \rfloor$、$\lceil x \rceil$、$[x]$ ········· 38
2.2.1 下整数函数$\lfloor x \rfloor$ ········· 38
2.2.2 上整数函数$\lceil x \rceil$ ········· 39
2.2.3 四舍五入函数$[x]$ ········· 39
2.3 函数$\mathrm{pot}_p n$ ········· 40
2.4 Euler函数$\varphi(n)$ ········· 43
2.5 墨比乌斯函数$\mu(n)$ ········· 50
2.5.1 墨比乌斯函数 ········· 50
2.5.2 墨比乌斯反演公式 ········· 53
2.6 素数个数函数$\pi(n)$ ········· 56
2.7 数论函数的狄利克雷乘积 ········· 57
2.8 积性函数 ········· 60
2.8.1 积性函数的定义 ········· 61
2.8.2 积性函数的性质 ········· 62
习题2 ········· 65

第3章 同余及其运算 ········· 71
3.1 同余的概念及基本性质 ········· 71
3.2 剩余类及完全剩余系 ········· 77
3.2.1 剩余类和完全剩余系 ········· 77
3.2.2 剩余类的性质 ········· 79
3.3 既约剩余系 ········· 80
3.3.1 既约剩余系 ········· 80
3.3.2 整数a模m的逆 ········· 84
3.4 欧拉定理和费马小定理 ········· 87
3.4.1 欧拉定理 ········· 87
3.4.2 费马小定理 ········· 89
3.5 模重复平方计算法 ········· 91
3.5.1 算法原理 ········· 91
3.5.2 模重复平方计算法 ········· 92
3.6 一次不定方程 ········· 95
3.6.1 二元一次(不定)方程 ········· 95
3.6.2 求特解的方法 ········· 99
3.6.3 s元一次不定方程 ········· 103
3.6.4 $(s$元$)$一次不定方程组 ········· 104
3.7 矩阵的同余运算 ········· 107
3.7.1 矩阵及其线性运算 ········· 107
3.7.2 矩阵乘法 ········· 109
3.7.3 可逆矩阵 ········· 111
3.8 同余的应用 ········· 113
3.8.1 RSA公钥密码算法 ········· 113
3.8.2 背包公钥密码算法 ········· 114
3.8.3 希尔密码算法 ········· 116
3.8.4 随机数的Lehmer生成算法 ········· 118
3.8.5 随机数的BBS生成算法 ········· 120
习题3 ········· 121

第 4 章 同余方程 ···································· 126
4.1 基本概念 ···································· 126
4.2 一次同余方程 ································ 134
4.3 中国剩余定理 ································ 140
4.4 高次同余方程的解数及解法 ·················· 152
4.4.1 解数 ···································· 152
4.4.2 特殊情形的解法 ······················· 154
4.4.3 一般情形的解法 ······················· 161
4.5 素数模的同余方程 ···························· 165
4.5.1 同余方程的化简 ······················· 165
4.5.2 解数的判断 ···························· 168
4.6 同余方程的应用 ······························ 170
4.6.1 密钥分存 ······························ 170
4.6.2 数据库加密方案 ······················· 173
4.6.3 BBS 流密码算法 ······················· 174
习题 4 ·· 177

第 5 章 二次同余方程与平方剩余 ·················· 182
5.1 一般二次同余方程 ···························· 182
5.1.1 二次同余方程的化简 ·················· 182
5.1.2 平方剩余 ······························ 183
5.2 模为奇素数的平方剩余与平方非剩余 ········· 185
5.2.1 平方剩余的判断条件 ·················· 185
5.2.2 平方剩余的个数 ······················· 187
5.3 勒让德符号 ···································· 188
5.4 雅可比符号 ···································· 198
5.5 模 p 平方根 ·································· 205
5.6 模数为合数的情形 ···························· 209
5.6.1 p 为奇素数 ···························· 210
5.6.2 $p=2$ ···································· 210
5.7 解同余方程小结 ······························ 215
习题 5 ·· 215

第 6 章 原根与离散对数 ···························· 221
6.1 整数的阶及其性质 ···························· 221
6.1.1 整数的阶和原根 ······················· 221

6.1.2 阶的性质与计算方法 ·················· 222
6.2 原根的存在性与计算方法 ····················· 235
6.3 离散对数 ······································ 244
6.4 离散对数的计算 ······························ 247
6.4.1 Pohlid-Hellman 算法 ················· 247
6.4.2 Shank 算法 ···························· 252
6.5 二项同余方程与 n 次剩余 ···················· 254
6.6 原根与离散对数的应用 ························ 257
6.6.1 Diffie-Hellman 密钥交换算法 ········ 257
6.6.2 ElGamal 加密算法 ···················· 258
6.6.3 改进的随机数生成算法 ··············· 261
6.6.4 一种快速傅里叶变换算法 ············ 263
6.6.5 同余方程的求解 ······················· 264
6.7 单向函数 ······································ 266
习题 6 ·· 267

第 7 章 连分数 ······································ 271
7.1 连分数 ··· 271
7.1.1 连分数的概念 ·························· 271
7.1.2 连分数性质与渐进连分数的计算 ····· 274
7.2 简单连分数 ···································· 279
7.2.1 实数的简单连分数的生成 ············ 279
7.2.2 有理分数的连分数表示 ··············· 281
7.3 循环连分数 ···································· 283
习题 7 ·· 284

第 8 章 素性测试和整数分解 ······················· 287
8.1 素性测试的精确方法 ·························· 287
8.2 伪素数与 Fermat 测试算法 ···················· 289
8.3 Euler 伪素数与 Solovay-Stassen 测试算法 ···· 292
8.3.1 Euler 伪素数 ···························· 292
8.3.2 Solovay-Stassen 测试算法 ············ 293
8.4 强伪素数与 Miller-Rabin 测试算法 ············ 293
8.4.1 强伪素数 ······························ 295

  8.4.2 Miller-Rabin 测试算法 ·········· 295
 8.5 正整数的分解 ······················· 297
  8.5.1 Fermat 方法 ···················· 298
  8.5.2 Fermat 方法的拓展 ············ 299
  8.5.3 Legendre 方法 ················· 299
  8.5.4 Pollard 方法 ···················· 300
  8.5.5 Kraitchik 方法 ·················· 301
  8.5.6 B 基数法——Brillhart-
     Morrison 法 ···················· 303
  8.5.7 连分数法 ······················· 306
  8.5.8 二次筛法 ······················· 308
  8.5.9 $p-1$ 法 ························ 310
 习题 8 ···································· 312

第 9 章　有限域 ···························· 314
 9.1 集合及其运算 ······················· 314
  9.1.1 集合 ···························· 314
  9.1.2 映射 ···························· 315
  9.1.3 代数运算 ······················· 317
  9.1.4 同构映射 ······················· 317
 9.2 群 ······································ 319

 9.3 环 ······································ 323
  9.3.1 环 ······························ 323
  9.3.2 多项式环 ······················· 325
 9.4 域 ······································ 329
  9.4.1 域的概念 ······················· 329
  9.4.2 域的特征和同构 ··············· 332
  9.4.3 有限域及其结构 ··············· 335
  9.4.4 有限域的构造 ················· 337
  9.4.5 GF(2^n)域上的计算 ·········· 341
 习题 9 ···································· 343

附录 A **素数表与最小正原根表**
    （1200 以内） ················· 345
附录 B $\sqrt{k}$ 的连分数 ······················ 346
附录 C F_2 上的既约多项式
    （$n\leqslant 10$）·························· 348
附录 D F_2 上的本原多项式 ··············· 350
索引 ·· 352
参考文献 ·································· 361

第 1 章 整数的可除性

数论这门学科最初是从研究整数开始的,所以也叫整数论。后来整数论又进一步发展成为数论。确切地说,数论是一门研究整数性质的学科。

人类从学会计数开始就一直和自然数打交道,后来由于实践的需要,数的概念进一步扩充,自然数被称做正整数,而把它们的相反数称做负整数,介于正整数和负整数中间的中性数称做 0。它们合起来称做**整数**。

对于整数可以施行加、减、乘、除四种运算,称做**四则运算**。其中加法、减法和乘法三种运算在整数范围内可以毫无阻碍地进行。即任意两个或两个以上的整数相加、相减、相乘时,它们的和、差、积仍然是一个整数。但整数之间的除法在整数范围内并不一定能够无阻碍地进行。

数论算法主要从应用角度出发,研究数论问题,尤其是有关整数运算中实用的方法和技术。

1.1 整除的概念与带余除法

1.1.1 整除及其性质

【**定义 1.1.1**】 设 $a, b \in \mathbf{Z}$(整数集合),$b \neq 0$,如果存在 $q \in \mathbf{Z}$,使得 $a = bq$,则称 **b 整除 a** 或 **a 可被 b 整除**,记做 $b \mid a$,且称 a 是 b 的**倍数**,b 是 a 的**因数**(也可称为**除数、约数、因子**);否则,称 **b 不能整除 a** 或 **a 不能被 b 整除**,记做 $b \nmid a$。

【**例 1.1.1**】 求 30 的所有因数。

解 能够整除 30 的整数有 $\pm 1, \pm 2, \pm 3, \pm 5, \pm 6, \pm 10, \pm 15, \pm 30$,故它们都是 30 的因数。

由定义可以直接得到以下简单的结论:

(i) 若 $a = bq$,则 q 也是 a 的因数,并将 q 写为 a/b 或 $\dfrac{a}{b}$;

(ii) 当 b 遍历整数 a 的所有因数时,$-b$ 也遍历整数 a 的所有因数;

(iii) 当 b 遍历整数 a 的所有因数时,a/b 也遍历整数 a 的所有因数。

例如,设 $a = 6$,则有:

(1) 当 $b = 3$ 时,$q = 2 = 6/3$ 也是 6 的因数;

(2) 当 $b=1,2,3,6,-1,-2,-3,-6$ 遍历整数 6 的所有因数时，$-b=-1,-2,-3,-6,1,2,3,6$ 也遍历整数 6 的所有因数；

(3) 当 $b=1,2,3,6,-1,-2,-3,-6$ 遍历整数 6 的所有因数时，$a/b=6,3,2,1,-6,-3,-2,-1$ 也遍历整数 6 的所有因数。

【特例】 以下是关于整除的特殊情形下的结论：

(i) 0 是任何非零整数的倍数；

(ii) ±1 是任何整数的因数；

(iii) 任何非零整数 a 是其自身的倍数，也是其自身的因数。

整数的整除具有以下性质：

【性质 1.1.1】 设 $a,b\in \mathbf{Z}$，则
$$b|a \Leftrightarrow b|-a \Leftrightarrow -b|a \Leftrightarrow -b|-a \Leftrightarrow |b|\,|\,|a|.$$

证 由于这几个结论的证明思路和方法基本上是一样的，故此处只证明"$b|a \Leftrightarrow b|-a$"，其余结论的证明可以类推（其中 $b|a \Leftrightarrow b|-a$ 表示 b 整除 $-a$ 是 b 整除 a 的充分必要条件）。

由定义 1.1.1 知，$b|a$ 的充要条件是存在整数 q，使得 $a=bq$；而按照整数的四则运算性质知，$a=bq$ 的充要条件是 $-a=(-q)b$；然后再由定义 1.1.1 知，$-a=(-q)b$ 的充要条件是 $b|-a$。所以由充要条件的传递性知"$b|a \Leftrightarrow b|-a$"成立。

【性质 1.1.2】 传递性。设 $a,b,c\in \mathbf{Z}$，若 $c|b$ 且 $b|a$，则 $c|a$。

证 已知 $c|b$ 且 $b|a$，则由定义 1.1.1 知存在整数 q_1 和 q_2，使得 $b=cq_1$ 且 $a=bq_2$，从而有 $a=(cq_1)q_2=c(q_1q_2)=cq$，且 $q=q_1q_2$ 为整数，故由定义 1.1.1 知 $c|a$。

【性质 1.1.3】 设 $a,b,c\in \mathbf{Z}$，若 $c|a$ 且 $c|b$，则 $c|a\pm b$。

证 已知 $c|a$ 且 $c|b$，则由定义 1.1.1 知存在整数 q_1 和 q_2，使得 $a=cq_1$ 且 $b=cq_2$，从而有 $a\pm b=cq_1\pm cq_2=c(q_1\pm q_2)=cq$，且 $q=q_1\pm q_2$ 为整数，故由定义 1.1.1 知 $c|a\pm b$。

【性质 1.1.4】 设 $a,b,c\in \mathbf{Z}$，若 $c|a$ 且 $c|b$，则对任意整数 s、t，有 $c|sa+tb$。

证 与性质 1.1.3 的证明方法相似，已知 $c|a$ 且 $c|b$，则由定义 1.1.1 知存在整数 q_1 和 q_2，使得 $a=cq_1$ 且 $b=cq_2$。于是，从 $sa\pm tb=s(cq_1)\pm t(cq_2)=c(sq_1\pm tq_2)=cq$ 即可看出 $c|sa+tb$。

【推论】 设 $a_1,a_2,\cdots,a_n,b\in \mathbf{Z}$，若 $b|a_i(i=1,2,\cdots,n)$，则对任意整数 $s_1,s_2,\cdots,s_n$，有 $b\Big|\sum_{i=1}^{n}s_ia_i$。

【性质 1.1.5】 设 $a,b\in \mathbf{Z}$，若 $b|a$ 且 $a|b$，则 $a=\pm b$。

证 已知 $b|a$ 且 $a|b$，则由定义 1.1.1 知存在整数 q_1 和 q_2，使得 $a=bq_1$ 且 $b=aq_2$，即有 $a=q_1q_2a$，从而 $q_1q_2=1$，$q_1=q_2=\pm 1$，故有 $a=\pm b$。

【性质 1.1.6】 $b|a \Leftrightarrow cb|ca(c\neq 0)$。

证 必要性：已知 $b|a$，由定义 1.1.1 知存在整数 q，使得 $a=bq$，从而有 $ca=cbq$，即

当 $c\neq 0$ 时，有 $cb|ca$。

充分性：已知 $cb|ca$，由定义 1.1.1 知存在整数 q，使得
$$ca=(cb)q$$
而当 $c\neq 0$ 时，上式等价于 $a=bq$，即 $b|a$。

【性质 1.1.7】 若 $b|a$ 且 $a\neq 0$，则 $|b|\leqslant |a|$。

证 由定义 1.1.1 知，若 $b|a$，则 $b\neq 0$，且存在整数 q，使得 $a=bq$。而当 $a\neq 0$ 时，必有 $q\neq 0$，从而 $|q|\geqslant 1$，即 $|b|\leqslant |a|$。

【例 1.1.2】 证明：若 $3|n$ 且 $5|n$，则 $15|n$。

证 由 $3|n$ 知 $n=3m$，所以 $5|3m$。再由 $5|5m$ 和性质 1.1.4 知 $5|(2\cdot 5m-3\cdot 3m)=m$，即 $m=5q$，所以 $n=3(5q)=15q$，因此有 $15|n$。

【例 1.1.3】 设 $a=2t-1$，若 $a|2n$，则 $a|n$。

证 已知 $a=2t-1$，所以 $2t=a+1$。由 $a|2n$ 知 $a|2tn$，又由 $a|an$ 及性质 1.1.3 知
$$a|(2tn-an)=(a+1)n-an=n$$
即 $a|n$。

【例 1.1.4】 设 a、b 是两个给定的非零整数，且有整数 x、y，使得 $ax+by=1$。证明：若 $a|n$ 且 $b|n$，则 $ab|n$。

证 由 $ax+by=1$ 得
$$n=n\cdot 1=n(ax+by)=(na)x+(nb)y$$
再由 $a|n$ 且 $b|n$ 知，$ab|na$，$ab|nb$。

所以由性质 1.1.4 知，$ab|x(na)+y(nb)=(ax+by)n=n$，即 $ab|n$。

另外，注意到 $3\cdot 2+5\cdot (-1)=1$，从而也从另一角度证明了例 1.1.2。

【例 1.1.5】 设 $f(x)=a_n x^n+a_{n-1}x^{n-1}+\cdots+a_1 x+a_0$ 是整系数多项式，若 $d|b-c$，则 $d|f(b)-f(c)$。

证 首先，由多项式的计算性质，易得
$$f(b)-f(c)=a_n(b^n-c^n)+a_{n-1}(b^{n-1}-c^{n-1})+\cdots+a_1(b-c)$$

其次，由 $d|b-c$ 及 $b^k-c^k=(b-c)(b^{k-1}+b^{k-2}c+b^{k-3}c^2+\cdots+c^{k-1})$ 可知 $d|b^k-c^k$（$k=1,2,\cdots,n$）。

所以由性质 1.1.4 的推论知 $d|f(b)-f(c)$。

例 1.1.5 常用的形式是：若 $b=qd+c$，那么，对于任何整系数多项式 $f(x)$ 而言，$d|f(b)$ 的充要条件是 $d|f(c)$。因此可以化简判断过程，亦即减少判断过程的工作量。

【例 1.1.6】 设 $f(x)=3x^5+x+6$，试判断 7 能否整除 $f(10^{100})$。

解 因为
$$10^1=10=7\cdot 1+3,\ 10^2=100=7\cdot 14+2$$
$$10^3=1000=7\cdot 142+6,\ 10^4=10\ 000=7\cdot 1428+4$$

$$10^5 = 100\,000 = 7 \cdot 14\,285 + 5, \quad 10^6 = 1\,000\,000 = 7 \cdot 142\,857 + 1$$
$$10^7 = 10\,000\,000 = 7 \cdot 1\,428\,571 + 3, \cdots$$

故当 $n=6k+r$ 时，10^n 与 10^r 除以 7 的余数相同，从而知 $10^{100} = 7q+4$，故由例 1.1.5 知问题转化为判断 7 能否整除 $f(4) = 3 \cdot 4^5 + 4 + 6 = 3082$。此时很容易看出答案是否定的。

1.1.2 素数

【定义 1.1.2】 设整数 $a \neq 0, \pm 1$，如果它除了显然约数 $\pm 1, \pm a$ 外没有其他的约数，则称 a 为**素数**（或**质数、不可约数**）；若 $a \neq 0, \pm 1$，且 a 不是素数，则称 a 为**合数**。

约定：本书所说的素数一般指正整数。这是因为当 $a \neq 0, \pm 1$ 时，a 和 $-a$ 必同时为素数或合数，故由整除的性质知对正素数成立的结论一般对负素数也成立。

【例 1.1.7】 求 30 以内的素数。

解 利用定义 1.1.2，直接逐个计算，可知 30 以内的素数有
$$2, 3, 5, 7, 11, 13, 17, 19, 23, 29$$

关于素数，有以下结论：

【定理 1.1.1】 (i) 大于 1 的最小正因数必是素数。

(ii) n 是正整数，若对所有满足 $2 \leq p \leq \sqrt{n}$ 的 p 而言，有 $p \nmid n$，则 n 是素数。

证 (i) 显然。

(ii) 用反证法。若 n 为合数，设 $n=ab$，且 $1 < a \leq b$，那么必有 $2 \leq a \leq \sqrt{n}$ 且 $a \mid n$，与已知条件矛盾，故 n 必是素数。

【定理 1.1.2】 素数有无穷多。

证 用反证法。假设只有有限个素数（注意：已约定素数一定是正的），它们是 $q_1, \cdots, q_k$。考虑 $a = q_1 q_2 \cdots q_k + 1$，易知 $a > 2$ 且 $a \neq q_i (i=1, 2, \cdots, k)$，所以 a 必是合数，从而知必存在素数 p，使得 $p \mid a$。由假设知 p 必等于某个 q_j，因而 $p = q_j$ 一定整除 $a - q_1 q_2 \cdots q_k = 1$，但素数 $q_j \geq 2$，这是不可能的，矛盾。

因此，假设是错误的，即素数必有无穷多个。

设 $q_1 = 2, q_2 = 3, q_3 = 5, q_4 = 7, q_5 = 11, \cdots$ 是全体素数按大小顺序排成的序列，以及 $Q_k = q_1 q_2 \cdots q_k + 1$，直接计算可得
$$Q_1 = 3, \quad Q_2 = 7, \quad Q_3 = 31, \quad Q_4 = 211, \quad Q_5 = 2311$$
$$Q_6 = 59 \cdot 509, \quad Q_7 = 19 \cdot 97 \cdot 277, \quad Q_8 = 347 \cdot 27\,953$$
$$Q_9 = 317 \cdot 703\,763, \quad Q_{10} = 331 \cdot 571 \cdot 34\,231$$

这里前五个（$Q_1 \sim Q_5$）是素数，后五个（$Q_6 \sim Q_{10}$）是合数，但 Q_k 都有一个比 q_k 更大的素因数。

数论中目前还未解决的问题之一就是：不知道是否有无穷多个 k 使 Q_k 是素数，也不知道是否有无穷多个 k 使 Q_k 是合数。

定理 1.1.1(ii) 的一个应用就是可以减少在素数判断时的运算量，提高判断效率。因为

判断一个正整数 n 的素性(即判断 n 是否为素数)的最简单、直观的方法之一就是穷举法。即用每个小于 n 的奇素数 q 试除 n，当每个 $q \nmid n$ 时，则说明 n 是素数。而定理 1.1.1(ii) 告诉我们，此时只需要对小于等于 $\sqrt{n}$ 的奇素数 q 进行穷举即可。

【例 1.1.8】 试判断 127 的素性。

解 因为 $11 < \sqrt{127} < 12$，故只需用奇素数 3、5、7、11 试除 127 即可，所以 127 为素数。

由此可得到求 1 到 n 之间素数的一种有效算法——Eratosthenes(厄拉多塞)筛法。

为了求出不超过正整数 n 的全部素数，只要在 1 到 n 的列表中删去 1 和不超过 n 的所有正合数，则剩下的数即为所求素数。由定理 1.1.1 知，不超过 n 的正合数 a 必至少有一个素因数 p，满足 $p \leqslant \sqrt{a} \leqslant \sqrt{n}$，故只要先求出不超过 $\sqrt{n}$ 的全部素数 $p_1, p_2, \cdots, p_k$，并依次将 1 到 n 的列表中除了 $p_1, p_2, \cdots, p_k$ 本身以外的数中是 $p_1, p_2, \cdots, p_k$ 各自的倍数的数全部删去，就等于删除了不超过 n 的全部正合数，然后再删去 1，剩下的正好就是不超过 n 的全部素数。

例如，欲求出不超过两位数的素数，先构造 1 到 99 间正整数的列表，估计出 $\sqrt{99} < 10$，然后求出小于 10 的素数 2、3、5、7，在列表中删去 1，再从中分别删去大于 2、3、5、7 且为其倍数的数，即得全部两位数的素数。具体过程如下：

$$\begin{array}{cccccccccccccccc}
\cancel{1} & 2 & 3 & \cancel{4} & 5 & \cancel{6} & 7 & \cancel{8} & \cancel{9} & \cancel{10} & 11 & \cancel{12} & 13 & \cancel{14} & \cancel{15} \\
\cancel{16} & 17 & \cancel{18} & 19 & \cancel{20} & \cancel{21} & \cancel{22} & 23 & \cancel{24} & \cancel{25} & \cancel{26} & \cancel{27} & \cancel{28} & 29 & \cancel{30} \\
31 & \cancel{32} & \cancel{33} & \cancel{34} & \cancel{35} & \cancel{36} & 37 & \cancel{38} & \cancel{39} & \cancel{40} & 41 & \cancel{42} & 43 & \cancel{44} & \cancel{45} \\
\cancel{46} & 47 & \cancel{48} & \cancel{49} & \cancel{50} & \cancel{51} & \cancel{52} & 53 & \cancel{54} & \cancel{55} & \cancel{56} & \cancel{57} & \cancel{58} & 59 & \cancel{60} \\
61 & \cancel{62} & \cancel{63} & \cancel{64} & \cancel{65} & \cancel{66} & 67 & \cancel{68} & \cancel{69} & \cancel{70} & 71 & \cancel{72} & 73 & \cancel{74} & \cancel{75} \\
\cancel{76} & 77 & \cancel{78} & 79 & \cancel{80} & \cancel{81} & \cancel{82} & 83 & \cancel{84} & \cancel{85} & \cancel{86} & \cancel{87} & \cancel{88} & 89 & \cancel{90} \\
\cancel{91} & \cancel{92} & \cancel{93} & \cancel{94} & \cancel{95} & \cancel{96} & 97 & \cancel{98} & \cancel{99}
\end{array}$$

由此可以看出，没有删去的数有

$$2, 3, 5, 7, 11, 13, 17, 19, 23, 29, 31, 37, 41,$$
$$43, 47, 53, 59, 61, 67, 71, 73, 79, 83, 89, 97$$

共有 25 个，它们就是不超过两位数的全部素数。若再从这 25 个数出发，重复上述过程，就可以找出不超过 97^2 的全部素数。

1.1.3 带余除法

初等数论的证明中最重要、最基本、最常用的工具就是**带余除法**(或称**带余数除法**、**除法算法**、**欧几里得除法**)。

【定理 1.1.3】 设 a、b 是两个给定的整数，$b \neq 0$，则一定存在唯一的一对整数 q 与 r，满足

$$a = qb + r, \quad 0 \leqslant r < |b|$$

一般情况下，约定 $b>0$，则上式可表示为
$$a=qb+r, \quad 0\leqslant r<b \tag{1.1.1}$$

证 先证存在性。当 $b|a$ 时，可取 $q=a/b, r=0$。

当 $b\nmid a$ 时，考虑集合
$$T=\{kb, k=0, \pm 1, \pm 2, \cdots\}=\{\cdots, -3b, -2b, -b, 0, b, 2b, 3b, \cdots\}$$
将实数分为长度为 b 的区间，a 必落在某区间内，即存在整数 q，使得
$$qb\leqslant a<(q+1)b$$
令 $r=a-bq$，则有
$$a=qb+r, \quad 0\leqslant r<b$$
再证唯一性。设 q_1、r_1 也满足式(1.1.1)，即
$$a=q_1 b+r_1, \quad 0\leqslant r_1<b$$
那么必有
$$b(q-q_1)=-(r-r_1)$$
当 $q\neq q_1$ 时，有
$$|b(q-q_1)|\geqslant b, \quad |-(r-r_1)|<b$$
矛盾，故必有 $q=q_1, r=r_1$。

【推论】 设整数 a、b、r 满足式(1.1.1)中给出的关系，则 $b|a$ 的充要条件是 $r=0$。

证 由整除的定义 1.1.1 和定理 1.1.3 的结论即知结论成立。

带余除法还可以进一步扩展为更一般的方式。

【定理 1.1.4】 设 a、b 是两个给定的整数，$b\neq 0$，则对任意整数 c，一定存在唯一的一对整数 q 与 r，满足
$$a=qb+r, \quad c\leqslant r<|b|+c \tag{1.1.2}$$

证 证明类似于定理 1.1.3，只要将区间设为
$$T=\{kb+c, k=0, \pm 1, \pm 2, \cdots\}$$
即可。

【推论】 设整数 a、b、r 满足式(1.1.2)中给出的关系，则 $b|a$ 的充要条件是 $b|r$。

【例 1.1.9】 设 $a=100, b=30$，当 c 分别为 10、35、-50 时，写出 a、b、c 三者如式(1.1.2)表示的关系。

解 当 $c=10$ 时，有 $10\leqslant r<40$，从而有 $100=3\cdot 30+10$。

当 $c=35$ 时，有 $35\leqslant r<65$，从而有 $100=2\cdot 30+40$。

当 $c=-50$ 时，有 $-50\leqslant r<-20$，从而有 $100=5\cdot 30+(-50)$。

由定理 1.1.4 的推论知，当 $a=qb+r$ 时，$b|a$ 的充要条件是 $b|r$，故当 r 满足 $0\leqslant r<b$ 时，就有 $b|r\Leftrightarrow r=0$，即定理 1.1.3 的推论结果。

定理 1.1.4 的意义在于当判断 b 能否整除 a 时，可以化简判断过程。即利用减法（避免

做除法运算)就可以达到快速判断的目的,尤其是可以提高心算的速度。

【例 1.1.10】 判断 7 能否整除 12 345。

解 令 $a=12\ 345$,$b=7$,则可看出先选 $q_1=1000$,即得 $r_1=5345$。由定理 1.1.4 的推论知,$7\mid 12\ 345$ 的充要条件是 $7\mid 5345$。

以此类推,可选 $q_2=700$,得 $r_2=445$;再选 $q_3=60$,得 $r_3=25$。最后由 r_3 可知,7 不能整除 12 345。

由带余除法可以给出如下定义。

【定义 1.1.3】 设 $a=qb+r(0\leqslant r<b)$,称 q 为 a 被 b 除所得的**不完全商**,称 r 为 a 被 b 除所得的非负**余数**,记为 $r=(a)_b$。

【推论】 $b\mid a$ 的充要条件是 a 被 b 除所得的余数 $r=0$。

定义 1.1.3 中要求余数 r 满足 $0\leqslant r<b$,而实际问题中可能需要突破此限制,故关于常见的余数范围,有以下分类和命名:

(1) **最小非负余数**:$c=0$,$0\leqslant r<b$。

(2) **最小正余数**:$c=1$,$1\leqslant r\leqslant b$。

(3) **最大非正余数**:$c=-b+1$,$-b+1\leqslant r\leqslant 0$。

(4) **最大负余数**:$c=-b$,$-b\leqslant r<0$。

(5) **最小绝对余数**:$-b/2\leqslant r<b/2$ 或 $-b/2<r\leqslant b/2$。

一般情况下,当 $a=qb+r$ 且选 $0\leqslant r<b$ 时,有 $q=\lfloor a/b\rfloor$,$r=a-b\lfloor a/b\rfloor$。其中符号 $\lfloor x\rfloor$ 称为**下整数函数**,即针对实数 x,$\lfloor x\rfloor$ 的值为不大于 x 的最大整数(详见 2.2 节)。例如,$\lfloor 3.1\rfloor=\lfloor 3.5\rfloor=\lfloor 3.9\rfloor=3$,$\lfloor -3.1\rfloor=\lfloor -3.5\rfloor=\lfloor -3.9\rfloor=-4$。

1.2 整数的表示

【定理 1.2.1】 设 p 是大于 1 的正整数,则每个正整数 n 可以唯一地表示成

$$n=a_k p^k+a_{k-1}p^{k-1}+\cdots+a_1 p+a_0$$

其中 a_i 为整数,$0\leqslant a_i<p(i=0,1,\cdots,k)$ 且首项系数 $a_k\neq 0$(即 $p^k\leqslant n<p^{k+1}$)。

证 令 $n_0=n$,则由定理 1.1.3 知,必存在唯一的一对数 n_1 和 a_0,使得

$$n_0=n_1 p+a_0$$

若 $n_1<p$,则令 $a_1=n_1$,即得 $n=a_1 p+a_0$,且 a_1 和 a_0 唯一。

若 $n_1>p$,则由定理 1.1.3 知,必存在唯一的一对数 n_2 和 a_1,使得

$$n_1=n_2 p+a_1$$

即

$$n_0=n_2 p^2+a_1 p+a_0$$

同理，若 $n_2 < p$，则令 $a_2 = n_2$，即得 $n = a_2 p^2 + a_1 p + a_0$，且 a_2、a_1 和 a_0 唯一。
……

以此类推，即知结论成立。

【定义 1.2.1】 用 $n = (a_k a_{k-1} \cdots a_1 a_0)_p$ 表示展开式
$$n = a_k p^k + a_{k-1} p^{k-1} + \cdots + a_1 p + a_0$$
其中 $0 \leq a_i \leq p-1 (i = 0, 1, \cdots, k)$，$a_k \neq 0$，并称其为整数 n 的 **p 进制表示**。

【推论】 每个正整数都可以表示成不同的 2 的幂的和。

因为对于二进制而言，系数 a_i 只能为 0 或 1。

对整数而言，常用的数制转换方法如下：

十进制转换为 p 进制：除 p 取余法。

p 进制转换为十进制：用展开式计算。

1.3 最大公因数与辗转相除法

1.3.1 最大公因数

【定义 1.3.1】 设 $a_1, a_2, \cdots, a_n$ 是 n 个整数 $(n \geq 2)$，若整数 d 是它们中每一个数的因数，那么 d 就称做 $a_1, a_2, \cdots, a_n$ 的**公因数**（或**公约数**、**公因子**）；若整数 $a_1, a_2, \cdots, a_n$ 不全为零，那么 $a_1, a_2, \cdots, a_n$ 的公因数中最大的一个叫做**最大公因数**（或**最大公约数**、**最大公因子**），记做 $(a_1, a_2, \cdots, a_n)$。当 $(a_1, a_2, \cdots, a_n) = 1$ 时，称 $a_1, a_2, \cdots, a_n$ **互素或互质**。

最大公因数的等价定义为：$d > 0$ 是 $a_1, a_2, \cdots, a_n$ 的最大公因数的数学表达式为

(i) $d | a_1, d | a_2, \cdots, d | a_n$；

(ii) 若 $e | a_1, e | a_2, \cdots, e | a_n$，则 $e | d$。

证 所谓等价定义，也就是两个定义之间互为充要条件。

必要性：已知 d 是 $a_1, a_2, \cdots, a_n$ 的最大公因数，由定义 1.3.1 知 d 整除每个 a_i，从而结论(i)成立。

对结论(ii)，用反证法。设 $e \nmid d$，则即知 e 至少不能整除某个 a_i，从而与假设矛盾。所以，必有 $e | d$。

充分性：首先由结论(i)知 d 是 $a_1, a_2, \cdots, a_n$ 的公因数。

其次，由结论(ii)知 d 必是最大公因数。

【例 1.3.1】 求最大公因数 $(12, 18)$、$(6, 10, -15)$ 和 $(n, n+1)$。

解 令 $a_1 = 12, a_2 = 18$，其公因数为 $\pm 1, \pm 2, \pm 3, \pm 6$，故最大公因数为 6。

令 $a_1 = 6, a_2 = 10, a_3 = -15$，它们的公因数为 ± 1，故最大公因数为 1。

任何 n 和 $n+1$ 的公因数都是 ± 1。

关于最大公因数，有如下性质。

【性质 1.3.1】 $(a)=|a|$。

【性质 1.3.2】 $(a,b)=(b,a)$。

一般情形：
$$(a_1,a_2,\cdots,a_n)=(a_{i_1},a_{i_2},\cdots,a_{i_n})$$
其中 $(i_1,i_2,\cdots,i_n)$ 是 $1,2,\cdots,n$ 的一个全排列。

【性质 1.3.3】 设 a,b 为正整数，若 $b|a$，则 $(a,b)=b$。

一般情形：$a_1,a_2,\cdots,a_n$ 为整数且 $a_1\neq 0$，$a_1|a_i(i=2,3,\cdots,n)$，则
$$(a_1,a_i)=(a_1,a_i,a_j)=(a_1,a_{i_1},a_{i_2},\cdots,a_{i_k})=(a_1)=|a_1|$$
其中 $(i_1,i_2,\cdots,i_k)$ 是元素 $2,3,\cdots,n$ 的一个不重复的 k 元排列 $(1\leqslant k\leqslant n-1)$。

【推论 1】 设整数 $b>0$，则 $(0,b)=b$。

一般情形：设整数 $b\neq 0$，则 $(0,b)=|b|$。

【推论 2】 设 p 是素数，则
$$(p,a)=\begin{cases}p, & p|a \\ 1, & p\text{ 不能整除 }a\end{cases}$$

一般情形：
$$(p,a_1,\cdots,a_n)=\begin{cases}p, & p|a_i,i=1,2,\cdots,n \\ 1, & \text{其他}\end{cases}$$

【例 1.3.2】 求 $(6,-12,42)$ 和 $(21,56,-7)$。

解 因为 $6|-12$、$6|42$，所以
$$(6,-12,42)=(6,-12)=(6,12)=6$$
又知 $-7|21$、$-7|56$，故
$$(21,56,-7)=7$$

【性质 1.3.4】 设 p 为素数，a 为整数，若 $p\nmid a$，则 $(p,a)=1$。

证 设 $d=(p,a)$，则 $d|a$、$d|p$。但 p 为素数，故 $d=1$ 或 p。若 $d=p$，则由 $d|a$ 知 $p|a$，与假设矛盾，故 $d=1$，即 $(p,a)=1$。

【性质 1.3.5】 设 $a_1,a_2,\cdots,a_n$ 是 n 个不全为零的整数，则

(i) $a_1,a_2,\cdots,a_n$ 与 $|a_1|,|a_2|,\cdots,|a_n|$ 的公因数相同；

(ii) $(a_1,a_2,\cdots,a_n)=(|a_1|,|a_2|,\cdots,|a_n|)$。

证 由 $d|a_i$ 知 $d||a_i|(i=1,2,\cdots,n)$；反之，若 $d||a_i|$，则必有 $d|a_i(i=1,2,\cdots,n)$。故结论(i)成立。

由结论(i)即得结论(ii)。

性质 1.3.5 说明，对整数 $a_1,a_2,\cdots,a_n$ 而言，有

$$(a_1, a_2, \cdots, a_i, \cdots, a_n) = (-a_1, a_2, \cdots, a_n)$$
$$= (a_1, a_2, \cdots, -a_i, \cdots, a_n) = \cdots$$
$$= (\pm a_1, \pm a_2, \cdots, \pm a_i, \cdots, \pm a_n)$$
$$= (|a_1|, |a_2|, \cdots, |a_i|, \cdots, |a_n|)$$

【推论】 设 a、b 为正整数，则
$$(a, b) = (a, -b) = (-a, b) = (-a, -b) = (|a|, |b|)$$

【性质 1.3.6】 设 a、b、c 是三个不全为零的整数，$a = bq + c$，其中 q 是整数，则
$$(a, b) = (b, c)$$

证 设 $d = (a, b)$，$e = (b, c)$，则由 $d|a$、$d|b$ 知 $d | a - bq = c$，即 d 为 c 的因数，从而 d 是 b 和 c 的公因数。由最大公因数的等价定义知 $d \leqslant e$。

同理，已知 $e|b$、$e|c$，则 $e | bq + c = a$，从而 $e \leqslant d$，故 $d = e$。证毕。

性质 1.3.6 的意义在于它是快速求最大公因数 $d = (a, b)$ 的算法的理论基础。即设 $a > b > 0$，$a = bq + c$，则有 $(a, b) = (a - bq, b) = (c, b) = (b, c)$，从而将求较大数的最大公因数问题转化为求较小数的最大公因数问题。而且如果继续这样的过程，则可将问题的规模进一步降低，以利很快求得较大数的公因数。

【例 1.3.3】 计算 $(389, -189)$ 和 $(8877, 9988)$。

解 利用以上性质，得
$$(389, -189) = (389, 189) = (389 - 189 \cdot 2, 189)$$
$$= (11, 189) = (189, 11) = (189 - 11 \cdot 17, 11)$$
$$= (11, 2) = 1$$
$$(8877, 9988) = (8877, 9988 - 8877 \cdot 1) = (8877, 1111)$$
$$= (8877 - 1111 \cdot 7, 1111) = (1100, 1111)$$
$$= (1111, 11) = (0, 11) = 11$$

【性质 1.3.7】 对任意整数 x、y，有
$$(a, b) = (a, b, ax) = (a, b, by)$$

性质 1.3.7 的意义在于利用它可化简计算过程。即在实际求最大公因数 (a, b, c) 时，若有 $a|c$ 或 $b|c$，则有
$$(a, b, c) = (a, b)$$

【推论 1】 对任意的整数 x、y 和正整数 m、n，有
$$(a, b) = (a, b, ax) = (a, b, by) = (a, ax, b, by) = (a, b, a^m) = (a, b, b^n)$$
$$= (a, a^m, b, b^n) = \cdots$$

【推论 2】 一般情形：
$$(a_1, \cdots, a_n) = (a_1, \cdots, a_n, a_i x) = (a_1, \cdots, a_n, a_i x, a_j y) = \cdots$$

【例 1.3.4】 计算 $(51, 809, 17)$。

解 由性质 1.3.7 知
$$(51, 809, 17) = (17 \cdot 3, 809, 17) = (809, 17)$$
从而由 $(809, 17) = (17, 10) = 1$ 知 $(51, 809, 17) = 1$。

【**性质 1.3.8**】 对任意整数 x，有
$$(a, b) = (a, b+ax) = (a+by, b) \quad (1.3.1)$$
$$(a_1, a_2, a_3, \cdots, a_n) = (a_1, a_2 + a_1 x, a_3, \cdots, a_n)$$
$$= \cdots = (a_1, a_2, a_3, \cdots, a_n + a_i x), \quad i \neq n \quad (1.3.2)$$

证 设 $d = (a, b)$，$e = (a, b+ax)$，$f = (a+by, b)$。

由 $d \mid a$、$d \mid b$ 知 $d \mid b+ax$，从而 $d \mid e$，即 $d \leq e$。

由 $e \mid a$、$e \mid b+ax$ 知 $e \mid (b+ax) - ax = b$，从而 $e \mid d$，即 $e \leq d$，故 $d = e$。

同理可证 $d = f$，即式 (1.3.1) 成立。

其次，利用数学归纳法可证明式 (1.3.2) 成立。

【**推论**】
$$(a_1, a_2, a_3, \cdots, a_n) = (a_1, a_2 + a_1 x + a_3 y, a_3, \cdots, a_n) = \cdots$$
$$= \left(a_1 + \sum_{i=2}^{n} a_i x_{1i},\ a_2 + \sum_{\substack{i=1 \\ i \neq 2}}^{n} a_i x_{2i},\ \cdots,\ a_n + \sum_{i=1}^{n-1} a_i x_{ni}\right)$$

其中 x_{ij} 为任意整数 $(i, j = 1, 2, \cdots, n;\ i \neq j)$。

这是性质 1.3.8 的一般情形。二者的区别在于前者在求 (a, b) 且当 $a > b > 0$ 时，是给 a 减去 b 的 q 倍将问题的规模化小而加速计算过程，但要求 q 满足 $a = bq + c$，即需要做带余除法；而后者的意义则在于此时可以随心所欲地给 a 加上甚至减去 b 的任意倍，从而不必去做带余除法，就可达到化简问题的目的。

类似于性质 1.3.7，在应用性质 1.3.8 解决问题时，实际是从右向左将问题进行化简。

【**例 1.3.5**】 计算 $(389, 750)$。

解 方式 Ⅰ：利用性质 1.3.8，有
$$(389, 750) = (389, 750 - 389) = (389, 361)$$
$$= (389 - 361, 361) = (28, 361)$$
$$= (28, 361 - 28 \cdot 12) = (28, 25) = 1$$

方式 Ⅱ：
$$(389, 750) = (389, 750 - 389 \cdot 2) = (389, -28)$$
$$= (389, 28) = (389 - 28 \cdot 10, 28) = (109, 28)$$
$$= (109 - 28 \cdot 4, 28) = (-3, 28) = 1$$

其中方式 Ⅱ 是以计算 $b + ax$ 或 $a + by$ 方便而选择 x、y 进行化简，不是以 $b + ax$ 或 $a + by$ 达到最小为目的的。

【**性质 1.3.9**】 (i) 设 a、b 均为偶数，则 $(a, b) = 2(a/2, b/2)$；

(ii) 设 a 为偶数，b 为奇数，则 $(a, b) = (a/2, b)$；

(iii) 设 a、b 均为奇数，则 $(a, b) = \left(a, \dfrac{a-b}{2}\right) = \left(\dfrac{a-b}{2}, b\right)$。

证 (i)、(ii) 显然。

(iii) 设 $d = (a, b)$，$e = \left(a, \dfrac{a-b}{2}\right)$，则由 $d|a$、$d|b$ 知 $d|a-b$，又 a、b 均为奇数，故 d 也为奇数，且 $a-b$ 为偶数，所以 $d\left|\dfrac{a-b}{2}\right.$，从而 $d|e$。

反之，由 $e\left|\dfrac{a-b}{2}\right.$ 知 $e|a-b$，又知 $e|a$，所以 $e|a-(a-b)=b$，从而 $e|d$。

综上可知 $d = e$，即 $(a, b) = \left(a, \dfrac{a-b}{2}\right)$。

同理可证 $(a, b) = \left(\dfrac{a-b}{2}, b\right)$。

性质 1.3.9 的意义在于可以很简单地化简计算过程。

【例 1.3.6】 计算 $(108, 240)$、$(108, 249)$ 和 $(357, 123)$。

解 利用性质 1.3.9，有

$$(108, 240) = 2(54, 120) = 2 \cdot 2(27, 60) = 4(27, 30) = 4(27, 15)$$
$$= 4 \cdot 3 = 12$$

$$(108, 249) = (54, 249) = (27, 249) = \left(27, \dfrac{249-27}{2}\right) = (27, 111)$$
$$= \left(27, \dfrac{111-27}{2}\right) = (27, 42) = (27, 21) = 3$$

$$(357, 123) = \left(\dfrac{357-123}{2}, 123\right) = (117, 123)$$
$$= \left(117, \dfrac{123-117}{2}\right) = (117, 3) = 3$$

【推论】 设 p 为素数，则

(i) 若 $p|a$ 且 $p|b$，有 $(a, b) = p\left(\dfrac{a}{p}, \dfrac{b}{p}\right)$；

(ii) 若 $p|a$ 但 $p \nmid b$，有 $(a, b) = \left(\dfrac{a}{p}, b\right)$。

【例 1.3.7】 计算 $(7, 56, 259)$ 和 $(7, 56, 259, 100)$。

解 由于 7 为素数，且 7 整除 56 和 259，故 $(7, 56, 259) = 7$。

又 $7 \nmid 100$，故 $(7, 56, 259, 100) = 1$。

【性质 1.3.10】 $(a, b, c) = ((a, b), c)$。

一般情形：

$$(a_1, a_2, \cdots, a_n) = ((a_1, a_2), a_3, \cdots, a_n)$$
$$= (a_1, (a_2, a_3), \cdots, a_n)$$
$$= ((a_1, a_2, \cdots, a_i), (a_{i+1}, \cdots, a_n))$$
$$= \cdots$$
$$= ((a_1, a_2, \cdots, a_i), a_{i+1}, \cdots, a_k, (a_{k+1}, \cdots, a_n))$$

证 设 $d=(a, b, c)$, $e=(a, b)$, $f=((a, b), c)=(e, c)$, 则由最大公因数的等价定义知, $d|a$ 和 $d|b \Rightarrow d|e$, 再结合 $d|c \Rightarrow d|f$。

反之, $f|e \Rightarrow f|a$ 且 $f|b$, 再结合 $f|c \Rightarrow f|d$, 故
$$d = f$$

【例 1.3.8】 求 $(48, 90, 91, 14)$。

解 方法 I：由性质 1.3.10 知
$$(48, 90, 91, 14) = ((48, 90), (91, 14)) = (6, 7) = 1$$
方法 II：
$$(48, 90, 91, 14) = ((48, 90), 91, 14) = (6, 91, 14)$$
$$= ((6, 14), 91) = (2, 91) = 1$$

1.3.2 辗转相除法

设整数 $a > b > 0$, 记 $r_0 = a$, $r_1 = b$, 反复利用欧几里得除法, 可得

$$\begin{cases} r_0 = r_1 q_1 + r_2, & 0 \leqslant r_2 < r_1 \\ r_1 = r_2 q_2 + r_3, & 0 \leqslant r_3 < r_2 \\ \quad \vdots \\ r_{n-2} = r_{n-1} q_{n-1} + r_n, & 0 \leqslant r_n < r_{n-1} \\ r_{n-1} = r_n q_n + r_{n+1}, & r_{n+1} = 0 \end{cases} \quad (1.3.3)$$

因
$$b > r_1 > r_2 > \cdots > r_{n-1} > r_n > r_{n+1} \geqslant 0$$
故必存在 n, 使得 $r_{n+1} = 0$。

以上过程称为**辗转相除法**(或广义欧几里得除法), 由此可得如下的求最大公因数的一个有效方法。

【定理 1.3.1】 设整数 $a > b > 0$, 则 $(a, b) = r_n$, 其中 r_n 是辗转相除法 (1.3.3) 中最后一个非零余数。

证 由性质 1.3.6 知
$$(a, b) = (r_0, r_1) = (r_1, r_2) = (r_2, r_3) = \cdots = (r_{n-1}, r_n) = (r_n, 0)$$
再由性质 1.3.3 的推论 1 知 $(a, b) = (r_n, 0) = r_n$。

【例 1.3.9】 利用辗转相除法求 $(46\ 480, 39\ 423)$。

解 方法Ⅰ：r_i 取最小非负余数（直观的方法），即

$$46\,480 = 1 \cdot 39\,423 + 7057$$
$$39\,423 = 5 \cdot 7057 + 4138$$
$$7057 = 1 \cdot 4138 + 2919$$
$$4138 = 1 \cdot 2919 + 1219$$
$$2919 = 2 \cdot 1219 + 481$$
$$1219 = 2 \cdot 481 + 257$$
$$481 = 1 \cdot 257 + 224$$
$$257 = 1 \cdot 224 + 33$$
$$224 = 6 \cdot 33 + 26$$
$$33 = 1 \cdot 26 + 7$$
$$26 = 3 \cdot 7 + 5$$
$$7 = 1 \cdot 5 + 2$$
$$5 = 2 \cdot 2 + 1$$
$$2 = 2 \cdot 1$$

所以 $(46\,480, 39\,423) = 1$。

方法Ⅱ：r_i 取最小绝对余数（运算量较少的方法），即

$$46\,480 = 1 \cdot 39\,423 + 7057$$
$$39\,423 = 6 \cdot 7057 - 2919$$
$$7075 = 2 \cdot 2919 + 1219$$
$$2919 = 2 \cdot 1219 + 481$$
$$1219 = 3 \cdot 481 - 224$$
$$481 = 2 \cdot 224 + 33$$
$$224 = 7 \cdot 33 - 7$$
$$33 = 5 \cdot 7 - 2$$
$$7 = 3 \cdot 2 + 1$$
$$2 = 2 \cdot 1$$

即 $(46\,480, 39\,423) = 1$。

1.3.3 求 (a, b) 的算法

【算法Ⅰ】 基于辗转相除法的算法。

该算法的理论依据是性质 1.3.6。反复利用性质 1.3.6，并最终求得 (a, b)，也就是直观的辗转相除法。

设 $a \geq b > 0$，其算法的主要思路如下：

（1）运用带余除法，并利用性质 1.3.6，将求两个正整数的最大公因数转化为求两个较小的非负整数的最大公因数。

（2）反复运用带余除法（即辗转相除法），将求两个正整数的最大公因数转化为求 0 与一个正整数的最大公因数。

（3）利用性质 1.3.3 的推论 1，求出 0 与正整数的最大公因数，即为欲求的最大公因数。

已知 $a \geqslant b > 0$，输出为 $d=(a,b)$，则基于辗转相除法的算法如下：

```
S1  求 q 及 r，使 a=bq+r
S2  若 r=0，则 { 令 d=b；输出 d；结束 }
    否则 { 令 a=b；b=r；转 S1 }
```

算法的时间复杂度估计如下：

设 $a > b > 0$，则求 (a,b) 过程中的除法次数 $< 2\lceil \log_2 a \rceil = 2\lceil \mathrm{lb}\, a \rceil$。

【例 1.3.10】 求最大公因数 (654 321, 123 456)。

解 利用辗转相除法求解。其算法执行过程如表 1.3.1 所示。

表 1.3.1 例 1.3.10 的算法执行过程

算法过程		a	b	r	d
S1	求 q 及 r，使 a=bq+r	654 321	123 456	37 041	
S2	r≠0，则{令 a=b；b=r；转 S1}	123 456	37 041	37 041	
S1		123 456	37 041	12 333	
S2	r≠0	37 041	12 333	12 333	
S1		37 041	12 333	42	
S2	r≠0	12 333	42	42	
S1		12 333	42	27	
S2	r≠0	42	27	27	
S1		42	27	15	
S2	r≠0	27	15	15	
S1		27	15	12	
S2	r≠0	15	12	12	
S1		15	12	3	
S2	r≠0	12	3	3	
S1		12	3	0	
S2	r=0，则{令 d=b；输出 d；结束}	12	3	0	d=3

故

$$(654\,321, 123\,456) = 3$$

【算法Ⅱ】 斯泰因(Stein)算法。

斯泰因算法的理论依据是性质 1.3.9 及 $(a, b) = (a-b, b)$，目的是尽量不做乘除法运算。设 $a \geqslant b > 0$，输出为 $d = (a, b)$，则斯泰因算法如下：

S1　$k = 0$
S2　若 a、b 均为偶数，则{令 $a = a/2$；$b = b/2$；$k = k+1$；转 S2}
S3　若 b 为偶数，则 $a \leftrightarrow b$
S4　若 a 为偶数，则{令 $a = a/2$；转 S4}
S5　若 $a - b < 0$，则 $a \leftrightarrow b$
S6　$a = (a-b)/2$
S7　若 $a = 0$，则{令 $d = 2^k b$；输出 d；结束}
　　　否则转 S4

其中，符号"$a \leftrightarrow b$"表示将变量 a 与 b 的值互换。

特点：本算法只用到减法，没有用到除法(除以 2 在二进制数运算中仅作移位操作)。减法运算无疑比除法运算容易得多。

算法的复杂度：设 $a > b > 0$，则减法次数为 $\text{lb}\, a + \text{lb}\, 3 - 1 \approx \text{lb}\, a$。

【例 1.3.11】 用斯泰因算法计算 $(18, 12)$。

解　算法执行过程如表 1.3.2 所示。

表 1.3.2　例 1.3.11 的算法执行过程

算法过程	a	b	k	d
S1　$k = 0$	18	12	0	
S2　a、b 均为偶数，则{令 $a = a/2$；$b = b/2$；$k = k+1$；转 S2}	9	6	1	
S2　a 为奇数，转 S3	9	6	1	
S3　b 为偶数，则 $a \leftrightarrow b$	6	9	1	
S4　a 为偶数，则{令 $a = a/2$；转 S4}	3	9	1	
S4　a 为奇数，转 S5	3	9	1	
S5　$a - b < 0$，则 $a \leftrightarrow b$	9	3	1	
S6　$a = (a-b)/2$	3	3	1	1 次减法
S7　$a \neq 0$，转 S4	3	3	1	
S4　a 为奇数，转 S5	3	3	1	
S5　$a - b = 0$，转 S6	3	3	1	
S6　$a = (a-b)/2$	0	3	1	1 次减法
S7　$a = 0$，则{令 $d = 2^k b$；输出 d；结束}	0	3	1	$d = 2^1 \cdot 3 = 6$

故
$$(18,12)=6$$

【例 1.3.12】 用斯泰因算法计算$(28,16)$。

解 算法执行过程如表 1.3.3 所示。

表 1.3.3　例 1.3.12 的算法执行过程

	算法过程	a	b	k	d
S1	$k=0$	28	16	0	
S2	a、b 均为偶数,则 $\{$令 $a=a/2$;$b=b/2$;$k=k+1$;转 S2$\}$	14	8	1	
S2	a、b 均为偶数,则 $\{$令 $a=a/2$;$b=b/2$;$k=k+1$;转 S2$\}$	7	4	2	
S2	a 为奇数,转 S3	7	4	2	
S3	b 为偶数,则 $a \leftrightarrow b$	4	7	2	
S4	a 为偶数,则 $\{$令 $a=a/2$;转 S4$\}$	2	7	2	
S4	a 为偶数,则 $\{$令 $a=a/2$;转 S4$\}$	1	7	2	
S5	$a-b<0$,则 $a \leftrightarrow b$	7	1	2	
S6	$a=(a-b)/2$	3	1	2	1次减法
S7	$a \neq 0$,转 S4	3	1	2	
S4	a 为奇数,转 S5	3	1	2	
S5	$a-b>0$,转 S6	3	1	2	
S6	$a=(a-b)/2$	1	1	2	1次减法
S7	$a \neq 0$,转 S4	1	1	2	
S4	a 为奇数,转 S5	1	1	2	
S5	$a-b=0$,转 S6	1	1	2	
S6	$a=(a-b)/2$	0	1	2	1次减法
S7	$a=0$,则 $\{$令 $d=2^k b$;输出 d;结束$\}$	0	1	2	$d=2^2 \cdot 1=4$

故
$$(28,16)=4$$

1.3.4　(a,b) 与 a、b 的关系

【定理 1.3.2】 设 a、b 为任意正整数,则存在整数 s、t,使得
$$(a,b)=sa+tb$$

一般情形:对整数 $a_1, a_2, \cdots, a_n$,存在整数 $x_1, x_2, \cdots, x_n$,使得

$$(a_1, a_2, \cdots, a_n) = a_1x_1 + a_2x_2 + \cdots + a_nx_n$$

证 直接由辗转相除法反推回去，即得结论。

【定理 1.3.3】 整数 a、b 互素的充要条件是存在整数 s、t，使得
$$sa + tb = 1$$

证 必要性：由定理 1.3.2 知成立。

充分性：设 $d=(a,b)$ 且有 $sa+tb=1$，则由 $d|a$、$d|b$ 知 $d \mid sa+tb=1$，故 $d=1$。

【算法Ⅲ】 在计算 $d=(a,b)$ 的同时求 s、t 的算法。

该算法总的思路是利用求 (a,b) 的辗转相除过程反推得到 s、t。

【例 1.3.13】 计算 $d=(46\,480, 39\,423)$，并求 s、t 满足 $46\,480s + 39\,423t = d$。

解 计算过程如表 1.3.4 所示。

表 1.3.4　例 1.3.13 的计算过程

辗转相除(↓)	求 s、t(↑)
$46\,480 = 1 \cdot 39\,423 + 7057$	$= -2993 \cdot 39\,423 + 16\,720 \cdot (46\,480 - 1 \cdot 39\,423)$ $= 16\,720 \cdot 46\,480 - 19\,713 \cdot 39\,423$
$39\,423 = 5 \cdot 7057 + 4138$	$= 1755 \cdot 7075 - 2993 \cdot (39\,423 - 5 \cdot 7057)$
$7057 = 1 \cdot 4138 + 2919$	$= -1238 \cdot 4138 + 1755 \cdot (7057 - 1 \cdot 4138)$
$4138 = 1 \cdot 2919 + 1219$	$= 517 \cdot 2919 - 1238 \cdot (4138 - 1 \cdot 2919)$
$2919 = 2 \cdot 1219 + 481$	$= -204 \cdot 1219 + 517 \cdot (2919 - 2 \cdot 1219)$
$1219 = 2 \cdot 481 + 257$	$= 109 \cdot 481 - 204 \cdot (1219 - 2 \cdot 481)$
$481 = 1 \cdot 257 + 224$	$= -95 \cdot 257 + 109 \cdot (481 - 1 \cdot 257)$
$257 = 1 \cdot 224 + 33$	$= 14 \cdot 224 - 95 \cdot (257 - 1 \cdot 224)$
$224 = 6 \cdot 33 + 26$	$= -11 \cdot 33 + 14 \cdot (224 - 6 \cdot 33)$
$33 = 1 \cdot 26 + 7$	$= 3 \cdot 26 - 11 \cdot (33 - 1 \cdot 26)$
$26 = 3 \cdot 7 + 5$	$= -2 \cdot 7 + 3 \cdot (26 - 3 \cdot 7) = 3 \cdot 26 - 11 \cdot 7$
$7 = 1 \cdot 5 + 2$	$= 5 - 2 \cdot (7 - 1 \cdot 5) = -2 \cdot 7 + 3 \cdot 5$
$5 = 2 \cdot 2 + 1$	$1 = 5 - 2 \cdot 2$
$2 = 2 \cdot 1$	

所以
$$(46\,480, 39\,423) = 1 = 16\,720 \cdot 46\,480 - 19\,713 \cdot 39\,423$$

即

$$s = 16\,720, \quad t = -19\,713$$

这里需要说明的是，满足条件的 s、t 并不唯一。如本题的最大公因数 1 也可以表示为 46 480 和 39 423 的另一种线性组合：

$$1 = (16\,720 - 39\,423) \cdot 46\,480 + (46\,480 - 19\,713) \cdot 39\,423$$
$$= -22\,703 \cdot 46\,480 + 26\,767 \cdot 39\,423$$

即

$$s = -22\,703, \quad t = 26\,767$$

为了提高计算速度，在利用辗转相除法计算最大公因数 d 时，余数可以选取最小绝对余数。

【例 1.3.14】 用尽可能快的方法计算 $d = (46\,480, 39\,423)$，并求 s、t 满足 $46\,480s + 39\,423t = d$。

解 计算过程如表 1.3.5 所示（其中计算余数时取最小绝对余数）。

表 1.3.5 例 1.3.14 的计算过程

辗转相除（↑）	求 s、t（↓）
$2 = 2 \cdot 1$	
$7 = 3 \cdot 2 + 1$	$1 = 7 - 3 \cdot 2$
$33 = 5 \cdot 7 - 2$	$= 7 - 3 \cdot (-33 + 5 \cdot 7)$
$224 = 7 \cdot 33 - 7$	$= 3 \cdot 33 - 14(-224 + 7 \cdot 33)$
$481 = 2 \cdot 224 + 33$	$= 14 \cdot 224 - 95(481 - 2 \cdot 224)$
$1219 = 3 \cdot 481 - 224$	$= -95 \cdot 481 + 204(-1219 + 3 \cdot 481)$
$2919 = 2 \cdot 1219 + 481$	$= -204 \cdot 1219 + 517(2919 - 2 \cdot 1219)$
$7057 = 2 \cdot 2919 + 1219$	$= 517 \cdot 2919 - 1238(7057 - 2 \cdot 2919)$
$39\,423 = 6 \cdot 7057 - 2919$	$= -1238 \cdot 7057 + 2993(-39\,423 + 6 \cdot 7057)$
$46\,480 = 1 \cdot 39\,423 + 7057$	$= -2993 \cdot 39\,423 + 16\,720(46\,480 - 1 \cdot 39\,423)$
	$= 16\,720 \cdot 46\,480 - 19\,713 \cdot 39\,423$

所以

$$1 = 16\,720 \cdot 46\,480 - 19\,713 \cdot 39\,423$$

即

$$s = 16\,720, \quad t = -19\,713$$

【算法 Ⅳ】 求 $d = (a, b)$ 和 s、t，使得 $d = sa + tb$ 的算法。

该算法的基本思路仍然是基于辗转相除法，但是将其进行了改进，使得在辗转相除的过程中，就能得到 d、s、t，省略了反推过程。

算法如下：

S1	赋初值 $x_1=1$; $x_2=0$; $y_1=0$; $y_2=1$
S2	做除法得 $a=bq+r$
S3	若 $r=0$, 则{令 $d=b$; $s=x_2$; $t=y_2$; 输出 d、s、t; 结束}
S4	令 $a=b$; $b=r$; $t=x_2$; $x_2=x_1-qx_2$; $x_1=t$; $t=y_2$; $y_2=y_1-qy_2$; $y_1=t$; 转 S2

【例 1.3.15】 已知 $a=132$, $b=108$, 计算 $d=(a,b)$, 并求 s、t 满足 $sa+tb=d$。

解 算法执行过程如表 1.3.6 所示。

表 1.3.6 例 1.3.15 的算法执行过程

算法过程	a	b	x_1	x_2	y_1	y_2	q	r
S1 赋初值 $x_1=1$; $x_2=0$; $y_1=0$; $y_2=1$	132	108	1	0	0	1		
S2 做除法得 $a=bq+r$	132	108	1	0	0	1	1	24
S3 $r\neq 0$	132	108	1	0	0	1	1	24
S4 令 $a=b$; $b=r$; $t=x_2$; $x_2=x_1-qx_2$; $x_1=t$; $t=y_2$; $y_2=y_1-qy_2$; $y_1=t$; 转 S2	108	24	0	1	1	−1	1	24
S2	108	24	0	1	1	−1	4	12
S3 $r\neq 0$	108	24	0	1	1	−1	4	12
S4	24	12	1	−4	−1	5	4	12
S2	24	12	1	−4	−1	5	2	0
S3 $r=0$, 则{令 $d=b$; $s=x_2$; $t=y_2$; 输出 d、s、t; 结束}	24	12	1	−4	−1	5	2	0

输出结果为
$$d=b=12, s=x_2=-4, t=y_2=5$$
即
$$12=-4\cdot 132+5\cdot 108$$

【算法 V】 求 $d=(a,b)$ 和 s、t, 使得 $d=sa+tb$ 的算法。

该算法的基本思路是基于斯泰因算法, 并将其进行改进, 同样使得在计算最大公因数 d 的同时, 就得到 s、t。

算法如下:

S1	赋初值 $k=0$; $F=0$
S2	若 a、b 均为偶数, 则{令 $a=a/2$; $b=b/2$; $k=k+1$; 转 S2}
S3	若 b 为偶数, 则 $\{a\leftrightarrow b; F=1\}$

S4　令 $A=a$；$B=b$；$x_1=1$；$x_2=0$；$y_1=0$；$y_2=1$

S5　若 a 为偶数，则 {若 x_1 为偶数，则转 S6；否则转 S7}

　　否则转 S8

S6　$a=a/2$；$x_1=x_1/2$；$y_1=y_1/2$；转 S5

S7　若 $x_1<0$，则 {令 $x_1=x_1+B$；$y_1=y_1-A$；转 S6}

　　否则 {令 $x_1=x_1-B$；$y_1=y_1+A$；转 S6}

S8　若 $a<b$，则 {$a\leftrightarrow b$，$x_1\leftrightarrow x_2$，$y_1\leftrightarrow y_2$}

S9　令 $a=a-b$；$x_1=x_1-x_2$；$y_1=y_1-y_2$

S10　若 $a=0$，则 {若 $F=1$，则转 S11；否则转 S12}

　　否则转 S5

S11　$x_2\leftrightarrow y_2$

S12　令 $d=2^k b$；$s=x_2$；$t=y_2$；输出 d、s、t；结束

【例 1.3.16】 已知 $a=132$，$b=108$，用算法 V 计算 $d=(a,b)$，并求 s、t 满足 $sa+tb=d$。

解　算法执行过程如表 1.3.7 所示。

表 1.3.7　例 1.3.16 的算法执行过程

算法过程	a	b	A	B	x_1	x_2	y_1	y_2	k	F
S1	132	108							0	0
S2	66	54							1	0
S2	33	27							2	0
S4	33	27	33	27	1	0	0	1	2	0
S5→S8→S9	6	27	33	27	1	0	-1	1	2	0
S10→S5→S7	6	27	33	27	-26	0	32	1	2	0
S6	3	27	33	27	-13	0	16	1	2	0
S5→S8	27	3	33	27	0	-13	1	16	2	0
S9	24	3	33	27	13	-13	-15	16	2	0
S10→S5→S7	24	3	33	27	-14	-13	18	16	2	0
S6	12	3	33	27	-7	-13	9	16	2	0
S5→S7	12	3	33	27	20	-13	-24	16	2	0
S6	6	3	33	27	10	-13	-12	16	2	0
S5→S6	3	3	33	27	5	-13	-6	16	2	0
S5→S8→S9	0	3	33	27	18	-13	-22	16	2	0
S10→S12					$d=2^k b=2^2\cdot 3=12$；$s=x_2=-13$；$t=y_2=16$					

输出结果为
$$d=12, s=-13, t=16$$
即
$$12=-13 \cdot 132+16 \cdot 108$$

与例 1.3.15 相比,对于相同的 a、b,所得 s、t 不同,这再一次说明了 s、t 的多样性。

【例 1.3.17】 设 $a=11\,484$,$b=4284$,$c=744$,求最大公因数 $d=(a,b,c)$,且求 s_1、s_2、s_3,使得 $s_1a+s_2b+s_3c=d$。

解 首先针对 $d_1=(11\,484, 4284)$,利用已有的方法求得 $d_1=36$,且
$$d_1=36=-47 \cdot 11\,484+126 \cdot 4284$$

其次,同理可求得 $d_2=(36, 744)$,且有
$$d_2=12=21 \cdot 36-744$$

最后,将 d_1 代入 d_2,得
$$d_2=21 \cdot (-47 \cdot 11\,484+126 \cdot 4284)-744$$
$$=-987 \cdot 11\,484+2646 \cdot 4284-744$$

即所求的 d 和 $s_i(i=1,2,3)$ 的值分别为
$$d=12, s_1=-987, s_2=2646, s_3=-1$$

且有
$$d=12=-987 \cdot 11\,484+2646 \cdot 4284-744$$

1.3.5 其他性质

【性质 1.3.11】 设 a、b 是不全为零的整数。

(i) 若 m 为任一正整数,则 $(am, bm)=m(a,b)$;

(ii) 若非零整数 d 满足 $d|a$ 且 $d|b$,则
$$\left(\frac{a}{d}, \frac{b}{d}\right)=\frac{(a,b)}{|d|}$$

特别地,
$$\left(\frac{a}{(a,b)}, \frac{b}{(a,b)}\right)=1 \qquad (1.3.4)$$

证 (i) 由定理 1.3.2 知,$d=(a,b) \Leftrightarrow$ 存在 s、t,使得 $sa+tb=d \Leftrightarrow s(am)+t(bm)=dm \Leftrightarrow dm=(am, bm)$,即
$$(am, bm)=m(a,b)$$

(ii) 由(i)知,对 a、b 的任何公因数 d,都有
$$(a,b)=\left(\frac{a}{|d|} \cdot |d|, \frac{b}{|d|} \cdot |d|\right)=|d|\left(\frac{a}{|d|}, \frac{b}{|d|}\right)=|d|\left(\frac{a}{d}, \frac{b}{d}\right)$$

特别地,取 $d=(a,b)$,即得式(1.3.4)。

【例 1.3.18】 $a = 11 \cdot 20\,036$, $b = 23 \cdot 20\,036$, 计算 (a, b)。

解 由性质 1.3.11 的结论(i)可知

$$(11 \cdot 20\,036, 23 \cdot 20\,036) = 20\,036(11, 23) = 20\,036$$

【性质 1.3.12】 设 $a_1, a_2, \cdots, a_n$ 为整数,且 $a_1 \neq 0$,令

$$(a_1, a_2) = d_2, \ (d_2, a_3) = d_3, \cdots, (d_{n-1}, a_n) = d_n$$

则 $(a_1, a_2, \cdots, a_n) = d_n$。

证 用归纳法。

当 $n = 3$ 时,设 $(a_1, a_2, a_3) = d$,则由 $d \mid a_1$ 和 $d \mid a_2$ 知 $d \mid d_2$,再由 $d \mid a_3$ 知 $d \mid d_3$。反之,由 d_3 的定义知 $d_3 \mid d_2$ 且 $d_3 \mid a_3$,而 $d_2 \mid a_1$ 且 $d_2 \mid a_2$,故 $d_3 \mid a_i (i = 1, 2, 3)$,从而 $d_3 \mid d$。所以 $((a_1, a_2), a_3) = d_3 = d = (a_1, a_2, a_3)$。

设当 $n = k$ 时结论成立,即 $(a_1, a_2, \cdots, a_k) = d_k$。

那么,当 $n = k+1$ 时,设 $(a_1, a_2, \cdots, a_{k+1}) = d$, $d_{k+1} = (d_k, a_{k+1})$。首先由 d 的定义知 $d \mid a_i (i = 1, 2, \cdots, k)$,从而知 $d \mid d_k$,再考虑 $d \mid a_{k+1}$,故 $d \mid d_{k+1}$。反之,由 d_{k+1} 的定义知 $d_{k+1} \mid d_k$ 且 $d_{k+1} \mid a_{k+1}$,而 $d_{k+1} \mid d_k$ 意味着 $d_{k+1} \mid a_i (i = 1, 2, \cdots, k)$,故有 $d_{k+1} \mid a_i (i = 1, 2, \cdots, k+1)$,即 $d_{k+1} \mid d$。所以有 $d_{k+1} = d$。

由归纳法原理知,性质 1.3.12 的结论成立。

性质 1.3.12 的结论相当于:

$$\begin{aligned}(a_1, a_2, \cdots, a_n) &= ((a_1, a_2, \cdots, a_{n-1}), a_n) \\ &= (((a_1, a_2, \cdots, a_{n-2}), a_{n-1}), a_n) = \cdots \\ &= ((\cdots((a_1, a_2), a_3), \cdots, a_{n-1}), a_n)\end{aligned}$$

其意义在于将求 n 个整数 $a_1, a_2, \cdots, a_n$ 的最大公因数的问题转化为求两个整数的最大公因数的问题,中间只是采用了迭代过程。

【例 1.3.19】 计算最大公因数 $(120, 150, 210, 35)$。

解 利用性质 1.3.12 计算:

$$(120, 150) = 30$$
$$(30, 210) = 30$$
$$(30, 35) = 5$$

故

$$(120, 150, 210, 35) = 5$$

即

$$(120, 150, 210, 35) = (((120, 150), 210), 35)$$
$$= ((30, 210), 35) = (30, 35) = 5$$

以下是关于最大公因数其他方面的应用举例。

【例 1.3.20】 设 a、b 是两个正整数,则 $2^a - 1$ 和 $2^b - 1$ 互素的充要条件是 a 和 b

互素。

证 为了证明此结论，需要先证明以下两个引理。

【引理 1】 设 a、b 是两个正整数，则 2^a-1 被 2^b-1 除的最小正余数是 2^r-1，其中 r 是 a 被 b 除的正余数。

证 若 $a<b$，则 $r=a$，结论显然。

设 $a \geqslant b$，由带余除法，有
$$a = bq+r, \quad 1 \leqslant r \leqslant b$$

从而
$$\begin{aligned}
2^a - 1 &= 2^{bq} \cdot 2^r - 1 = (2^{bq}-1)2^r + 2^r - 1 \\
&= [(2^b)^q - 1]2^r + 2^r - 1 \\
&= (2^b - 1)[(2^b)^{q-1} + (2^b)^{q-2} + \cdots + 2^b + 1]2^r + 2^r - 1 \\
&= (2^b - 1)q_1 + 2^r - 1
\end{aligned}$$

例如，求 $2^{1000}-1$ 被 $2^{15}-1$ 除的最小正余数，可以直接利用引理 1 计算：此时 $a=1000$，$b=15$，且 $1000=15 \cdot 66 + 10$，故 $2^{1000}-1$ 被 $2^{15}-1$ 除的最小正余数为
$$2^{10} - 1 = 1023$$

说明：将引理 1 中的正余数改为最小非负余数，结论也成立，只是此时的 r 应满足 $0 \leqslant r < b$ (或 $0 \leqslant r \leqslant b-1$)。

【推论】 $(2^b-1) \mid (2^a-1)$ 的充要条件是 $b \mid a$。

证 由引理 1 的证明过程可知，当 $a=bq+r(0 \leqslant r \leqslant b-1)$ 时，有
$$2^a - 1 = (2^b - 1)q_1 + 2^r - 1$$

即
$$(2^b-1) \mid (2^a-1) \Leftrightarrow 2^r - 1 = 0 \Leftrightarrow r = 0 \Leftrightarrow b \mid a$$

【引理 2】 设 a、b 是两个正整数，则 2^a-1 和 2^b-1 的最大公因数是 $2^{(a,b)}-1$，即
$$(2^a-1, 2^b-1) = 2^{(a,b)} - 1$$

证 由辗转相除法及引理 1 即得
$$\begin{aligned}
(2^a-1, 2^b-1) &= (2^b-1, 2^r-1) \\
&= \cdots \\
&= (2^{(a,b)}-1, 0) = 2^{(a,b)} - 1
\end{aligned}$$

现在证例 1.3.20：由引理 2 知
$$(2^a-1, 2^b-1) = 2^{(a,b)} - 1$$

而 $2^{(a,b)}-1=1$ 的充要条件是 $(a,b)=1$，即 a 和 b 互素。

【例 1.3.21】 求最大公因数 $(1023, 63)$。

解 因 $1023 = 2^{10}-1$，$63 = 2^6-1$ 以及 $10 = 6+4$，故由性质 1.3.6 和引理 1 知
$$(2^{10}-1, 2^6-1) = (2^6-1, 2^4-1)$$

进一步可得
$$(2^6-1, 2^4-1)=(2^4-1, 2^2-1)=(2^2-1, 2^0-1)=2^2-1=3$$

【例 1.3.22】 求最大公因数 $(2^{1000}-1, 2^{15}-1)$。

解 由引理 2 和 $(1000, 15)=5$ 知
$$(2^{1000}-1, 2^{15}-1)=2^{(1000, 15)}-1=2^5-1=31$$

1.4 整除的进一步性质及最小公倍数

1.4.1 整除和最大公因数的其他性质

【定理 1.4.1】 设 a、b、c 是三个整数,且 $b\neq 0$, $c\neq 0$,若 $(a, c)=1$,则
$$(ab, c)=(b, c)$$

证 记 $d=(ab, c)$, $e=(b, c)$,则由 $e\mid b$ 和 $e\mid c$ 知 $e\mid ab$ 和 $e\mid c$,再由最大公因数的等价定义即知 $e\mid d$。

反之,由 $(a, c)=1$ 知,存在整数 s、t,使得
$$sa+tc=1$$
两边同乘以 b 得
$$s(ab)+(tb)c=b$$
又 $d\mid ab$ 和 $d\mid c$,故 $d\mid s(ab)+(tb)c=b$,从而 $d\mid e$。

所以 $d=e$,即 $(ab, c)=(b, c)$。

【推论】 设 a、b、c 是三个整数,且 $c\neq 0$,若 $c\mid ab$,且 $(a, c)=1$,则 $c\mid b$。

证 由 $c\mid ab$ 知 $c\mid (ab, c)=(b, c)$,故 $c\mid b$。

【定理 1.4.2】 设 $a_1, a_2, \cdots, a_n, c$ 为整数,若 $(a_i, c)=1 (1\leqslant i\leqslant n)$,则
$$(a_1 a_2 \cdots a_n, c)=1$$

证 用归纳法。

当 $n=2$ 时,就是定理 1.4.1。

设当 $n-1$ 时结论成立,即 $(a_1 a_2 \cdots a_{n-1}, c)=1$。

对于 n,由 $(a_1 a_2 \cdots a_{n-1}, c)=1$ 和 $(a_n, c)=1$ 及定理 1.4.1 知
$$(a_1 a_2 \cdots a_n, c)=((a_1 a_2 \cdots a_{n-1})a_n, c)=(a_n, c)=1$$

【定理 1.4.3】 设 p 为素数,若 $p\mid ab$,则必有 $p\mid a$ 或 $p\mid b$。

证 若 $p\nmid a$,则 $(p, a)=1$,再由定理 1.4.1 的推论知 $p\mid b$。

反之,若 $p\nmid b$,则 $(p, b)=1$,同样由定理 1.4.1 的推论知 $p\mid a$。

定理 1.4.3 的一般情形:设 $a_1, a_2, \cdots, a_n$ 是整数,p 是素数,若 $p\mid a_1 a_2 \cdots a_n$,则 p 一定整除某个 $a_k (1\leqslant k\leqslant n)$。

定理 1.4.3 的反例：p 不是素数的情况，例如 $p=6$，$a=8$，$b=9$，尽管 $6 \mid 72$，但却有 $6 \nmid 8$，且 $6 \nmid 9$。

1.4.2 最小公倍数及其性质

【定义 1.4.1】 设 $a_1, a_2, \cdots, a_n$ 为整数，若 m 是这些数的倍数，则称 m 为这 n 个数的一个**公倍数**，所有公倍数中最小的正整数叫做**最小公倍数**，记做 $[a_1, a_2, \cdots, a_n]$。

由定义不难看出，整数间的公倍数有无穷多，而公因数只有有限个。

【例 1.4.1】 求整数 14 和 21 的全部公倍数和最小公倍数 $[14, 21]$。

解 由 $14 = 2 \cdot 7$ 和 $21 = 3 \cdot 7$ 及整数的整除性知，14 和 21 的公倍数就是能被 $2 \cdot 3 \cdot 7 = 42$ 整除的全部整数，即 14 和 21 的公倍数集合为 $\{\pm 42, \pm 84, \pm 126, \cdots\}$。

按照定义 1.4.1，整数 14 和 21 的最小公倍数为 $[14, 21] = 42$。

整数的最小公倍数具有下列性质：

【性质 1.4.1】 正整数 m 为整数 $a_1, a_2, \cdots, a_n$ 的最小公倍数的充要条件是：

(i) $a_i \mid m (1 \leqslant i \leqslant n)$；

(ii) 若 $a_i \mid m' (1 \leqslant i \leqslant n)$，则 $m \mid m'$。

证 充分性：由条件(i)知，m 是 $a_1, a_2, \cdots, a_n$ 的一个公倍数。

由条件(ii)知，正整数 m 能整除 $a_1, a_2, \cdots, a_n$ 的任一个公倍数 m'，故 m 是最小公倍数。

必要性：设 m 为 $a_1, a_2, \cdots, a_n$ 的最小公倍数，从而有 $a_i \mid m (1 \leqslant i \leqslant n)$。

其次，设 m' 是 $a_1, a_2, \cdots, a_n$ 的任一公倍数，即 $a_i \mid m' (1 \leqslant i \leqslant n)$，则由 m 的最小性即知 $m \mid m'$。

性质 1.4.1 可以当做最小公倍数的一个等价定义。

【性质 1.4.2】 设 a、b 是两个互素正整数，那么

(i) 若 $a \mid m$ 且 $b \mid m$，则 $ab \mid m$；

(ii) $[a, b] = ab$。

证 (i) 因 $a \mid m$，则 $m = ak$。又 $b \mid m$，即 $b \mid ak$。而 $(a, b) = 1$，故 $b \mid k$，即 $k = bt$，$m = abt$，从而 $ab \mid m$。

(ii) 因 ab 是 a、b 的公倍数，又由结论(i)和性质 1.4.1 知，ab 是最小公倍数。

【性质 1.4.3】 对任何正整数 t，有 $t[a, b] = [ta, tb]$。

证 设 $m = [a, b]$，$n = [ta, tb]$，则 $a \mid m$ 且 $b \mid m$，从而对正整数 t，有 $ta \mid tm$ 且 $tb \mid tm$，再由性质 1.4.1 知 $n \mid tm$。

其次，由 n 的定义知 $ta \mid n$ 且 $tb \mid n$，再由整除的性质知 $a \mid \dfrac{n}{t}$ 且 $b \mid \dfrac{n}{t}$，故由性质 1.4.1 知 $[a, b] \mid \dfrac{n}{t}$，从而 $t[a, b] \mid n$，即 $tm \mid n$。

所以 $tm=n$，即 $t[a,b]=[ta,tb]$。

【性质 1.4.4】 设 a、b 是两个正整数，那么

(i) 若 $a\mid m$ 且 $b\mid m$，则 $[a,b]\mid m$；

(ii) $[a,b]=\dfrac{ab}{(a,b)}$。

一般情形：设 $a_1,a_2,\cdots,a_n$ 为正整数，若每个 $a_i\mid m(1\leqslant i\leqslant n)$，则
$$[a_1,a_2,\cdots,a_n]\mid m$$

证 先证(ii)：令 $d=(a,b)$，则
$$\left(\frac{a}{d},\frac{b}{d}\right)=1$$

由性质 1.4.2 知
$$\left[\frac{a}{d},\frac{b}{d}\right]=\frac{a}{d}\cdot\frac{b}{d}$$

即
$$\left[\frac{a}{d},\frac{b}{d}\right]d=\frac{a}{d}\cdot\frac{b}{d}d=\frac{ab}{d}$$

从而由性质 1.4.3 知
$$[a,b]=\left[\frac{a}{d}\cdot d,\frac{b}{d}\cdot d\right]=\left[\frac{a}{d},\frac{b}{d}\right]d=\frac{ab}{d}=\frac{ab}{(a,b)}$$

再证(i)：
$$a\mid m, b\mid m \Rightarrow \frac{a}{d}\left|\frac{m}{d},\frac{b}{d}\right|\frac{m}{d}\Rightarrow \frac{a}{d}\cdot\frac{b}{d}\left|\frac{m}{d}\right.\Rightarrow \frac{ab}{d}\mid m$$

除了使用定义求最小公倍数之外，性质 1.4.4 的(ii)可以看做求最小公倍数 $[a,b]$ 的第二个实用的方法。

【性质 1.4.5】 设 $a_1,a_2,\cdots,a_n$ 为整数，令
$$[a_1,a_2]=m_2,\ [m_2,a_3]=m_3,\cdots,[m_{n-1},a_n]=m_n$$
则 $[a_1,a_2,\cdots,a_n]=m_n$。

证 只要证明当 $n=3$ 时结论成立。那么，简单利用归纳法，即可证得本性质对任何自然数 n 成立。

设 $m=[a_1,a_2,a_3]$，则由定义知 $a_1\mid m$ 且 $a_2\mid m$，而 $m_2=[a_1,a_2]$，故由性质 1.4.1 知 $m_2\mid m$。再结合 $a_3\mid m$ 及 $m_3=[m_2,a_3]$，即知 $m_3\mid m$。

反之，由 $m_3=[m_2,a_3]$ 知 $m_3\mid m_2$ 且 $m_3\mid a_3$，又由 $m_3\mid m_2$ 知 $m_3\mid a_1$ 且 $m_3\mid a_2$，故由性质 1.4.1 知 $m_3\mid m$。

所以，$m_3=m=[a_1,a_2,a_3]$。

性质 1.4.5 的意义在于可将求 n 个整数的最小公倍数的问题化为求两个整数的最小公

倍数的问题，即分步实现$[a_1, a_2, \cdots, a_n]$的计算：

$$[a_1, a_2, \cdots, a_n] = [[a_1, a_2, \cdots, a_{n-1}], a_n]$$
$$= [[[a_1, a_2, \cdots, a_{n-2}], a_{n-1}], a_n]$$
$$= \cdots$$
$$= [[\cdots[[a_1, a_2], a_3], \cdots, a_{n-1}], a_n]$$

故性质 1.4.5 是求多个整数的最小公倍数的一个很实用的方法。

【例 1.4.2】 求最小公倍数$[120, 150, 210, 35]$。

解 利用性质 1.4.5，分步计算：

$$[120, 150] = \frac{120 \times 150}{(120, 150)} = \frac{120 \times 150}{30} = 600$$

$$[600, 210] = \frac{600 \times 210}{(600, 210)} = \frac{600 \times 210}{30} = 4200$$

$$[4200, 35] = \frac{4200 \times 35}{(4200, 35)} = \frac{4200 \times 35}{35} = 4200$$

所以

$$[120, 150, 210, 35] = 4200$$

1.5 算术基本定理

【定理 1.5.1】 （算术基本定理）任一整数 $n > 1$ 都可以表示成素数的乘积，且在不考虑乘积顺序的情况下，该表达式是唯一的，即

$$n = p_1 p_2 \cdots p_k, \quad p_1 \leqslant p_2 \leqslant \cdots \leqslant p_k$$

证 先证存在性：用归纳法。

当 $n = 2$ 时，2 即是素数，结论成立。

设对某个 $k > 2$，当 $2 \leqslant n < k$ 时，结论对所有 n 成立。

当 $n = k$ 时，若 n 为素数，则结论成立；若 n 为合数，则必有 $n = n_1 n_2$，且 $2 \leqslant n_1, n_2 < k$。

由假设知 n_1、n_2 均可表示为素数的乘积，即

$$n_1 = p_{11} p_{12} \cdots p_{1s}, \quad n_2 = p_{21} p_{22} \cdots p_{2t}$$

于是 n 可表示为素数的乘积，即

$$n = n_1 n_2 = p_{11} p_{12} \cdots p_{1s} p_{21} p_{22} \cdots p_{2t}$$

由第二数学归纳法知，对所有 $n \geqslant 2$，定理的存在性成立。

再证唯一性：设 n 有两种分解式，即

$$n = p_1 p_2 \cdots p_s \text{ 和 } n = q_1 q_2 \cdots q_t$$

且满足 $p_1 \leqslant p_2 \leqslant \cdots \leqslant p_s$ 和 $q_1 \leqslant q_2 \leqslant \cdots \leqslant q_t$，则必有

$$p_1 p_2 \cdots p_s = q_1 q_2 \cdots q_t \tag{1.5.1}$$

于是由定理 1.4.3 知必存在某个 p_i 和 q_j，使得 $p_1 \mid q_j$ 且 $q_1 \mid p_i$，但 q_j 和 p_i 都是素数，故必有 $p_1 = q_j$ 且 $q_1 = p_i$。又因 $p_i \geqslant p_1$，$q_j \geqslant q_1$，故同时有 $q_1 \geqslant p_1$ 和 $p_1 \geqslant q_1$，即 $p_1 = q_1$。那么，由式 (1.5.1) 可得

$$p_2 \cdots p_s = q_2 \cdots q_t$$

同理可得

$$p_2 = q_2, \; p_3 = q_3, \cdots$$

最后可得 $s = t$ 且 $p_s = q_t$。

【例 1.5.1】 写出整数 45、49、100、128 的因数分解式。

解 由定理 1.5.1 知

$$45 = 3 \cdot 3 \cdot 5$$
$$49 = 7 \cdot 7$$
$$100 = 2 \cdot 2 \cdot 5 \cdot 5$$
$$128 = 2 \cdot 2 \cdot 2 \cdot 2 \cdot 2 \cdot 2 \cdot 2$$

【推论】 任一整数 $n > 1$ 都可以唯一地表示成

$$n = p_1^{\alpha_1} p_2^{\alpha_2} \cdots p_k^{\alpha_k}, \quad \alpha_i > 0, \; i = 1, 2, \cdots, k$$

其中，$p_1 < p_2 < \cdots < p_k$ 均为素数。上式称为整数 n 的**标准(素因数)分解式**。求正整数的标准分解式的过程叫做正整数的**素因数分解**(或素因子分解)。

【例 1.5.2】 写出整数 45、49、100、128 的标准分解式。

解 由例 1.5.1 知

$$45 = 3^2 \cdot 5, \; 49 = 7^2, \; 100 = 2^2 \cdot 5^2, \; 128 = 2^7$$

以目前的分解方法，正整数的素因数分解仍是个 NP(非确定性多项式)问题。

如果能将正整数 n 进行素因数分解，则可以利用分解式比较容易地判断 n 的正因数、正因数的个数以及两个正整数 a 和 b 的最大公因数与最小公倍数。

【定理 1.5.2】 设整数 $n > 1$ 有标准分解式

$$n = p_1^{\alpha_1} p_2^{\alpha_2} \cdots p_k^{\alpha_k}, \quad \alpha_i > 0, \; i = 1, 2, \cdots, k$$

则 d 是 n 的正因数的充要条件是

$$d = p_1^{\beta_1} p_2^{\beta_2} \cdots p_k^{\beta_k} \text{ 且 } 0 \leqslant \beta_i \leqslant \alpha_i, \quad i = 1, 2, \cdots, k$$

证 充分性：显然。

必要性：用反证法。设 d 至少有一个因数 q，$q \neq p_i (i = 1, 2, \cdots, k)$，那么必有 $\dfrac{n}{d} = p_1^{\alpha_1 - \beta_1} p_2^{\alpha_2 - \beta_2} \cdots p_k^{\alpha_k - \beta_k} \dfrac{1}{q} \neq$ 整数，即 $d \nmid n$，矛盾。

【例 1.5.3】 设正整数 n 有标准分解式

$$n = p_1^{\alpha_1} p_2^{\alpha_2} \cdots p_k^{\alpha_k}, \quad \alpha_i > 0, \; i = 1, 2, \cdots, k$$

试求 n 的正因数的个数 $\tau(n)$。

解 由定理 1.5.2 知，n 的正因数 d 的分解式必为 $d=p_1^{\beta_1}p_2^{\beta_2}\cdots p_k^{\beta_k}$ 且 $0\leqslant\beta_i\leqslant\alpha_i(i=1,2,\cdots,k)$，即 β_i 的取值有 α_i+1 种可能，故有
$$\tau(n)=(\alpha_1+1)(\alpha_2+1)\cdots(\alpha_k+1)$$

【定理 1.5.3】 设正整数 a、b 的素因数分解式分别为
$$a=p_1^{\alpha_1}p_2^{\alpha_2}\cdots p_k^{\alpha_k},\quad \alpha_i\geqslant 0,\ i=1,2,\cdots,k$$
$$b=p_1^{\beta_1}p_2^{\beta_2}\cdots p_k^{\beta_k},\quad \beta_i\geqslant 0,\ i=1,2,\cdots,k$$
令 $r_i=\min(\alpha_i,\beta_i)$，$s_i=\max(\alpha_i,\beta_i)(i=1,2,\cdots,k)$，则有
$$(a,b)=p_1^{r_1}p_2^{r_2}\cdots p_k^{r_k}$$
$$[a,b]=p_1^{s_1}p_2^{s_2}\cdots p_k^{s_k}$$

证 记 $d=p_1^{r_1}p_2^{r_2}\cdots p_k^{r_k}$，显然 $d\mid a$ 且 $d\mid b$。其次，若 $e\mid a$ 且 $e\mid b$，则由定理 1.5.2 知必有 $e\mid d$。故由最大公因数的等价定义知 $d=(a,b)$，即 $(a,b)=p_1^{r_1}p_2^{r_2}\cdots p_k^{r_k}$。

同理可证 $[a,b]=p_1^{s_1}p_2^{s_2}\cdots p_k^{s_k}$。

【推论】 设 a、b 是两个正整数，则
$$(a,b)[a,b]=ab$$

证 因为
$$(a,b)[a,b]=(p_1^{r_1}p_2^{r_2}\cdots p_k^{r_k})(p_1^{s_1}p_2^{s_2}\cdots p_k^{s_k})$$
$$=p_1^{r_1+s_1}p_2^{r_2+s_2}\cdots p_k^{r_k+s_k}=p_1^{\alpha_1+\beta_1}p_2^{\alpha_2+\beta_2}\cdots p_k^{\alpha_k+\beta_k}$$
$$=(p_1^{\alpha_1}p_2^{\alpha_2}\cdots p_k^{\alpha_k})(p_1^{\beta_1}p_2^{\beta_2}\cdots p_k^{\beta_k})$$
$$=ab$$

注意，此处用到了以下事实：对任何整数 x 和 y，都有 $x+y=\min(x,y)+\max(x,y)$。

定理 1.5.3 可以看做求最大公因数和最小公倍数的又一方法。但需注意的是，这仅只是一种理论上的方法，即当 a、b 较小或二者的素因数分解式已知时，可采用此法很快求得其最大公因数或最小公倍数；否则，它并不实用，因为正整数的素因数分解仍是个难题。

【例 1.5.4】 计算 120、150、210、35 的最大公因数和最小公倍数。

解 将 120、150、210、35 分别做素因数分解得
$$120=2^3\cdot 3\cdot 5,\ 150=2\cdot 3\cdot 5^2,\ 210=2\cdot 3\cdot 5\cdot 7,\ 35=5\cdot 7$$
即
$$120=2^3\cdot 3\cdot 5\cdot 7^0,\ 150=2\cdot 3\cdot 5^2\cdot 7^0,\ 210=2\cdot 3\cdot 5\cdot 7,\ 35=2^0\cdot 3^0\cdot 5\cdot 7$$
则由定理 1.5.3 知
$$(120,150,210,35)=2^0\cdot 3^0\cdot 5^1\cdot 7^0=5$$
$$[120,150,210,35]=2^3\cdot 3\cdot 5^2\cdot 7=4200$$

【例 1.5.5】 设 a、b 是两个正整数,则存在正整数 $a' \mid a$ 和 $b' \mid b$,使得
$$a' \cdot b' = [a, b],\ 且\ (a', b') = 1$$

证 设
$$a = p_1^{\alpha_1} p_2^{\alpha_2} \cdots p_k^{\alpha_k},\ b = p_1^{\beta_1} p_2^{\beta_2} \cdots p_k^{\beta_k}$$

其中当 $i = 1, 2, \cdots, t$ 时 $\alpha_i \geqslant \beta_i$,当 $i = t+1, t+2, \cdots, k$ 时 $\beta_i \geqslant \alpha_i$(这是容易做到的,只要将诸 p_i 按照要求进行排序,而不按其大小排序即可)。

选 $a' = p_1^{\alpha_1} p_2^{\alpha_2} \cdots p_t^{\alpha_t},\ b' = p_{t+1}^{\beta_{t+1}} \cdots p_k^{\beta_k}$ 即可满足要求。

【例 1.5.6】 设 $a = 79\,720\,245\,000$,$b = 9\,318\,751\,596$,求满足例 1.5.5 的 a' 和 b',并利用 a' 和 b' 求 $[a, b]$。

解 对 a、b 分别做素因数分解得
$$a = 2^3 \cdot 3^2 \cdot 5^4 \cdot 11^6,\quad b = 2^2 \cdot 3^6 \cdot 7^4 \cdot 11^3$$

整理得
$$a = 2^3 \cdot 5^4 \cdot 11^6 \cdot 3^2 \cdot 7^0,\quad b = 2^2 \cdot 5^0 \cdot 11^3 \cdot 3^6 \cdot 7^4$$

故选 $a' = 2^3 \cdot 5^4 \cdot 11^6,\ b' = 3^6 \cdot 7^4$,则有
$$a' \cdot b' = (2^3 \cdot 5^4 \cdot 11^6)(3^6 \cdot 7^4) = 2^3 \cdot 3^6 \cdot 5^4 \cdot 7^4 \cdot 11^6 = [a, b]$$

且有
$$(a', b') = (2^3 \cdot 5^4 \cdot 11^6,\ 3^6 \cdot 7^4) = 1$$

【例 1.5.7】 设 n 是合数,p 是 n 的素因数,并设 $p^\alpha \parallel n$,则 $p^\alpha \nmid \binom{n}{p}$。其中 $p^\alpha \parallel n$ 表示 $p^\alpha \mid n$,但 $p^{\alpha+1} \nmid n$。

证 设 $n = p^\alpha m$,则由条件 $p^\alpha \parallel n$ 知 $(m, p) = 1$。

对 $1 \leqslant k \leqslant p-1$,可知 $(n-k, p) = 1$。所以
$$((n-1)(n-2) \cdots (n-(p-1)),\ p) = 1$$

且由
$$\binom{n}{p} = \frac{n}{p} \cdot \frac{(n-1)(n-2) \cdots (n-p+1)}{(p-1)!} = p^{\alpha-1} m \cdot \frac{(n-1)(n-2) \cdots (n-p+1)}{(p-1)!}$$

和
$$\left(m \cdot \frac{(n-1)(n-2) \cdots (n-p+1)}{(p-1)!},\ p \right) = 1$$

知 $p^\alpha \nmid \binom{n}{p}$。

例如:$p = 7$,$n = 14$,$7 \mid 14$,$7^2 \nmid 14$,则 $7 \nmid \binom{14}{7} = 3432$。

又如：$p=7$，$n=49$，$7^2|49$，$7^3\nmid 49$，则 $7^2\nmid\binom{49}{7}=85\,900\,584$。

习 题 1

1. 证明：若 $2|n$、$5|n$ 及 $7|n$，则 $70|n$。

2. 证明：对任意正整数 n，有

   (1) $6|n(n+1)(2n+1)$；

   (2) $6|n(n-1)(2n-1)$；

   (3) $24|n(n+1)(n+2)(n+3)$；

   (4) 若 n 为奇数，则 $8|n^2-1$；

   (5) 若 n 为奇数，则 $24|n(n^2-1)$；

   (6) 若 $2\nmid n$，$3\nmid n$，则 $24|n^2+23$；

   (7) $30|n^5-n$；

   (8) $42|n^7-n$；

   (9) $\dfrac{n^5}{5}+\dfrac{n^3}{3}+\dfrac{7n}{15}$ 为整数。

3. 设 a、b、n 满足 $a|bn$ 且 $ax+by=1$，x，y 是两个整数。证明：$a|n$。

4. 证明：若 $a|b$ 且 $c|d$，则 $ac|bd$。

5. 设 $n\neq 1$，证明：$(n-1)^2|n^k-1$ 的充分必要条件是 $n-1|k$。

6. 证明：任意连续的 n 个整数中 $(n\geqslant 1)$，有且只有一个整数能被 n 整除。

7. 证明：对任给的正整数 K，必能找到 K 个连续的正整数，它们都是合数。

8. 证明：若 $m-p|mn+pq$，则 $m-p|mq+np$。

9. 证明：若 $p|10a-b$ 且 $p|10c-d$，则 $p|ad-bc$。

10. 证明：若 a^2 是 n 的最大平方因子，则由 $b^2|n$ 可推出 $b|a$。

11. 设 a、b、n 均为正整数，证明 $a^n-b^n\nmid a^n+b^n$。

12. 是否存在整数 a、b、c，使得 $a|bc$，但 $a\nmid b$、$a\nmid c$？

13. 证明：对任意整数 x 和 y，$17|2x+3y$ 的充分必要条件是 $17|9x+5y$。

14. 设 $5\nmid d$，$f(x)=ax^3+bx^2+cx+d$，$g(x)=dx^3+cx^2+bx+a$。证明：若存在整数 m，使得 $5|f(m)$，则必存在整数 n，使得 $5|f(n)$。

15. 设 a、b、c、d 为整数，证明：若有整数 m 能整除 ac、$ad+bc$ 和 bd，则 m 必能整除 ad 和 bc。

16. 设 n 为正整数，a_i 为整数 $(i=0,1,2,\cdots,n-1)$。证明：若一元 n 次代数方程

$$x^n+a_{n-1}x^{n-1}+\cdots+a_1x+a_0=0 \qquad (*)$$

有有理数解,则此解必为整数。

17. 利用代数方程的韦达定理完成以下问题:

(1) 证明:若一元二次整系数代数方程 $x^2+ax+b=0$ 有整数解 $x_0\neq 0$,则 $x_0|b$。

(2) 证明:一般地,若方程(*)有整数解 $x_0\neq 0$,则 $x_0|a_0$。

(3) 判断以下方程是否有整数解,若有,请给出全部整数解:

① $x^4+6x^3-3x^2+7x-6=0$;

② $x^3-x^2-4x+4=0$;

③ $x^5+3x^4+2x+1=0$。

18. 设 n 为正整数,证明:$n = \prod\limits_{\substack{d|n \\ 1<d<n}} d$ 的充分必要条件是 n 为一素数的立方,或为两个不同素数之积。

19. 证明下列实数是无理数:

(1) $\sqrt{2}, \sqrt{3}, \sqrt{15}$;

(2) $\text{lb}10, \log_3 7, \log_{15} 21$。

20. 证明:对于任意整数 x、y,有

(1) $8 \nmid x^2-y^2-2$;

(2) 若 $2 \nmid xy$,则 $x^2+y^2 \neq n^2$;

(3) 若 $3 \nmid xy$,则 $x^2+y^2 \neq n^2$;

(4) 若 $x^2+y^2=z^2$(z 为整数),则 $6|xy$。

21. 证明:当 $n=0,1,2,\cdots,39$ 时,n^2+n+41 都是素数。

22. 设正整数 $m \geq 2$,证明:若 $m|(m-1)!+1$,则 m 是素数。

23. 设正整数 $q \geq 2$,证明:若对任意整数 a 和 b,由 $q|ab$ 可推出 $q|a$ 或 $q|b$ 至少有一个成立,则 q 是素数。

24. 设 $F_n=2^{2^n}+1$ 为第 n 个 Fermat 数($n \geq 0$),$m \neq n$。证明:若 $d>1$ 且 $d|F_n$,则 $d \nmid F_m$,并由此推出素数有无穷多个。

25. 分别求出 n^2、n^3、n^4、n^5 被 3、4、8、10 除后可能取到的最小非负余数、最小正余数和绝对最小余数。

26. 求:

(1) $7|2^d-1$ 的最小正整数 d;

(2) $13|3^d-1$ 的最小正整数 d;

(3) 2^d 被 7 除后可能取到的最小非负余数、绝对最小余数;

(4) 3^d 被 11 除后可能取到的最小非负余数、绝对最小余数。

27. 设奇数 $a \geq 3$,$a|2^d-1$ 的最小正整数 $d=d_0$。证明:2^d 被 a 除后可能取到的不同的最小非负余数有 d_0 个。

28. 证明 Fermat 数 F_n 满足 $F_{n+1}=F_nF_{n-1}\cdots F_0+2$。

29. 设 p 是正整数 n 的最小素因数。证明：若 $p>n^{1/3}$，则 n/p 是素数。

30. 设 $p_1\leqslant p_2\leqslant p_3$ 均为素数，n 是正整数。证明：若 $p_1p_2p_3|n$，则 $p_1\leqslant n^{1/3}$，$p_2\leqslant (n/2)^{1/2}$。

31. 设 n 为正整数，证明形如 $4n-1$、$6n-1$、$4n+3$、$6n+5$ 的素数有无穷多。

32. 试写出 3 个整数，它们互素，但却不两两互素。

33. 试写出 4 个整数，它们互素，但却不两两互素。

34. 设 a 和 b 均为正整数，证明等差数列 $\{a, 2a, 3a, \cdots, ba\}$ 中能被 b 整除的数有 (a, b) 个。

35. 证明：若 $(a, b)=1$，$m>0$，则数列 $\{a+bk | k=0, 1, 2, \cdots\}$ 中有无穷多个与 m 互素的数。

36. 设 $P_n(x)=a_nx^n+a_{n-1}x^{n-1}+\cdots+a_0$ 为整系数多项式，$a_n\neq 0$。证明：必有无穷多个整数 x，使得 $P_n(x)$ 为合数。

37. 设整数 a、b 满足 $(a, b)=1$，求 $(a+b, a-b)$。

38. 若 a、b 互素，且不同时为零，求 $(a^2+b^2, a+b)$。

39. 证明：

(1) 如果正整数 a、b 满足 $(a, b)=1$，则对于任何正整数 n，都有 $(a^n, b^n)=1$；

(2) 如果 a、b 为整数，n 为正整数，且 $a^n|b^n$，则 $a|b$。

40. 求如下整数对的最大公因数：

(1) $(2n+1, 2n-1)$; (2) $(2n, 2(n+1))$;

(3) $(kn, k(n+2))$; (4) $(n-1, n^2+n+1)$。

41. 证明：若整数 a、b 满足 $(a, b)=1$，则 $(a+b, a^2-ab+b^2)=1$ 或 3。

42. 设 a、b、n 均为正整数，证明：$(a^n, b^n)=(a, b)^n$。

43. 设 $(a, b)=1$，$a+b\neq 0$，且 p 是一个奇素数。证明：

$$\left(a+b, \frac{a^p+b^p}{a+b}\right)=1 \text{ 或 } p$$

44. 利用辗转相除法，求整数 s、t，使得 $sa+tb=(a, b)$：

(1) 1613, 3589; (2) 1107, 822 916。

45. 将下列各组整数的最大公因数表示为该组数的整系数线性组合：

(1) 25, 81; (2) 36, 102;

(3) 70, 98, 105; (4) 180, 330, 405, 590。

46. 设 $n>0$，求组合数 $C_{2n}^1, C_{2n}^3, \cdots, C_{2n}^{2n-1}$ 的最大公因数。

47. 证明：

(1) 若 m、n 为正整数，$m>2$，则 $2^m-1\nmid 2^n+1$；

(2) 若 $m>0$, $n>0$, 且 m 为奇数, 则 $(2^m-1, 2^n+1)=1$;

(3) 设 $1 \leqslant m \leqslant n$, 则 $2^m-1 | 2^n-1$ 的充分必要条件是 $m|n$。

48. 设 m、n 为正整数, a 为大于 1 的正整数, 证明: $(a^m-1, a^n-1)=a^{(m,n)}-1$。

49. 设 $a>b$, $(a,b)=1$。证明: 对任何正整数 m、n, 有
$$(a^m-b^m, a^n-b^n)=a^{(m,n)}-b^{(m,n)}$$

50. 若正整数 a_1、b_1、d_1、a_2、b_2、d_2 满足 $(a_1,b_1)=d_1$, $(a_2,b_2)=d_2$, 证明 $(a_1a_2, a_1b_2, b_1a_2, b_1b_2)=d_1d_2$。

51. 给定 x 和 y, 若 $m=ax+by$, $n=cx+dy$ 且 $ad+bc=\pm1$, 证明 $(m,n)=(x,y)$。

52. 证明: 设 a、b 是正整数, 且 $[a,b]=(a,b)$, 则 $a=b$。

53. 求下列各组数 a 和 b 的最小公倍数:

(1) $a=16$, $b=70$;　　　　(2) $a=22$, $b=26$;

(3) $a=49$, $b=77$, $c=33$; (4) $a=132$, $b=253$, $c=50$。

54. 求下列各组数 a 和 b 的最大公因数和最小公倍数:

(1) $a=2^4 3^3 5^5 7^5$, $b=2^5 3^2 5^4 11^2$;

(2) $a=2 \cdot 3 \cdot 5 \cdot 7 \cdot 11 \cdot 13$, $b=17 \cdot 19 \cdot 23 \cdot 29$;

(3) $a=3^3 5^5 11^8$, $b=2 \cdot 3 \cdot 5 \cdot 7 \cdot 11 \cdot 13$;

(4) $a=31^{1234} 59^{123} 127^{3210}$, $b=41^{1234} 59^{123} 131^{3210}$。

55. 证明: 对于给定的正整数 n, 适合 $[a,b]=n$ 的数对 $\{a,b\}$ 共有 $2\tau(n^2)$ 对, 其中 $\tau(x)$ 为 x 的正因数的个数。

56. 证明: $\dfrac{[a,b,c]^2}{[a,b][b,c][c,a]} = \dfrac{(a,b,c)^2}{(a,b)(b,c)(c,a)}$。

57. 如果把任意 t 个连续自然数相乘, 其积的个位数只有两种可能, 则 t 应是多少?

58. 如果四个两位素数 a、b、c、d 两两不同, 且满足 $a+b=c+d$, 求:

(1) $a+b$ 的最小可能值;

(2) $a+b$ 的最大可能值。

59. 若某整数同时具备以下 3 条性质:

(1) 这个数与 1 的差是素数;

(2) 这个数除以 2 所得的商也是素数;

(3) 这个数除以 9 所得的余数是 5,

那么称这个数为**幸运数**。求出所有的两位幸运数。

60. 在 555 555 的约数中, 最大的三位数是多少?

61. 从一个长 2002 mm、宽 847 mm 的长方形纸片上, 剪下一个边长尽可能大的正方形。如果剩下的部分不是正方形, 那么在剩下的纸片上再剪下一个边长尽可能大的正方形。按照上述过程不断重复, 问最后剪得的正方形的边长是多少?

62. 已知大圆直径为 48 cm，小圆直径为 30 cm，两圆相切于 A 点。有甲、乙两只蚂蚁从 A 点以相同的速度沿同一方向出发，问它们各自爬了多少圈，两者首次相距最远。其中甲蚂蚁沿着大圆前进，乙蚂蚁沿着小圆前进。

63. 200 名同学按 1 至 200 编号且面南站成一排。第 1 次全体同学向右转(转后所有同学面朝西)，第 2 次编号为 2 的倍数的同学向右转，第 3 次编号为 3 的倍数的同学再向右转，…，第 200 次编号为 200 的倍数的同学向右转。这时面朝东的同学有多少名？

64. 团体操在表演过程中，要求在队伍变换成 10 行、15 行、18 行、24 行时，队形都能成为长方形。问团体操表演队最少需要多少人？

65. 当 $(a, b)=1$ 时，有理数 $\dfrac{a}{b}$ 叫做**既约分数**。证明：若两个既约分数 $\dfrac{a}{b}$ 与 $\dfrac{c}{d}$ 的和是一个整数，则 $|b|=|d|$。

66. 证明：对任何自然数 n，$\dfrac{21n+4}{14n+3}$ 是既约分数。

67. 如果一个整数不能被任何一个素数的平方整除，则叫做**无平方因子数**。证明：对整数 $n \geqslant 1$，能唯一决定 a 和 $b(a>0, b>0)$，使得 $n=a^2 b$，其中 b 无平方因子。

68. 证明：若 $(a, b)=1$，且 $ab=c^n$，则必存在整数 x 和 y，使得 $a=x^n$，$b=y^n$，且 $c=xy$。

69. 设 n 为整数，证明 $n(n+1)(n+2)(n+3)+1$ 是一个平方数。其中**平方数**定义为等于某个整数的平方的数。

70. 设正整数 m，n 满足 $(m, n)=1$，证明：方程 $x^m=y^n$ 的全部整数解可以由 $x=t^n$，$y=t^m$ 给出，其中 t 为任意整数。

71. 证明：任一形如 $3n-1$、$4n-1$、$6n-1$ 的正整数必有同样形式的素因数。

72. 证明：

(1) $3m+1$ 形式的奇数一定是 $6k+1$ 形式；

(2) $3m-1$ 形式的奇数一定是 $6k-1$ 形式。

73. 设 n 为奇数。

(1) 证明：n 一定能表示为两个平方数之差；

(2) 求 n 表示为两个平方数之差的表示法种数。

74. 设 $n \geqslant 3$，证明：n 可表示为两个或两个以上相邻正整数之和的充分必要条件是 $n \neq 2^k$。

75. 证明：当 $n>1$ 时，下列数不是整数：

(1) $1+\dfrac{1}{2}+\dfrac{1}{3}+\cdots+\dfrac{1}{n}$；

(2) $1+\dfrac{1}{3}+\dfrac{1}{5}+\cdots+\dfrac{1}{(2n-1)}$。

76. 若以 $\omega(n)$ 表示 n 的不同素因数个数，证明：

(1) 若 L 是无平方因子数，则满足 $[a,b]=L$ 的正整数对 a,b 共有 $3^{\omega(n)}$ 对；

(2) d、L 为正整数，$d|L$，则满足 $(a,b)=d$，$[a,b]=L$ 的正整数对 a,b 共有 $2^{\omega(\frac{L}{d})}$ 对。

77. 设 k 为给定的正整数。证明：任一正整数 n 必可唯一表示为 $n=ab^k$，其中 a、b 为正整数，且不存在 $d>1$，使得 $d^k|a$。

第 2 章 数论函数

在数论中，经常出现一些函数，它们在数论的研究中，起着重要作用。

可以定义各种各样的数论函数，本章只给出在实际问题中较常用的几个函数，并讨论其有关性质和实用意义。其中除了各函数本身的特殊性质外，还将讨论数论函数的一种重要性质，即积性函数及其性质。

另外，本章还将讨论数论函数的一种特殊运算，即数论函数的狄利克雷乘积，以及与此有关的运算问题。

2.1 数论函数

【定义 2.1.1】 一个定义在正整数集上的实或复值函数 $f(n)$ 叫做一个**数论函数**或**算术函数**。

需要说明的是，此处定义的数论函数的自变量一般都为正整数，但特殊问题中也不排除自变量为实数的情形，如 2.2 节的函数 $\lfloor x \rfloor$ 等。

$n!$、n^λ、$\{a_n\}$ 等都是数论函数。其中 $n!$ 和 n^λ 的意义比较明显，而函数 $\{a_n\}$ 是指 $f(n) = a_n$，即函数 $f(n)$ 的自变量是数列 a_n 的下标 n。

2.2 函数 $\lfloor x \rfloor$、$\lceil x \rceil$、$[x]$

2.2.1 下整数函数 $\lfloor x \rfloor$

【定义 2.2.1】 函数 $\lfloor x \rfloor$ 是对于一切实数都有意义的函数，其值等于不大于 x 的最大整数，也称为**下整数函数**。

根据定义，很容易得到函数 $\lfloor x \rfloor$ 的下列性质：

(i) $\lfloor x \rfloor \leqslant x < \lfloor x \rfloor + 1$；

(ii) $\lfloor x \rfloor + \lfloor y \rfloor \leqslant \lfloor x+y \rfloor$；

(iii) 当 n 为整数时，$\lfloor n+x \rfloor = n + \lfloor x \rfloor$；

(iv) $\lfloor -x \rfloor = \begin{cases} -\lfloor x \rfloor - 1, & \text{当 } x \text{ 不为整数时} \\ -\lfloor x \rfloor, & \text{当 } x \text{ 为整数时} \end{cases}$；

(v) 若 a、b 是任意两个正整数，则不大于 a 且为 b 的倍数的正整数的个数是 $\lfloor a/b \rfloor$。

2.2.2 上整数函数 $\lceil x \rceil$

【定义 2.2.2】 函数 $\lceil x \rceil$ 是对于一切实数都有意义的函数，其值等于不小于 x 的最小整数，也称为**上整数函数**。

由定义易得函数 $\lceil x \rceil$ 的下列性质：

(i) $\lceil x \rceil - 1 < x \leqslant \lceil x \rceil$；

(ii) $\lfloor x \rfloor \leqslant x \leqslant \lceil x \rceil$；

(iii) $\lceil x \rceil + \lceil y \rceil \geqslant \lceil x+y \rceil$；

(iv) 当 n 为整数时，$\lceil n+x \rceil = n + \lceil x \rceil$；

(v) $\lceil -x \rceil = \begin{cases} -\lceil x \rceil + 1, & \text{当 } x \text{ 不为整数时} \\ -\lfloor x \rfloor, & \text{当 } x \text{ 为整数时} \end{cases}$；

(vi) 当 x 为整数时 $\lfloor x \rfloor = \lceil x \rceil$，当 x 不为整数时 $\lfloor x \rfloor < \lceil x \rceil$。

2.2.3 四舍五入函数 $[x]$

【定义 2.2.3】 函数 $[x]$ 是对于一切实数都有意义的函数，其值为 x 四舍五入的结果，也称为**四舍五入函数**。

函数 $[x]$ 具有以下性质：

(i) $[x] = \lfloor x+0.5 \rfloor$；

(ii) 当 x 为整数时 $\lfloor x \rfloor = [x] = \lceil x \rceil$，当 x 不为整数时 $\lfloor x \rfloor \leqslant [x] \leqslant \lceil x \rceil$；

(iii) 当 n 为整数时，$[n+x] = n + [x]$；

(iv) $[-x] = \begin{cases} -[x]+1, & \text{当 } x \text{ 的小数部分为 0.5 时} \\ -[x], & \text{其他} \end{cases}$。

本节的三个函数中：函数 $\lfloor x \rfloor$ 也称为或理解为向下或向左进位函数；函数 $\lceil x \rceil$ 则为向上或向右进位函数；而函数 $[x]$ 则为向距离最近的整数进位函数，只是对小数部分为 0.5 的实数向上进位。例如：

$$\lfloor 3.01 \rfloor = \lfloor 3.89 \rfloor = 3, \lceil 3.01 \rceil = \lceil 3.89 \rceil = 4, [3.01] = 3, [3.89] = 4$$

$$\lfloor -3.01 \rfloor = \lfloor -3.89 \rfloor = -4, \lceil -3.01 \rceil = \lceil -3.89 \rceil = -3$$

$$[-3.01] = -3, [-3.89] = -4, [3.5] = 4, [-3.5] = -3$$

$$\lfloor 6 \rfloor = \lceil 6 \rceil = [6] = 6, \lfloor -6 \rfloor = \lceil -6 \rceil = [-6] = -6$$

在编程中，对 $x \geqslant 0$ 的情形，函数 $\lfloor x \rfloor$ 也称为截断函数，即 $\lfloor x \rfloor$ 等于 x 的整数部分。而简单且快速计算 $[x]$ 的方法之一就是利用上述性质(i)。

2.3 函数 $\text{pot}_p n$

【定义 2.3.1】 对于一个给定的素数 p，设 $p^m \| n$（即 $p^m | n$ 但 $p^{m+1} \nmid n$），则记为 $\text{pot}_p(n) = m$ 或 $\text{pot}_p n = m$。

对于有理数 $\dfrac{m}{n}$，定义

$$\text{pot}_p\left(\frac{m}{n}\right) = \text{pot}_p m - \text{pot}_p n$$

对于给定的素数 p，$\text{pot}_p n$ 是一个数论函数。

由定义，显然有以下简单的性质：

(i) $\text{pot}_p(p) = 1$；

(ii) $\text{pot}_p(mn) = \text{pot}_p m + \text{pot}_p n$；

(iii) $\text{pot}_p n^k = k \cdot \text{pot}_p n$，这里 $k > 0$；

(iv) $p \nmid n$，则 $\text{pot}_p n = 0$。

因此，有 $\text{pot}_3 54 = \text{pot}_3 3^3 + \text{pot}_3 2 = 3 + 0 = 3$，$\text{pot}_2 54 = \text{pot}_2 3^3 + \text{pot}_2 2 = 0 + 1 = 1$，等等。

当 p 非素数时，性质(ii)未必成立。例如，设 $p = 6 = 2 \cdot 3$ 不是素数，则有

$$\text{pot}_6 108 = \text{pot}_6(3 \cdot 6^2) = 2 \neq 0 + 0$$
$$= \text{pot}_6 4 + \text{pot}_6 27 \neq \text{pot}_6(4 \cdot 27)$$

下面推导 $\text{pot}_p n!$ 的计算公式。

【定理 2.3.1】 设 $p^k \leq n < p^{k+1}$，则有

$$\text{pot}_p(n!) = \left\lfloor \frac{n}{p} \right\rfloor + \left\lfloor \frac{n}{p^2} \right\rfloor + \cdots + \left\lfloor \frac{n}{p^k} \right\rfloor \tag{2.3.1}$$

证 因为

$$\text{pot}_p(n!) = \text{pot}_p 1 + \text{pot}_p 2 + \cdots + \text{pot}_p n$$
$$= \text{pot}_p p + \text{pot}_p(2p) + \cdots + \text{pot}_p\left(\left\lfloor \frac{n}{p} \right\rfloor p\right)$$

和

$$\text{pot}_p(jp) = \text{pot}_p p + \text{pot}_p j = 1 + \text{pot}_p j$$

故有

$$\text{pot}_p(n!) = \left\lfloor \frac{n}{p} \right\rfloor + \text{pot}_p\left(\left\lfloor \frac{n}{p} \right\rfloor!\right) \tag{2.3.2}$$

由函数 $\lfloor x \rfloor$ 的性质(v)可知 $\left\lfloor \dfrac{\left\lfloor \frac{n}{p} \right\rfloor}{p} \right\rfloor = \left\lfloor \dfrac{n}{p^2} \right\rfloor$，故由式(2.3.2)可推出

$$\text{pot}_p\left(\left\lfloor\frac{n}{p}\right\rfloor!\right) = \left\lfloor\frac{n}{p^2}\right\rfloor + \text{pot}_p\left(\left\lfloor\frac{n}{p^2}\right\rfloor!\right)$$

$$\vdots$$

$$\text{pot}_p\left(\left\lfloor\frac{n}{p^{k-1}}\right\rfloor!\right) = \left\lfloor\frac{n}{p^k}\right\rfloor + \text{pot}_p\left(\left\lfloor\frac{n}{p^k}\right\rfloor!\right) = \left\lfloor\frac{n}{p^k}\right\rfloor$$

将其代入式(2.3.2)便得式(2.3.1)。

【推论】 设 n 为正整数,则 $n!$ 的标准分解式可表示为

$$n! = \prod_{p\leqslant n} p^{\sum_{t=1}^{\infty}\left\lfloor\frac{n}{p^t}\right\rfloor} \tag{2.3.3}$$

其中, p 为素数。

证 因为当 $p^t > n$ 时, $\left\lfloor\frac{n}{p^t}\right\rfloor = 0$,故定理2.3.1的结果也可写成

$$\text{pot}_p(n!) = \sum_{t=1}^{\infty}\left\lfloor\frac{n}{p^t}\right\rfloor$$

式(2.3.3)实质上给出了 $n!$ 的一种表示方法和分解式。

【例2.3.1】 试求 15! 的标准分解式。

解 不超过15的素数有2、3、5、7、11、13,故由式(2.3.3)知15!的标准分解式为

$$15! = 2^{\alpha_1} \cdot 3^{\alpha_2} \cdot 5^{\alpha_3} \cdot 7^{\alpha_4} \cdot 11^{\alpha_5} \cdot 13^{\alpha_6}$$

且

$$\alpha_1 = \left\lfloor\frac{15}{2}\right\rfloor + \left\lfloor\frac{15}{2^2}\right\rfloor + \left\lfloor\frac{15}{2^3}\right\rfloor = 11,\ \alpha_2 = \left\lfloor\frac{15}{3}\right\rfloor + \left\lfloor\frac{15}{3^2}\right\rfloor = 6$$

$$\alpha_3 = \left\lfloor\frac{15}{5}\right\rfloor = 3,\ \alpha_4 = \left\lfloor\frac{15}{7}\right\rfloor = 2,\ \alpha_5 = \left\lfloor\frac{15}{11}\right\rfloor = 1,\ \alpha_6 = \left\lfloor\frac{15}{13}\right\rfloor = 1$$

所以, 15! 的标准分解式为

$$15! = 2^{11} \cdot 3^6 \cdot 5^3 \cdot 7^2 \cdot 11 \cdot 13$$

【例2.3.2】 试判断1000!的末尾连续0的个数。

解 因为只有因数中有2和5,才会在乘积的末尾产生0,故若干个素数的乘积末尾上0的个数取决于其中2和5的个数。而 $n!$ 的分解式中,2的个数肯定不少于5的个数,故 $n!$ 末尾0的个数就完全由其分解式中5的个数决定,即1000!的末尾上0的个数应为 $\text{pot}_5(1000!)$。由定理2.3.1知

$$\text{pot}_5(1000!) = \left\lfloor\frac{1000}{5}\right\rfloor + \left\lfloor\frac{1000}{5^2}\right\rfloor + \left\lfloor\frac{1000}{5^3}\right\rfloor + \left\lfloor\frac{1000}{5^4}\right\rfloor$$
$$= 200 + 40 + 8 + 1 = 249$$

所以,1000!的末尾共有249个0。

【例2.3.3】 试判断组合数 C_{1000}^{400} 的末尾连续0的个数。

解 由例 2.3.2 的分析知本例相当于计算 $\mathrm{pot}_5(C_{1000}^{400})$。而由组合数的计算公式和 $\mathrm{pot}_p n$ 函数的定义知

$$\mathrm{pot}_5(C_{1000}^{400}) = \mathrm{pot}_5\left(\frac{1000!}{400! \cdot 600!}\right) = \mathrm{pot}_5(1000!) - \mathrm{pot}_5(400! \cdot 600!)$$
$$= \mathrm{pot}_5(1000!) - [\mathrm{pot}_5(400!) + \mathrm{pot}_5(600!)]$$
$$= 249 - (99 + 148) = 2$$

所以,C_{1000}^{400} 的末尾共有 2 个 0。

【定理 2.3.2】 设 $0 < r < n$,则组合数

$$C_n^r = \binom{r}{n} = \frac{n!}{r!(n-r)!}$$

是一个整数。

证 因为 $n = (n-r) + r$,故从函数 $\lfloor x \rfloor$ 的性质(ii)推出

$$\left\lfloor \frac{n}{p^t} \right\rfloor \geqslant \left\lfloor \frac{n-r}{p^t} \right\rfloor + \left\lfloor \frac{r}{p^t} \right\rfloor$$

$$\sum_{t=1}^{\infty} \left\lfloor \frac{n}{p^t} \right\rfloor \geqslant \sum_{t=1}^{\infty} \left\lfloor \frac{n-r}{p^t} \right\rfloor + \sum_{t=1}^{\infty} \left\lfloor \frac{r}{p^t} \right\rfloor$$

利用式(2.3.1)即可证明 $\binom{n}{r}$ 是整数。

【定理 2.3.3】 对于给定的素数 p 和 $0 < r < p^c (c > 0)$,有

$$\mathrm{pot}_p \binom{p^c}{r} = c - \mathrm{pot}_p r \tag{2.3.4}$$

证 当 $r = 1$ 时,式(2.3.4)显然成立。设 $r > 1$,有

$$\binom{p^c}{r} = \frac{p^c}{r} \cdot \frac{p^c - 1}{1} \cdot \frac{p^c - 2}{2} \cdots \frac{p^c - (r-1)}{r-1}$$

因为 $0 < r < p^c$,故

$$\mathrm{pot}_p(p^c - j) = \mathrm{pot}_p j, \quad j = 1, 2, \cdots, r-1$$

$$\mathrm{pot}_p \binom{p^c}{r} = \mathrm{pot}_p p^c + \sum_{j=1}^{r-1} \mathrm{pot}_p(p^c - j) - \sum_{j=1}^{r} \mathrm{pot}_p(j) = c - \mathrm{pot}_p r$$

这就证明了式(2.3.4)。

【定理 2.3.4】 设 $n = a_h p^h + a_{h-1} p^{h-1} + \cdots + a_1 p + a_0$,其中 $1 \leqslant a_h < p$,$0 \leqslant a_j < p$,$j = 1, 2, \cdots, h-1$,$A(n, p) = \sum_{k=0}^{h} a_k$,则有

$$\frac{n - A(n, p)}{p - 1} = \sum_{k=1}^{h} \left\lfloor \frac{n}{p^k} \right\rfloor = \mathrm{pot}_p(n!) \tag{2.3.5}$$

证 因为
$$n - A(n,p) = \sum_{k=0}^{h} a_k(p^k - 1) = \sum_{k=1}^{h} a_k(p^k - 1)$$
故
$$\frac{n - A(n,p)}{p - 1} = \sum_{k=1}^{h} a_k(p^{k-1} + p^{k-2} + \cdots + p + 1)$$
$$= a_1 + a_2 p + \cdots + a_h p^{h-1} + a_2 + a_3 p + \cdots + a_h p^{h-2} + \cdots + a_h$$
$$= \sum_{k=1}^{h}(a_h p^{h-k} + \cdots + a_{k+1} p + a_k)$$
$$= \sum_{k=1}^{h} \left\lfloor \frac{n}{p^k} \right\rfloor$$

因为 $p^h \leqslant n < p^{h+1}$，故由定理 2.3.1 知
$$\sum_{k=1}^{h} \left\lfloor \frac{n}{p^k} \right\rfloor = \text{pot}_p(n!)$$
即式(2.3.5)得证。

现在，进一步求 $\text{pot}_p \binom{n}{r}$。

【定理 2.3.5】 设 $0 < r < n$，则
$$\text{pot}_p \binom{n}{r} = \frac{A(r,p) + A(n-r,p) - A(n,p)}{p - 1}$$

证 因为
$$\text{pot}_p \binom{n}{r} = \text{pot}_p(n!) - \text{pot}_p(r!) - \text{pot}_p((n-r)!)$$
由式(2.3.5)，有
$$\text{pot}_p \binom{n}{r} = \frac{n - A(n,p)}{p - 1} - \frac{r - A(r,p) + n - r - A(n-r,p)}{p - 1}$$
$$= \frac{A(r,p) + A(n-r,p) - A(n,p)}{p - 1}$$

2.4 Euler 函数 $\varphi(n)$

【定义 2.4.1】 设 n 为正整数，则 $1, 2, \cdots, n$ 中与 n 互素的整数的个数记做 $\varphi(n)$，叫做 Euler(欧拉)函数。

例如，$\varphi(1) = 1$，$\varphi(2) = 1$，$\varphi(3) = 2$，$\varphi(4) = 2$，$\varphi(6) = 2$(因为 $1, 2, \cdots, 6$ 中与 6 互素的数只有 1 和 5)。

【例 2.4.1】 求 $\varphi(10)$ 和 $\varphi(20)$。

解 当 $n=10$ 时，$1, 2, \cdots, 10$ 中与 10 互素的数为 1、3、7、9，故由定义 2.4.1 知 $\varphi(10)=4$。

当 $n=20$ 时，$1, 2, \cdots, 20$ 中与 20 互素的数为 1、3、7、9、11、13、17、19，即 $\varphi(20)=8$。

【性质 2.4.1】 设 p 为素数，则 $\varphi(p)=p-1$。

证 由素数的定义知，结论显然成立。

【性质 2.4.2】 设 p 为素数，且整数 $\alpha \geqslant 1$，则
$$\varphi(p^\alpha)=p^\alpha-p^{\alpha-1}=p^{\alpha-1}(p-1)=p^\alpha\left(1-\frac{1}{p}\right)$$

证 $1, 2, \cdots, p^\alpha$ 中与 p 不互素的数共有 $p^{\alpha-1}$ 个，这些数分别是
$$p, 2p, 3p, 4p, \cdots, p^{\alpha-1} \cdot p$$
由此即得结论。

【性质 2.4.3】 设整数 $n=pq$，其中 p, q 为不同的素数，则
$$\varphi(n)=\varphi(pq)=\varphi(p)\varphi(q)=(p-1)(q-1)$$

证 设整数 a 满足 $1 \leqslant a \leqslant n$，若 $(a, n)=d>1$，则必有 $d=sp$ 或 $d=tq$（因为 n 的因数只有 1、p、q、$pq=n$），即必有 $p|d$ 或 $q|d$，从而有 $p|a$ 或 $q|a$。这说明与 n 不互素的数 a 必为 $a=sp$ 或 $a=tq$。这样的 a 为
$$p, 2p, 3p, 4p, \cdots, (q-1)p, qp$$
和
$$q, 2q, 3q, 4q, \cdots, (p-1)q, pq$$
共有 $p+q-1$ 个。故
$$\varphi(n)=\varphi(pq)=pq-(p+q-1)=(p-1)(q-1)=\varphi(p)\varphi(q)$$

【例 2.4.2】 利用性质 2.4.3 求 $\varphi(143)$。

解 因为 $143=11 \cdot 13$，且由性质 2.4.1 知 $\varphi(11)=10$，$\varphi(13)=12$。故有
$$\varphi(143)=\varphi(11 \cdot 13)=\varphi(11)\varphi(13)=10 \cdot 12=120$$

【性质 2.4.4】 设整数 $n=p^\alpha q^\beta$，其中 p, q 为不同的素数，则
$$\varphi(n)=\varphi(p^\alpha q^\beta)=\varphi(p^\alpha)\varphi(q^\beta)=n\left(1-\frac{1}{p}\right)\left(1-\frac{1}{q}\right)$$

证 在 $1 \sim n$ 中与 n 不互素的数必为 sp 或 tq 形式的数，即能被 p 或 q 整除的数，这些数分别为
$$p, 2p, 3p, 4p, \cdots, (p^{\alpha-1}q^\beta-1)p, p^\alpha q^\beta=p^{\alpha-1}q^\beta p=n \text{（有 } p^{\alpha-1}q^\beta \text{ 个）}$$
和
$$q, 2q, 3q, 4q, \cdots, (p^\alpha q^{\beta-1}-1)q, p^\alpha q^\beta=p^\alpha q^{\beta-1}q=n \text{（有 } p^\alpha q^{\beta-1} \text{ 个）}$$

其中能同时被 p 和 q 整除的数有

$$pq, 2pq, 3pq, \cdots, p^\alpha q^\beta = (p^{\alpha-1}q^{\beta-1})pq = n \text{（共有 } p^{\alpha-1}q^{\beta-1} \text{ 个）}$$

故

$$\begin{aligned}\varphi(n) &= n - p^{\alpha-1}q^\beta - p^\alpha q^{\beta-1} + p^{\alpha-1}q^{\beta-1}\\ &= p^\alpha q^\beta - p^{\alpha-1}q^\beta - p^\alpha q^{\beta-1} + p^{\alpha-1}q^{\beta-1}\\ &= (p^\alpha - p^{\alpha-1})(q^\beta - q^{\beta-1})\\ &= p^\alpha q^\beta \left(1 - \frac{1}{p}\right)\left(1 - \frac{1}{q}\right)\\ &= n\left(1 - \frac{1}{p}\right)\left(1 - \frac{1}{q}\right)\end{aligned}$$

【**推论**】 设整数 n 有标准分解式 $p_1^{\alpha_1} p_2^{\alpha_2} \cdots p_k^{\alpha_k}$，则

$$\varphi(n) = n\prod_{i=1}^{k}\left(1 - \frac{1}{p_i}\right) = n\left(1 - \frac{1}{p_1}\right)\left(1 - \frac{1}{p_2}\right)\cdots\left(1 - \frac{1}{p_k}\right)$$

证 在 $1 \sim n$ 中与 n 不互素的数 a 一定是某个 p_i 的倍数，或若干个 p_i 的倍数，故满足 $p_i | a$ 且 $1 \leqslant a \leqslant n$ 的 a 有 $\frac{n}{p_i}$ 个 ($i = 1, 2, \cdots, k$)，满足 $p_i p_j | a$ 且 $1 \leqslant a \leqslant n$ 的 a 有 $\frac{n}{p_i p_j}$ 个 ($i, j = 1, 2, \cdots, k; i \neq j$)，$\cdots$，满足 $p_1 p_2 \cdots p_k | a$ 且 $1 \leqslant a \leqslant n$ 的 a 有 $\frac{n}{p_1 p_2 \cdots p_k}$ 个。

所以，在 $1 \sim n$ 中与 n 互素的数有

$$\begin{aligned}\varphi(n) &= n - \sum_{i=1}^{k}\frac{n}{p_i} + \sum_{\substack{i,j=1\\i<j}}^{k}\frac{n}{p_i p_j} - \cdots + (-1)^k \frac{n}{p_1 p_2 \cdots p_k}\\ &= n\left(1 - \frac{1}{p_1}\right)\left(1 - \frac{1}{p_2}\right)\cdots\left(1 - \frac{1}{p_k}\right)\end{aligned}$$

【**例 2.4.3**】 计算 Euler 函数值 $\varphi(100)$ 和 $\varphi(360)$。

解 先将 100 和 360 分别进行素因数分解，即 $100 = 2^2 \cdot 5^2$，$360 = 2^3 \cdot 3^2 \cdot 5$，再由性质 2.4.4 或其推论可得

$$\varphi(100) = \varphi(2^2 \cdot 5^2) = 100 \cdot \frac{1}{2} \cdot \frac{4}{5} = 40$$

$$\varphi(360) = \varphi(2^3 \cdot 3^2 \cdot 5) = 360 \cdot \frac{1}{2} \cdot \frac{2}{3} \cdot \frac{4}{5} = 96$$

即 $1 \sim 100$ 间与 100 互素的数有 40 个，$1 \sim 360$ 间与 360 互素的数有 96 个。

【**性质 2.4.5**】 设正整数 m、n 互素，则 $\varphi(mn) = \varphi(m)\varphi(n)$。

证 记 m、n 的标准分解式分别为

$$m = p_1^{\alpha_1} p_2^{\alpha_2} \cdots p_k^{\alpha_k}, \quad n = q_1^{\beta_1} q_2^{\beta_2} \cdots q_j^{\beta_j}$$

由 m、n 的互素性，有

$$\varphi(mn) = \varphi(p_1^{\alpha_1} p_2^{\alpha_2} \cdots p_k^{\alpha_k} \cdot q_1^{\beta_1} q_2^{\beta_2} \cdots q_j^{\beta_j})$$

$$= mn\left(1-\frac{1}{p_1}\right)\cdots\left(1-\frac{1}{p_k}\right)\left(1-\frac{1}{q_1}\right)\cdots\left(1-\frac{1}{q_j}\right)$$

$$= m\left(1-\frac{1}{p_1}\right)\cdots\left(1-\frac{1}{p_k}\right) \cdot n\left(1-\frac{1}{q_1}\right)\cdots\left(1-\frac{1}{q_j}\right)$$

$$= \varphi(m)\varphi(n)$$

欧拉函数 $\varphi(n)$ 的这种性质说明它是一种积性函数(或称乘性函数)(关于积性函数的概念见定义 2.8.1)。

【例 2.4.4】 已知整数 $1056 = 33 \cdot 32$,试计算 Euler 函数值 $\varphi(1056)$。

解 已知 $1056 = 33 \cdot 32$,且 $(33, 32) = 1$,故由性质 2.4.5,有

$$\varphi(33 \cdot 32) = \varphi(33)\varphi(32) = \left(33 \cdot \frac{2}{3} \cdot \frac{10}{11}\right)\left(32 \cdot \frac{1}{2}\right) = 320$$

【例 2.4.5】 欧拉函数 $\varphi(n)$ 不是完全积性函数(见定义 2.8.1,即对任何正整数 m、n,都有 $\varphi(mn) = \varphi(m)\varphi(n)$)。

证 反例:设 $m = 36, n = 16$,则

$$\varphi(36) = 12, \varphi(16) = 8, \varphi(36)\varphi(16) = 96$$

但

$$\varphi(36 \cdot 16) = \varphi(576) = \varphi(2^6 \cdot 3^2) = 576 \cdot \frac{1}{2} \cdot \frac{2}{3} = 192 \neq 96 = \varphi(36)\varphi(16)$$

又设 $m = 12, n = 20$,则

$$\varphi(12) = 4, \varphi(20) = 8, \varphi(12)\varphi(20) = 32$$

但

$$\varphi(12 \cdot 20) = \varphi(240) = \varphi(2^4 \cdot 3 \cdot 5) = 240 \cdot \frac{1}{2} \cdot \frac{2}{3} \cdot \frac{4}{5} = 64 \neq 32 = \varphi(12)\varphi(20)$$

【例 2.4.6】 设 $n = pq$,p、q 均为素数,则可由 n 和 $\varphi(n)$ 得到 p、q。

解 由 $n = pq$ 和 $\varphi(n) = (p-1)(q-1) = n - p - q + 1$ 即得关于 p、q 的方程组

$$\begin{cases} p + q = n + 1 - \varphi(n) \\ pq = n \end{cases}$$

由韦达定理知,p、q 是方程

$$x^2 - [n + 1 - \varphi(n)]x + n = 0$$

的两个根。

例如,设 $pq = 143, \varphi(pq) = 120$,即 $n = 143, \varphi(n) = 120$,那么,$p$、$q$ 满足方程

$$x^2 - (143 + 1 - 120)x + 143 = 0$$

即

$$x^2 - 24x + 143 = 0$$

由二次代数方程的求根公式知

$$p=\frac{24+\sqrt{24^2-4\cdot 143}}{2}=13, \quad q=\frac{24-\sqrt{24^2-4\cdot 143}}{2}=11$$

【性质 2.4.6】 设 $(m,n)=d$，则

$$\varphi(mn)=\varphi(m)\varphi(n)\frac{d}{\varphi(d)}$$

证 设 $n=p_1^{a_1}p_2^{a_2}\cdots p_k^{a_k}$，由 $\varphi(n)=n\prod_{i=1}^{k}\left(1-\frac{1}{p_i}\right)$ 知

$$\frac{\varphi(n)}{n}=\prod_{p\mid n}\left(1-\frac{1}{p}\right) \tag{2.4.1}$$

所以

$$\frac{\varphi(mn)}{mn}=\prod_{p\mid mn}\left(1-\frac{1}{p}\right)=\frac{\left[\prod_{p\mid m}\left(1-\frac{1}{p}\right)\right]\left[\prod_{p\mid n}\left(1-\frac{1}{p}\right)\right]}{\prod_{p\mid d}\left(1-\frac{1}{p}\right)}$$

$$=\frac{\frac{\varphi(m)}{m}\frac{\varphi(n)}{n}}{\frac{\varphi(d)}{d}}=\frac{\varphi(m)}{m}\frac{\varphi(n)}{n}\frac{d}{\varphi(d)}$$

即

$$\varphi(mn)=\varphi(m)\varphi(n)\frac{d}{\varphi(d)}$$

【例 2.4.7】 设正整数 m、n 有分解式 $m=220=2^2\cdot 5\cdot 11$，$n=210=2\cdot 3\cdot 5\cdot 7$，试求 $\varphi(mn)$，并验证性质 2.4.6 的证明过程。

解 由分解式可得

$$d=(m,n)=(220,210)=2\cdot 5=10$$

$$\varphi(220)=220\cdot\frac{1}{2}\cdot\frac{4}{5}\cdot\frac{10}{11}=80$$

$$\varphi(210)=210\cdot\frac{1}{2}\cdot\frac{2}{3}\cdot\frac{4}{5}\cdot\frac{6}{7}=48, \quad \varphi(10)=4$$

由性质 2.4.6 得

$$\varphi(220\cdot 210)=\varphi(220)\varphi(210)\frac{10}{\varphi(10)}=80\cdot 48\cdot\frac{10}{4}=9600$$

接下来验证性质的证明过程：

$$mn=220\cdot 210=46\,200=2^3\cdot 3\cdot 5^2\cdot 7\cdot 11$$

由式(2.4.1)知

$$\frac{\varphi(46\,200)}{46\,200}=\left(1-\frac{1}{2}\right)\left(1-\frac{1}{3}\right)\left(1-\frac{1}{5}\right)\left(1-\frac{1}{7}\right)\left(1-\frac{1}{11}\right)$$

而
$$\frac{\varphi(220)}{220}=\left(1-\frac{1}{2}\right)\left(1-\frac{1}{5}\right)\left(1-\frac{1}{11}\right)$$
$$\frac{\varphi(210)}{210}=\left(1-\frac{1}{2}\right)\left(1-\frac{1}{3}\right)\left(1-\frac{1}{5}\right)\left(1-\frac{1}{7}\right)$$

所以
$$\frac{\varphi(46\,200)}{46\,200}=\frac{\left[\left(1-\frac{1}{2}\right)\left(1-\frac{1}{5}\right)\left(1-\frac{1}{11}\right)\right]\left[\left(1-\frac{1}{2}\right)\left(1-\frac{1}{3}\right)\left(1-\frac{1}{5}\right)\left(1-\frac{1}{7}\right)\right]}{\left(1-\frac{1}{2}\right)\left(1-\frac{1}{5}\right)}$$
$$=\frac{\dfrac{\varphi(220)}{220}\dfrac{\varphi(210)}{210}}{\dfrac{\varphi(10)}{10}}$$

两边同乘以 46 200 得
$$\varphi(46\,200)=\varphi(220)\varphi(210)\frac{10}{\varphi(10)}$$

【推论】 设正整数 a、b 满足 $a\mid b$,则 $\varphi(ab)=a\varphi(b)$。

证 因为 $a\mid b$,故 $(a,b)=a$,从而由性质 2.4.6 知
$$\varphi(ab)=\varphi(a)\varphi(b)\frac{a}{\varphi(a)}=a\varphi(b)$$

【例 2.4.8】 求 $\varphi(20\,000)$。

解 容易看出 $20\,000=100\cdot 200$,且 $(100,200)=100$。又 $\varphi(200)=80$,故由性质 2.4.6 得
$$\varphi(20\,000)=\varphi(100)\varphi(200)\cdot 100/\varphi(100)$$
$$=100\varphi(200)$$
$$=100\cdot 80=8000$$

【性质 2.4.7】 设正整数 a、b 满足 $a\mid b$,则 $\varphi(a)\mid\varphi(b)$。

证 设 a 有标准分解式 $a=p_1^{\alpha_1}p_2^{\alpha_2}\cdots p_k^{\alpha_k}$,则由定理 1.5.2 知 b 的标准分解式必为 $b=p_1^{\beta_1}p_2^{\beta_2}\cdots p_k^{\beta_k}p_{k+1}^{\beta_{k+1}}\cdots p_t^{\beta_t}$(此处将两者相同的素因子排在前面),且 $1\leqslant\alpha_i\leqslant\beta_i(i=1,2,\cdots,k)$,$k\leqslant t$,并有
$$\varphi(a)=a\left(1-\frac{1}{p_1}\right)\left(1-\frac{1}{p_2}\right)\cdots\left(1-\frac{1}{p_k}\right)$$
$$\varphi(b)=b\left(1-\frac{1}{p_1}\right)\left(1-\frac{1}{p_2}\right)\cdots\left(1-\frac{1}{p_k}\right)\left(1-\frac{1}{p_{k+1}}\right)\cdots\left(1-\frac{1}{p_t}\right)$$

从而

$$\frac{\varphi(b)}{\varphi(a)} = \frac{b}{a}\left(1-\frac{1}{p_{k+1}}\right)\left(1-\frac{1}{p_{k+2}}\right)\cdots\left(1-\frac{1}{p_t}\right) = 整数$$

【性质 2.4.8】 设 n 为正整数，d 为 n 的正因数，则

$$\sum_{d\mid n}\varphi(d) = n \quad 或 \quad \sum_{d\mid n}\varphi\left(\frac{n}{d}\right) = n$$

证 对 n 个数 $C=\{1, 2, \cdots, n\}$ 按照与 n 的最大公因数分类，记

$$C_d = \{x \mid 1 \leqslant x \leqslant n, (x, n) = d\}$$

即在 $1\sim n$ 之间与 n 的最大公因子都是 d 的数构成的 C 的子集，则必有

$$C_d = \left\{x = dk \mid 1 \leqslant k \leqslant \frac{n}{d}, \left(k, \frac{n}{d}\right) = 1\right\}$$

这是因为 $x=dk$，$n=d\dfrac{n}{d}$，故

$$(x, n) = \left(dk, d\frac{n}{d}\right) = d\left(k, \frac{n}{d}\right)$$

所以

$$|C_d| = \varphi\left(\frac{n}{d}\right)$$

又因为 C 中每个整数恰好只属于一个类 C_d，所以 C_d 构成集合 C 的一个划分，即

$$C = \bigcup_{d\mid n} C_d$$

从而

$$|C| = \sum_{d\mid n}|C_d| \quad 或 \quad n = \sum_{d\mid n}\varphi\left(\frac{n}{d}\right)$$

而当 d 遍历 n 的所有正因数时，n/d 也遍历 n 的所有正因数，即

$$n = \sum_{d\mid n}\varphi\left(\frac{n}{d}\right) = \sum_{d\mid n}\varphi(d)$$

【例 2.4.9】 设 $n=50$，求全部 C_d，并验证性质 2.4.8 的结论。

解 对 $n=50$，其正因数有 $d=1, 2, 5, 10, 25, 50$，因此有

$C_1 = \{1, 3, 7, 9, \cdots, 47, 49\}$（由 $1\sim 50$ 中不含 5 的倍数的奇数构成的集合，即去掉 5、15、25、35、45 后的全部奇数），$|C_1| = \varphi\left(\dfrac{50}{1}\right) = \varphi(50) = 20$

$C_2 = \{2, 4, 6, 8, 12, 14, \cdots, 46, 48\}$（由 $1\sim 50$ 中不含 5 的倍数的偶数构成的集合，即去掉 10、20、30、40、50 后的全部偶数），$|C_2| = \varphi\left(\dfrac{50}{2}\right) = \varphi(25) = 20$

$C_5 = \{5, 15, 35, 45\}$，$|C_5| = \varphi\left(\dfrac{50}{5}\right) = \varphi(10) = 4$（同理，$C_5$ 中不含 10、20、30、40、50）

$C_{10} = \{10, 20, 30, 40\}$，$|C_{10}| = \varphi\left(\dfrac{50}{10}\right) = \varphi(5) = 4$

$C_{25} = \{25\}$, $|C_{25}| = \varphi\left(\dfrac{50}{25}\right) = \varphi(2) = 1$ (注意 C_{25} 中不含 50)

$C_{50} = \{50\}$, $|C_{50}| = \varphi\left(\dfrac{50}{50}\right) = \varphi(1) = 1$

故

$$|C_1| + |C_2| + |C_5| + |C_{10}| + |C_{25}| + |C_{50}|$$
$$= \varphi\left(\dfrac{50}{1}\right) + \varphi\left(\dfrac{50}{2}\right) + \varphi\left(\dfrac{50}{5}\right) + \varphi\left(\dfrac{50}{10}\right) + \varphi\left(\dfrac{50}{25}\right) + \varphi\left(\dfrac{50}{50}\right)$$
$$= \varphi(50) + \varphi(25) + \varphi(10) + \varphi(5) + \varphi(2) + \varphi(1)$$
$$= 20 + 20 + 4 + 4 + 1 + 1 = 50$$

虽然性质 2.4.4 及其推论给出了一个表面上看起来非常有用且简单的求 Euler 函数值的计算公式,但是由于其依赖于正整数 n 的素因数分解,故目前关于 Euler 函数值的计算仍然是难题。

2.5 墨比乌斯函数 $\mu(n)$

2.5.1 墨比乌斯函数

【定义 2.5.1】 设正整数 n 有标准分解式 $n = p_1^{l_1} \cdots p_k^{l_k}$,则 **Möbius**(墨比乌斯)函数 $\mu(n)$ 定义为

$$\mu(n) = \begin{cases} 1, & n=1 \text{ 时} \\ (-1)^k, & l_1 = \cdots = l_k = 1 \text{ 时} \\ 0, & \text{有某个 } l_i > 1 \text{ 时}(1 \leqslant i \leqslant k) \end{cases}$$

可以看出,只要 n 含有一个平方项的因子 p_i^2,则必有 $\mu(n) = 0$。

【例 2.5.1】 求整数 2、9、10、105、126 的 Möbius 函数值。

解 因为 9、10、105、126 的标准分解式分别为

$$9 = 3^2, \ 10 = 2 \cdot 5, \ 105 = 3 \cdot 5 \cdot 7, \ 126 = 2 \cdot 3^2 \cdot 7$$

故由定义有

$$\mu(2) = (-1)^1 = -1, \ \mu(9) = \mu(3^2) = 0, \ \mu(10) = \mu(2 \cdot 5) = (-1)^2 = 1$$
$$\mu(105) = \mu(3 \cdot 5 \cdot 7) = (-1)^3 = -1, \ \mu(126) = \mu(2 \cdot 3^2 \cdot 7) = 0$$

【定理 2.5.1】 如果 $n \geqslant 1$,则有

$$\sum_{d|n} \mu(d) = \left\lfloor \dfrac{1}{n} \right\rfloor \tag{2.5.1}$$

证 当 $n = 1$ 时,式(2.5.1)显然成立。

当 $n>1$ 时,设 n 的标准分解式为 $n=p_1^{a_1}p_2^{a_2}\cdots p_k^{a_k}$,并记 $n^*=p_1p_2\cdots p_k$。由定义 2.5.1 知,对 n 的含平方项的因子 d,有 $\mu(d)=0$,所以

$$\sum_{d\mid n}\mu(d)=\sum_{d\mid n^*}\mu(d)$$

即
$$\begin{aligned}\sum_{d\mid n}\mu(d)&=\mu(1)+\mu(p_1)+\cdots+\mu(p_k)+\mu(p_1p_2)\\&\quad+\cdots+\mu(p_{k-1}p_k)+\cdots+\mu(p_1\cdots p_k)\\&=1+\binom{k}{1}(-1)+\binom{k}{2}(-1)^2+\cdots+\binom{k}{k}(-1)^k\\&=(1-1)^k=0\end{aligned}$$

故式(2.5.1)成立。

函数 $\mu(n)$ 在数论中经常出现,可用于构造其他函数。

【例 2.5.2】 证明欧拉函数可表示为墨比乌斯函数的线性组合:

$$\varphi(n)=\sum_{d\mid n}\mu(d)\frac{n}{d}=n\sum_{d\mid n}\frac{\mu(d)}{d} \tag{2.5.2}$$

证 已知当正整数 n 的标准分解式为 $n=p_1^{a_1}p_2^{a_2}\cdots p_k^{a_k}$,并记 $n^*=p_1p_2\cdots p_k$ 时,其欧拉函数的求值公式为 $\varphi(n)=n\left(1-\dfrac{1}{p_1}\right)\cdots\left(1-\dfrac{1}{p_k}\right)$。而

$$\begin{aligned}\left(1-\frac{1}{p_1}\right)\left(1-\frac{1}{p_2}\right)\cdots\left(1-\frac{1}{p_k}\right)&=1-\sum_{1\leqslant i\leqslant k}\frac{1}{p_i}+\sum_{1\leqslant i<j\leqslant k}\frac{1}{p_ip_j}-\cdots+(-1)^k\frac{1}{p_1p_2\cdots p_k}\\&=\frac{\mu(1)}{1}+\sum_{1\leqslant i\leqslant k}\frac{\mu(p_i)}{p_i}+\sum_{1\leqslant i<j\leqslant k}\frac{\mu(p_ip_j)}{p_ip_j}\\&\quad+\cdots+\frac{\mu(p_1p_2\cdots p_k)}{p_1p_2\cdots p_k}\\&=\sum_{d\mid n^*}\frac{\mu(d)}{d}=\sum_{d\mid n}\frac{\mu(d)}{d}\end{aligned}$$

等式两边同乘以 n,即得式(2.5.2)。

【定理 2.5.2】 设 $n>1$,当 d 遍历 n 的不含有多于 m 个素因数乘积的因数时,有

$$\sum\mu(d)=\begin{cases}\geqslant 0, & \text{当 }m\text{ 为偶数时}\\ \leqslant 0, & \text{当 }m\text{ 为奇数时}\end{cases} \tag{2.5.3}$$

证 设 $n=p_1^{a_1}p_2^{a_2}\cdots p_k^{a_k}$ 是 n 的标准分解式,则当 $m=k$ 时,由定理 2.5.1 知式(2.5.3)成立。

现设 $m<k$,因为 d 含有平方因子时,$\mu(d)=0$,故只需讨论 d 不含平方因子的情形,而 n 中不含平方因子且含有 j 个不同素因数的因数 d 的个数是 $\binom{k}{j}$,而对于这些 d,$\mu(d)=(-1)^j$,故

$$\sum_{\substack{d=p_{i_1}\cdots p_{i_j},\, d\mid n \\ j\leqslant m,\, 1\leqslant i_1<\cdots<i_j\leqslant k}} \mu(d) = \sum_{j=0}^{m} \binom{k}{j}(-1)^j$$

又

$$0 = (1-1)^k$$
$$= \binom{k}{0} - \binom{k}{1} + \cdots + (-1)^m\binom{k}{m} + (-1)^{m+1}\binom{k}{m+1} + \cdots + (-1)^k$$

于是

$$\sum_{j=0}^{m}\binom{k}{j}(-1)^j = (-1)^m\binom{k}{m+1} + (-1)^{m+1}\binom{k}{m+2} + \cdots + (-1)^{k+1}$$

$$= (-1)^m\left[\binom{k}{m+1} - \binom{k}{m+2} + \cdots + (-1)^{k-m+1}\right]$$

设 m 为偶数,当 $m=k-1$ 时,由上式知显然有 $\sum_{j=0}^{k-1}\binom{k}{j}(-1)^j = 1$;而当 $m\leqslant k-2$,且 $2\leqslant t\leqslant m\leqslant \dfrac{k}{2}$ 时,由 $\binom{k}{t} > \binom{k}{t-1}$ 知

$$\sum_{j=0}^{m}\binom{k}{j}(-1)^j = \binom{k}{0} + \left[\binom{k}{2} - \binom{k}{1}\right] + \cdots + \left[\binom{k}{m} - \binom{k}{m-1}\right] \geqslant 0$$

当 $k-2\geqslant t\geqslant m>\dfrac{k}{2}$ 时,又由 $\binom{k}{t} < \binom{k}{t-1}$ 知

$$\binom{k}{m+1} - \binom{k}{m+2} + \cdots + (-1)^{k-m+1} \geqslant 0$$

即 m 为偶数时,定理结论成立。

对于 m 为奇数的情形,证法类似。

【例 2.5.3】 设 $n=2^3 \cdot 3^5 \cdot 7 \cdot 11^2$,验证定理 2.5.2 的结论。

解 分类计算如下:

(1) 当 $m=1$ 时,最多由一个素因数构成的 n 的因数 d 分为两类:一类是由零个素因数构成的因素 $d=1$;一类是恰好由一个素因数构成的因数 $d=2,3,7,11$。故

$$\sum \mu(d) = \mu(1) + \mu(2) + \mu(3) + \mu(7) + \mu(11) = 1 - 4 = -3$$

相当于计算 $C_4^0 - C_4^1 = -3$。

(2) 当 $m=2$ 时,最多由两个素因数的乘积构成的 n 的因数 d 分为三类:前两类与 $m=1$ 的因数相同,即 $d=1$ 和 $d=2,3,7,11$;新增加的第三类则是恰好由两个素因数的乘积构成的因数 $d=2\cdot 3, 2\cdot 7, 2\cdot 11, 3\cdot 7, 3\cdot 11, 7\cdot 11$。故

$$\sum \mu(d) = 1 - 4 + 6 = 3$$

相当于计算 $C_4^0-C_4^1+C_4^2=3$。

(3) 当 $m=3$ 时，最多由三个素因数的乘积构成的 n 的因数 d 分为四类，而且是在前三类的基础上增加了第四类，即 $d=2\cdot 3\cdot 7, 2\cdot 3\cdot 11, 2\cdot 7\cdot 11, 3\cdot 7\cdot 11$。故

$$\sum \mu(d) = 1-4+6-4 = -1$$

相当于计算 $C_4^0-C_4^1+C_4^2-C_4^3=-1$。

(4) 当 $m=4$ 时，同理，有 $d=1$; $d=2,3,7,11$; $d=2\cdot 3, 2\cdot 7, 2\cdot 11, 3\cdot 7, 3\cdot 11, 7\cdot 11$; $d=2\cdot 3\cdot 7, 2\cdot 3\cdot 11, 2\cdot 7\cdot 11, 3\cdot 7\cdot 11$; $d=2\cdot 3\cdot 7\cdot 11$。故

$$\sum \mu(d) = 1-4+6-4+1 = 0$$

相当于计算 $C_4^0-C_4^1+C_4^2-C_4^3+C_4^4=0$。

2.5.2 墨比乌斯反演公式

墨比乌斯函数 $\mu(n)$ 在反演公式中起着重要的作用。

【定理 2.5.3】(古典墨比乌斯反演公式) 设 $f(n)$、$g(n)$ 是两个数论函数，则

$$f(n) = \sum_{d\mid n} g(d) \Leftrightarrow g(n) = \sum_{d\mid n} \mu(d) f\left(\frac{n}{d}\right) \tag{2.5.4}$$

并称上式为**古典墨比乌斯反演公式**。

证 必要性：设式(2.5.4)左端的等式对自然数 n 成立，则有

$$f\left(\frac{n}{d}\right) = \sum_{e\mid \frac{n}{d}} g(e)$$

计算右端的等式，即

$$\sum_{d\mid n} \mu(d) f\left(\frac{n}{d}\right) = \sum_{d\mid n} \mu(d) \sum_{e\mid \frac{n}{d}} g(e) = \sum_{e\mid n} g(e) \sum_{d\mid \frac{n}{e}} \mu(d)$$

由定理 2.5.1 知

$$\sum_{d\mid \frac{n}{e}} \mu(d) = \begin{cases} 1, & \frac{n}{e}=1 \\ 0, & \frac{n}{e}>1 \end{cases}$$

故有

$$\sum_{e\mid n} g(e) \sum_{d\mid \frac{n}{e}} \mu(d) = g(n)$$

即式(2.5.4)右端的等式成立。

同理可证充分性。

【例 2.5.4】 利用墨比乌斯反演公式，将正整数 n 表示为欧拉函数 $\varphi(d)$ 的线性组合。

解 由例 2.5.2 知 $\varphi(n)=\sum_{d\mid n}\mu(d)\dfrac{n}{d}$。在式(2.5.4)的右端令 $g(n)=\varphi(n)$,$f\left(\dfrac{n}{d}\right)=\dfrac{n}{d}$。那么,由定理 2.5.3 可得

$$n=f(n)=\sum_{d\mid n}g(d)=\sum_{d\mid n}\varphi(d)$$

即

$$n=\sum_{d\mid n}\varphi(d) \qquad (2.5.5)$$

式(2.5.2)和式(2.5.5)构成了 n 与 $\varphi(n)$ 之间互为逆变换的关系,即二者构成一对墨比乌斯反演公式。

【例 2.5.5】(可重圆排列问题) 从 m 类相异元素中可重复地取出 n 个元素排成一个圆圈,称为长度为 n 的**可重圆排列**,简称 n **圆排列**。试求所构成的圆排列的个数。

解 设集合 $S=\{\infty\cdot e_1,\infty\cdot e_2,\cdots,\infty\cdot e_m\}$ 有 m 种相异元素,每种元素有无穷多。当 $d\mid n$ 时,取其 d 个元素排成一列 $e_{i_1}e_{i_2}\cdots e_{i_d}$,记为 $a_1a_2\cdots a_d$。那么,将此直线排列(称为**线排列**)重复 n/d 次并首尾相接,即可构成一个 n 圆排列

$$\odot\underbrace{a_1a_2\cdots a_d\,a_1a_2\cdots a_d\,\cdots\,a_1a_2\cdots a_d}_{n/d\text{组}}$$

(符号 $\odot$ 表示上述 n 个元素首尾相接形成一个圆排列),称为周期为 d 的圆排列。其中 d 称为该圆排列的**周期**。那么,元素不重复的 n 圆排列只是长度和周期都等于 n 的特殊可重圆排列而已。

可以看出,周期为 d 的圆排列恰好对应以下 d 个不同的线排列,且与该排列的长度无关:

$$\left.\begin{array}{l}a_1a_2a_3\cdots a_da_1a_2a_3\cdots a_d\cdots a_1a_2a_3\cdots a_d\\a_2a_3\cdots a_da_1a_2a_3\cdots a_da_1\cdots a_2a_3\cdots a_da_1\\\vdots\\a_da_1\cdots a_{d-1}a_da_1\cdots a_{d-1}\cdots a_da_1\cdots a_{d-1}\end{array}\right\}d\text{个}$$

(例如圆排列 $\odot 121212$ 和 $\odot 12121212$ 的周期都是 2,且二者都对应两个不同的线排列,所不同的是二者一个是将线排列 12 重复了 3 次,另一个则重复了 4 次)。所以,如果记周期为 d 的 n 圆排列的个数为 $M(d)$,则其共对应 $d\cdot M(d)$ 个长度为 n 的线排列。

另一方面,若一个 n 圆排列的周期为 d,则必有 $d\mid n$,从而有

$$\sum_{d\mid n}dM(d)=m^n \qquad (2.5.6)$$

其中 m^n 是集合 S 中元素的 n 可重线排列的个数。

令 $f(n)=m^n$,$g(n)=nM(n)$,则由墨比乌斯反演公式(2.5.4)可得

$$nM(n) = g(n) = \sum_{d\mid n}\mu(d)m^{\frac{n}{d}}$$

所以

$$M(n) = \frac{1}{n}\sum_{d\mid n}\mu(d)m^{\frac{n}{d}} \qquad (2.5.7)$$

即以 n 为周期的 n 可重圆排列的个数，从而得以 d 为周期的 n 可重圆排列的个数为

$$M(d) = \frac{1}{d}\sum_{k\mid d}\mu(k)m^{\frac{d}{k}} \qquad (2.5.8)$$

最后得 n 圆排列的总数为

$$T(n) = \sum_{d\mid n}M(d) = \sum_{d\mid n}\frac{1}{d}\sum_{k\mid d}\mu(k)m^{\frac{d}{k}} \qquad (2.5.9)$$

整理之，有

$$T(n) = \sum_{d\mid n}\frac{m^d}{d}\sum_{e\mid \frac{n}{d}}\frac{\mu(e)}{e} = \frac{1}{n}\sum_{d\mid n}\varphi(d)m^{\frac{n}{d}} \qquad (2.5.10)$$

其中，$\varphi(d)$ 为欧拉函数。

【**例 2.5.6**】 对于字母集 $\{\infty\cdot a, \infty\cdot b, \infty\cdot c\}$，求：

(1) 周期为 4 的 4 可重圆排列的个数，并列出每一种排列方案；

(2) 全部 4 可重圆排列的个数。

解 本例中，$m=3$，$n=4$。

(1) 由周期为 n 的 n 圆排列数的计算公式(2.5.7)知，周期为 4 的 4 圆排列数为

$$M(4) = \frac{1}{4}\sum_{d\mid 4}\mu(d)\cdot 3^{\frac{4}{d}} = \frac{1}{4}[\mu(1)\cdot 3^4 + \mu(2)\cdot 3^2 + \mu(4)\cdot 3] = \frac{1}{4}(3^4 - 3^2) = 18$$

对应的排列方案如表 2.5.1 所示。

表 2.5.1 由三种元素组成的周期为 4 的 4 圆排列

不含 a (3 个)	含 1 个 a (8 个)	含 2 个 a (5 个)	含 3 个 a (2 个)
$\odot bbbc$	$\odot abbb$	$\odot aabb$	$\odot aaab$
$\odot bccc$	$\odot accc$	$\odot aabc$	$\odot aaac$
$\odot bbcc$	$\odot abbc$	$\odot aacb$	
	$\odot abcb$	$\odot abac$	
	$\odot abcc$	$\odot aacc$	
	$\odot acbb$		
	$\odot acbc$		
	$\odot accb$		

(2) 由计算全部 n 圆排列数的公式(2.5.10)(或式(2.5.9))知
$$T(4) = \sum_{d|4} M(d) = M(1) + M(2) + M(4)$$
其中，由公式(2.5.8)可计算
$$M(1) = 3, \quad M(2) = \frac{1}{2}[\mu(1) \cdot 3^2 + \mu(2) \cdot 3] = \frac{1}{2}(3^2 - 3) = 3$$
所以
$$T(4) = 3 + 3 + 18 = 24$$
对应的排列方案如表 2.5.2 所示。

表 2.5.2　由三种元素组成的全部 4 圆排列

$d=1$(3 个)	$d=2$(3 个)	$d=4$(18 个)
⊙$aaaa$ ⊙$bbbb$ ⊙$cccc$	⊙$abab$ ⊙$acac$ ⊙$bcbc$	见表 2.5.1

2.6　素数个数函数 $\pi(n)$

【定义 2.6.1】 记 1～n 的所有素数的个数为 $\pi(n)$，称为**素数个数函数**。

例如：$\pi(2)=1$，$\pi(3)=\pi(4)=2$，$\pi(5)=\pi(6)=3$，$\pi(7)=\pi(8)=\pi(9)=\pi(10)=4$，$\pi(11)=\pi(12)=5$。

关于素数个数函数 $\pi(n)$，下面不加证明地给出其有关性质。

【定理 2.6.1】 当 $m \geqslant n$ 时，有 $\pi(m) \geqslant \pi(n)$，且
$$\pi(n) \to \infty$$

【定理 2.6.2】 设 $n \geqslant 2$，则有
$$\frac{1}{8} \frac{n}{\lg n} \leqslant \pi(n) \leqslant 12 \frac{n}{\lg n}$$

【定理 2.6.3】（契比雪夫不等式）设 $n \geqslant 2$，则有
$$\frac{\ln 2}{3} \frac{n}{\ln n} < \pi(n) < 6 \ln 2 \frac{n}{\ln n}$$
和
$$\frac{1}{6 \ln 2} n \ln n < p_n < \frac{8}{\ln 2} n \ln n$$

其中 p_n 是第 n 个素数。

【定理 2.6.4】(素数定理)
$$\lim_{x \to \infty} \frac{\pi(n)}{\dfrac{n}{\ln n}} = 1$$

定理 2.6.4 的意义在于当 n 充分大时(即 $n \gg 1$ 时),$\pi(n) \approx \dfrac{n}{\ln n}$,从而能帮助人们估计某个区间内素数的个数。

【例 2.6.1】 求 10^{99} 到 10^{100} 之间的素数个数。

解 由题意知,问题等价于求 $\pi(10^{100}) - \pi(10^{99})$。由定理 2.6.4 可得
$$\pi(10^{100}) - \pi(10^{99}) \approx \frac{10^{100}}{\ln(10^{100})} - \frac{10^{99}}{\ln(10^{99})} \approx 10^{98} - 10^{97} = 9 \cdot 10^{97}$$

由例 2.6.1 可以看出,定理 2.6.4 的更进一步的实用意义在于当 $n \gg 1$ 时,若多人选择自己所需要的素数,那么至少有两人选出的素数相同的可能性是非常小的。例如,有 k 个人在整数 10^{99} 和 10^{100} 之间各自独立地选取一个素数,事件 A 为至少有两人选取的素数相同,那么 A 发生的概率为
$$p(A) = 1 - p(\overline{A}) = \frac{P_{9 \cdot 10^{97}}^k}{(9 \cdot 10^{97})^k}$$

其中:$\overline{A}$ 表示集合 A 的对立集;$P_m^r = m(m-1)\cdots(m-r+1) = \dfrac{m!}{(m-r)!}$ 为从 m 个相异元素中不重复地选取 r 个元素的排列数。

2.7 数论函数的狄利克雷乘积

式(2.5.2),即
$$\varphi(n) = \sum_{d \mid n} \mu(d) \frac{n}{d}$$

其右端是和的形式,在数论中经常出现。于是有如下定义。

【定义 2.7.1】 设 $f(n)$、$g(n)$ 是两个数论函数,它们的 Dirichlet(狄利克雷)乘积 $h(n)$ 也是一个数论函数,其定义为
$$h(n) = \sum_{\substack{d \mid n \\ d > 0}} f(d) g\left(\frac{n}{d}\right)$$

简记为 $h(n) = f(n) * g(n)$。

函数 $f(n)$ 与 $g(n)$ 的狄利克雷乘积也可以表示为
$$h(n) = \sum_{\substack{ab = n \\ a, b > 0}} f(a) g(b)$$

数论函数的狄利克雷乘积具有如下性质。

【定理 2.7.1】 数论函数的狄利克雷乘积满足交换律和结合律，即任给数论函数 $f(n)$、$g(n)$、$k(n)$，都有

$$f(n) * g(n) = g(n) * f(n) \tag{2.7.1}$$

和

$$[f(n) * g(n)] * k(n) = f(n) * [g(n) * k(n)] \tag{2.7.2}$$

证 由于

$$f(n) * g(n) = \sum_{d\mid n} f(d) g\left(\frac{n}{d}\right) = \sum_{d\mid n} f\left(\frac{n}{d}\right) g(d)$$

$$= \sum_{d\mid n} g(d) f\left(\frac{n}{d}\right) = g(n) * f(n)$$

故式 (2.7.1) 成立。

设 $A(n) = g(n) * k(n)$，$B(n) = f(n) * g(n)$，则

$$f(n) * A(n) = \sum_{ad=n} f(a) A(d) = \sum_{ad=n} f(a) \sum_{bc=d} g(b) k(c)$$

$$= \sum_{abc=n} f(a) g(b) k(c)$$

$$B(n) * k(n) = \sum_{dc=n} B(d) k(c) = \sum_{dc=n} \left[\sum_{ab=d} f(a) g(b)\right] k(c)$$

$$= \sum_{abc=n} f(a) g(b) k(c)$$

故式 (2.7.2) 成立。

记函数 $I(n) = \left\lfloor \dfrac{1}{n} \right\rfloor = \begin{cases} 1, & \text{当 } n=1 \text{ 时} \\ 0, & \text{当 } n>1 \text{ 时} \end{cases}$，则有下面的结论。

【定理 2.7.2】 对于所有的数论函数 $f(n)$，均有

$$f(n) * I(n) = I(n) * f(n) = f(n)$$

证 由于

$$f(n) * I(n) = \sum_{d\mid n} f(d) I\left(\frac{n}{d}\right) = \sum_{d\mid n} f(d) \left\lfloor \frac{d}{n} \right\rfloor = f(n)$$

故定理成立。

【定义 2.7.2】 对于狄利克雷乘积，$I(n)$ 起乘法单位元的作用，故称 $I(n)$ 为**单位数论函数**。

【定理 2.7.3】 若数论函数 $f(n)$ 满足 $f(1) \neq 0$，则存在唯一的数论函数 $f^{-1}(n)$，称为 $f(n)$ 的**狄利克雷逆函数**，使得

$$f(n) * f^{-1}(n) = f^{-1}(n) * f(n) = I(n)$$

且 $f^{-1}(n)$ 由下面的递推公式给出，即

$$f^{-1}(1) = \frac{1}{f(1)} \qquad (2.7.3)$$

$$f^{-1}(n) = \frac{-1}{f(1)} \sum_{\substack{d\mid n \\ d<n}} f\left(\frac{n}{d}\right) f^{-1}(d), \qquad n > 1 \qquad (2.7.4)$$

证 用归纳法证明函数值 $f^{-1}(1), f^{-1}(2), \cdots, f^{-1}(n), \cdots$ 可唯一确定。

对于 $n=1$，由 $f(1) * f^{-1}(1) = I(1)$ 可推出
$$f(1)f^{-1}(1) = 1$$
故 $f^{-1}(1) = \dfrac{1}{f(1)}$ 唯一确定。

现假设对于所有的 $k<n (n \geqslant 2)$，函数值 $f^{-1}(k)$ 已经唯一确定。那么，由
$$\sum_{d\mid n} f\left(\frac{n}{d}\right) f^{-1}(d) = 0, \ n > 1$$
可得
$$f(1)f^{-1}(n) + \sum_{\substack{d\mid n \\ d<n}} f\left(\frac{n}{d}\right) f^{-1}(d) = 0$$

由归纳法假设，$f^{-1}(d)$ 对于所有小于 n 的因子 d 已经唯一确定，故可唯一确定
$$f^{-1}(n) = \frac{-1}{f(1)} \sum_{\substack{d\mid n \\ d<n}} f\left(\frac{n}{d}\right) f^{-1}(d)$$

可以看出，由此递归定义的唯一确定的函数 $f^{-1}(n)$ 就是 $f(n)$ 的狄利克雷逆函数。

另外，式(2.7.4)也可改写为
$$f^{-1}(n) = \frac{-1}{f(1)} \sum_{\substack{d\mid n \\ d>1}} f(d) f^{-1}\left(\frac{n}{d}\right), \qquad n > 1 \qquad (2.7.5)$$

【例 2.7.1】 设数论函数 $f(n) = n!$, $f(1) \neq 0$，求当 $n=1, 2, 3, 4, 5, 6$ 时逆函数 $f^{-1}(n)$ 的函数值。

解 由式(2.7.3)和式(2.7.4)知
$$f^{-1}(1) = 1, \ f^{-1}(n) = -\sum_{\substack{d\mid n \\ d<n}} \left(\frac{n}{d}\right)! \cdot f^{-1}(d) = -\sum_{\substack{d\mid n \\ d>1}} d! \cdot f^{-1}\left(\frac{n}{d}\right)$$

所以
$$f^{-1}(2) = -\sum_{\substack{d\mid 2 \\ d<2}} \left(\frac{2}{d}\right)! \cdot f^{-1}(d) = -\left(\frac{2}{1}\right)! \cdot f^{-1}(1) = -(2! \cdot 1) = -2$$

$$f^{-1}(3) = -\sum_{\substack{d\mid 3 \\ d<3}} \left(\frac{3}{d}\right)! \cdot f^{-1}(d) = -\left(\frac{3}{1}\right)! \cdot f^{-1}(1) = -(3! \cdot 1) = -6$$

$$f^{-1}(4) = -\sum_{\substack{d|4 \\ d<4}} \left(\frac{4}{d}\right)! \cdot f^{-1}(d) = -\left[\left(\frac{4}{1}\right)! \cdot f^{-1}(1) + \left(\frac{4}{2}\right)! \cdot f^{-1}(2)\right]$$
$$= -[4! \cdot 1 + 2! \cdot (-2)] = -20$$

同理可得
$$f^{-1}(5) = -(5! \cdot 1) = -120$$
$$f^{-1}(6) = -[6! \cdot 1 + 3! \cdot (-2) + 2! \cdot (-6)] = -696$$

【例 2.7.2】 设数论函数 $f(n) = a^n$ ($a \neq 0$ 且为整数)，写出其狄利克雷乘积意义下逆函数的表达式，并计算当 $n=1, 2, 3, 4, 5, 6$ 时逆函数 $f^{-1}(n)$ 的函数值。

解 由于 $f(1) = a \neq 0$，故由定理 2.7.3 知其逆函数存在。再由式(2.7.3)和式(2.7.4)知其逆函数可表示为

$$f^{-1}(1) = \frac{1}{a}, \quad f^{-1}(n) = \frac{-1}{a}\sum_{\substack{d|n \\ d<n}} a^{\frac{n}{d}} f^{-1}(d) = \frac{-1}{a}\sum_{\substack{d|n \\ d>1}} a^d f^{-1}\left(\frac{n}{d}\right)$$

所以
$$f^{-1}(2) = \frac{-1}{a}\sum_{\substack{d|2 \\ d<2}} a^{\frac{2}{d}} f^{-1}(d) = \frac{-1}{a}[a^2 f^{-1}(1)] = \frac{-1}{a}\left(a^2 \cdot \frac{1}{a}\right) = -1$$

$$f^{-1}(3) = \frac{-1}{a}\sum_{\substack{d|3 \\ d<3}} a^{\frac{3}{d}} f^{-1}(d) = \frac{-1}{a}[a^3 f^{-1}(1)] = \frac{-1}{a}\left(a^3 \cdot \frac{1}{a}\right) = -a$$

$$f^{-1}(4) = \frac{-1}{a}\sum_{\substack{d|4 \\ d<4}} a^{\frac{4}{d}} f^{-1}(d) = \frac{-1}{a}[a^4 f^{-1}(1) + a^2 f^{-1}(2)]$$
$$= \frac{-1}{a}\left[a^4 \cdot \frac{1}{a} + a^2 \cdot (-1)\right] = a - a^2 = a(1-a)$$

$$f^{-1}(5) = \frac{-1}{a}\sum_{\substack{d|5 \\ d<5}} a^{\frac{5}{d}} f^{-1}(d) = \frac{-1}{a}[a^5 f^{-1}(1)] = \frac{-1}{a}\left(a^5 \cdot \frac{1}{a}\right) = -a^3$$

$$f^{-1}(6) = \frac{-1}{a}\sum_{\substack{d|6 \\ d<6}} a^{\frac{6}{d}} f^{-1}(d) = \frac{-1}{a}[a^6 f^{-1}(1) + a^3 f^{-1}(2) + a^2 f^{-1}(3)]$$
$$= \frac{-1}{a}\left[a^6 \cdot \frac{1}{a} + a^3 \cdot (-1) + a^2 \cdot (-a)\right] = 2a^2 - a^4 = a^2(2-a^2)$$

说明：由于 $f(1) * g(1) = f(1)g(1)$，故当 $f(1) \neq 0$、$g(1) \neq 0$ 时，$f(1) * g(1) \neq 0$。这样，由以上三个定理可知：对于狄利克雷乘积而言，全体 $f(1) \neq 0$ 的数论函数 $f(n)$ 组成一个可交换群（群的概念见第 9 章）。

2.8 积性函数

实际上，积性函数的概念在学习 Euler 函数时已经遇见过了，即当 $(m, n) = 1$ 时，有

$\varphi(mn)=\varphi(m)\varphi(n)$，就是一个积性函数。

满足积性的函数有其特有的性质，下面专门讨论积性函数。

2.8.1 积性函数的定义

【定义 2.8.1】 设数论函数 $f(n)$ 不恒等于 0，而且当 $(m,n)=1$ 时，$f(mn)=f(m)f(n)$，则 $f(n)$ 叫做**积性函数**(或**乘性函数**)。如果一个数论函数对所有的正整数 m、n 均有 $f(mn)=f(m)f(n)$，则叫做**完全积性函数**。

【推论】 设 $f(n)$ 是积性函数，且正整数 n 的标准素因数分解式为 $n=p_1^{a_1}p_2^{a_2}\cdots p_k^{a_k}$，则有

$$f(n)=f(p_{i_1}^{a_{i_1}}p_{i_2}^{a_{i_2}}\cdots p_{i_t}^{a_{i_t}})f(p_{i_{t+1}}^{a_{i_{t+1}}}p_{i_{t+2}}^{a_{i_{t+2}}}\cdots p_{i_k}^{a_{i_k}})$$

其中 $i_1,i_2,\cdots,i_k$ 是 $1,2,\cdots,n$ 的一个排列($1\leqslant t<k$)。且有

$$f(n)=f(p_1^{a_1})f(p_2^{a_2})\cdots f(p_k^{a_k})$$

【例 2.8.1】 验证：欧拉函数 $\varphi(n)$ 是积性函数，但不是完全积性函数。

证 具体验证过程见性质 2.4.5 和例 2.4.5。

【例 2.8.2】 验证：函数 $f_a(n)=n^a$ 是完全积性函数，这里 a 为任一实数。

证 对任意正整数 m、n，始终有

$$f_a(mn)=(mn)^a=m^a n^a=f_a(m)f_a(n)$$

故由定义知 $f_a(n)$ 是完全积性函数。

【例 2.8.3】 验证：$I(n)=\left\lfloor\dfrac{1}{n}\right\rfloor$ 是完全积性函数。

证 按照单位数论函数 $I(n)$ 的定义 $I(n)=\left\lfloor\dfrac{1}{n}\right\rfloor=\begin{cases}1, & \text{当 } n=1 \text{ 时}\\ 0, & \text{当 } n>1 \text{ 时}\end{cases}$，对正整数 m、n 分别讨论如下：

(1) 当 $m=n=1$ 时，由定义知

$$I(m)=I(n)=1$$

$$I(mn)=\left\lfloor\dfrac{1}{mn}\right\rfloor=\left\lfloor\dfrac{1}{1}\right\rfloor=1=\left\lfloor\dfrac{1}{1}\right\rfloor\cdot\left\lfloor\dfrac{1}{1}\right\rfloor=\left\lfloor\dfrac{1}{m}\right\rfloor\cdot\left\lfloor\dfrac{1}{n}\right\rfloor=I(m)I(n)$$

(2) 当 m、n 中至少有一个大于 1 时，假设 $m>1$，则 $I(m)=0$。记 $I(n)=a(a=0,1)$，则

$$I(mn)=\left\lfloor\dfrac{1}{mn}\right\rfloor=0=0\cdot a=\left\lfloor\dfrac{1}{m}\right\rfloor\cdot\left\lfloor\dfrac{1}{n}\right\rfloor=I(m)I(n)$$

所以，由定义知 $I(n)$ 为完全积性函数。

【例 2.8.4】 设数论函数 $e(n)\equiv 1$(恒等于 1)，试分析其积性。

解 由定义知对任何正整数，函数 $e(n)$ 的值恒等于 1，故对任何正整数 m 和 n，始终有

$$e(mn)=1=1\cdot 1=e(m)e(n)$$

所以 $e(n)$ 是完全积性函数。

2.8.2 积性函数的性质

【定理 2.8.1】 如果 $f(n)$ 是积性函数,则 $f(1)=1$。

证 因为对所有的正整数 n,有 $(n,1)=1$,故当 $f(n)$ 为积性函数时,有
$$f(n)=f(n\cdot 1)=f(n)\cdot f(1)$$
又因为 $f(n)$ 不恒为 0,故只可能有
$$f(1)=1$$

【定理 2.8.2】 如果 $f(n)$ 和 $g(n)$ 是积性函数,那么 $f(n)*g(n)$ 也是积性函数。

证 设 $h(n)=f(n)*g(n)$,$(m,n)=1$,则
$$h(mn)=\sum_{t\mid mn}f(t)g\left(\frac{mn}{t}\right)$$
令 $t=t_1 t_2$,$t_1\mid m$,$t_2\mid n$。由于 $(m,n)=1$,故 $(t_1,t_2)=1$,且若 t_1 遍历 m 的全部因子,t_2 遍历 n 的全部因子,则 $t=t_1 t_2$ 遍历 mn 的全部因子。因此,有

$$h(mn)=\sum_{t\mid mn}f(t)g\left(\frac{mn}{t}\right)=\sum_{t_1 t_2\mid mn}f(t_1 t_2)g\left(\frac{mn}{t_1 t_2}\right)$$
$$=\sum_{t_1\mid m}\sum_{t_2\mid n}f(t_1 t_2)g\left(\frac{m}{t_1}\cdot\frac{n}{t_2}\right)$$
$$=\sum_{t_1\mid m}\sum_{t_2\mid n}f(t_1)f(t_2)g\left(\frac{m}{t_1}\right)g\left(\frac{n}{t_2}\right)$$
$$=\sum_{t_1\mid m}f(t_1)g\left(\frac{m}{t_1}\right)\cdot\sum_{t_2\mid n}f(t_2)g\left(\frac{n}{t_2}\right)$$
$$=h(m)h(n)$$

需要说明的是,当 $f(n)$ 和 $g(n)$ 是完全积性函数时,乘积 $f(n)*g(n)$ 未必是完全积性函数(反例见例 2.8.5)。其原因是在 t_1 和 t_2 分别遍历 m 和 n 的全部因子时,未必有 $(t_1,t_2)=1$,因此尽管 $t=t_1 t_2$ 也遍历了 mn 的全部因子,但却有重复的情况。即当 $(m,n)>1$ 时,有
$$\sum_{t_1\mid m}\sum_{t_2\mid n}f(t_1 t_2)g\left(\frac{m}{t_1}\cdot\frac{n}{t_2}\right)>\sum_{t_1 t_2\mid mn}f(t_1 t_2)g\left(\frac{mn}{t_1 t_2}\right)$$

【例 2.8.5】 设
$$\sigma_\alpha(n)=\sum_{d\mid n}f_\alpha(d)=\sum_{d\mid n}d^\alpha$$
证明 $\sigma_\alpha(n)$ 是积性函数,但不是完全积性函数。其中函数 $f_\alpha(n)$ 的定义见例 2.8.2。

证 取 $f(n)=f_\alpha(n)$,$g(n)=e(n)$,由例 2.8.2、例 2.8.4 和定理 2.8.2 知

$$f(n)*e(n) = \sum_{d|n} f_\alpha(d) = \sigma_\alpha(n)$$

是积性函数。

而当 $(m,n) \neq 1$ 时，例如当 $\alpha=2$，$m=4$，$n=6$ 时，有

$$\sigma_2(4) = \sum_{d|4} d^2 = 1^2 + 2^2 + 4^2 = 21$$

$$\sigma_2(6) = \sum_{d|6} d^2 = 1^2 + 2^2 + 3^2 + 6^2 = 50$$

$$\sigma_2(4 \cdot 6) = \sum_{d|24} d^2 = 1^2 + 2^2 + 3^2 + 4^2 + 6^2 + 8^2 + 12^2 + 24^2 = 850$$

$$\neq \sigma_2(4)\sigma_2(6) = (1^2+2^2+4^2)(1^2+2^2+3^2+6^2)$$

$$= 1^2 + 2 \cdot 2^2 + 3^2 + 2 \cdot 4^2 + 2 \cdot 6^2 + 8^2 + 2 \cdot 12^2 + 24^2 = 1050$$

即 $\sigma_\alpha(n)$ 不是完全积性函数。

这里 $\sigma_0(n) = \sum_{d|n} 1 = \tau(n)$（$\tau(n)$ 表示 n 的正因数的个数）。$\sigma_1(n)$ 即通常的 n 的全部正因数的和 $\sigma(n)$。于是，设 $n = p_1^{\alpha_1} \cdots p_k^{\alpha_k}$ 是 n 的标准分解式，则有

$$\sigma_\alpha(n) = \sigma_\alpha(p_1^{\alpha_1}) \cdots \sigma_\alpha(p_k^{\alpha_k})$$

而

$$\sigma_\alpha(p_j^{\alpha_j}) = 1 + p_j^\alpha + p_j^{2\alpha} + \cdots + p_j^{\alpha_j \alpha}$$

$$= \begin{cases} \dfrac{p_j^{\alpha(\alpha_j+1)} - 1}{p_j^\alpha - 1}, & \alpha \neq 0 \\ \alpha_j + 1, & \alpha = 0 \end{cases}$$

故

$$\sigma_\alpha(n) = \begin{cases} \prod_{j=1}^k \dfrac{p_j^{\alpha(\alpha_j+1)} - 1}{p_j^\alpha - 1}, & \alpha \neq 0 \\ \prod_{j=1}^k (\alpha_j + 1), & \alpha = 0 \end{cases}$$

【定理 2.8.3】 如果 $g(n)$ 和乘积 $h(n) = f(n) * g(n)$ 都是积性函数，则 $f(n)$ 也是积性函数。

证 如果 $f(n)$ 不是积性函数，则至少存在一对正整数 m、n，$(m,n)=1$，使得

$$f(mn) \neq f(m)f(n)$$

于是可以选择这样一对 m、n，使得 mn 最小。

如果 $mn=1$，则 $f(1) \neq f(1)f(1)$，故 $f(1) \neq 1$。由于 $h(1) = f(1)g(1) = f(1) \neq 1$，所以 $h(n)$ 不是积性函数，与已知矛盾。

如果 $mn>1$，则对所有正整数对 a、b（$(a,b)=1$，$ab<mn$），有 $f(ab)=f(a)f(b)$。于是有

$$h(mn)=\sum_{ab|mn}f(ab)g\left(\frac{mn}{ab}\right)$$

$$=\sum_{a|m}\sum_{b|n}f(ab)g\left(\frac{mn}{ab}\right)$$

$$=\sum_{\substack{a|m,\,b|n\\ab<mn}}f(ab)g\left(\frac{m}{a}\frac{n}{b}\right)+f(mn)g(1)$$

$$=\sum_{\substack{a|m,\,b|n\\ab<mn}}f(a)f(b)g\left(\frac{m}{a}\right)g\left(\frac{n}{b}\right)+f(mn)$$

$$=\sum_{a|m}f(a)g\left(\frac{m}{a}\right)\cdot\sum_{b|n}f(b)g\left(\frac{n}{b}\right)-f(m)f(n)+f(mn)$$

$$=h(m)h(n)-f(m)f(n)+f(mn)$$

即

$$h(mn)-h(m)h(n)=f(mn)-f(m)f(n)$$

因为 $f(mn)\neq f(m)f(n)$，故 $h(mn)\neq h(m)h(n)$，与 $h(n)$ 是积性函数矛盾。

【**定理 2.8.4**】 如果 $g(n)$ 是积性函数，则 $g(n)$ 的狄利克雷逆函数也是积性函数。

证 因为 $g(n)$ 和 $g(n)*g^{-1}(n)=I(n)$ 都是积性函数，故由定理 2.8.3 知，$g^{-1}(n)$ 也是积性函数。

由定理 2.8.2 和定理 2.8.4 可知，全体积性函数组成 $f(1)\neq 0$ 函数群的一个子群。完全积性函数的狄利克雷逆函数是容易确定的。

【**定理 2.8.5**】 若对于素数 p 和正整数 α，积性函数 $f(n)$ 满足 $f(p^\alpha)=f^\alpha(p)$，则 $f(n)$ 是完全积性函数。

证 设对任意正整数 m 和 n，$(m,n)=d$ 且 d 的素因数分解式为 $d=p_1^{\alpha_1}p_2^{\alpha_2}\cdots p_k^{\alpha_k}$，那么可设

$$m=p_1^{\alpha_1}p_2^{\alpha_2}\cdots p_k^{\alpha_k}a_1^{\beta_1}a_2^{\beta_2}\cdots a_s^{\beta_s},\ n=p_1^{\alpha_1}p_2^{\alpha_2}\cdots p_k^{\alpha_k}b_1^{\gamma_1}b_2^{\gamma_2}\cdots b_t^{\gamma_t}$$

其中 a_i 和 b_j 均为素数且 $(a_1^{\beta_1}a_2^{\beta_2}\cdots a_s^{\beta_s},\ b_1^{\gamma_1}b_2^{\gamma_2}\cdots b_t^{\gamma_t})=1$。

由定义 2.8.1 的推论知，必有

$$f(m)=f\left[\left(\prod_{i=1}^{k}p_i^{\alpha_i}\right)\left(\prod_{i=1}^{s}a_i^{\beta_i}\right)\right]=\left[\prod_{i=1}^{k}f^{\alpha_i}(p_i)\right]\left[\prod_{i=1}^{s}f^{\beta_i}(a_i)\right]$$

$$f(n)=f\left[\left(\prod_{i=1}^{k}p_i^{\alpha_i}\right)\left(\prod_{i=1}^{t}b_i^{\gamma_i}\right)\right]=\left[\prod_{i=1}^{k}f^{\alpha_i}(p_i)\right]\left[\prod_{i=1}^{t}f^{\gamma_i}(b_i)\right]$$

且

$$f(mn) = f\Big[\Big(\prod_{i=1}^{k} p_i^{\alpha_i}\Big)\Big(\prod_{i=1}^{s} a_i^{\beta_i}\Big) \cdot \Big(\prod_{i=1}^{k} p_i^{\alpha_i}\Big)\Big(\prod_{i=1}^{t} b_i^{\gamma_i}\Big)\Big]$$

$$= f\Big[\Big(\prod_{i=1}^{k} p_i^{2\alpha_i}\Big)\Big(\prod_{i=1}^{s} a_i^{\beta_i}\Big)\Big(\prod_{i=1}^{t} b_i^{\gamma_i}\Big)\Big]$$

$$= \Big[\prod_{i=1}^{k} f^{2\alpha_i}(p_i)\Big]\Big[\prod_{i=1}^{s} f^{\beta_i}(a_i)\Big]\Big[\prod_{i=1}^{t} f^{\gamma_i}(b_i)\Big]$$

$$= \Big[\prod_{i=1}^{k} f^{\alpha_i}(p_i)\Big]\Big[\prod_{i=1}^{s} f^{\beta_i}(a_i)\Big] \cdot \Big[\prod_{i=1}^{k} f^{\alpha_i}(p_i)\Big]\Big[\prod_{i=1}^{t} f^{\gamma_i}(b_i)\Big]$$

$$= f(m)f(n)$$

【定理 2.8.6】 设 $f(n)$ 是积性函数，则 $f(n)$ 是完全积性函数的充分必要条件是
$$f^{-1}(n) = \mu(n)f(n)$$

证 必要性：设 $g(n) = \mu(n)f(n)$，如果 $f(n)$ 是完全积性函数，则有
$$g(n) * f(n) = \sum_{d|n} \mu(d)f(d)f\Big(\frac{n}{d}\Big) = f(n)\sum_{d|n}\mu(d)$$
$$= f(n)I(n) = I(n)$$

故 $f^{-1}(n) = g(n)$。

充分性：假设 $f^{-1}(n) = \mu(n)f(n)$。为了证明 $f(n)$ 是完全积性函数，只需证明对于素数的方幂 p^α，有 $f(p^\alpha) = f^\alpha(p)$ 即可。对于 $n>1$，有
$$0 = I(n) = f^{-1}(n) * f(n) = \sum_{d|n}\mu(d)f(d)f\Big(\frac{n}{d}\Big)$$

取 $n = p^\alpha (\alpha > 0)$，则有
$$\mu(1)f(1)f(p^\alpha) + \mu(p)f(p)f(p^{\alpha-1}) = 0$$

即
$$f(p^\alpha) = f(p)f(p^{\alpha-1})$$

由此递归，可推出 $f(p^\alpha) = f^\alpha(p)$，故 $f(n)$ 是完全积性函数。

习 题 2

1. 设 n 为正整数，x 为实数，证明：

(1) $\Big\lfloor \dfrac{\lfloor nx \rfloor}{n} \Big\rfloor = \lfloor x \rfloor$；

(2) $\lfloor x \rfloor + \Big\lfloor x + \dfrac{1}{n} \Big\rfloor + \cdots + \Big\lfloor x + \dfrac{n-1}{n} \Big\rfloor = \lfloor nx \rfloor$；

(3) $\lfloor \sqrt{n} + \sqrt{n+1} \rfloor = \lfloor \sqrt{4n+2} \rfloor$。

2. 设 x、y 为任意实数，证明不等式

$$\lfloor 2x \rfloor + \lfloor 2y \rfloor \geq \lfloor x \rfloor + \lfloor x+y \rfloor + \lfloor y \rfloor$$

3. 设 $n \geq 5$，$2 \leq b \leq n$，证明 $(b-1) \Big| \Big\lfloor \dfrac{(n-1)!}{b} \Big\rfloor$。

4. 证明以下等式：

(1) $\displaystyle\sum_{k=1}^{n} \Big\lfloor \dfrac{k}{2} \Big\rfloor = \Big\lfloor \dfrac{n^2}{4} \Big\rfloor$；

(2) $\displaystyle\sum_{k=1}^{n} \Big\lfloor \dfrac{k}{3} \Big\rfloor = \Big\lfloor \dfrac{n(n-1)}{6} \Big\rfloor$；

(3) 当 $0 < a < 8$ 时，必存在整数 b，使得

$$\sum_{k=1}^{n} \Big\lfloor \dfrac{k}{a} \Big\rfloor = \Big\lfloor \dfrac{(2n+b)^2}{8a} \Big\rfloor$$

5. 设 x 为实数，$f(x) = x - \lfloor x \rfloor - \dfrac{1}{2}$，证明：

$$\sum_{k=0}^{n-1} f\Big(x + \dfrac{k}{n}\Big) = f(nx)$$

6. 设 a、b 是两个互素的奇正整数，证明：

$$\sum_{0 < i < \frac{a}{2}} \Big\lfloor \dfrac{b}{a} i \Big\rfloor + \sum_{0 < i < \frac{b}{2}} \Big\lfloor \dfrac{a}{b} i \Big\rfloor = \dfrac{a-1}{2} \cdot \dfrac{b-1}{2}$$

7. 试求下列整数的标准分解式：

(1) $12!$；   (2) $20!$。

8. 试求下列整数的末尾连续 0 的个数：

(1) $999!$；   (2) $2048!$；

(3) C_{2000}^{1000}；   (4) C_{2000}^{168}；

(5) P_{2000}^{1000}；   (6) P_{2000}^{168}。

9. 设 $3^k \mid 1000!$，$3^{k+1} \nmid 1000!$，求 k。

10. 设 a、b、n 均为正整数，且满足 $n \mid a^n - b^n$，证明 $n \Big| \dfrac{a^n - b^n}{a - b}$。

11. 设 n 为任意正整数，证明：

(1) $\dfrac{(2n)!}{n!(n+1)!}$ 是一个整数；

(2) 若 $n = n_1 + n_2 + \cdots + n_k$，$n_i \geq 0$ $(i=1, 2, \cdots, k)$，则 $\dfrac{n!}{n_1! n_2! \cdots n_k!}$ 是一个整数；

(3) $\dfrac{(2n)!}{(n!)^2}$ 是偶数。

12. 设 n 为正整数，证明：

(1) 若 n 是素数，$n_i \geq 0$ $(i=1, 2, \cdots, k)$，且 $\max(n_1, n_2, \cdots, n_k) < n$，则

$n \mid \dfrac{n!}{n_1! n_2! \cdots n_k!}$;

(2) $n!(n-1)! \mid (2n-2)!$;

(3) 若 m 为正整数，$(m, n)=1$，则 $m!n! \mid (m+n-1)!$;

(4) 若 m 为正整数，则 $m!n!(m+n)! \mid (2m)!(2n)!$;

(5) 若 m 为正整数，则 $n!(m!)^n \mid (mn)!$;

(6) 若 a、b 为正整数，则 $n! \mid b^{n-1}a(a+b)\cdots(a+(n-1)b)$。

13. 设 p 为素数，n 为正整数，并定义**双阶乘**函数 $n!! = \begin{cases} n(n-2)\cdots 1, & n=2k-1 \\ n(n-2)\cdots 2, & n=2k \end{cases}$

($k \geqslant 1$)。试分别求 $p^s \| (2n)!!$ 和 $p^s \| (2n-1)!!$ 中 s 的计算公式。

14. 试求下列函数值：

(1) $\varphi(10\,000)$；   (2) $\varphi(15\,876)$。

15. 证明：$\sum\limits_{d=1}^{n} \varphi(d) \left\lfloor \dfrac{n}{d} \right\rfloor = \dfrac{n(n+1)}{2} (n>0)$。

16. 求满足 $\varphi(mn) = \varphi(m) + \varphi(n)$ 的全部正整数对 (m, n)。

17. 找出所有的正整数 n，分别满足：

(1) $\varphi(n) = \dfrac{n}{2}$；   (2) $\varphi(n) = \varphi(2n)$；

(3) $\varphi(n) = 12$；   (4) $\varphi(n) = 24$。

18. 证明：对于给定的正整数 k，仅有有限多个 n，使得 $\varphi(n) = k$。

19. 证明：

(1) 当 $(m, n) > 1$ 时，$\varphi(mn) > \varphi(m)\varphi(n)$；

(2) $\varphi(mn) = (m, n)\varphi([m, n])$。

20. 求最小正整数 k，使得：

(1) $\varphi(n) = k$ 无解；

(2) 恰有两个解；

(3) 恰有三个解；

(4) 恰有四个解（一个没有解决的猜想是：不存在正整数 k，使得 $\varphi(n) = k$ 恰有一个解）。

21. 设 $n > 1$，证明：若 $\varphi(m) = \varphi(mn)$，则必有 $n = 2$ 且 $2 \nmid m$。

22. 设 $m \geqslant d \geqslant 1$，$d \mid n$，证明：$n - \varphi(n) \geqslant d - \varphi(d)$，当且仅当 $d = n$ 时等号成立。

23. 设 $f(n)$ 为一个数论函数，证明 $\sum\limits_{k=1}^{n} f((d, n)) = \sum\limits_{d \mid n} f(d) \varphi\left(\dfrac{n}{d}\right)$。

24. 证明：

(1) 必有无穷多个正整数 n，使得 $3 \nmid \varphi(n)$；

(2) 对任意整数 $d \geq 3$，都存在无穷多个正整数 n，使得 $d \nmid \varphi(n)$。

25. 在区间 $[1, m]$ 上任选一个整数 a，试求 a 与 m 互素的概率。

26. 设 k 为正整数，证明 $\sum\limits_{\varphi(d)=k} \mu(d) = 0$。

27. 证明：$\sum\limits_{k=1}^{n} (k, n) \mu((k, n)) = \mu(n)$。

28. 证明：$\sum\limits_{\substack{k=1 \\ (k,n)=1}}^{n} e^{\frac{2k\pi i}{n}} (k, n) \mu((k, n)) = \mu(n)$，其中 $i = \sqrt{-1}$。

29. 证明：$\sum\limits_{d^2 \mid n} \mu(d) = \mu^2(n) = |\mu(n)|$。

30. 设 p 为素数，证明：

$$\sum_{d \mid n} \mu(d) \mu((p, d)) = \begin{cases} 1, & n = 1 \\ 2, & n = p^\alpha, \alpha \geq 1 \\ 0, & \text{其他} \end{cases}$$

31. 证明：$\dfrac{n}{\varphi(n)} = \sum\limits_{d \mid n} \dfrac{\mu^2(d)}{\varphi(d)}$。

32. 证明：$\sum\limits_{d \mid n} \mu(d) \varphi(d) = 0$ 的充分必要条件是 n 为偶数。

33. 计算 $s(n) = \sum\limits_{d \mid n} \mu(d) \mu\left(\dfrac{n}{d}\right)$。

34. 设正整数 n 的标准素因数分解式为 $n = p_1^{\alpha_1} p_2^{\alpha_2} \cdots p_k^{\alpha_k}$，证明 $\sum\limits_{d \mid n} |\mu(d)| = 2^k$。

35. 设 $f(n) = \sum\limits_{d \mid n} g(d)$、$f_1(n) = \sum\limits_{d \mid n} g_1(d)$ 分别称为函数 $g(n)$ 和 $g_1(n)$ 的 **Möbius 变换**。证明：

$$\sum_{d \mid n} f(d) g_1\left(\dfrac{n}{d}\right) = \sum_{d \mid n} g(d) f_1\left(\dfrac{n}{d}\right)$$

36. 用 $\sigma(n)$ 表示正整数 n 的所有正因数之和，即 $\sigma(n) = \sum\limits_{\substack{d \mid n \\ d > 0}} d$。试分别计算当 $n = 10$, $20, 30, 50$ 时 $\sigma(n)$ 的函数值。

37. 证明：若设 $n > 0$, $24 \mid n+1$，则 $24 \mid \sigma(n)$。

38. 设 p 为素数，α 为正整数，试求 $\sigma(p^\alpha)$。

39. 设正整数 n 的标准素因数分解式为 $n = p_1^{\alpha_1} p_2^{\alpha_2} \cdots p_k^{\alpha_k}$，试求 $\sigma(n)$。

40. 试求下列函数值：

(1) $\pi(60)$；　(2) $\pi(100)$。

41. 求函数 $f(n) = n^3 - 2$ 的(狄利克雷乘积意义下的)逆函数 $f^{-1}(n)$ 的一般表达式，并计算 $f^{-1}(k)$ 的值，其中 $k = 1, 2, \cdots, 6$。

42. 设有数论函数 $y=f(n)=e^n$、$z=g(n)=n^3+1$ 和 $w=h(n)=n^3-1$。那么：
(1) $f(n)$、$g(n)$ 和 $h(n)$ 的狄利克雷逆函数是否存在，为什么？
(2) 若逆函数存在，请给出逆函数的一般表达式，并计算前 8 个函数值。

43. 设正整数 n 的标准素因数分解式为 $n=p_1^{\alpha_1}p_2^{\alpha_2}\cdots p_k^{\alpha_k}$，定义数论函数 $\omega(n)=\begin{cases} k, & n>1 \\ 0, & n=1 \end{cases}$ 为 n 的不同**素因数个数函数**。证明：
$$\omega(n)*\mu(n)=0 \text{ 或 } 1$$

44. 设 $f(x)$ 的定义域是 $[0,1]$ 区间的有理数，且
$$F(n)=\sum_{k=1}^{n}f\left(\frac{k}{n}\right), \quad G(n)=\sum_{\substack{k=1 \\ (k,n)=1}}^{n}f\left(\frac{k}{n}\right)$$
证明：$G(n)=\mu(n)*F(n)$。

45. 设函数 $E(n)=n$，证明：
(1) $\mu(n)*e(n)=I(n)$；   (2) $\tau(n)=e(n)*e(n)$；
(3) $\varphi(n)=\mu(n)*e(n)$；   (4) $\sigma(n)=e(n)*E(n)$；
(5) $\sigma(n)=\varphi(n)*\tau(n)$； (6) $\sigma(n)*\varphi(n)=E(n)*E(n)$；
(7) $\tau^2(n)*\mu(n)=\tau(n)*\mu^2(n)$。

46. 设 $f(n)$ 是完全积性函数，证明：对所有的数论函数 $g(n)$、$h(n)$，有
$$f(n)(g(n)*g(n))=(f(n)g(n))*(f(n)h(n))$$

47. 设函数 $f(n)$ 是积性函数，试判断下列数论函数的积性：
(1) $|f(n)|$；
(2) $|f(n^l)|$，其中 l 为任给的正整数；
(3) 对给定的整数 K，定义 $g(n)=\begin{cases} 0, & (n,K)>1 \\ f(n), & (n,K)=1 \end{cases}$。

48. 证明：若 $f(n)$ 是积性函数，则
$$f(m)f(n)=f((m,n))f([m,n])$$

49. 证明：若不恒为零的积性函数 $f(n)$ 在 $n=-1$ 处有定义，则必有 $f(-1)=\pm 1$。

50. 证明：墨比乌斯函数 $\mu(n)$ 是积性函数，但不是完全积性函数。

51. 证明 $\sigma(n)$ 是积性函数。$\sigma(n)$ 是完全积性函数吗？

52. 证明：整数 n 是素数的充要条件是 $\sigma(n)=n+1$。

53. 若 $\sigma(n)=2n$，则称正整数 n 为**完全数**。试求最小的两个完全数。

54. 证明：偶完全数必有 $2^{n-1}(2^n-1)$ 的形式，且 2^n-1 是素数。

55. 证明：正整数 n 是完全数的充要条件是 $\sum_{d\mid n}\frac{1}{d}=2$。

56. 设 $f(n)$ 是积性函数，k,l 是给定的正整数。证明：函数 $F_{k,l}(n)=\sum_{d^k\mid n}f(d^l)$ 是关

于自变量 n 的积性函数。

57. 设 $f(x)$ 是一个整系数多项式，$\psi(n)$ 表示
$$f(0), f(1), \cdots, f(n-1) \qquad (*)$$
中与 n 互素的数的个数。证明：

(1) $\psi(n)$ 是积性数论函数；

(2) 令 b_p 表示式（*）中能被素数 p 整除的数的个数，则
$$\psi(p^\alpha) = p^{\alpha-1}(p - b_p)$$

58. 设 $f(n)$ 是一个积性函数，p 为素数。证明：若 $f(p^\alpha) = f^\alpha(p)$，则 $f(n)$ 是完全积性函数（$\alpha \geqslant 1$）。

59. 证明：正整数的正因数个数函数 $\tau(n)$ 的值为奇数的充分必要条件是 n 是一个平方数。

60. 试证：$\prod_{d|n} d = n^{\frac{\tau(n)}{2}}$。

61. 证明：数论函数 $\tau(n)$ 是积性函数，但不是完全积性函数。

62. 证明：n 是素数的充分必要条件是 $\sigma(n) + \varphi(n) = n\tau(n)$。

63. 证明：$\varphi(n) \geqslant \dfrac{n}{\tau(n)}$。

64. 证明：$\sum_{d|n} \tau^3(d) = \left(\sum_{d|n} \tau(d)\right)^2$。

65. 证明：$\omega(n)$ 不是积性函数，但满足
$$\omega(n_1 n_2) = \omega(n_1) + \omega(n_2), \quad (n_1, n_2) = 1$$

66. 设正整数 n 的标准素因数分解式为 $n = p_1^{\alpha_1} p_2^{\alpha_2} \cdots p_k^{\alpha_k}$，定义数论函数 $\Omega(n) = \begin{cases} \alpha_1 + \alpha_2 + \cdots + \alpha_k, & n > 1 \\ 0, & n = 1 \end{cases}$ 为 n 的（按重数计的）全部素因数个数函数。证明：$\Omega(n)$ 不是积性函数，但满足
$$\Omega(n_1 n_2) = \Omega(n_1) + \Omega(n_2)$$

67. 定义数论函数 $\nu(n) = (-1)^{\omega(n)}$（$n \geqslant 1$），证明它是积性函数，但不是完全积性函数。

68. 定义数论函数 $\lambda(n) = (-1)^{\Omega(n)}$（$n \geqslant 1$）（称为 **Liouville 函数**），证明它是完全积性函数。

69. 以 $f(n)$ 表示满足 $1 \leqslant k \leqslant n$ 且 $(k, n) = (k+1, n) = 1$ 的 k 的个数。证明：

(1) $f(n)$ 是积性函数；

(2) $f(n) = n \prod_{d|n} \left(1 - \dfrac{2}{d}\right)$。

第3章 同余及其运算

同余以及与同余有关的运算是整数的又一种全新的运算方式,在通信、计算机、密码学等领域有着广泛的应用,故也是数论领域非常重要的内容之一。

本章主要介绍同余的概念、同余运算及其性质、在同余条件下整数的分类,以及关于同余运算的相关结论。另外,本章还将介绍一次不定方程的求解方法和矩阵的同余运算。

3.1 同余的概念及基本性质

【定义3.1.1】 给定一个正整数 m 及两个整数 a、b,如果 $a-b$ 被 m 整除,则称 a 与 b **模 m 同余**,记做 $a \equiv b \pmod{m}$;否则称 a 与 b **模 m 不同余**,记做 $a \not\equiv b \pmod{m}$。

【注】 由于 $m \mid a-b$ 等价于 $-m \mid a-b$,所以同余式
$$a \equiv b \pmod{m}$$
等价于同余式
$$a \equiv b \pmod{(-m)}$$
故以后总**假定模数** $m \geqslant 1$。

判断同余的方法之一就是利用定义。

【例3.1.1】 试判断 29 与 1、13 与 27、23 与 -5、248 与 130 模 7 的同余性。

解 因为 $7 \mid 28=29-1$,故由定义知 $29 \equiv 1 \pmod 7$。

同理,$7 \mid -14=13-27$,所以 $27 \equiv 13 \pmod 7$;$7 \mid 28=23-(-5)$,故 $23 \equiv -5 \pmod 7$。

由于 $7 \nmid 118=248-130$,故由定义知 $248 \not\equiv 130 \pmod 7$。

同余具有以下性质:

【性质3.1.1】 设 m 是一个正整数,a、b 是两个整数,则 $a \equiv b \pmod m$ 的充分必要条件是存在整数 k,使得 $a=b+km$。

证 因为
$$a \equiv b \pmod m \Leftrightarrow m \mid a-b \quad (\text{同余的定义})$$
成立的充分必要条件是存在 k,使得 $a-b=km$(整除的性质),所以结论成立,即
$$a=b+km$$

性质 3.1.1 是同余的另一种等价定义,同时也给出了判断两数是否同余的另一种方法。

【例3.1.2】 试判断整数 133 与 43、33 与 93、57 与 23 模 30 的同余性。

解 因为 $133=43+3 \cdot 30$，故由性质 3.1.1 知 $133\equiv 43 \pmod{30}$。

同理，$33=93-2 \cdot 30$，故 $33\equiv 93 \pmod{30}$。

由于不存在任何整数 k，使得 $57=23+30k$，故由性质 3.1.1 知 $57\not\equiv 23 \pmod{30}$。

【性质 3.1.2】 同余是一种等价关系，即

(i) 自反性：$a\equiv a \pmod{m}$；

(ii) 对称性：$a\equiv b \pmod{m} \Rightarrow b\equiv a \pmod{m}$；

(iii) 传递性：$a\equiv b \pmod{m}$ 且 $b\equiv c \pmod{m} \Rightarrow a\equiv c \pmod{m}$。

证 (i) 由 $m \mid 0=a-a$ 知 $a\equiv a \pmod{m}$。

(ii) 由 $a\equiv b \pmod{m}$ 知 $m \mid a-b$，从而有 $m \mid -(a-b)=b-a$，即 $b\equiv a \pmod{m}$。

(iii) 由 $a\equiv b \pmod{m}$ 且 $b\equiv c \pmod{m}$ 知 $m \mid a-b$ 且 $m \mid b-c$，从而有 $m \mid (a-b)+(b-c)=a-c$，故 $a\equiv c \pmod{m}$。

【性质 3.1.3】 整数 a、b 模 m 同余的充分必要条件是 a、b 被 m 除的余数相同。

证 由欧几里得除法知，存在 q、r、q'、r'，使得

$$a=qm+r, \quad b=q'm+r'$$

即

$$a-b=(q-q')m+(r-r')$$

或

$$r-r'=(a-b)-(q-q')m$$

故

$$m \mid (a-b) \Leftrightarrow m \mid (r-r')$$

又 $0\leqslant |r-r'|<m$，即 $m \mid (r-r') \Leftrightarrow r-r'=0$，故 $m \mid (a-b) \Leftrightarrow r-r'=0$，即 $r=r'$。结合定义 3.1.1 得 $a\equiv b \pmod{m} \Leftrightarrow r=r'$。

与性质 3.1.1 一样，性质 3.1.3 也给出了同余的另一种等价定义。

【性质 3.1.4】 设 m 为正整数，a、b、c、d 为整数，若

$$a\equiv b \pmod{m}, \quad c\equiv d \pmod{m}$$

则

(i) $a+c\equiv b+d \pmod{m}$；

(ii) $ac\equiv bd \pmod{m}$。

证 已知 $a\equiv b \pmod{m}$ 且 $c\equiv d \pmod{m}$，由等价定义（见性质 3.1.1）知，存在整数 h 和 k，使得

$$a=b+hm \text{ 且 } c=d+km$$

从而有

$$a+c=(b+hm)+(d+km)=(b+d)+(h+k)m$$

$$ac=(b+hm)(d+km)=bd+(hd+kb+hkm)m$$

由性质 3.1.1 的充分性即得结论。

一般情形：$a_i \equiv b_i \pmod{m}$ $(i=1, 2, \cdots, k)$，则

(i) $\sum_{i=1}^{k} a_i \equiv \sum_{i=1}^{k} b_i \pmod{m}$；

(ii) $\prod_{i=1}^{k} a_i \equiv \prod_{i=1}^{k} b_i \pmod{m}$。

【推论 1】 $a \equiv b \pmod{m} \Rightarrow na \equiv nb \pmod{m}$，其中 n 为整数。

【推论 2】 $a \equiv b \pmod{m} \Rightarrow a^n \equiv b^n \pmod{m}$，其中 n 为正整数。

【推论 3】 若 $x \equiv y \pmod{m}$，$a_i \equiv b_i \pmod{m}$ $(i=1, 2, \cdots, k)$，则
$$a_0 + a_1 x + a_2 x^2 + \cdots + a_k x^k \equiv b_0 + b_1 y + b_2 y^2 + \cdots + b_k y^k \pmod{m}$$

性质 3.1.4 及其推论主要应用于下列求值情形：
$$(a+b) \pmod{m} = (a \pmod{m} + b \pmod{m}) \pmod{m}$$
$$ab \pmod{m} = (a \pmod{m} \cdot b \pmod{m}) \pmod{m}$$
$$na \pmod{m} = n(a \pmod{m}) \pmod{m}$$
$$a^n \pmod{m} = (a \pmod{m})^n \pmod{m}$$

【例 3.1.3】 设今天是星期五，问此后的第 2^{2003} 天是星期几？

解 这等价于求 $(2^{2003} + 5) \pmod 7$ 的值。利用已有性质可得
$$(2^{2003} + 5) \pmod 7 = (2^{2003} \pmod 7 + 5 \pmod 7) \pmod 7$$
$$= ((2^3)^{667} 2^2 \pmod 7 + 5) \pmod 7$$
$$= ((8^{667} \pmod 7) \cdot 4 \pmod 7) \pmod 7 + 5) \pmod 7$$
$$= (((8 \pmod 7))^{667} \pmod 7) \cdot 4) \pmod 7 + 5) \pmod 7$$
$$= ((1^{667} \pmod 7) \cdot 4) \pmod 7 + 5) \pmod 7$$
$$= (1 \cdot 4 \pmod 7 + 5) \pmod 7$$
$$= 9 \pmod 7$$
$$= 2 \pmod 7$$

所以，此后的第 2^{2003} 天是星期二。

【例 3.1.4】 设十进制整数 $n = (a_k a_{k-1} \cdots a_1 a_0)_{10}$，证明
$$3 \mid n \Leftrightarrow 3 \mid a_k + a_{k-1} + \cdots + a_1 + a_0$$
$$9 \mid n \Leftrightarrow 9 \mid a_k + a_{k-1} + \cdots + a_1 + a_0$$

证 因为 n 可表示为
$$n = a_k 10^k + \cdots + a_1 10 + a_0 \equiv a_k + a_{k-1} + \cdots + a_1 + a_0 \pmod 3$$
$$n = a_k 10^k + \cdots + a_1 10 + a_0 \equiv a_k + a_{k-1} + \cdots + a_1 + a_0 \pmod 9$$

【例 3.1.5】 设整数 n 的 1000 进制表示式为
$$n = a_k 1000^k + \cdots + a_1 1000 + a_0$$

证明 7(或 11，或 13) $|$ n 的充分必要条件是
$$7(或 11，或 13) \mid (a_0+a_2+\cdots)-(a_1+a_3+\cdots)$$

证 因为
$$n=a_k1000^k+\cdots+a_11000+a_0$$
$$\equiv a_k(-1)^k+a_{k-1}(-1)^{k-1}+\cdots+a_1(-1)+a_0 (\bmod 7)$$
$$\equiv a_k(-1)^k+a_{k-1}(-1)^{k-1}+\cdots+a_1(-1)+a_0 (\bmod 11)$$
$$\equiv a_k(-1)^k+a_{k-1}(-1)^{k-1}+\cdots+a_1(-1)+a_0 (\bmod 13)$$

例如，判断 $n=12\ 345\ 678$ 能否被 7 整除的过程如下：
因为
$$12\ 345\ 678=12\cdot 1000^2+345\cdot 1000+678$$
而 $(12+678)-345=345$ 不能被 7、11、13 整除，故 $12\ 345\ 678$ 不能被这 3 个数整除。

【例 3.1.6】 设十进制整数 $n=(a_ka_{k-1}\cdots a_1a_0)_{10}$，则
$$11 \mid n \Leftrightarrow 11 \mid (a_0+a_2+\cdots)-(a_1+a_3+\cdots)$$
$$2 \mid n \Leftrightarrow 2 \mid a_0$$
$$4 \mid n \Leftrightarrow 4 \mid (a_1a_0)_{10} \Leftrightarrow 4 \mid 2a_1+a_0$$
$$8 \mid n \Leftrightarrow 8 \mid (a_2a_1a_0)_{10} \Leftrightarrow 8 \mid 4a_2+2a_1+a_0$$
$$2^i \mid n \Leftrightarrow 2^i \mid a_{i-1}\cdots a_1a_0$$

证 因为
$$n=a_k10^k+\cdots+a_110+a_0$$
$$\equiv a_k(-1)^k+a_{k-1}(-1)^{k-1}+\cdots+a_1(-1)+a_0 (\bmod 11)$$
$$n\equiv a_0 (\bmod 2)$$
$$n\equiv (a_1a_0)_{10}=a_110+a_0\equiv 2a_1+a_0 (\bmod 4)$$

其余情形可以此类推。

【例 3.1.7】 判断 $n=981\ 234\ 576$ 能否被 11、2、4、8、16 整除。

解 利用例 3.1.6 的结论判断。因为 $(6+5+3+1+9)-(7+4+2+8)=3$，故 n 不能被 11 整除。

因为 $2\mid 6$，故 $2\mid n$。

因为 $4\mid 76$ 或 $4\mid 2\cdot 7+6=20$，故 $4\mid n$。

因为 $8\mid 4\cdot 5+2\cdot 7+6=40$，故 $8\mid n$。

因为 $16\mid 4576$，故 $16\mid n$。

【性质 3.1.5】 消去律：设 $ad\equiv bd (\bmod m)$。若 $(d,m)=1$，则
$$a\equiv b (\bmod m)$$

证 由 $ad\equiv bd (\bmod m)$ 知
$$m \mid ad-bd=(a-b)d$$

而$(d,m)=1$,故$m\mid(a-b)$,即$a\equiv b(\bmod m)$。

例如,$95\equiv25(\bmod 7)$,即$19\cdot5\equiv5\cdot5(\bmod 7)$,且$(5,7)=1$,故$19\equiv5(\bmod 7)$。

需要注意的是,性质3.1.5中的条件$(d,m)=1$若不满足,则结论不一定成立。例如,$115\equiv25(\bmod 15)$,即$23\cdot5\equiv5\cdot5(\bmod 15)$,但$23\not\equiv5(\bmod 15)$,因为$(5,15)=5>1$。

【性质3.1.6】 设$a\equiv b(\bmod m)$且$k>0$,则
$$ak\equiv bk(\bmod mk)$$

证 由$a\equiv b(\bmod m)$知$m\mid a-b$(同余的定义),从而有
$$mk\mid(a-b)k=ak-bk \quad \text{(整除的性质)}$$

故
$$ak\equiv bk(\bmod mk) \quad \text{(同余的定义)}$$

例如,$19\equiv5(\bmod 7)$,$k=4>0$,所以
$$76\equiv20(\bmod 28)$$

【性质3.1.7】 设$a\equiv b(\bmod m)$且$d\mid(a,b,m)$,则
$$\frac{a}{d}\equiv\frac{b}{d}\left(\bmod \frac{m}{d}\right)$$

证 已知$d\mid(a,b,m)$,那么必有$d\mid a$、$d\mid b$、$d\mid m$,再由整除的定义知,存在整数a'、b'、m',使得
$$a=da',\ b=db',\ m=dm'$$

又由$a\equiv b(\bmod m)$知,存在整数k,使得
$$a=b+mk \quad \text{(同余的等价定义)}$$

从而有
$$da'=db'+dm'k$$

即
$$a'=b'+m'k$$

故
$$a'\equiv b'(\bmod m')$$

从而有
$$\frac{a}{d}\equiv\frac{b}{d}\left(\bmod \frac{m}{d}\right)$$

例如,$190\equiv50(\bmod 70)$,取$d=10$,则
$$19\equiv5(\bmod 7)$$

将性质3.1.6和性质3.1.7结合,可得如下结论:

设$d\mid(a,b,m)$,则
$$a\equiv b(\bmod m)\Leftrightarrow\frac{a}{d}\equiv\frac{b}{d}\left(\bmod \frac{m}{d}\right)$$

或者，设 $k>0$，则
$$a\equiv b\,(\bmod\ m)\Leftrightarrow ak\equiv bk\,(\bmod\ mk)$$

【性质 3.1.8】 设 $a\equiv b\,(\bmod\ m)$ 且 $d\mid m$，则
$$a\equiv b\,(\bmod\ d)$$

证 已知 $a\equiv b\,(\bmod\ m)$，由同余的定义知 $m\mid a-b$。

又知 $d\mid m$，故由整除的传递性知 $d\mid a-b$。

再由同余的定义知 $a\equiv b\,(\bmod\ d)$。

例如，$190\equiv 50\,(\bmod\ 70)$，取 $d=7$，则 $7\mid 70$，那么
$$190\equiv 50\,(\bmod\ 7)$$

【性质 3.1.9】 $a\equiv b\,(\bmod\ m_i)\,(i=1,2,\cdots,k)$ 的充分必要条件是
$$a\equiv b\,(\bmod\ [m_1,m_2,\cdots,m_k])$$

证 因为 $a\equiv b\,(\bmod\ m_i)\Leftrightarrow m_i\mid a-b$ （同余的定义）
$$\Leftrightarrow [m_1,m_2,\cdots,m_k]\mid a-b\quad（整除的性质）$$
$$\Leftrightarrow a\equiv b\,(\bmod\ [m_1,m_2,\cdots,m_k])\quad（同余的定义）$$

例如，$190\equiv 50\,(\bmod\ 7)$，$190\equiv 50\,(\bmod\ 10)$，且 $[7,10]=70$，故由性质 3.1.9 知
$$190\equiv 50\,(\bmod\ 70)$$

又如，$190\equiv 50\,(\bmod\ 28)$，$190\equiv 50\,(\bmod\ 35)$，且 $[28,35]=140$，故有
$$190\equiv 50\,(\bmod\ 140)$$

【推论】 设 p、q 为不同的素数，则
$$a\equiv b\,(\bmod\ p)\ 且\ a\equiv b\,(\bmod\ q)\Leftrightarrow a\equiv b\,(\bmod\ pq)$$

证 因为 $[p,q]=pq$，故结论成立。

【性质 3.1.10】 设 $a\equiv b\,(\bmod\ m)$，则
$$(a,m)=(b,m)$$

证 由 $a\equiv b\,(\bmod\ m)$ 知，存在 k，使得
$$a=b+mk=mk+b\quad（同余的等价定义，见性质 3.1.1）$$

从而有
$$(a,m)=(m,b)\quad（最大公因数性质 1.3.6）$$

【例 3.1.8】 设 m、n、a 均为正整数，若
$$n^a\not\equiv 0,1\,(\bmod\ m)$$

则存在 n 的素因数 p，满足
$$p^a\not\equiv 0,1\,(\bmod\ m)$$

证 采用反证法。若存在 n 的一个素因数 p，使得 $p^a\equiv 0\,(\bmod\ m)$，即 $m\mid p^a$。

又 p 是 n 的因数，故 $p\mid n$，从而 $p^a\mid n^a$，$m\mid n^a$，即
$$n^a\equiv 0\,(\bmod\ m)$$

与假设矛盾。

其次，若对 $n=p_1p_2\cdots p_t$ 的每个素因数 p_i，都有
$$p_i^a \equiv 1 \pmod{m}, \quad i=1, 2, \cdots, t$$
则由性质 3.1.4 的一般情形有
$$p_1^a p_2^a \cdots p_t^a \equiv 1 \pmod{m}$$
所以
$$n^a \equiv (p_1 p_2 \cdots p_t)^a \pmod{m} \equiv p_1^a p_2^a \cdots p_t^a \pmod{m} \equiv 1 \pmod{m}$$
与假设矛盾。

因此，结论成立。

实际上，从本例的证明过程可以看出，其结论可以理解为：当 $n^a \not\equiv 0 \pmod{m}$ 时，对 n 的每个素因数 p，都有 $p^a \not\equiv 0 \pmod{m}$；而当 $n^a \not\equiv 1 \pmod{m}$ 时，对 n 的每个素因数 p，不一定全都满足 $p^a \equiv 1 \pmod{m}$，但至少存在一个素因数 p，使得 $p^a \not\equiv 1 \pmod{m}$。

3.2 剩余类及完全剩余系

3.2.1 剩余类和完全剩余系

设 m 为正整数，记 $C_a = \{x \mid x \in \mathbf{Z}, x \equiv a \pmod{m}\}$，则整数集合 C_a 非空（因为至少有 $a \in C_a$）。

【定理 3.2.1】 设 m 是一个正整数，则

(i) 任一整数必包含在某个 C_r 中，$0 \leqslant r \leqslant m-1$；

(ii) $C_a = C_b \Leftrightarrow a \equiv b \pmod{m}$；

(iii) $C_a C_b = \varnothing$（空集）$\Leftrightarrow a \not\equiv b \pmod{m}$。

证 利用带余除法和同余的等价性易得上述结论。

例如，设 $m=14$，则 $-9, 5, 19 \in C_5$；因 $7 \equiv 35 \pmod{14}$，则 $C_7 = C_{35} = \{\cdots, -7, 7, 21, \cdots\}$；因 $7 \not\equiv 9 \pmod{14}$，故 $C_7 C_9 = \varnothing$。

【定义 3.2.1】 上面定义的集合 C_a 叫做模 m 的 a 的**剩余类**。一个剩余类中的任一个数叫做该类的**剩余**或**代表**。若 $r_0, r_1, \cdots, r_{m-1}$ 是 m 个整数，且其中任何两个都不在同一个剩余类中，则称 $r_0, r_1, \cdots, r_{m-1}$ 为模 m 的一个**完全剩余系**。

剩余类 C_a 有时也记为 $C_a(m)$。

例如，模 16 的 3 的剩余类为
$$C_3 = \{x \mid x \in \mathbf{Z}, x \equiv 3 \pmod{16}\} = \{\cdots, -29, -13, 3, 19, \cdots\}$$
9 的剩余类为
$$C_9 = \{x \mid x \in \mathbf{Z}, x \equiv 9 \pmod{16}\} = \{\cdots, -23, -7, 9, 25, \cdots\}$$

而当 $m=10$ 时，其完全剩余系可以为

(1) $0, 1, 2, \cdots, 9$；

(2) $1, 2, 3, \cdots, 10$；

(3) $0, -1, -2, \cdots, -9$；

(4) $0, 3, 6, 9, \cdots, 27$；

(5) $10, 11, 22, 33, 44, \cdots, 99$；

(6) $20, 1, -18, 13, 64, -55, -94, -3, 18, 9$ 等。

需要注意的是：每个剩余类中都包含了无穷多个整数，而完全剩余系则恰好由 m 个数组成。

模 m 的剩余类共有 m 个，例如

$$C_0, C_1, \cdots, C_{m-1}$$

常用的模 m 的典型完全剩余系如下：

(1) 最小非负完全剩余系：$0, 1, \cdots, m-1$；

(2) 最小正完全剩余系：$1, 2, \cdots, m$；

(3) 最大非正完全剩余系：$0, -1, \cdots, -(m-1)$；

(4) 最大负完全剩余系：$-1, -2, \cdots, -m$；

(5) 绝对(值)最小完全剩余系：

当 m 为偶数时，为

$$-\frac{m}{2}, -\frac{m-2}{2}, \cdots, \frac{m-2}{2}$$

或

$$-\frac{m-2}{2}, \cdots, \frac{m-2}{2}, \frac{m}{2}$$

当 m 为奇数时，为

$$-\frac{m-1}{2}, -\frac{m-3}{2}, \cdots, \frac{m-1}{2}$$

【例 3.2.1】 设 $m=12$，给出模 12 的剩余类的表达式，并给出模 12 的典型完全剩余系。

解 模 12 的剩余类的表达式可以描述为

$$C_a = \{a + 12k \mid k \in \mathbf{Z}\}$$

模 12 的典型完全剩余系如下：

(1) 最小非负完全剩余系：$0, 1, \cdots, 11$；

(2) 最小正完全剩余系：$1, 2, \cdots, 12$；

(3) 最大非正完全剩余系：$0, -1, \cdots, -11$；

(4) 最大负完全剩余系：$-1, -2, \cdots, -12$；

(5) 绝对最小完全剩余系：12 为偶数，所以为 $-6,-5,\cdots,5$ 或 $-5,-4,\cdots,6$。

3.2.2 剩余类的性质

【定理 3.2.2】 一组整数 $r_0, r_1, \cdots, r_{m-1}$ 为 m 的一个完全剩余系的充分必要条件是 $r_i \not\equiv r_j \pmod{m}$。

证 由定理 3.2.1 的(ii)、(iii)即得结论。

【定理 3.2.3】 设 a 是满足 $(a,m)=1$ 的整数，b 为任意整数。若 x 遍历模 m 的一个完全剩余系，则 $ax+b$ 遍历模 m 的一个完全剩余系。

证 设 $r_0, r_1, \cdots, r_{m-1}$ 为 m 的一个完全剩余系，则由定理 3.2.2 知
$$r_i \not\equiv r_j \pmod{m}, \quad 0 \leqslant i < j \leqslant m-1$$
又 $(a,m)=1$，故
$$ar_i \not\equiv ar_j \pmod{m}$$
从而
$$ar_i + b \not\equiv ar_j + b \pmod{m}, \quad 0 \leqslant i < j \leqslant m-1$$
由定理 3.2.2 知，$ar_0 + b, ar_1 + b, \cdots, ar_{m-1} + b$ 是模 m 的一个完全剩余系。

【例 3.2.2】 设模 $m=10$，其一个完全剩余系为 $0, 1, \cdots, 9$。试写出当 $a=7, b=5$ 和 $a=3, b=6$ 时相应于原完全剩余系的剩余系。

解 当 $a=7$、$b=5$ 时，新的剩余系为 $7x+5$，即
$$5, 12, 19, 26, 33, 40, 47, 54, 61, 68$$
当 $a=3$、$b=6$ 时，新的剩余系为 $3x+6$，即
$$6, 9, 12, 15, 18, 21, 24, 27, 30, 33$$

【定理 3.2.4】 设 m_1、m_2 是两个互素的正整数，若 x_1、x_2 分别遍历 m_1、m_2 的完全剩余系，则 $m_2 x_1 + m_1 x_2$ 遍历模 $m_1 m_2$ 的完全剩余系。

证 当 x_1、x_2 分别遍历 m_1、m_2 个整数时，$m_2 x_1 + m_1 x_2$ 则遍历 $m_1 m_2$ 个整数。

问题转化为：证明 $m_1 m_2$ 个整数 $m_2 x_1 + m_1 x_2$ 模 $m_1 m_2$ 两两不同余。

用反证法。若存在 x_1、x_2 和 y_1、y_2 满足
$$m_2 x_1 + m_1 x_2 \equiv m_2 y_1 + m_1 y_2 \pmod{m_1 m_2}$$
则由性质 3.1.8 或性质 3.1.9 知
$$m_2 x_1 + m_1 x_2 \equiv m_2 y_1 + m_1 y_2 \pmod{m_1}$$
即
$$m_2 x_1 \equiv m_2 y_1 \pmod{m_1}$$
而 $(m_1, m_2)=1$，故由同余的性质知
$$x_1 \equiv y_1 \pmod{m_1}$$
同理可证，$x_2 \equiv y_2 \pmod{m_2}$。

【例 3.2.3】 设 p、q 是两个不同的素数,$n=pq$,则对任意整数 c,存在唯一的一对数 x 和 y,满足
$$qx+py\equiv c(\bmod n), \quad 0\leqslant x<p, 0\leqslant y<q$$

证 首先知 p、q 互素。

再由定理 3.2.4 知,当 x、y 分别遍历模 p、q 的完全剩余系时,$qx+py$ 遍历模 $n=pq$ 的完全剩余系,故存在唯一的一对整数 x、y,满足
$$qx+py\equiv c(\bmod n), \quad 0\leqslant x<p, 0\leqslant y<q$$

3.3 既约剩余系

3.3.1 既约剩余系

【定义 3.3.1】 如果一个模 m 的剩余类中存在一个与 m 互素的剩余,则该剩余类叫做**既约剩余类**(或**互素剩余类**、**不可约剩余类**、**简化剩余类**)。

注:本定义与剩余的选取无关。

例如 $m=20$,$C_3=C_{23}$。

【定理 3.3.1】 设 r_1、r_2 是同一剩余类中的两个剩余,则 r_1 与 m 互素的充分必要条件是 r_2 与 m 互素。

证 由题设知
$$r_1=r_2+km$$

再由最大公因数性质知
$$(r_1,m)=(r_2,m)$$
故
$$(r_1,m)=1 \Leftrightarrow (r_2,m)=1$$

【定义 3.3.2】 设 m 为正整数,在模 m 的所有不同既约剩余类中,从每个类任取一个数组成的整数集合,叫做模 m 的一个**既约剩余系**(或称为**缩系**、**互素剩余系**、**不可约剩余系**、**简化剩余系**)。

【例 3.3.1】 给出模 6 和模 20 的既约剩余系,且针对每个模数,至少写出 3 个既约剩余系。

解 与 6 互素且属于不同既约剩余类的整数有 1 与 5、−7 与 13、−5 与 11,故模 6 的既约剩余系为 1,5 或 −7,13,抑或 −5,11。

同理,模 20 的既约剩余系可以为 1,3,7,9,11,13,17,19 或 21,43,67,89,111,133,157,179,抑或 −79,−57,−33,−11,31,53,77,99。

【定理 3.3.2】 m 的既约剩余系的元素个数为 $\varphi(m)$。

常用的模 m 的典型既约剩余系如下：

(1) 最小非负既约剩余系：$0, 1, \cdots, m-1$ 中与 m 互素的所有整数。

(2) 最小正既约剩余系：$1, 2, \cdots, m$ 中与 m 互素的所有整数。

(3) 最大非正既约剩余系：$0, -1, \cdots, -(m-1)$ 中与 m 互素的所有整数。

(4) 最大负既约剩余系：$-1, -2, \cdots, -m$ 中与 m 互素的所有整数。

(5) 绝对(值)最小既约剩余系：

当 m 为偶数时，为 $-\dfrac{m}{2}, -\dfrac{m-2}{2}, \cdots, \dfrac{m-2}{2}$ 或 $-\dfrac{m-2}{2}, \cdots, \dfrac{m-2}{2}, \dfrac{m}{2}$ 中与 m 互素的所有整数；

当 m 为奇数时，为 $-\dfrac{m-1}{2}, -\dfrac{m-3}{2}, \cdots, \dfrac{m-1}{2}$ 中与 m 互素的所有整数。

【例 3.3.2】 试写出模 14 和模 15 的典型既约剩余系。

解 因为 $\varphi(14)=6$，故模 14 的典型既约剩余系如下：

(1) 最小非负既约剩余系：$1, 3, 5, 9, 11, 13$；

(2) 最小正既约剩余系：$1, 3, 5, 9, 11, 13$；

(3) 最大非正既约剩余系：$-1, -3, -5, -9, -11, -13$；

(4) 最大负既约剩余系：$-1, -3, -5, -9, -11, -13$；

(5) 绝对最小既约剩余系：$-5, -3, -1, 1, 3, 5$。

因为 $\varphi(15)=8$，故模 15 的典型既约剩余系如下：

(1) 最小非负既约剩余系：$1, 2, 4, 7, 8, 11, 13, 14$；

(2) 最小正既约剩余系：$1, 2, 4, 7, 8, 11, 13, 14$；

(3) 最大非正既约剩余系：$-1, -2, -4, -7, -8, -11, -13, -14$；

(4) 最大负既约剩余系：$-1, -2, -4, -7, -8, -11, -13, -14$；

(5) 绝对最小既约剩余系：$-7, -4, -2, -1, 1, 2, 4, 7$。

【例 3.3.3】 设 p 为素数，试写出模 p 的最小非负既约剩余系。

解 因为 p 为素数，故对任意 $k(1 \leqslant k < p)$，都有 $(k, p)=1$。因此，素数 p 的最小非负既约剩余系为

$$1, 2, \cdots, p-1$$

这也从另一角度验证了 $\varphi(p) = p-1$。

【定理 3.3.3】 设整数 $r_1, r_2, \cdots, r_{\varphi(m)}$ 均与 m 互素，且两两模 m 不同余，则它们构成模 m 的一个既约剩余系。

证 由条件知，$r_1, r_2, \cdots, r_{\varphi(m)}$ 是来自模 m 的不同既约剩余类的剩余，故是 m 的一个既约剩余系。

【定理 3.3.4】 设整数 $r_1, r_2, \cdots, r_{\varphi(m)}$ 均与 m 互素，若它们构成模 m 的一个既约剩余

系，则这些 r_i 必两两模 m 不同余。

证 由条件知，$r_1, r_2, \cdots, r_{\varphi(m)}$ 是来自模 m 的不同既约剩余类的剩余，而不同剩余类中的数必互不同余，故结论成立。

【推论】 设整数 $r_1, r_2, \cdots, r_{\varphi(m)}$ 均与 m 互素，则它们构成模 m 的既约剩余系的充分必要条件是这些 r_i 两两模 m 不同余。

【定理 3.3.5】 设 m 为正整数，a 是满足 $(a, m) = 1$ 的整数。那么，若 x 遍历模 m 的一个既约剩余系，则 ax 也遍历模 m 的一个既约剩余系。

证 首先，由 $(a, m) = 1$ 及 $(x, m) = 1$ 知 $(ax, m) = 1$，即 ax 是既约剩余类的剩余。

其次，若 $x_1 \not\equiv x_2 \pmod{m}$，则必有 $ax_1 \not\equiv ax_2 \pmod{m}$。否则，由性质 3.1.5 知 $x_1 \equiv x_2 \pmod{m}$，矛盾。

因此，当 x 遍历模 m 的一个既约剩余系时，ax 遍历 $\varphi(m)$ 个数，它们均与 m 互素且两两模 m 不同余。由定理 3.3.3 知，ax 也遍历模 m 的一个既约剩余系。

【例 3.3.4】 已知 $x = 1, 7, 11, 13, 17, 19, 23, 29$ 是模 30 的既约剩余系，验证 $7x$ 也构成模 30 的既约剩余系，并比较对 $7x \pmod{30}$ 取最小非负剩余后与原既约剩余系的变化情况。

解 直接计算有

$$7x = 7, 49, 77, 91, 119, 133, 161, 203$$

因为 $(7, 30) = 1$，故 $(7x, 30) = 1$ 且模 30 互不同余，所以它们也构成模 30 的既约剩余系。

若对 $7x \pmod{30}$ 取最小非负剩余，则有

$$7x \equiv 7, 19, 17, 1, 29, 13, 11, 23 \pmod{7}$$

显然，它们只是原来既约剩余系 $x = 1, 7, 11, 13, 17, 19, 23, 29$ 的一个全排列。

【例 3.3.5】 设 $m = 7$，$a = 1, 2, 3, 4, 5, 6$，请给出 $ax \pmod 7$ 的分布情况。

解 直接计算，$ax \pmod 7$ 的分布情况如表 3.3.1 所示。

表 3.3.1 $ax \pmod 7$ 的分布情况

a \ x	1	2	3	4	5	6
1	1	2	3	4	5	6
2	2	4	6	1	3	5
3	3	6	2	5	1	4
4	4	1	5	2	6	3
5	5	3	1	6	4	2
6	6	5	4	3	2	1

【定理 3.3.6】 当 x 遍历 m 的既约剩余系时，$x \pm km$ 也遍历 m 的既约剩余系。

证 首先，由$(x,m)=1$知$(x\pm km,m)=1$，即二者互素。

其次，当$x_1\not\equiv x_2\pmod m$时，必有$x_1\pm km\not\equiv x_2\pm km\pmod m$。

由定理3.3.3知，$x\pm km$构成模m的既约剩余系。

【**推论**】 设m为正整数，a是满足$(a,m)=1$的整数，则当x遍历m的既约剩余系时，$m\pm ax$也遍历m的既约剩余系。

【**定理3.3.7**】 设m_1、m_2是两个互素的正整数，若x_1、x_2分别遍历模m_1、m_2的既约剩余系，则$m_2x_1+m_1x_2$遍历模m_1m_2的既约剩余系。

证 先证$m_2x_1+m_1x_2$属于模m_1m_2的某个既约剩余类，即证

$$(m_2x_1+m_1x_2, m_1m_2)=1 \tag{3.3.1}$$

事实上，由$(m_1,m_2)=1$及$(m_1,x_1)=1$和$(m_2,x_2)=1$知

$$(m_2x_1+m_1x_2, m_1)=(m_2x_1, m_1)=(x_1, m_1)=1$$
$$(m_2x_1+m_1x_2, m_2)=(m_1x_2, m_2)=(x_2, m_2)=1$$

所以，由同余的性质3.1.9知式(3.3.1)成立。

其次证明：当$x_1\not\equiv y_1\pmod{m_1}$或$x_2\not\equiv y_2\pmod{m_2}$时，有

$$m_2x_1+m_1x_2\not\equiv m_2y_1+m_1y_2\pmod{m_1m_2} \tag{3.3.2}$$

事实上，完全剩余系包含既约剩余系，故完全剩余系的性质适用于既约剩余系。因此，由定理3.2.4的结论或其证明过程知式(3.3.2)成立。

定理3.3.7的一个实用价值在于可以利用小整数的既约剩余系构造大整数的既约剩余系。

【**例3.3.6**】 设$m=77=7\cdot 11$，利用7和11的既约剩余系构造77的既约剩余系。

解 取7的最小正既约剩余系$x\equiv 1,2,3,4,5,6$；取11的最小正既约剩余系$y\equiv 1,2,3,\cdots,10$。由定理3.3.7知，77的一个既约剩余系为

$$11x+7y$$

即

$18,25,32,39,46,53,60,67,74,81 (x\equiv 1, y\equiv 1,2,3,\cdots,10)$

$29,36,43,50,57,64,71,78,85,92 (x\equiv 2, y\equiv 1,2,3,\cdots,10)$

$40,47,54,61,68,75,82,89,96,103 (x\equiv 3, y\equiv 1,2,3,\cdots,10)$

$51,58,65,72,79,86,93,100,107,114 (x\equiv 4, y\equiv 1,2,3,\cdots,10)$

$62,69,76,83,90,97,104,111,118,125 (x\equiv 5, y\equiv 1,2,3,\cdots,10)$

$73,80,87,94,101,108,115,122,129,136 (x\equiv 6, y\equiv 1,2,3,\cdots,10)$

或既约剩余系（取最小非负既约剩余系）为

$$11x+7y\pmod{77}$$

即

$18,25,32,39,46,53,60,67,74,\ 4\ (x\equiv 1)$

$$29, 36, 43, 50, 57, 64, 71, 1, 8, 15 \ (x \equiv 2)$$
$$40, 47, 54, 61, 68, 75, 5, 12, 19, 26 \ (x \equiv 3)$$
$$51, 58, 65, 72, 2, 9, 16, 23, 30, 37 \ (x \equiv 4)$$
$$62, 69, 76, 6, 13, 20, 27, 34, 41, 48 \ (x \equiv 5)$$
$$73, 3, 10, 17, 24, 31, 38, 45, 52, 59 \ (x \equiv 6)$$

重新排序后为

$$1, 2, 3, 4, 5, 6, 8, 9, 10, 12,$$
$$13, 15, 16, 17, 18, 19, 20, 23, 24, 25,$$
$$26, 27, 29, 30, 31, 32, 34, 36, 37, 38,$$
$$39, 40, 41, 43, 45, 46, 47, 48, 50, 51,$$
$$52, 53, 54, 57, 58, 59, 60, 61, 62, 64,$$
$$65, 67, 68, 69, 71, 72, 73, 74, 75, 76$$

若选绝对最小既约剩余系,则为

$$-38, -37, -36, -34, -32, -31, -30, -29, -27, -26,$$
$$-25, -24, -23, -20, -19, -18, -17, -16, -15, -13,$$
$$-12, -10, -9, -8, -6, -5, -4, -3, -2, -1,$$
$$1, 2, 3, 4, 5, 6, 8, 9, 10, 12,$$
$$13, 15, 16, 17, 18, 19, 20, 23, 24, 25,$$
$$26, 27, 29, 30, 31, 32, 34, 36, 37, 38$$

即

$$\pm 1, \pm 2, \pm 3, \pm 4, \pm 5, \pm 6, \pm 8, \pm 9, \pm 10, \pm 12,$$
$$\pm 13, \pm 15, \pm 16, \pm 17, \pm 18, \pm 19, \pm 20, \pm 23, \pm 24, \pm 25,$$
$$\pm 26, \pm 27, \pm 29, \pm 30, \pm 31, \pm 32, \pm 34, \pm 36, \pm 37, \pm 38$$

3.3.2 整数 a 模 m 的逆

【定理 3.3.8】 设 m 为正整数,a 是满足 $(a, m) = 1$ 的整数,则存在整数 $a'(1 \leqslant a' < m)$,使得

$$aa' \equiv 1 \pmod{m}$$

证 (构造性证明)由 $(a, m) = 1$ 和定理 1.3.2 知,存在整数 s、t,使得

$$sa + tm = (a, m) = 1$$

即

$$sa - 1 = (-t)m$$

亦即

$$as \equiv 1 \pmod{m}$$

因此，所求 $a'=s$。

【例 3.3.7】 设 $m=737, a=635$，求 a'，满足
$$aa' \equiv 1 \pmod{m}$$

解 因为 $(a, m)=(635, 737)=1$，故按照定理 3.3.8 的证明过程，利用辗转相除法，可找到 $s=-224, t=193$，使得
$$(-224) \cdot 635 + 193 \cdot 737 = 1$$
故
$$a' \equiv -224 \equiv 513 \pmod{737}$$
即
$$635 \cdot (-224) \equiv 1 \pmod{737} \quad \text{或} \quad 635 \cdot 513 \equiv 1 \pmod{737}$$

由定理 3.3.8 的证明过程和例 3.3.7 可以看出，满足 $aa' \equiv 1 \pmod{m}$ 的 a' 不唯一。

【定义 3.3.3】 将定理 3.3.8 中满足条件的 a' 叫做 **a(对模 m)的逆**，记为 a^{-1}。即 a^{-1} 满足
$$aa^{-1} \equiv 1 \pmod{m}$$

实质上，a 与 a^{-1} 互为逆元素。

对任何模数 $m>1$ 而言，至少有两个数有逆，即
$$1^{-1} \equiv 1, \ (m-1)^{-1} \equiv m-1 \pmod{m}$$
其中后一式也可表示为 $(-1)^{-1} \equiv -1$。

同余运算下整数 a 的逆 a^{-1} 有以下性质：

【性质 3.3.1】 若 a 可逆，则 $(a, m)=1$。

证 a 可逆，则 a 的逆 a^{-1} 存在，且满足
$$aa^{-1} \equiv 1 \pmod{m}$$
由同余的等价定义知，存在整数 k，使得
$$aa^{-1} = 1 + km$$
即
$$1 \cdot (aa^{-1}) + (-k)m = 1$$
由最大公因数的性质(定理 1.3.3)知
$$(aa^{-1}, m) = 1$$
而 $(aa^{-1}, m)=1$ 的充分必要条件则是 $(a, m)=1$ 且 $(a^{-1}, m)=1$。

【推论】 (i) a 是模 m 的逆 $\Leftrightarrow (a, m)=1$；

(ii) 整数 a 是模 m 的既约剩余 $\Leftrightarrow a$ 是模 m 的可逆元。

【性质 3.3.2】 a^{-1} 不唯一。即若 a 对模 m 的逆 a^{-1} 存在，则 $a^{-1}+km$ 都是 a 的逆，其中 k 为任意整数。也就是说，若 $b \equiv a^{-1} \pmod{m}$，则 b 也是 a 对模 m 的逆。

证 只需直接验证 $a(a^{-1}+km) \equiv 1 \pmod{m}$ 即可。

已知 a^{-1} 是 a 的逆,即
$$aa^{-1} \equiv 1 \pmod{m}$$
那么,对任意整数 k,有
$$a(a^{-1}+km) \equiv aa^{-1}+akm \equiv aa^{-1}+0 \equiv 1 \pmod{m}$$
证毕。

例如,设 $m=7, a=2$,直接计算有
$$\cdots$$
$$2 \cdot (-3) \equiv -6 \equiv 1 \pmod{7}$$
$$2 \cdot 4 \equiv 8 \equiv 1 \pmod{7}$$
$$2 \cdot 11 \equiv 22 \equiv 1 \pmod{7}$$
$$2 \cdot 18 \equiv 36 \equiv 1 \pmod{7}$$
$$\cdots$$
即对模 7 而言,整数 $4+7k$ 都是 2 的逆 ($k \in \mathbf{Z}$)。

【性质 3.3.3】 若 b 和 c 都是 a 的逆,则有 $b \equiv c \pmod{m}$。

证 已知 $ab \equiv 1 \pmod{m}, ac \equiv 1 \pmod{m}$,从而
$$ab \equiv ac \pmod{m}$$
由 a 可逆知 $(a, m)=1$,故由同余运算的消去律知
$$b \equiv c \pmod{m}$$

性质 3.3.2 说明若模 m 的某个剩余类中有一个整数是 a 的逆,则该类中每个整数就都是 a 的逆;而性质 3.3.3 则说明 a 的不同的逆必在同一个剩余类中,因此可得下列推论。

【推论 1】 设整数 a 有逆 a^{-1},则整数 b 是 a 的逆的充分必要条件是
$$b \equiv a^{-1} \pmod{m}$$
即 $b = a^{-1}+km (k \in \mathbf{Z})$。

例如,设 $m=50$, 3 模 50 的逆为 17,则只要
$$b \equiv 17 \pmod{50}$$
如 $b= \cdots, -83, -33, 67, 117, \cdots$ 都是 3 的逆。

反之,$20 \not\equiv 17 \pmod{50}$,则 20 不是 3 的逆。

【推论 2】 在模 m 的一个既约剩余系中,a 的逆 a^{-1} 是唯一的。

例如,设 $m=7$,选模 7 的最小正既约剩余系 $\{1, 2, \cdots, 6\}$,则 $a=2$ 的逆 $2^{-1}=4$ 且唯一。

【性质 3.3.4】 (i) $(a^{-1})^{-1} \equiv a \pmod{m}$;

(ii) $(a_1 a_2 \cdots a_k)^{-1} \equiv a_1^{-1} a_2^{-1} \cdots a_k^{-1} \pmod{m}$;

(iii) $(-a)^{-1} \equiv -a^{-1} \pmod{m}$。

证 (i)、(ii) 直接验证即可。

(iii) 由(ii)知$(-a)^{-1} \equiv (-1)^{-1} a^{-1} \pmod{m}$，再由$(-1)^{-1} \equiv -1$即得结论。

【推论】 $(a^n)^{-1} \equiv (a^{-1})^n \pmod{m}$。

证 由性质3.3.4的(ii)，有

$$(a^n)^{-1} = (\underbrace{aa\cdots a}_{n \text{个}})^{-1} \equiv \underbrace{a^{-1}a^{-1}\cdots a^{-1}}_{n \text{个}} \equiv (a^{-1})^n \pmod{m}$$

由此针对正整数n，可以**定义** a^{-n}为$(a^{-1})^n$，即$a^{-n} \equiv (a^{-1})^n \pmod{m}$。

【例 3.3.8】 设$m=55$，求8和24模55的逆。

解 首先易知对于任何奇数m而言，2的逆存在，且有

$$2^{-1} \equiv \frac{m+1}{2} \pmod{m}$$

故2模55的逆为$2^{-1} = 28$。

所以，利用性质3.3.4及其推论可得

$$8^{-1} \equiv (2^3)^{-1} \equiv (2^{-1})^3 \equiv 28^3 \equiv 7 \pmod{55}$$
$$24^{-1} \equiv (2^3 \cdot 3)^{-1} \equiv (2^3)^{-1} \cdot 3^{-1} \equiv 7 \cdot 37 \equiv 39 \pmod{55}$$

计算a^{-1}的方法可归纳如下：

(1) 利用既约剩余类的性质枚举求逆；
(2) 利用辗转相除法(即定理3.3.8的证明过程)；
(3) 利用有关性质(求大的数的逆)；
(4) 利用欧拉函数和欧拉定理的结论(见3.4节的例3.4.6)。

【例 3.3.9】 设$m=11$，$a=5$，求5模11的逆。

解 对于模数m较小的情形，可以直接通过对模m的整数枚举求得a的逆。即对于模11的乘法，计算如下：

$$5 \cdot 1 \equiv 5 \pmod{11}, \quad 5 \cdot 2 \equiv 10 \pmod{11}, \quad 5 \cdot 3 \equiv 4 \pmod{11}$$
$$5 \cdot 4 \equiv 9 \pmod{11}, \quad 5 \cdot 5 \equiv 3 \pmod{11}, \quad 5 \cdot 6 \equiv 8 \pmod{11}$$
$$5 \cdot 7 \equiv 2 \pmod{11}, \quad 5 \cdot 8 \equiv 7 \pmod{11}, \quad 5 \cdot 9 \equiv 1 \pmod{11}$$

故

$$5^{-1} \equiv 9 \pmod{11}$$

3.4 欧拉定理和费马小定理

3.4.1 欧拉定理

【定理 3.4.1】(欧拉定理) 设m是大于1的整数，若整数a满足$(a, m) = 1$，则有

$$a^{\varphi(m)} \equiv 1 \pmod{m}$$

证 设 $r_1, r_2, \cdots, r_{\varphi(m)}$ 为 m 的最小正既约剩余系,则由定理 3.3.5 知,当 $(a, m) = 1$ 时,
$$ar_1, ar_2, \cdots, ar_{\varphi(m)}$$

也为模 m 的一个既约剩余系,故 $ar_1, ar_2, \cdots, ar_{\varphi(m)} \pmod{m}$ 是模 m 的最小正剩余 $r_1, r_2, \cdots, r_{\varphi(m)}$ 的某个排列。所以

$$(ar_1)(ar_2)\cdots(ar_{\varphi(m)}) \equiv r_1 r_2 \cdots r_{\varphi(m)} \pmod{m}$$

即
$$a^{\varphi(m)}(r_1 r_2 \cdots r_{\varphi(m)}) \equiv r_1 r_2 \cdots r_{\varphi(m)} \pmod{m}$$

又由 $(r_i, m) = 1$ 知,$(r_1 r_2 \cdots r_{\varphi(m)}, m) = 1$,故等式两边同乘以 $(r_1 r_2 \cdots r_{\varphi(m)})^{-1}$,有
$$a^{\varphi(m)} \equiv 1 \pmod{m}$$

【**推论 1**】(欧拉定理的另一表示形式) 设 m 是大于 1 的整数,若整数 a 满足 $(a, m) = 1$,则有
$$a^{\varphi(m)+1} \equiv a \pmod{m}$$

【**推论 2**】 设 $(a, m) = 1$,则 $a^{-n} \equiv a^{\varphi(m)-n} \pmod{m}$。

推论 2 的意义在于把求逆运算化为关于 a 的幂运算。

【**例 3.4.1**】 设 $m = 7, a = 2$,验证定理 3.4.1 的正确性。

解 因为 $(2, 7) = 1$,$\varphi(7) = 6$,模 7 的最小正既约剩余系为
$$1, 2, 3, 4, 5, 6$$

则
$$2 \cdot 1 \equiv 2 \pmod{7},\ 2 \cdot 2 \equiv 4 \pmod{7},\ 2 \cdot 3 \equiv 6 \pmod{7}$$
$$2 \cdot 4 \equiv 1 \pmod{7},\ 2 \cdot 5 \equiv 3 \pmod{7},\ 2 \cdot 6 \equiv 5 \pmod{7}$$

各等式两边相乘,有
$$(2\cdot 1)(2\cdot 2)(2\cdot 3)(2\cdot 4)(2\cdot 5)(2\cdot 6) \equiv 2 \cdot 4 \cdot 6 \cdot 1 \cdot 3 \cdot 5 \pmod{7}$$

即
$$2^6 \cdot 1 \cdot 2 \cdot 3 \cdot 4 \cdot 5 \cdot 6 \equiv 1 \cdot 2 \cdot 3 \cdot 4 \cdot 5 \cdot 6 \pmod{7}$$

而 $(1 \cdot 2 \cdot 3 \cdot 4 \cdot 5 \cdot 6, 7) = 1$,所以结论成立。

【**例 3.4.2**】 试计算 3^{40}、3^{81}、$3^{125} \pmod{100}$。

解 因为 $(3, 100) = 1$ 且 $\varphi(100) = 40$,故由欧拉定理知
$$3^{40} \equiv 1 \pmod{100}$$

再由欧拉定理的推论得
$$3^{81} \equiv 3^{40} \cdot 3^{41} \equiv 1 \cdot 3 \equiv 3 \pmod{100}$$

另外,反复利用欧拉定理,可得
$$3^{125} \equiv (3^{40})^3 \cdot 3^5 \equiv 1^3 \cdot 243 \equiv 43 \pmod{100}$$

3.4.2 费马小定理

【定理 3.4.2】(Fermat(费马)小定理) 设 p 为素数，a 为任意正整数，则
$$a^p \equiv a \pmod{p} \tag{3.4.1}$$

证 分情况讨论：

(1) 若 $p \mid a$，则 $a \equiv 0 \pmod{p}$，从而
$$a^p \equiv 0 \equiv a \pmod{p}$$
即式(3.4.1)成立。

(2) 若 $p \nmid a$，则必有 $(a,p)=1$，由定理 3.4.1 知
$$a^{p-1} \equiv 1 \pmod{p}$$
两边同乘以 a，即得式(3.4.1)。

例如，$p=23$ 为素数，那么必有
$$\cdots,(-1)^{23} \equiv -1 \pmod{23}, 0^{23} \equiv 0 \pmod{23}, 1^{23} \equiv 1 \pmod{23}, 2^{23} \equiv 2 \pmod{23}, \cdots$$

由费马小定理的证明过程可以看出，当 $p \nmid a$ 时，费马小定理就是欧拉定理当模数 m 为素数的特殊情形(因为 $\varphi(p)=p-1$)，或者说此时欧拉定理就是费马小定理的一般情形。

【推论 1】 设 $m>1$，则 m 为素数的必要条件是：对所有满足 $m \nmid a$ 的整数 a，有
$$a^{m-1} \equiv 1 \pmod{m}$$

费马小定理的意义和应用之一就是用于否定一个整数为素数，也是第 8 章的素性测试中判断一个正整数为素数的概率算法的理论基础。

【推论 2】 设 p 为素数且 $p \nmid a$，则 $a^{-n} \equiv a^{p-1-n} \pmod{p}$。

推论 2 与定理 3.4.1 的推论 2 的意义相同，都可以简化幂运算。

【例 3.4.3】 利用费马小定理判断 15、21 和 561 的素性。

解 选 $a=2$，因为
$$2^{14} \equiv 4 \pmod{15}, 2^{20} \equiv 4 \pmod{21}, 2^{560} \equiv 1 \pmod{561}$$
所以由推论知 15 和 21 为合数。而对于 561，用此法则既不能肯定其是素数，也不能肯定其是合数(事实上 $561=3 \cdot 11 \cdot 17$ 为合数)。

另外，判断结论与所选的 a 有关。例如 $m=15$，若选 $a=11$，则有 $11^{14} \equiv 1 \pmod{15}$，那么此时就不能否定 15 的素性了。一般情况下，要进行多次判断，即选多个 a 进行判断，以提高判断结论的准确性(详见第 8 章)。

【例 3.4.4】 设 p、q 是两个不同的奇素数，$n=pq$，a 是与 n 互素的整数。令整数 e 满足 $1<e<\varphi(n)$ 且 $(e,\varphi(n))=1$，则存在正整数 d，使得
$$ed \equiv 1 \pmod{\varphi(n)}, 1<d<\varphi(n)$$
而且，对于整数 $c \equiv a^e \pmod{n}(1 \leqslant c<n)$，有 $c^d \equiv a \pmod{n}$。

证 因 $(e,\varphi(n))=1$，故 e 的逆 d 存在，且满足

即存在正整数 k，使得
$$ed=1+k\varphi(n)$$

由定理 3.4.1 知
$$a^{\varphi(p)}\equiv 1(\bmod\ p)$$

所以
$$a^{ed}\equiv a^{1+k\varphi(n)}\equiv a^{1+k\varphi(p)\varphi(q)}\equiv a(a^{\varphi(p)})^{k\varphi(q)}\equiv a(\bmod\ p)$$

同理可证 $a^{ed}\equiv a(\bmod\ q)$，从而
$$a^{ed}\equiv a(\bmod\ n)$$

即
$$c^d\equiv(a^e)^d\equiv a^{ed}\equiv a(\bmod\ n)$$

【例 3.4.5】 设 p、q 是两个不同的奇素数，$n=pq$，且设整数 e、d 满足
$$ed\equiv 1(\bmod\ \varphi(n)),\ 1<e,d<\varphi(n)$$
则对于整数 $c\equiv a^e(\bmod\ n)(1\leqslant c<n)$，有 $c^d\equiv a(\bmod\ n)$，其中 a 为任意整数。

证 设 $(a,n)=t$。

若 $t=1$，由例 3.4.4 知结论成立。

若 $t=n$，则 $n\mid a$，即 $a\equiv 0(\bmod\ n)$，从而
$$c\equiv a^e\equiv 0(\bmod\ n)\Rightarrow c^d\equiv 0\equiv a(\bmod\ n)$$

若 $1<t<n$，不失一般性，设 $1<a<n$，则由 $n=pq$ 知必有
$$a=kp(1\leqslant k<q)\ \text{或}\ a=kq(1\leqslant k<p)$$

设 $a=kq$，此时必有 $(a,p)=1$，从而有
$$a^{ed}\equiv a^{1+k\varphi(n)}\equiv a^{1+k\varphi(p)\varphi(q)}\equiv a(a^{\varphi(p)})^{k\varphi(q)}\equiv a(\bmod\ p)$$

和
$$a^{ed}\equiv 0\equiv a(\bmod\ q)$$

所以
$$a^{ed}\equiv a(\bmod\ pq=n)$$

即
$$c^d\equiv(a^e)^d\equiv a^{ed}\equiv a(\bmod\ n)$$

同理可证当 $a=kp$ 时的情况。

利用欧拉定理和费马小定理，可以给出求 a^{-1} 的一个方法。即当 $(a,m)=1$ 时，有
$$a^{-1}\equiv a^{\varphi(m)-1}(\bmod\ m)$$
而当 $m=p$ 为素数且 $(a,p)=1$ 时，有
$$a^{-1}\equiv a^{p-2}(\bmod\ p)$$

但是，此方法仅是理论上看起来很有效的方法，实际上利用此法求 a^{-1} 仍是难题。因为对

于很大的模数 m，当前 $\varphi(m)$ 的计算很困难。而对于模数 m 为单个素数 p 的情形，判断 p 为素数又是难题。

【例 3.4.6】 试求整数 -20 分别相对于模 29 和模 63 的逆。

解 由性质 3.3.4 的推论知 $(-20)^{-1} \equiv -20^{-1} \pmod{m}$，故先求 20^{-1}。

由于 29 为素数，故

$$20^{-1} \equiv 20^{29-2} \equiv 20^{27} \equiv 16 \pmod{29}$$

而 63 为合数，且 $\varphi(63) = 36$，故

$$20^{-1} \equiv 20^{36-1} \equiv 20^{35} \equiv 41 \pmod{63}$$

所以

$$(-20)^{-1} \equiv -16 \equiv 13 \pmod{29}, \quad (-20)^{-1} \equiv -41 \equiv 22 \pmod{63}$$

【例 3.4.7】 计算 $19^{-25} \pmod{29}$ 和 $44^{-69} \pmod{63}$。

解 已知 29 为素数，故由费马小定理的推论 2，有

$$19^{-25} \equiv 19^{28-25} \equiv 19^3 \equiv 15 \pmod{29}$$

其次，由例 3.4.6 知 $\varphi(63) = 36$，故由欧拉定理的推论 2，有

$$44^{-69} \equiv 44^{36-69} \equiv 44^{-33} \equiv 44^{36-33} \equiv 44^3 \equiv 8 \pmod{63}$$

3.5 模重复平方计算法

按常规思路，在计算

$$a \equiv b^n \pmod{m} \tag{3.5.1}$$

时，一般采用递归方式

$$a \equiv (b^{n-1}) b \pmod{m}$$

进行计算，则遇到的首要问题是中间计算结果的保存问题。为此，利用同余运算的性质

$$r \equiv (ab) \pmod{m} = (a \pmod{m})(b \pmod{m}) \pmod{m}$$

通常采用一边递归，一边求同余的方式

$$b^n \equiv (b^{n-1} \pmod{m}) b \pmod{m}$$

进行计算。

那么，遇到的第二个问题则是其乘法运算量问题。因为乘法运算量为 $m-1$，故当 $m \gg 1$ 时，速度再快的硬件也解决不了问题。

3.5.1 算法原理

若 n 的二进制表示为 $n = (n_k n_{k-1} \cdots n_1 n_0)_{(2)}$，即

$$n = n_0 + n_1 2 + n_2 2^2 + \cdots + n_{k-1} 2^{k-1} + n_k 2^k$$

其中 $n_i \in \{0, 1\} (i = 0, 1, \cdots, k)$，则

$$b^n \equiv b^{n_0}(b^2)^{n_1}(b^{2^2})^{n_2}\cdots(b^{2^{k-1}})^{n_{k-1}}(b^{2^k})^{n_k} \pmod{m}$$

如果采用连续做平方运算(例如 $b^{2^3}=((b^2)^2)^2$)的思路,那么计算 b^{2^i} 需要 i 次乘法,而最后将各括号的值乘起来最多需要 k 次乘法计算,因此计算 b^n 的乘法运算量

$$M \leqslant (1+2+\cdots+k)+k=\frac{k(k+3)}{2}$$

进一步考虑,可以利用 $b^{2^{i-1}}$ 计算 b^{2^i},即 $b^{2^i}=(b^{2^{i-1}})^2$。那么,计算出 $b^2, b^{2^2}, \cdots, b^{2^k}$ 共需要 k 次乘法,则计算 b^n 的乘法运算量

$$M \leqslant k+k=2k$$

例如,计算 $3^{999} \pmod{m}$,由于 $999=(1111100111)_{(2)}$,即 $k=9$,故计算出

$$3^2,\ 3^{2^2}=(3^2)^2,\ 3^{2^3}=(3^{2^2})^2,\ \cdots,\ 3^{2^8}=(3^{2^7})^2,\ 3^{2^9}=(3^{2^8})^2$$

共需 9 次乘法,再计算乘积

$$3^{999} \equiv 3 \cdot 3^2 \cdot 3^{2^2} \cdot 3^{2^5} \cdot 3^{2^6} \cdot 3^{2^7} \cdot 3^{2^8} \cdot 3^{2^9} \pmod{m}$$

需要 7 次乘法,故总的乘法运算量为 $9+7=16$ 次 <18 次。而乘法运算量小于 18 次的原因是 999 的二进制表示中有两位即 $n_3=n_4=0$,从而乘积中不做乘以 3^{2^3} 和 3^{2^4} 的乘法,即少做了 2 次乘法。

又如计算 $b^{10\,000}$,由于 $10\,000=(10011100010000)_{(2)}$,即可将 $b^{10\,000}$ 表示为 $b^{10\,000}=b^{8192} \cdot b^{1024} \cdot b^{512} \cdot b^{256} \cdot b^{16}$,从而只用 17 次乘法即可解决问题。

3.5.2 模重复平方计算法

计算 $a \equiv b^n \pmod{m}$ 的算法如下:

【算法 I】 由 n 的二进制表示的低位到高位进行计算,从数学原理角度可描述如下:

令 $a=1$,n 的二进制表示为

$$n=n_0+n_1 2+n_2 2^2+\cdots+n_{k-1}2^{k-1}+n_k 2^k$$

(1) 如果 $n_0=1$,则计算 $a_0 \equiv ab \pmod{m}$,否则,令 $a_0=a$;

  计算 $b_1 \equiv b^2 \pmod{m}$

(2) 如果 $n_1=1$,则计算 $a_1 \equiv a_0 b_1 \pmod{m}$,否则,令 $a_1=a_0$;

  计算 $b_2 \equiv b_1^2 \pmod{m}$

  $\vdots$

(k) 如果 $n_{k-1}=1$,则计算 $a_{k-1} \equiv a_{k-2} b_{k-1} \pmod{m}$,否则,令 $a_{k-1}=a_{k-2}$;

  计算 $b_k \equiv b_{k-1}^2 \pmod{m}$

($k+1$) 如果 $n_k=1$,则计算 $a_k \equiv a_{k-1} b_k \pmod{m}$,否则,令 $a_k=a_{k-1}$。

最后,$a \equiv b^n \equiv a_k \pmod{m}$。

从计算机算法角度出发,计算过程可归纳如下:

第 3 章 同余及其运算 · 93 ·

```
n 的二进制表示为 n=(n_k n_{k-1} ⋯ n_1 n_0)_(2)
x=1; y=0; a=1;
for i=0 to k
  do {
      if n_i=1 then { y=y+x; a≡a*b(mod m); }
      b≡b*b(mod m);
      x=2*x
     }
  return a
```

注意变量 y 用于表示当前已经算到了 b 的多少次方,在实际编程时并不需要。

【例 3.5.1】 利用算法 I 计算 $7^{560} \pmod{561}$ 和 $7^{77} \pmod{561}$。

解 $560=(1000110000)_{(2)}$,计算过程中各变量的值的变化情况如表 3.5.1 所示。

表 3.5.1 560 中各变量的值的变化情况

i	0	1	2	3	4	5	6	7	8	9
n_i	0	0	0	0	1	1	0	0	0	1
x	1	2	4	8	16	32	64	128	256	512
y	0	0	0	0	16	48	48	48	48	560
b	7	49	157	526	103	511	256	460	103	511
a	1	1	1	1	103	460	460	460	460	1

$77=(1001101)_{(2)}$,计算过程中各变量的值的变化情况如表 3.5.2 所示。

表 3.5.2 77 中各变量的值的变化情况

i	0	1	2	3	4	5	6
n_i	1	0	1	1	0	0	1
x	1	2	4	8	16	32	64
y	1	1	5	13	13	13	77
b	7	49	157	526	103	511	256
a	7	7	538	244	244	244	193

【算法 II】 由 n 的二进制表示的高位到低位进行计算。

借鉴多项式求值的秦九韶算法:即在计算多项式

$$P(x)=a_n x^n + \cdots + a_1 x + a_0$$

的值时,按常规思路计算 $a_k x^k$ 需要 k 次乘法,从而求出 $P(x)$ 的乘法运算量为

$$M=n+(n-1)+\cdots+2+1=n(n-1)/2$$

快速算法的思路就是改变计算的过程：
$$P(x)=((\cdots(a_n x+a_{n-1})x+\cdots+a_2)x+a_1)x+a_0$$
使运算量降为 n 次乘法，n 次加法。

例如，
$$P(x)=3x^4+4x^3+15x+2=(((3x+4)x+0)x+15)x+2$$
计算
$$P(5)=(((3\cdot 5+4)5+0)5+15)5+2$$
而对于系数 $a_i\in\{0,1\}$ 的特殊多项式，例如
$$P(x)=x^4+x^2+x+1=(((x+0)x+1)x+1)x+1$$
计算当 $x=2$ 时的特殊值
$$P(2)=2^4+2^2+2+1=(((2+0)2+1)2+1)2+1=23$$
更简便。

对应到 b^n 的计算，其思路就是将 n 表示为二进制，即 $n=P(2)$，然后将上式中的加法运算变为乘法运算，乘法运算变为乘方运算。例如
$$b^{23}=b^{P(2)}=b^{2^4+2^2+2+1}=b^{(((2+0)2+1)2+1)2+1}=(((b^2\cdot b^0)^2\cdot b)^2\cdot b)^2\cdot b$$

对于一般的 n，为计算 b^n，将 n 表示为二进制 $n=(n_k n_{k-1}\cdots n_1 n_0)_2 (n_k=1)$，则
$$n=P(2)=n_k 2^k+n_{k-1}2^{k-1}+\cdots+n_2 2^2+n_1 2+n_0=\sum_{i=0}^{k}n_i 2^i=\sum_{\substack{0\leqslant i\leqslant k\\ n_i\neq 0}}2^i$$

所以
$$b^n(\bmod m)=\Big(\prod_{\substack{0\leqslant i\leqslant k\\ n_i\neq 0}}b^{2^i}\Big)(\bmod m)=\Big(\prod_{\substack{0\leqslant i\leqslant k\\ n_i\neq 0}}(b^{2^i}(\bmod m))\Big)(\bmod m)$$

即
$$b^n(\bmod m)=b^{n_k 2^k+n_{k-1}2^{k-1}+\cdots+n_2 2^2+n_1 2+n_0}(\bmod m)$$
$$=b^{2^k n_k}b^{2^{k-1}n_{k-1}}\cdots b^{2^2 n_2}b^{2 n_1}b^{n_0}(\bmod m)$$
$$=(b^{n_k})^{2^k}(b^{n_{k-1}})^{2^{k-1}}\cdots(b^{n_3})^{2^3}(b^{n_2})^{2^2}(b^{n_1})^2 b^{n_0}(\bmod m)$$
$$=((b^{n_k})^{2^{k-1}}(b^{n_{k-1}})^{2^{k-2}}\cdots(b^{n_3})^{2^2}(b^{n_2})^2 b^{n_1})^2 b^{n_0}(\bmod m)$$
$$=(((b^{n_k})^{2^{k-2}}(b^{n_{k-1}})^{2^{k-3}}\cdots(b^{n_3})^2 b^{n_2})^2 b^{n_1})^2 b^{n_0}(\bmod m)$$
$$\vdots$$
$$=((\cdots((b^2\cdot b^{n_{k-1}})^2 b^{n_{k-2}})^2 b^{n_{k-3}}\cdots b^{n_2})^2 b^{n_1})^2 b^{n_0}(\bmod m)$$

而且在计算的每一步都可进行同余运算处理。例如，
$$b^7=b^4\cdot b^2\cdot b=(b^2\cdot b)^2\cdot b(\text{共用 }4\text{ 次乘法})$$
$$b^{22}=b^{16}\cdot b^4\cdot b^2=(((b^2\cdot b^0)^2\cdot b)^2\cdot b)^2\cdot b^0$$
$$=(((b^2\cdot 1)^2\cdot b)^2\cdot b)^2\cdot 1(\text{共用 }6\text{ 次乘法})$$

算法可描述如下：

> 将 n 表示为二进制 $n = (n_k n_{k-1} \cdots n_1 n_0)_{(2)}$
> $x = 0$；$a = 1$；
> for $i = k$ downto 0
>   do { $x = 2 * x$；
> $a \equiv a * a \pmod{m}$；
>   if $n_i = 1$ then { $x++$；$a \equiv a * b \pmod{m}$ }
>   }
> return a

注意变量 x 是表示当前已经算到了 b 的多少次方，在实际编程时并不需要。

本算法的特点就是由 n 的高位到低位进行计算。

【例 3.5.2】 利用算法 Ⅱ 计算 $7^{560} \pmod{561}$ 和 $7^{77} \pmod{561}$。

解 $560 = (1000110000)_{(2)}$，计算过程中各变量的值的变化情况如表 3.5.3 所示。

表 3.5.3　560 中各变量的值的变化情况

i	9	8	7	6	5	4	3	2	1	0
n_i	1	0	0	0	1	1	0	0	0	0
x	1	2	4	8	17	35	70	140	280	560
a	7	49	157	526	160	241	298	166	67	1

$77 = (1001101)_{(2)}$，计算过程中各变量的值的变化情况如表 3.5.4 所示。

表 3.5.4　77 中各变量的值的变化情况

i	6	5	4	3	2	1	0
n_i	1	0	0	1	1	0	1
x	1	2	4	9	19	38	77
a	7	49	157	316	547	196	193

3.6　一次不定方程

3.6.1　二元一次(不定)方程

【定义 3.6.1】 二元一次(不定)方程是指

$$a_1 x + a_2 y = n \tag{3.6.1}$$

其中 a_1、a_2、n 是给定的整数($a_1 a_2 \neq 0$)，x、y 是**变数**(或变量)。求得一对整数 x、y，以满

足方程(3.6.1)的过程称为**解二元一次(不定)方程**。

求解二元一次(不定)方程最直观的方法就是穷举并利用整除性求解。

【例 3.6.1】 求二元一次(不定)方程
$$5x+8y=24$$
的全部解。

解 将原方程变形为 $5x=24-8y$ 并解出 x，即
$$x=\frac{24-8y}{5}$$

然后对 y 穷举并试探求解。即令 $y=0,\pm 1,\pm 2,\pm 3,\cdots$，计算得
$$(x,y)=\cdots,(8,-2),(0,3),(-8,8),(-16,13),\cdots$$

当然，也可将原方程变形为 $y=(24-5x)/8$，但肯定不如先解出 x 方便，因为判断能被 5 整除比判断能被 8 整除要容易很多。

【例 3.6.2】 解二元一次方程 $6x-4y=-21$。

解 由原方程解出 y，得一元函数
$$y(x)=\frac{6x+21}{4}$$

令 $x=0,1,2,3$，计算得
$$y(0)=\frac{21}{4},\ y(1)=\frac{27}{4},\ y(2)=\frac{33}{4},\ y(3)=\frac{39}{4}$$

都非整数，且对任意整数 $x=4k+i(k=\pm 1,\pm 2,\cdots;i=0,1,2,3)$，都有
$$y(x)=y(4k+i)=\frac{6(4k+i)+21}{4}=\frac{6i+21}{4}+6k=y(i)+6k\neq \text{整数}$$

故该二元一次方程无解。

由例 3.6.1 和例 3.6.2 可以看出，当在数论领域讨论二元一次方程(3.6.1)的整数解时，其可能有解，也可能无解，故首先要解决的问题是判断方程(3.6.1)的解的存在性问题。

【定理 3.6.1】 二元一次(不定)方程(3.6.1)有解的充分必要条件为
$$(a_1,a_2)|n \tag{3.6.2}$$

证 必要性：设 $(a_1,a_2)=d$。由整除的性质知，对任何整数 x、y，都有 $d|a_1x+a_2y$。已知方程(3.6.1)有解，即存在整数 x 和 y，使得等式 $a_1x+a_2y=n$ 成立，故 $d|n$。

充分性：由 $d=(a_1,a_2)$ 和定理 1.3.2 知，存在整数 s、t，使得
$$a_1s+a_2t=d$$

而已知 $d|n$，上式两边同时乘以 $\frac{n}{d}$ 得
$$(a_1s)\frac{n}{d}+(a_2t)\frac{n}{d}=d\frac{n}{d}$$

即
$$a_1\left(s\frac{n}{d}\right)+a_2\left(t\frac{n}{d}\right)=n$$

亦即方程(3.6.1)有解,且其解为 $x=s\dfrac{n}{d}$, $y=t\dfrac{n}{d}$。

定理 3.6.1 不但给出了二元一次(不定)方程有解的判断方法,而且其证明过程也给出了一种求解的方法。

【例 3.6.3】 试判断二元一次方程 $24x-10y=22$ 的可解性。若有解,试求其解。

解 因为 $(24,-10)=2$,且 $2\mid 22$,所以方程有解。利用辗转相除法,可得
$$2=24\cdot(-2)+(-10)(-5)$$
即 $s=-2$, $t=-5$。由定理 3.6.1 的证明过程知,方程的一组解为
$$x=s\frac{n}{d}=-2\cdot\frac{22}{2}=-22,\quad y=t\frac{n}{d}=-5\cdot\frac{22}{2}=-55$$

另外还要说明的是,由于 s、t 的不唯一性,所以方程的解也不唯一。同时由例 3.6.1 也可以看出,不定方程一旦有解,其解必为无穷多。那么,新的问题则是这无穷多解能否用一个表达式表示出来。下面分 $(a_1,a_2)=1$ 和 $(a_1,a_2)>1$ 两种情形分别讨论。

由定理 3.6.1 的判断条件知,当未知数的系数 a_1、a_2 满足 $(a_1,a_2)=1$ 时,方程(3.6.1)肯定有解。

【定理 3.6.2】 当 $(a_1,a_2)=1$ 时,方程(3.6.1)的全部解可以表示为
$$\begin{cases} x=x_0+a_2t \\ y=y_0-a_1t \end{cases},\ t=0,\pm 1,\pm 2,\cdots \tag{3.6.3}$$
其中 x_0、y_0 为方程(3.6.1)的某一组解(称为**特解**),t 为任意整数。

证 已知 x_0 和 y_0 满足方程(3.6.1),将式(3.6.3)中的 x、y 直接代入方程(3.6.1)中得
$$a_1(x_0+a_2t)+a_2(y_0-a_1t)=a_1x_0+a_2y_0=n$$
式(3.6.3)给出了方程(3.6.1)当 $(a_1,a_2)=1$ 时的全部解,故称其为**通解**。

【注】 根据 x 和 y 的对称性,方程(3.6.1)的解也可以表示为
$$\begin{cases} x=x_0-a_2t \\ y=y_0+a_1t \end{cases},\ t=0,\pm 1,\pm 2,\cdots \tag{3.6.3'}$$

定理 3.6.2 解决了 $(a_1,a_2)=1$ 时二元一次不定方程解的统一表示问题,同时也把解方程的关键转化为求特解 x_0 和 y_0 的问题。而对于 $(a_1,a_2)>1$ 的情形,可将其化简为系数互素的情形,然后再求解。

【定理 3.6.3】 设 $(a_1,a_2)=d>1$,则方程(3.6.1)的解与不定方程
$$\frac{a_1}{d}x+\frac{a_2}{d}y=\frac{n}{d} \tag{3.6.4}$$
的解相同。

证 由整除的性质知,式(3.6.1)成立的充分必要条件是式(3.6.4)成立。

【定理 3.6.4】 设 $(a_1,a_2)=d>1$,若方程(3.6.1)有解,且其一组特解为 x_0 和 y_0,则它的所有解为

$$\begin{cases} x=x_0+\dfrac{a_2}{d}t \\ y=y_0-\dfrac{a_1}{d}t \end{cases}, \quad t=0,\pm 1,\pm 2,\cdots \tag{3.6.5}$$

证 由定理 3.6.2 和定理 3.6.3 即可证得。

当 $(a_1,a_2)>1$ 时,式(3.6.5)给出了方程(3.6.1)的全部解,故也称为**通解**。

【注】 当 $(a_1,a_2)=d>1$ 时,不能用式(3.6.3)求方程(3.6.1)的所有解,否则会漏掉某些解。故须先将方程(3.6.1)化为等价方程(3.6.4),再按式(3.6.3)求方程(3.6.4)的所有解,即得解的公式(3.6.5)。

式(3.6.3)和式(3.6.5)给出了方程(3.6.1)的全部解,故称二式为二元一次不定方程的**通解**。

【例 3.6.4】 求不定方程 $10x-7y=17$ 的全部解。

解 因为 $(10,-7)=1$,所以方程有解。

观察:$x_0=1,y_0=-1$ 是一组特解,故全部解为

$$\begin{cases} x=1-7t \\ y=-1-10t \end{cases}, \quad t=0,\pm 1,\pm 2,\cdots$$

【例 3.6.5】 求方程 $18x+24y=9$ 的全部解。

解 因为 $(18,24)=6$,而 $6\nmid 9$,故方程无解。

【例 3.6.6】 求方程 $6x+10y=22$ 的全部解。

解 因为 $(6,10)=2$,$2\mid 22$,所以方程有解。原方程化为

$$\frac{6}{2}x+\frac{10}{2}y=\frac{22}{2}$$

即

$$3x+5y=11$$

观察可得 $x_0=2,y_0=1$ 是一组特解,故原方程的全部解为

$$\begin{cases} x=2+5t \\ y=1-3t \end{cases}, \quad t=0,\pm 1,\pm 2,\cdots$$

即

$$(x,y)=\cdots,(-13,10),(-8,7),(-3,4),(2,1),(7,-2),(12,-5),\cdots$$

注意,原方程的解不能简单地套用公式(3.6.3)而表示为

$$\begin{cases} x=2+10t \\ y=1-6t \end{cases}, \quad t=0,\pm 1,\pm 2,\cdots$$

这样就漏掉了一半的解。如

$\cdots, (-13, 10), (-3, 4), (7, -2), (17, -8), \cdots$

一般情况下，若$(a, b) = d > 1$，则直接用公式(3.6.3)表示的解会漏掉$\frac{d-1}{d}$的解。

3.6.2 求特解的方法

【方法Ⅰ】 观察求特解。即对于某些比较简单或特殊的方程，凭经验很快可以看出其一个特解x_0和y_0(如例3.6.4和例3.6.6)。

【方法Ⅱ】 试探(即枚举)求特解。即对不同的x、y值分别进行枚举，从中找出一对满足方程的特解x_0和y_0。

【例3.6.7】 求方程$10x - 7y = 17$的特解。

解 整理原方程，即

$$y(x) = -\frac{17 - 10x}{7}$$

令$x = 0, 1, 2, \cdots$，穷举计算，直到x和y都为整数为止。如

$$y(0) = -\frac{17}{7}, \quad y(1) = -1$$

所以特解可选$x_0 = 1$，$y_0 = -1$。

【方法Ⅲ】 利用在求最大公约数中使用的辗转相除法求特解。即利用定理3.6.1的证明思路及其过程求解二元一次不定方程。先利用辗转相除法，求得方程(3.6.1)中未知变量x、y的系数a、b的最大公因数$d = (a, b)$，再将d表示为a和b的线性组合，最终利用此组合式求得方程的解。

【例3.6.8】 求方程$12x + 19y = 20$的特解。

解 因为$(12, 19) = 1$，所以方程有解。

计算过程如表3.6.1所示。

表3.6.1 例3.6.8的计算过程

辗转相除	由下往上反推
$19 = 12 \cdot 1 + 7$	$1 = 12 \cdot 3 - (19 - 12) \cdot 5$ $= -19 \cdot 5 + 12 \cdot 8$
$12 = 7 \cdot 1 + 5$	$1 = -7 \cdot 2 + (12 - 7) \cdot 3$ $= 12 \cdot 3 - 7 \cdot 5$
$7 = 5 \cdot 1 + 2$	$1 = 5 - (7 - 5) \cdot 2$ $= -7 \cdot 2 + 5 \cdot 3$
$5 = 2 \cdot 2 + 1$	$1 = 5 - 2 \cdot 2$

故
$$12 \cdot 8 - 19 \cdot 5 = 1$$
两边同时乘以 20 得
$$12 \cdot (8 \cdot 20) + 19 \cdot (-5 \cdot 20) = 20$$
$$12 \cdot 160 + 19 \cdot (-100) = 20$$
所以,原方程的一个特解为 $x_0 = 160$,$y_0 = -100$。

【例 3.6.9】 求方程 $36x - 28y = 100$ 的特解。

解 因为 $(36, -28) = 4$,$4 \mid 100$,所以方程有解。
计算过程如表 3.6.2 所示。

表 3.6.2 例 3.6.9 的计算过程

辗转相除	反推
$36 = 28 \cdot 1 + 8$	$4 = 28 - (36 - 28) \cdot 3$ $= -36 \cdot 3 + 28 \cdot 4$
$28 = 8 \cdot 3 + 4$	$4 = 28 - 8 \cdot 3$
$8 = 4 \cdot 2 + 0$	

故
$$-36 \cdot 3 + 28 \cdot 4 = 4$$
两边同时乘以 25 得
$$-36 \cdot (3 \cdot 25) + 28 \cdot (4 \cdot 25) = 4 \cdot 25$$
$$36 \cdot (-75) - 28 \cdot (-100) = 100$$
所以,原方程的一个特解为 $x_0 = -75$,$y_0 = -100$。

【**方法 Ⅳ**】 再用辗转相除法。此方法原理上是利用辗转相除法,实质是将未知数系数较大的原方程化为系数较小的方程,且两个方程同时有解或同时无解,同时二者的解之间可以互相表示,也就是说,可以利用小系数的新方程的解求出大系数的原方程的解。另外,使用此方法时可以不必判断方程解的存在性,因为在方程化简的过程中可同时判断其是否有解并求出全部解。

【例 3.6.10】 求方程 $907x_1 + 731x_2 = 2107$ 的解。

解 由原方程解出系数绝对值较小的未知数 x_2,并将右端整理为整式和分式两部分,即

$$x_2 = \frac{-907x_1 + 2107}{731} = -x_1 + 3 + \frac{-176x_1 - 86}{731} \tag{3.6.6}$$

令
$$x_3 = \frac{-176x_1 - 86}{731} \in \mathbf{Z} \tag{3.6.7}$$
(即 x_2 的分式部分)，并整理为整系数的方程
$$176x_1 + 731x_3 = -86 \tag{3.6.8}$$
则方程(3.6.8)与原方程同时有解或无解，且二者的解一一对应。例如原方程有解$(x_1, x_2) = (-258, 323)$，则唯一对应方程(3.6.8)的解$(x_1, x_3) = (-258, 62)$。反之，$(x_1, x_3) = (473, -114)$，则唯一对应$(x_1, x_2) = (473, -584)$。

这样做的结果是，方程(3.6.8)的系数的绝对值比原方程小，从而降低了解方程的难度。一旦求得方程(3.6.8)的解(x_1, x_3)，即可利用式(3.6.6)得到原方程的解(x_1, x_2)。当然，若已知原方程的解(x_1, x_2)，也可利用式(3.6.7)得到方程(3.6.8)的解(x_1, x_3)。

进一步的思路是：当方程(3.6.8)的系数的绝对值还有点大而使得其不易求解时，可以按上述思路，将方程不断化简，即将方程中未知数的系数不断化小，直到很容易看出其是否有解或很容易求解为止。

例如，对于例3.6.10而言，方程(3.6.8)并不能很直观地看出其可解性及其解。那么，仿照上述思路，解出方程(3.6.8)中系数绝对值较小的未知数x_1并整理之，得
$$x_1 = \frac{-731x_3 - 86}{176} = -4x_3 + \frac{-27x_3 - 86}{176} \tag{3.6.9}$$
从而又可令
$$x_4 = \frac{-27x_3 - 86}{176} \in \mathbf{Z} \quad \text{(即 } x_1 \text{ 的分式部分)}$$
得到更新的方程，并继续化简。

实际操作中，当式(3.6.6)的右边具有含未知数的分式时，说明下一步将得到的方程(3.6.8)并不容易求解，就需要构造式(3.6.7)并继续化简下去，但此时并不需要将式(3.6.7)表示为式(3.6.8)的形式，而是直接由式(3.6.7)解出 x_1，得到式(3.6.9)即可。同理，当式(3.6.9)的右边仍有含未知数的分式时，可以继续令
$$x_4 = \frac{-27x_3 - 86}{176} \in \mathbf{Z}$$
并直接解出 x_3。以此类推，直到某个 x_k 的右边没有分式，或没有含未知数的分式为止。

这里，把由原方程化为方程(3.6.8)(实质是方程(3.6.7))的过程叫做**化简过程**，把利用方程(3.6.8)的解求原方程的解的过程叫做**回代过程**。

例3.6.10的化简和回代过程如表3.6.3所示。

表 3.6.3　例 3.6.10 的化简和回代过程

化简过程 ↓	回代过程 ↑
$x_2=(-907x_1+2107)/731$ 　$=-x_1+3+(-176x_1-86)/731$	$x_2=-x_1+3+x_3$ 　$=-(-258+731x_6)+3+(62-176x_6)$ 　$=323-907x_6$
令 $x_3=(-176x_1-86)/731\in\mathbf{Z}$，则 $x_1=(-731x_3-86)/176$ 　$=-4x_3+(-27x_3-86)/176$	$x_1=-4x_3+x_4$ 　$=-4(62-176x_6)+(-10+27x_6)$ 　$=-258+731x_6$
令 $x_4=(-27x_3-86)/176\in\mathbf{Z}$，则 $x_3=(-176x_4-86)/27$ 　$=-7x_4-3+(13x_4-5)/27$	$x_3=-7x_4-3+x_5$ 　$=-7(-10+27x_6)-3+(13x_6-5)$ 　$=62-176x_6$
令 $x_5=(13x_4-5)/27\in\mathbf{Z}$，则 $x_4=(27x_5+5)/13$ 　$=2x_5+(x_5+5)/13$	$x_4=2x_5+x_6$ 　$=2(-5+13x_6)+x_6$ 　$=-10+27x_6$
令 $x_6=(x_5+5)/13\in\mathbf{Z}$，则 $x_5=13x_6-5$	方程 $x_5=13x_6-5$ 显然有解，且有 $\begin{cases}x_5=13x_6-5\\x_6=x_6\end{cases}$，$x_6=0,\pm1,\pm2,\cdots$

当化简到方程 $x_5=13x_6-5$ 时，右边没有分式，即 x_5、x_6 可以同时为整数，故可非常容易地判断该方程有解，从而原方程有解，且由回代的最后结果知其解为

$$\begin{cases}x_1=-258+731x_6\\x_2=323-907x_6\end{cases}, x_6=0,\pm1,\pm2,\cdots$$

由例 3.6.10 也可以看出，化简到最后所得的方程 $x_5=13x_6-5$ 之所以容易求解，是因为其中有一个未知数(即 x_5)的系数为 1。

【例 3.6.11】 求方程 $21x_1+117x_2=38$ 的解。

解 观察原方程，x_1 的系数较小，故解出 x_1，得

$$x_1=\frac{-117x_2+38}{21}=(-6x_2+2)+\frac{9x_2-4}{21}$$

令 $x_3=\dfrac{9x_2-4}{21}\in\mathbf{Z}$，并解出 x_2，有

$$x_2=\frac{21x_3+4}{9}=2x_3+\frac{3x_3+4}{9}$$

(即把原方程化为 $9x_2-21x_3=4$)，再令 $x_4=\dfrac{3x_3+4}{9}\in\mathbf{Z}$，并解出 x_3，有

$$x_3=\frac{9x_4-4}{3}=(3x_4-1)-\frac{1}{3}$$

（即把新方程化为 $3x_3-9x_4=-4$）。

最后一式表明，x_3、x_4 永远都不能同时为整数，故方程 $3x_3-9x_4=-4$ 无解，从而原方程无解。

例 3.6.11 说明，对于无解的方程，其化简的最后结果是右端有一个不含未知数的分式（此时由于分式中不含未知变量，故化简过程不能再进行下去），说明不管两个未知数取任何整数值，式 $x_3=(3x_4-1)-1/3$ 两端都不可能同时为整数，也就是说，化简到最后所得的方程 $3x_3-9x_4=-4$ 无解。所以到了这一步，就能很容易地判断原方程无解。

【例 3.6.12】 求方程 $6x_1-10x_2=22$ 的解。

解 由于 $|6|<|-10|$，故解出 x_1，得

$$x_1=\frac{10x_2+22}{6}=(2x_2+4)+\frac{-2x_2-2}{6}$$

令 $x_3=\dfrac{-2x_2-2}{6}$，则

$$x_2=\frac{-6x_3-2}{2}=-3x_3-1$$

回代有

$$x_1=2x_2+4+x_3=2(-3x_3-1)+4+x_3=2-5x_3$$

所以原方程的解为

$$\begin{cases}x_1=2-5t\\x_2=-1-3t\end{cases}, \quad t=0,\pm1,\pm2,\cdots$$

例 3.6.12 说明，对于未知数的系数的最大公因数 $d=(6,-10)=2>1$ 的情形，采用此法求解不会漏掉方程的解。

3.6.3 s 元一次不定方程

【定义 3.6.2】 设整数 $s\geqslant 0$，$a_1,a_2,\cdots,a_s,n$ 是整数且 $a_i\neq 0(i=1,2,\cdots,s)$，整数 $x_1,x_2,\cdots,x_s$ 是变数，则称方程

$$a_1x_1+a_2x_2+\cdots+a_sx_s=n \tag{3.6.10}$$

为 **s 元一次不定方程**，$a_1,a_2,\cdots,a_s$ 称为其**系数**。

【定理 3.6.5】 s 元一次（不定）方程(3.6.10)有解的充分必要条件为

$$(a_1,a_2,\cdots,a_s)\,|\,n$$

且有解时，它的解与不定方程

$$\frac{a_1}{d}x_1+\frac{a_2}{d}x_2+\cdots+\frac{a_s}{d}x_s=\frac{n}{d} \tag{3.6.11}$$

的解相同，其中 $d=(a_1,a_2,\cdots,a_s)$。

证 类似定理 3.6.1 和定理 3.6.3 的证明过程，故此处从略。

求解多元一次不定方程的主要方法是仿照例 3.6.10，利用辗转相除法进行求解。

【例 3.6.13】 求方程 $15x_1+10x_2+6x_3=61$ 的全部解。

解 由于 $|a_3|=\min(|a_1|,|a_2|,|a_3|)$，故选 x_3 将原方程化为

$$x_3=\frac{1}{6}(-15x_1-10x_2+61)=(-2x_1-2x_2+10)+\frac{1}{6}(-3x_1+2x_2+1)$$

令 $x_4=\frac{1}{6}(-3x_1+2x_2+1)\in\mathbf{Z}$，则有

$$x_2=\frac{1}{2}(3x_1+6x_4-1)=(x_1+3x_4)+\frac{1}{2}(x_1-1)$$

又令 $x_5=\frac{1}{2}(x_1-1)\in\mathbf{Z}$，则有

$$x_1=2x_5+1=1+2x_5, \quad x_5=0, \pm1, \pm2, \cdots$$

回代有

$$x_2=(x_1+3x_4)+x_5=(1+2x_5)+3x_4+x_5=1+3x_4+3x_5$$

$$x_3=(-2x_1-2x_2+10)+x_4=-2(1+2x_5)-2(1+3x_4+3x_5)+10+x_4$$

$$=6-5x_4-10x_5$$

其中 $x_4,x_5=0,\pm1,\pm2,\cdots$

所以，原方程有解，且其全部解为

$$\begin{cases} x_1=1+2v \\ x_2=1+3u+3v \\ x_3=6-5u-10v \end{cases}, \quad u,v=0,\pm1,\pm2,\cdots$$

3.6.4 (s 元)一次不定方程组

解(s 元)一次不定方程组的基本思路是：利用消元法，将其化为多元单个不定方程，解出单个方程的解后，再对方程组进行回代，得到方程组的解。

【例 3.6.14】 解方程组

$$\begin{cases} 15x_1+9x_2+x_3=300 & \text{①} \\ x_1+x_2+x_3=100 & \text{②} \end{cases}$$

解 方程①－②得

$$14x_1+8x_2=200$$

(消去了 x_3)，即

$$7x_1+4x_2=100 \quad \text{③}$$

观察得特解 $x_1=0, x_2=25$(注意 $4\mid100$，故选 $x_1=0$ 即可)，方程③的通解为

$$\begin{cases} x_1 = 0 + 4t \\ x_2 = 25 - 7t \end{cases}, \quad t = 0, \pm 1, \pm 2, \cdots$$

代入方程②得

$$x_3 = 100 - (x_1 + x_2) = 100 - (4t + 25 - 7t) = 75 + 3t$$

所以，原方程组的通解为

$$\begin{cases} x_1 = 4t \\ x_2 = 25 - 7t, \quad t = 0, \pm 1, \pm 2, \cdots \\ x_3 = 75 + 3t \end{cases}$$

【例 3.6.15】 解方程组

$$\begin{cases} x_1 + x_2 + x_3 + x_4 = 0 & \text{①} \\ x_1 + 2x_2 + 3x_3 + 4x_4 = 5 & \text{②} \\ 2x_1 + 3x_2 + 4x_3 + x_4 = 4 & \text{③} \end{cases}$$

解 方程②－①得

$$x_2 + 2x_3 + 3x_4 = 5 \quad \text{④}$$

方程③－②×2 得

$$-x_2 - 2x_3 - 7x_4 = -6 \quad \text{⑤}$$

方程④＋⑤得

$$-4x_4 = -1 \quad \text{⑥}$$

因方程⑥中 x_4 不可能为整数(即该方程无解)，故原方程组无解。

【例 3.6.16】 解方程组

$$\begin{cases} x_1 + x_2 + x_3 + x_4 = 0 & \text{①} \\ x_1 + 2x_2 + 3x_3 + 4x_4 = 8 & \text{②} \\ 2x_1 + 3x_2 + 4x_3 + x_4 = 4 & \text{③} \end{cases}$$

解 方程②－①得

$$x_2 + 2x_3 + 3x_4 = 8 \quad \text{④}$$

方程③－②×2 得

$$-x_2 - 2x_3 - 7x_4 = -12 \quad \text{⑤}$$

方程④＋⑤得

$$-4x_4 = -4$$

故

$$x_4 = 1$$

将其代入方程④得

$$x_2+2x_3=5$$

(注意当 $x_4=1$ 时方程④与⑤相同)。

所以,方程④与⑤联立的解为

$$\begin{cases}x_2=1+2t\\x_3=2-t\\x_4=1\end{cases},\quad t=0,\pm1,\pm2,\cdots$$

将其代入方程①得

$$x_1=-(x_2+x_3+x_4)=-[(1+2t)+(2-t)+1]=-4-t$$

故原方程的解为

$$\begin{cases}x_1=-4-t\\x_2=1+2t\\x_3=2-t\\x_4=1\end{cases},\quad t=0,\pm1,\pm2,\cdots$$

【例 3.6.17】 解方程组

$$\begin{cases}x_1+x_2+x_3+x_4=5 & ①\\x_1+3x_2+5x_3+7x_4=17 & ②\end{cases}$$

解 方程②-①得

$$2x_2+4x_3+6x_4=12 \quad ③$$

而 $(2,4,6)=2\,|\,12$,所以方程③有整数解(且含有两个参数),解得

$$x_2=6-2x_3-3x_4 \quad ④$$

方程②-①×3 得

$$-2x_1+2x_3+4x_4=2 \quad ⑤$$

即

$$x_1=-1+x_3+2x_4 \quad ⑥$$

联立方程④、⑥得

$$\begin{cases}x_1=-1+x_3+2x_4\\x_2=6-2x_3-3x_4\end{cases},\quad x_3,x_4=0,\pm1,\pm2,\cdots$$

即原方程的解为

$$\begin{cases}x_1=-1+u+2v\\x_2=6-2u-3v\\x_3=u\\x_4=v\end{cases},\quad u,v=0,\pm1,\pm2,\cdots$$

3.7 矩阵的同余运算

很多实际问题中，需要对矩阵进行有关同余的运算，包括对模数 m，对矩阵进行加、减、数乘、乘法以及求逆运算。

本节所涉及的矩阵的有关基本概念及其相关结论，与其他书(如《线性代数》)中讲的是非常类似的，所不同的只是此处的运算是关于模 m 的矩阵的同余运算，当然个别结论也不仅相同。故本节关于矩阵的概念和同余运算，只做简单的归纳性介绍，并对大部分结论不做证明。有关矩阵的更多的概念和相关结论的证明，读者可参考《线性代数》或其他教材。

3.7.1 矩阵及其线性运算

【定义 3.7.1】 由 $s \times t$ 个数 $a_{ij}(i=1,2,\cdots,s; j=1,2,\cdots,t)$ 排成一个 s 行 t 列的矩形数表
$$\begin{pmatrix} a_{11} & a_{12} & \cdots & a_{1t} \\ a_{21} & a_{22} & \cdots & a_{2t} \\ \vdots & \vdots & & \vdots \\ a_{s1} & a_{s2} & \cdots & a_{st} \end{pmatrix}$$
，称为 $s \times t$ **矩阵**(或 s 行 t 列**矩阵**)，简称**矩阵**。横排称为矩阵的行，纵排称为矩阵的列。a_{ij} 称为矩阵的第 i 行第 j 列**元素**(或**元**，(i,j)元)。$s \times t$ 矩阵记为 $\boldsymbol{A}_{s \times t}$ (或 $\boldsymbol{A}=(a_{ij})_{s \times t}$，$(a_{ij})$)。

当 $s=t$ 时，称 $\boldsymbol{A}$ 为 t **阶矩阵**或 t **阶方阵**，记为 $\boldsymbol{A}_t$。若 $\boldsymbol{A}$ 为方阵，则从左上角到右下角的对角线称为 $\boldsymbol{A}$ 的**主对角线**；从右上角到左下角的对角线称为 $\boldsymbol{A}$ 的**次对角线**(或**副对角线**)。主对角线相应的元素称为**主对角线元**。

主对角线以外的元素全为零的方阵 $\begin{pmatrix} a_1 & & & \\ & a_2 & & \\ & & \ddots & \\ & & & a_t \end{pmatrix}$ 称为**对角矩阵**，记为 $\boldsymbol{\Lambda}$ 或 $\mathrm{diag}\{a_1, a_2, \cdots, a_t\}$。而主对角线上全为 1 的 t 阶对角矩阵 $\begin{pmatrix} 1 & & & \\ & 1 & & \\ & & \ddots & \\ & & & 1 \end{pmatrix}$ 称为 t **阶单位矩阵**(简称**单位阵**)，记做 $\boldsymbol{E}_t$ 或 $\boldsymbol{E}$。

行数与列数分别相等的两个矩阵称为**同型矩阵**。

【定义 3.7.2】 给定一个正整数 m，若矩阵 $\boldsymbol{A}=(a_{ij})_{s \times t}$ 与 $\boldsymbol{B}=(b_{ij})_{s \times t}$ 同型且对应元素模 m 同余，则称 A 与 B **模 m 同余**，记做 $\boldsymbol{A} \equiv \boldsymbol{B} \pmod{m}$；否则称二者**模 m 不同余**，记做 $\boldsymbol{A} \not\equiv \boldsymbol{B} \pmod{m}$。即

$$A \equiv B \pmod{m} \Leftrightarrow a_{ij} \equiv b_{ij} \pmod{m}$$

其中：$i=1, 2, \cdots, s$；$j=1, 2, \cdots, t$。

【定义 3.7.3】 两个同型矩阵 $A = (a_{ij})_{m \times n}$ 与 $B = (b_{ij})_{m \times n}$ 模 m 的和记做 $A + B \pmod{m}$，定义为

$$A + B \pmod{m} \equiv (a_{ij} + b_{ij} \pmod{m}))_{s \times t}$$

其差定义为

$$A - B \pmod{m} \equiv (a_{ij} - b_{ij} \pmod{m}))_{s \times t}$$

其与整数 k 的**数乘**定义为

$$kA \pmod{m} \equiv Ak \pmod{m} \equiv (ka_{ij} \pmod{m}))_{s \times t}$$

矩阵关于模数 m 的加减和数乘运算统称为矩阵关于模数 m 的**线性运算**。

矩阵线性运算的优先级规定为先数乘，后加减。

矩阵关于模数 m 的线性运算满足下列运算定律（其中设 A、B、C 为矩阵，k、l 为整数）：

(1) 交换律：
$$A + B \equiv B + A \pmod{m}$$

(2) 结合律：
$$(A + B) + C \equiv A + (B + C) \pmod{m}$$

(3) 分配律：
$$(k + l)A \equiv kA + lA \pmod{m}$$
$$k(A + B) \equiv kA + kB \pmod{m}$$

(4) 其他运算规律：
$$A + 0 \equiv A \pmod{m}$$
$$A + (-A) \equiv 0 \pmod{m}$$
$$1 \cdot A \equiv A \pmod{m}$$
$$(kl)A \equiv k(lA) \pmod{m}$$
$$(A + B) \pmod{m} \equiv (A \pmod{m} + B \pmod{m}) \pmod{m}$$
$$(kA) \pmod{m} \equiv (k \pmod{m} \cdot A \pmod{m}) \pmod{m}$$

【例 3.7.1】 设矩阵

$$A = \begin{pmatrix} 54 & -42 & 0 \\ 2 & 33 & -13 \end{pmatrix}$$

$$B = \begin{pmatrix} 12 & 0 & -1 \\ 6 & 51 & 2 \end{pmatrix}$$

求 $28A - 3B \pmod{26}$，且矩阵的元素对模数 26 取绝对最小剩余。

解 由矩阵的运算定律知

$$(28\mathbf{A}-3\mathbf{B})(\bmod 26) \equiv \left(28\begin{pmatrix}54 & -42 & 0\\ 2 & 33 & -13\end{pmatrix}\right)(\bmod 26)$$

$$-\left(3\begin{pmatrix}12 & 0 & -1\\ 6 & 51 & 2\end{pmatrix}\right)(\bmod 26)$$

$$\equiv \left(28(\bmod 26)\cdot\begin{pmatrix}54 & -42 & 0\\ 2 & 33 & -13\end{pmatrix}(\bmod 26)\right)(\bmod 26)$$

$$-\left(3(\bmod 26)\cdot\begin{pmatrix}12 & 0 & -1\\ 6 & 51 & 2\end{pmatrix}(\bmod 26)\right)(\bmod 26)$$

$$\equiv \left(2\begin{pmatrix}2 & 10 & 0\\ 2 & 7 & 13\end{pmatrix}\right)(\bmod 26)-\left(3\begin{pmatrix}12 & 0 & -1\\ 6 & -1 & 2\end{pmatrix}\right)(\bmod 26)$$

$$\equiv \begin{pmatrix}4 & 20 & 0\\ 4 & 14 & 26\end{pmatrix}(\bmod 26)-\begin{pmatrix}36 & 0 & -3\\ 18 & -3 & 6\end{pmatrix}(\bmod 26)$$

$$\equiv \begin{pmatrix}4 & -6 & 0\\ 4 & -12 & 0\end{pmatrix}(\bmod 26)-\begin{pmatrix}10 & 0 & -3\\ -8 & -3 & 6\end{pmatrix}(\bmod 26)$$

$$\equiv \left(\begin{pmatrix}4 & -6 & 0\\ 4 & -12 & 0\end{pmatrix}-\begin{pmatrix}10 & 0 & -3\\ -8 & -3 & 6\end{pmatrix}\right)(\bmod 26)$$

$$\equiv \begin{pmatrix}-6 & -6 & 3\\ 12 & -9 & -6\end{pmatrix}(\bmod 26)$$

$$\equiv 3\begin{pmatrix}-2 & -2 & 1\\ 4 & -3 & -2\end{pmatrix}(\bmod 26)$$

3.7.2 矩阵乘法

【定义 3.7.4】 设矩阵 $\mathbf{A}=(a_{ij})$ 是一个 $s\times k$ 矩阵,$\mathbf{B}=(b_{ij})$ 是一个 $k\times t$ 矩阵,定义 $\mathbf{A}$ 与 $\mathbf{B}$ 的模 m 的**乘积**是一个 $s\times t$ 矩阵 $\mathbf{C}=(c_{ij})$,记为 $\mathbf{C}\equiv\mathbf{AB}\,(\bmod\,m)$。其中

$$c_{ij}\equiv a_{i1}b_{1j}+a_{i2}b_{2j}+\cdots+a_{ik}b_{kj}\,(\bmod\,m)\equiv\sum_{r=1}^{k}a_{ir}b_{rj}\,(\bmod\,m)$$

$$i=1,2,\cdots,s;\ j=1,2,\cdots,t$$

规定矩阵乘法与数乘、加减法的运算优先级为:先数乘或乘,后加减。

【例 3.7.2】 求矩阵 $\mathbf{A}=\begin{pmatrix}3 & 1 & -1\\ 2 & 0 & 4\\ 1 & -1 & 2\end{pmatrix}$ 与 $\mathbf{B}=\begin{pmatrix}2 & 3\\ 1 & 5\\ 0 & 3\end{pmatrix}$ 模 11 的乘积 $\mathbf{AB}$,且矩阵的元素对模数 11 取非负最小剩余。

解 先判断 A 与 B 的可乘性。因为 A 的行数等于 B 的列数，所以二者可以相乘，且其乘积为 3×2 矩阵。由定义得

$$C \equiv AB \pmod{11} \equiv \begin{pmatrix} 3 & 1 & -1 \\ 2 & 0 & 4 \\ 1 & -1 & 2 \end{pmatrix} \begin{pmatrix} 2 & 3 \\ 1 & 5 \\ 0 & 3 \end{pmatrix} \pmod{11}$$

$$\equiv \begin{pmatrix} 3\times 2+1\times 1+(-1)\times 0 & 3\times 3+1\times 5+(-1)\times 3 \\ 2\times 2+0\times 1+4\times 0 & 2\times 3+0\times 5+4\times 3 \\ 1\times 2+(-1)\times 1+2\times 0 & 1\times 3+(-1)\times 5+2\times 3 \end{pmatrix} \pmod{11}$$

$$\equiv \begin{pmatrix} 7 & 11 \\ 4 & 18 \\ 1 & 4 \end{pmatrix} \pmod{11} \equiv \begin{pmatrix} 7 & 0 \\ 4 & 7 \\ 1 & 4 \end{pmatrix} \pmod{11}$$

【例 3.7.3】 已知矩阵 $A = \begin{pmatrix} 1 & 2 \\ 10 & 0 \end{pmatrix}$ 与 $B = \begin{pmatrix} 8 & 10 \\ 6 & 5 \end{pmatrix}$，试求 $AB \pmod{20}$ 与 $BA \pmod{20}$。

解 由定义得

$$AB \pmod{20} \equiv \begin{pmatrix} 1 & 2 \\ 10 & 0 \end{pmatrix} \begin{pmatrix} 8 & 10 \\ 6 & 5 \end{pmatrix} \pmod{20}$$

$$\equiv \begin{pmatrix} 20 & 20 \\ 80 & 100 \end{pmatrix} \pmod{20} \equiv \begin{pmatrix} 0 & 0 \\ 0 & 0 \end{pmatrix} \pmod{20}$$

$$BA \pmod{20} \equiv \begin{pmatrix} 8 & 10 \\ 6 & 5 \end{pmatrix} \begin{pmatrix} 1 & 2 \\ 10 & 0 \end{pmatrix} \pmod{20}$$

$$\equiv \begin{pmatrix} 108 & 16 \\ 56 & 12 \end{pmatrix} \pmod{20} \equiv \begin{pmatrix} 8 & 16 \\ 16 & 12 \end{pmatrix} \pmod{20}$$

$$\equiv 4 \begin{pmatrix} 2 & 4 \\ 4 & 3 \end{pmatrix} \pmod{20}$$

例 3.7.3 说明，在同余运算下的矩阵乘法一般不满足交换律，即在一般情况下，$AB \not\equiv BA \pmod{m}$。其次，该例还说明，两个非零矩阵之积可能是零矩阵，即在一般情况下，由 $AB \equiv 0 \pmod{m}$ 不能得到 $A \equiv 0 \pmod{m}$ 或 $B \equiv 0 \pmod{m}$ 的结论。

需要指出的是，当 $A \not\equiv 0 \pmod{m}$ 时，由 $AB \equiv AC \pmod{m}$ 不能推出 $B \equiv C \pmod{m}$。

例如：

$$\begin{pmatrix} 1 & 2 \\ 2 & 4 \end{pmatrix} \begin{pmatrix} -1 & 3 \\ -2 & 1 \end{pmatrix} \equiv \begin{pmatrix} 1 & 2 \\ 2 & 4 \end{pmatrix} \begin{pmatrix} -7 & 1 \\ 1 & 2 \end{pmatrix} \equiv \begin{pmatrix} -5 & 5 \\ -10 & 10 \end{pmatrix} \equiv \begin{pmatrix} 2 & 5 \\ 4 & 3 \end{pmatrix} \pmod{7}$$

若 $AB \equiv BA \pmod{m}$，则称 A、B 关于乘法**可交换**。

矩阵的乘法满足以下运算定律：

(1) 结合律：
$$(AB)C \equiv A(BC) \pmod{m}$$
(2) 分配律：
$$A(B+C) \equiv AB + AC \pmod{m}$$
$$(A+B)C \equiv AC + BC \pmod{m}$$
(3) $\lambda(AB) \equiv (\lambda A)B \equiv A(\lambda B) \pmod{m}$，其中 λ 为常数；

(4) $E_s A_{s \times t} \equiv A_{s \times t} E_t \equiv A_{s \times t} \pmod{m}$。

3.7.3 可逆矩阵

【定义 3.7.5】 对于 n 阶方阵 A，若存在 n 阶方阵 B，使得
$$AB \equiv BA \equiv E \pmod{m}$$
则称 A 为模 m 的**可逆矩阵**或 A 是模 m **可逆的**，称 B 为 A 的模 m **逆矩阵**，并记 A 的逆矩阵为 A^{-1}。

显然，方阵 A 的逆阵有无穷多个。

【定理 3.7.1】 可逆矩阵 A 的逆矩阵具有以下性质：

(i) 对 m 的某个完全剩余系而言，逆矩阵是唯一的；

(ii) A^{-1} 也可逆，且 $(A^{-1})^{-1} \equiv A \pmod{m}$；

(iii) 若 $(k, m) = 1$，则 kA 也可逆，且 $(kA)^{-1} \equiv k^{-1} A^{-1} \pmod{m}$；

(iv) A 的转置矩阵 A^T 也可逆，且 $(A^T)^{-1} \equiv (A^{-1})^T \pmod{m}$；

(v) A、B 可逆，则 AB 也可逆，且 $(AB)^{-1} \equiv B^{-1} A^{-1} \pmod{m}$。

【定义 3.7.6】 设 n 阶矩阵 $A = (a_{ij})_{n \times n}$，由其行列式 $|A|$ 中的各元素 a_{ij} 的代数余子式 A_{ij} 构成的矩阵

$$\begin{pmatrix} A_{11} & A_{21} & \cdots & A_{n1} \\ A_{12} & A_{22} & \cdots & A_{n2} \\ \vdots & \vdots & & \vdots \\ A_{1n} & A_{2n} & \cdots & A_{nn} \end{pmatrix} \pmod{m}$$

称为矩阵 A 的模 m 的**伴随矩阵**，记做 $\tilde{A}$ 或 $\operatorname{adj} A$。

【定理 3.7.2】 方阵 A 模 m 可逆 $\Leftrightarrow (|A|, m) = 1$，且 $A^{-1} \equiv |A|^{-1} \tilde{A} \pmod{m}$。其中，$\tilde{A}$ 是矩阵 A 的模 m 的伴随矩阵，$|A|$ 是方阵 A 的行列式，$|A|^{-1}$ 是数 $|A|$ 模 m 的逆。

【例 3.7.4】 设方阵 $A = \begin{pmatrix} 5 & 3 \\ 7 & 10 \end{pmatrix}$，试判断 A 模 $m = 26$ 是否可逆。若可逆，则求其逆。

解 因为
$$|A| = \begin{vmatrix} 5 & 3 \\ 7 & 10 \end{vmatrix} = 29, (29, 26) = 1$$

故 $|\boldsymbol{A}|^{-1} = 29^{-1} \equiv 3^{-1} \pmod{26}$ 存在，且有 $3^{-1} \equiv 9 \pmod{26}$，所以

$$\boldsymbol{A}^{-1} \equiv 3^{-1}\widetilde{\boldsymbol{A}} \equiv 9 \begin{pmatrix} 10 & -3 \\ -7 & 5 \end{pmatrix} \equiv \begin{pmatrix} 90 & -27 \\ -63 & 45 \end{pmatrix} \equiv \begin{pmatrix} 12 & 25 \\ 15 & 19 \end{pmatrix} \pmod{26}$$

【例 3.7.5】 设模数 $m=26$，方阵 $\boldsymbol{A} = \begin{pmatrix} 17 & 17 & 5 \\ 21 & 18 & 21 \\ 2 & 2 & 19 \end{pmatrix}$，试判断 $\boldsymbol{A}$ 模 m 的可逆性。若可逆，则求其逆。

解 因为

$$|\boldsymbol{A}| = \begin{vmatrix} 17 & 17 & 5 \\ 21 & 18 & 21 \\ 2 & 2 & 19 \end{vmatrix} = -939 \equiv 23 \pmod{26}, \quad (23, 26) = 1$$

故整数 23 即 $|\boldsymbol{A}|$ 模 26 的逆存在，且有 $|\boldsymbol{A}|^{-1} \equiv 23^{-1} \equiv (-3)^{-1} \equiv -9 \pmod{26}$。

分别求矩阵 $\boldsymbol{A}$ 的元素 a_{ij} 的代数余子式，即

$$A_{11} = (-1)^{1+1} \begin{vmatrix} 18 & 21 \\ 2 & 19 \end{vmatrix} = 300 \equiv -12 \pmod{26}$$

$$A_{12} = (-1)^{1+2} \begin{vmatrix} 21 & 21 \\ 2 & 19 \end{vmatrix} = -357 \equiv 7 \pmod{26}$$

$$A_{13} = (-1)^{1+3} \begin{vmatrix} 21 & 18 \\ 2 & 2 \end{vmatrix} \equiv 6 \pmod{26}$$

$$A_{21} = -313 \equiv -1 \pmod{26}$$

$$A_{22} = 313 \equiv 1 \pmod{26}$$

$$A_{23} \equiv 0 \pmod{26}$$

$$A_{31} = 267 \equiv 7 \pmod{26}$$

$$A_{32} = -252 \equiv 8 \pmod{26}$$

$$A_{33} = -51 \equiv 1 \pmod{26}$$

所以，$\boldsymbol{A}$ 的伴随矩阵为

$$\widetilde{\boldsymbol{A}} = \begin{pmatrix} 300 & -313 & 267 \\ -357 & 313 & -252 \\ 6 & 0 & -51 \end{pmatrix} \quad \text{或} \quad \widetilde{\boldsymbol{A}} \equiv \begin{pmatrix} -12 & -1 & 7 \\ 7 & 1 & 8 \\ 6 & 0 & 1 \end{pmatrix} \pmod{26}$$

则 $\boldsymbol{A}$ 的逆矩阵为

$$\boldsymbol{A}^{-1} \equiv 17 \begin{pmatrix} -12 & -1 & 7 \\ 7 & 1 & 8 \\ 6 & 0 & 1 \end{pmatrix} \equiv \begin{pmatrix} -204 & -17 & 119 \\ 119 & 17 & 136 \\ 102 & 0 & 17 \end{pmatrix} \equiv \begin{pmatrix} 4 & 9 & 15 \\ 15 & 17 & 6 \\ 24 & 0 & 17 \end{pmatrix} \pmod{26}$$

3.8 同余的应用

3.8.1 RSA 公钥密码算法

RSA 公钥密码算法是由 Rivest、Shamir 和 Adleman 三人于 1978 年公布的一种公开密钥算法（简称公钥算法），其加、解密思路如表 3.8.1 所示。

表 3.8.1 RSA 公钥密码算法

步骤	计算思路
准备	构造用户的公开密钥（简称公钥）和秘密密钥（或称私有密钥，简称私钥）：选大素数 p、q，记 $n=pq$，则 $\varphi(n)=(p-1)(q-1)$；再选正整数 e，满足 $$(e,\varphi(n))\equiv 1 \pmod{n}$$ 并求 d，满足 $$ed\equiv 1 \pmod{n}$$
加密	将明文字符串 P 编码为数字并分段，每一段数字 M 满足 $M<n$，则 M 的密文为 $$C\equiv M^e \pmod{n}$$
解密	将代表密文的数字串分段，每一段 C 满足 $C<n$，则解密过程为 $$M\equiv C^d \pmod{n}$$ 再将数字 M 解码即得明文字符串 P

RSA 公钥算法中的 e 和 n 称为用户的公钥，d 和 n 称为私钥。若已知 p、q 或者已知 $\varphi(n)$，就可得到 d，从而破解该密码系统。故称 p、q、$\varphi(n)$、d、n 为后门或机关、陷门等。

RSA 公钥算法主要利用了幂函数的逆运算的不可行性，即关于 $M\equiv\sqrt[e]{C} \pmod{n}$ 的计算尚无可行的算法。

RSA 公钥算法的安全性主要依赖于正整数分解的困难性。

【例 3.8.1】 设 $p=17$，$q=11$，并选 $e=7$。试用 RSA 公钥算法对明文消息 $P=$ "security" 进行加密，并对明文 $C=11$ 进行解密。其中字母的编码为 $a=11$，$b=12$，$\cdots$，$z=36$。

解 由已知可算得 $n=pq=17 \cdot 11=187$，$\varphi(n)=16 \cdot 10=160$，故 $(e,\varphi(n))=(7,160)=1$ 满足要求。

由 $d\equiv 7^{-1} \pmod{160}$ 解得 $d=23$。

由此确定用户的公钥为 $K_U=\{7,187\}$，私钥为 $K_R=\{23,187\}$。

对明文 P 进行编码：由于 $n=187$，故明文只能一个字母一组进行加密，即字母编码结果为 $M=29,15,13,31,28,19,30,35$。每段明文对应的密文分别为

$$C \equiv M^7 \pmod{187} = 160, 93, 106, 125, 173, 145, 123, 18$$

其次，对密文 $C=11$，解密得明文

$$M \equiv 11^{23} \equiv 88 \pmod{187}$$

3.8.2 背包公钥密码算法

背包问题：给定重量分别为 $a_1, a_2, \cdots, a_n$ 的 n 个物品，从中选择部分物品装入一个背包中，要求重量等于一个给定值 S。那么，此问题是否有解？

0-1 背包问题：给定一个正整数 S 和一个背包向量 $\boldsymbol{A} = \{a_1, a_2, \cdots, a_n\}$，其中 a_i 是正整数，求满足方程

$$S = \sum_{i=1}^{n} a_i x_i$$

的二进制向量 $\boldsymbol{X} = (x_1, x_2, \cdots, x_n)$。

背包问题是一个 NP 完全问题，因为对于给定的子集易于验证其和是否为 S。然而对于已知的 S，要找到 $\boldsymbol{A}$ 的一个子集，使其和为 S 很困难，因为有 2^n 个可能的子集，试验所有子集的平均时间复杂性为 $T = O(2^{n-1})$，即解决此问题所需要的时间与 n 呈指数增长。

将背包问题用于公钥密码学的思路是：选择两类背包，一类可以在线性时间内求解，另一类则不能；然后把易解的背包问题变换为难解的背包问题；公钥用于难解的背包问题，私钥用于易解的背包问题。

【定义 3.8.1】 满足条件 $a_i > \sum_{j=1}^{i-1} a_j (i = 2, 3, \cdots, n)$ 的背包称为**超递增背包**或简单背包。

超递增背包问题属于易解的背包问题。其求解思路为：从最大的 a_i 开始，如果 S 大于这个数，则减去 a_i，记 x_i 为 1，否则记 x_i 为 0，如此下去，直到最小的 a_i。

例如，已知背包序列 $\boldsymbol{A} = \{2, 3, 6, 13, 27, 52\}$，求解 $S = 70$ 的背包问题。其求解过程如下：

$$S = 70 = 52 + 18 = 52 + 13 + 5 = 52 + 13 + 3 + 2$$

结果为 $\{2, 3, 13, 52\}$，即 $70 = 52 + 13 + 3 + 2$ 或者

$$70 = 2 \cdot 1 + 3 \cdot 1 + 6 \cdot 0 + 13 \cdot 1 + 27 \cdot 0 + 52 \cdot 1$$

所以，70 对应的二进制向量为 $\boldsymbol{X} = (110101)$。

最典型的超递增背包为 $\{1, 2, 4, 8, \cdots, 2^{n-1}\}$，求 S 的背包就是求 S 的二进制表示（但要逆序）。例如，$S = 70$，$n = 8$，则 $\boldsymbol{X} = (01100010)$。

实际应用中是将超递增背包 $\boldsymbol{A}$ 用做私钥，并且利用同余运算将其转换为非超递增背包 $\boldsymbol{B}$，用做公钥。即选择一个整数 $m > \sum_{i=1}^{n} a_i$，并选择一个整数 w，满足 $(w, m) = 1$，令

$$b_i \equiv wa_i \pmod{m}, \qquad i=1,2,\cdots,n$$

得公钥向量 $\boldsymbol{B}=\{b_1,b_2,\cdots,b_n\}$。即定义

$$\boldsymbol{B} \equiv w\boldsymbol{A} \pmod{m} = \{wa_1 \pmod{m}, \cdots, wa_n \pmod{m}\}$$

反之,则有

$$\boldsymbol{A} \equiv w^{-1}\boldsymbol{B} \pmod{m} = \{w^{-1}b_1 \pmod{m}, \cdots, w^{-1}b_n \pmod{m}\}$$

这样得到的 b_i 是伪随机分布的,相应的背包 $\boldsymbol{B}$ 是非超递增的。

基于背包问题的公钥密码算法的思路如表 3.8.2 所示。

表 3.8.2 基于背包问题的公钥密码算法

步骤	计 算 思 路
准备	用户构造自己的私钥背包向量 $\boldsymbol{A}=\{a_1,a_2,\cdots,a_n\}$,选择一个整数 $m > \sum_{i=1}^{n} a_i$,并选择一个整数 w,$(w,m)=1$,构造相应于 $\boldsymbol{A}$ 的非超递增公钥向量 $\boldsymbol{B} \equiv w\boldsymbol{A} \pmod{m} = \{b_1,b_2,\cdots,b_n\}$,公开公钥 $(\boldsymbol{B},m)$。
加密	将明文字符串 P 编码为二进制串并分段,每一段的长度为 n。那么,某段明文 $\boldsymbol{X}=(x_1,x_2,\cdots,x_n)$ 的密文 C 为 $$C=E(\boldsymbol{X}) \equiv \boldsymbol{B}\boldsymbol{X}^{\mathrm{T}} \equiv b_1 x_1 + b_2 x_2 + \cdots + b_n x_n \pmod{m}$$
解密	将代表密文的数字串分段,每一段 C 满足 $C<m$,则解密过程如下: 令 $C' \equiv w^{-1}C \pmod{m}$,并求解超递增背包问题 $$C' = \boldsymbol{A}\boldsymbol{X}^{\mathrm{T}} = a_1 x_1 + a_2 x_2 + \cdots + a_n x_n$$ 得二进制向量 $\boldsymbol{X}=(x_1,x_2,\cdots,x_n)$,再将其解码即得明文字符串 P

【例 3.8.2】 设用户私钥 $\boldsymbol{A}=\{2,3,6,13,27,52\}$,选 $w=31$,$m=105$。试求用户的公钥,并对已进行编码的消息 $\boldsymbol{X}=011000110101101110$ 用背包算法进行加密,同时验证解密过程的正确性。

解 首先,利用私钥 $\boldsymbol{A}$ 计算用户的公钥 $\boldsymbol{B}$:

$$2 \cdot 31 \pmod{105} = 62, \quad 3 \cdot 31 \pmod{105} = 93$$
$$6 \cdot 31 \pmod{105} = 81, \quad 13 \cdot 31 \pmod{105} = 88$$
$$27 \cdot 31 \pmod{105} = 102, \quad 52 \cdot 31 \pmod{105} = 37$$

即用户的公钥背包向量 $\boldsymbol{B}=\{62,93,81,88,102,37\}$。

其次,对明文 $\boldsymbol{X}$ 加密。已知用户私钥背包向量 $\boldsymbol{A}=\{2,3,6,13,27,52\}$,公钥背包向量 $\boldsymbol{B}=\{62,93,81,88,102,37\}$,向量长度 $n=6$,故将明文 $\boldsymbol{X}$ 分为长度为 6 的段。即

$$\boldsymbol{X} = \underbrace{011000}_{x_1}\underbrace{110101}_{x_2}\underbrace{101110}_{x_3}$$

那么，加密结果为

$C_1 = E(X_1) \equiv BX_1^T \equiv 62 \cdot 0 + 93 \cdot 1 + 81 \cdot 1 + 88 \cdot 0 + 102 \cdot 0 + 37 \cdot 0 \pmod{105} = 69$

$C_2 = E(X_2) \equiv BX_2^T \equiv 62 \cdot 1 + 93 \cdot 1 + 81 \cdot 0 + 88 \cdot 1 + 102 \cdot 0 + 37 \cdot 1 \pmod{105} = 70$

$C_3 = E(X_3) \equiv BX_3^T \equiv 62 \cdot 1 + 93 \cdot 0 + 81 \cdot 1 + 88 \cdot 1 + 102 \cdot 1 + 37 \cdot 0 \pmod{105} = 18$

即 X 的密文为 $C_1 = 69, C_2 = 70, C_3 = 18$。

由于求解非超递增背包问题是极其困难的，故在计算密文时，也可以不用进行模 m 的同余运算。即密文为 $C_1 = 174, C_2 = 280, C_3 = 333$。

最后，验证解密过程：解密者知道私钥 $\{A, w, n, m\}$，其中 $A = \{2, 3, 6, 13, 27, 52\}$。计算 31^{-1}，使 $31 \cdot 31^{-1} \equiv 1 \pmod{105}$，可得 $31^{-1} \equiv 61 \pmod{105}$。

对于 $C_1 = 69, C_2 = 70, C_3 = 18$，计算 $C_i' \equiv 61 C_i \pmod{105}$，得

$C_1' \equiv 61 \cdot 69 \pmod{105} = 9, \quad C_2' \equiv 61 \cdot 70 \pmod{105} = 70$

$C_3' \equiv 61 \cdot 18 \pmod{105} = 48$

再分别解超递增背包问题 $C_i' = AX_i^T = 2x_1 + 3x_2 + 6x_3 + 13x_4 + 27x_5 + 52x_6 (i = 1, 2, 3)$，即可得明文 X_i：

$2x_1 + 3x_2 + 6x_3 + 13x_4 + 27x_5 + 52x_6 = 9 \Rightarrow X_1 = D(C_1) = 011000$

$2x_1 + 3x_2 + 6x_3 + 13x_4 + 27x_5 + 52x_6 = 70 \Rightarrow X_2 = D(C_2) = 110101$

$2x_1 + 3x_2 + 6x_3 + 13x_4 + 27x_5 + 52x_6 = 48 \Rightarrow X_3 = D(C_3) = 101110$

即得 C 的明文编码 $X = 011000\ 110101\ 101110$。

读者也可验证，对密文 $C_1 = 174, C_2 = 280, C_3 = 333$ 解密，所得明文与上述结果是一样的。

3.8.3 希尔密码算法

与 RSA 和背包公钥密码类似，Hill（希尔）密码算法的思路如表 3.8.3 所示。

表 3.8.3 希尔密码算法

步骤	计 算 思 路
准备	选择正整数 m 作为同余运算的模数，构造通信双方共享的密钥矩阵 K_n，要求 K 模 m 可逆
加密	将明文字符串按 n 个字符一组进行分组，并将每组字符 P_0 编码为 n 维向量 P，计算 $C \equiv KP \pmod{m}$ 再将向量 C 解码为字符串，即得明文 P_0 对应的密文
解密	执行加密过程的逆过程即可，亦即 $P \equiv K^{-1}C \pmod{m}$

【例 3.8.3】 设明文 P_0 为 "pay more money", 密钥矩阵 $K = \begin{pmatrix} 17 & 17 & 5 \\ 21 & 18 & 21 \\ 2 & 2 & 19 \end{pmatrix}$, 试对 P_0 进行加密(设字符的编码为 $a=0, b=1, \cdots, z=25$).

解 由于密钥矩阵 K 的阶数为 3, 故将明文按 3 个字母进行分组并编码为

$$P_1 = \begin{pmatrix} p \\ a \\ y \end{pmatrix} = \begin{pmatrix} 15 \\ 0 \\ 24 \end{pmatrix}, \quad P_2 = \begin{pmatrix} m \\ o \\ r \end{pmatrix} = \begin{pmatrix} 12 \\ 14 \\ 17 \end{pmatrix}$$

$$P_3 = \begin{pmatrix} e \\ m \\ o \end{pmatrix} = \begin{pmatrix} 4 \\ 12 \\ 14 \end{pmatrix}, \quad P_4 = \begin{pmatrix} n \\ e \\ y \end{pmatrix} = \begin{pmatrix} 13 \\ 4 \\ 24 \end{pmatrix}$$

进行加密运算, 即

$$C_1 \equiv KP_1 \equiv \begin{pmatrix} 17 & 17 & 5 \\ 21 & 18 & 21 \\ 2 & 2 & 19 \end{pmatrix} \begin{pmatrix} 15 \\ 0 \\ 24 \end{pmatrix} \equiv \begin{pmatrix} 375 \\ 819 \\ 486 \end{pmatrix} \equiv \begin{pmatrix} 11 \\ 13 \\ 18 \end{pmatrix} \pmod{26}$$

$$C_2 \equiv KP_2 \equiv \begin{pmatrix} 17 & 17 & 5 \\ 21 & 18 & 21 \\ 2 & 2 & 19 \end{pmatrix} \begin{pmatrix} 12 \\ 14 \\ 17 \end{pmatrix} \equiv \begin{pmatrix} 527 \\ 651 \\ 375 \end{pmatrix} \equiv \begin{pmatrix} 7 \\ 3 \\ 11 \end{pmatrix} \pmod{26}$$

$$C_3 \equiv \begin{pmatrix} 342 \\ 594 \\ 298 \end{pmatrix} \equiv \begin{pmatrix} 4 \\ 22 \\ 12 \end{pmatrix} \pmod{26}, \quad C_4 \equiv \begin{pmatrix} 409 \\ 849 \\ 490 \end{pmatrix} \equiv \begin{pmatrix} 19 \\ 17 \\ 22 \end{pmatrix} \pmod{26}$$

解码得

$$C_1 = \begin{pmatrix} L \\ N \\ S \end{pmatrix}, \quad C_2 = \begin{pmatrix} H \\ D \\ L \end{pmatrix}, \quad C_3 = \begin{pmatrix} E \\ W \\ M \end{pmatrix}, \quad C_4 = \begin{pmatrix} T \\ R \\ W \end{pmatrix}$$

所以, 明文 P_0 对应的密文为 "LNSHDLEWMTRW".

解密时, 先计算密钥阵的模 26 的逆阵(见例 3.7.5), 然后按加密过程的逆向运算, 即可得到对应的明文. 例如, 对第二段密文进行解密, 先将该段密文编码为三维向量, 即

$$C_2 = \begin{pmatrix} H \\ D \\ L \end{pmatrix} = \begin{pmatrix} 7 \\ 3 \\ 11 \end{pmatrix}$$

再计算向量

$$P_2 \equiv K^{-1}C_2 \equiv \begin{pmatrix} 4 & 9 & 15 \\ 15 & 17 & 6 \\ 24 & 0 & 17 \end{pmatrix} \begin{pmatrix} 7 \\ 3 \\ 11 \end{pmatrix} \equiv \begin{pmatrix} 220 \\ 222 \\ 355 \end{pmatrix} \equiv \begin{pmatrix} 12 \\ 14 \\ 17 \end{pmatrix} \pmod{26}$$

最后解码得

$$P_2 = \begin{pmatrix} m \\ o \\ r \end{pmatrix}$$

即密文"HDL"对应的明文串为"mor"。

3.8.4 随机数的 Lehmer 生成算法

很多实际问题中需要用到随机数。但由于真正随机数的不可再现性,人们只能被动地使用伪随机数。

伪随机数列主要是利用算法来生成一个无穷数列,衡量其好坏的指标之一就是"周期",即若某个数列(有限或无限)是由其中一个子序列循环重复生成的,那么,生成该数列的最短的子序列所包含的数的个数,就叫做该数列的(**循环**)**周期**或**生成周期**,并称该最短子序列为其**生成数列**。而对于利用同余运算生成的伪随机数列,若该数列的周期 T 等于模数 m,则称该数列是**满周期的**。

Lehmer 方法是生成伪随机数的方法之一,其核心思想就是利用同余运算。其算法思路如表 3.8.4 所示。

表 3.8.4 随机数的 Lehmer 生成算法

步骤	计 算 思 路
准备	选择模数 $m>0$,乘数 $a(0<a<m)$,增量 $c(0 \leqslant c<m)$
初始化	选初始值(或种子)$X_0(0 \leqslant X_0 <m)$
迭代	$X_{n+1} \equiv aX_n + c \pmod{m}$, $n=0, 1, \cdots$

【例 3.8.4】 (1) 选 $a=7$, $c=0$, $m=32$, $X_0=1, 2, \cdots, 31$,利用 Lehmer 算法生成伪随机数,并观察其周期;

(2) 选 $a=5$, $c=7$, $m=32$, $X_0=0, 1, 2, \cdots, 31$,试写出利用 Lehmer 算法生成的伪随机数的周期。

解 (1) 当 $a=7$, $c=0$, $m=32$ 时,迭代方程为

$$X_{n+1} \equiv 7X_n \pmod{32} \tag{3.8.1}$$

当 $X_0=1, 2, \cdots, 31$ 时,生成的随机数列如表 3.8.5 所示。

表 3.8.5 针对不同的初值 X_0 生成的随机数列

X_0	X_1	X_2	X_3	X_4	X_0	X_1	X_2	X_3	X_4	X_0	X_1	X_2	X_3	X_4
1	7	17	23	1	12	20	12			23	1	7	17	23
2	14	2			13	27	29	11	13	24	8	24		
3	21	19	5	3	14	2	14			25	15	9	31	25
4	28	4			15	9	31	25	15	26	22	26		
5	3	21	19	5	16	16				27	29	11	13	27
6	10	6			17	23	1	7	17	28	4	28		
7	17	23	1	7	18	30	18			29	11	13	27	29
8	24	8			19	5	3	21	19	30	18	30		
9	31	25	15	9	20	12	20			31	25	15	9	31
10	6	10			21	19	5	3	21					
11	13	27	29	11	22	26	22							

由表 3.8.5 可以看出：当 X_0 为奇数时，所生成的数列的周期为 4；当 X_0 为偶数且 $X_0 \neq 16$ 时，其周期为 2；当 $X_0 = 16$ 时，其周期为 1。

由表 3.8.5 还可以看出：针对不同的 X_0，其对应的生成数列可以构成集合 $A = \{0, 1, \cdots, 31\}$ 的一个划分 $\{0\} \bigcup \{1, 7, 17, 23\} \bigcup \{2, 14\} \bigcup \{3, 21, 19, 5\} \cdots \bigcup \{31, 25, 15, 9\}$。即对于同一个子集中的子序列而言，无论从其中哪一个整数开始，由其产生的生成数列都构成了该子集。亦即任一子集中的整数，按照式(3.8.1)的约束，都构成了集合 A 的一个封闭的子集。而由同一封闭子集中不同的 X_0 所产生的伪随机数列本质上都是相同的，其区别仅在于初值的不同；不同子集中 X_0 所产生的伪随机数列集合互不相交。例如，对子集 $\{1, 7, 17, 23\}$，当 $X_0 = 1$ 时，产生的伪随机数列为 $B_1 = \{1, 7, 17, 23, 1, 7, 17, 23, \cdots\}$；而当 $X_0 = 7$ 时，对应的伪随机数列为 $B_2 = \{7, 17, 23, 1, 7, 17, 23, 1, \cdots\}$，二者除去初值因素外，两个数列并无本质区别。但是若选 X_0 为子集 $\{2, 14\}$ 中的 2，则产生的伪随机数列为 $C = \{2, 14, 2, 14, \cdots\}$，显然有 $B_1 \bigcap C = B_2 \bigcap C = \varnothing$。

（2）当 $a = 5$，$c = 7$，$m = 32$ 时，迭代方程为

$$X_{n+1} \equiv 5X_n + 7 \pmod{32} \tag{3.8.2}$$

计算可得，对于任何 $X_0 \in [0, 31]$，由 Lehmer 算法所生成的伪随机数列的周期都是 32，即满周期的。例如，当 $X_0 = 0$ 时，其对应的伪随机数列的生成数列为 $B = \{7, 10, 25, 4, 27, 14, 13, 8, 15, 18, 1, 12, 3, 22, 21, 16, 23, 26, 9, 20, 11, 30, 29, 24, 31, 2, 17, 28, 19, 6, 5, 0\}$，即生成数列 B 只是以自然顺序排列的集合 $A = \{0, 1, \cdots, 31\}$ 的一个新排列。那么，由此可知，按照式(3.8.2)的约束条件，集合 A 的划分只有一个子集，即 A 本

身。也就是说，对于任何整数 $X_0 = i \in [0, 31]$，若不考虑初值的差异，则按照式(3.8.2)只能构造一个本质不同的随机数列。

例 3.8.4 说明，利用 Lehmer 算法构造的伪随机数列的周期依赖于 a、c 和 X_0 的选取。

容易看出，Lehmer 算法的安全性，即保密性并不太好。因为可以利用小部分随机数反求出参数 a、c、m。例如，已知 $X_0 \sim X_3$，即可得关于 a、c、m 的方程组

$$\begin{cases} X_0 a + c \equiv X_1 \pmod{m} \\ X_1 a + c \equiv X_2 \pmod{m} \\ X_2 a + c \equiv X_3 \pmod{m} \end{cases}$$

从而有可能解出 a、c、m。

3.8.5 随机数的 BBS 生成算法

生成伪随机数列的另一个实用方法是 BBS 算法，该算法由 Lenore Blum、Manuel Blum 和 Michael Shub 三人设计。其算法思路如表 3.8.6 所示。

表 3.8.6 BBS 生成算法

步骤	计 算 思 路
准备	参数选择：大素数 p、q 满足 $p \equiv q \equiv 3 \pmod{4}$，令 $n = pq$，任选整数 s，满足 $(s, n) = 1$
计算初值	令 $X_0 \equiv s^2 \pmod{n}$
迭代	for $i = 1$ to ∞ $\{X_i \equiv X_{i-1}^2 \pmod{n}\}$

可以证明，用 BBS 算法生成的伪随机数列能经受住"续位测试"，即不存在多项式时间复杂度的算法，对于某输出序列的最初 k 位输入，可以以超过 $1/2$ 的概率测出第 $k+1$ 位。

【例 3.8.5】 分别对 $s = 10$ 和 35，用 BBS 算法生成伪随机数列，并观察其周期。其中 $p = 11$，$q = 19$。

解 按照 BBS 算法，首先得 $n = 11 \times 19 = 209$。

其次，对 $s = 10$，有 $X_0 \equiv 10^2 \equiv 100 \pmod{209}$。计算 $X_i \equiv X_{i-1}^2 \pmod{209}$ ($i = 1, 2, 3, \cdots$)，可得如表 3.8.7 所示的伪随机数列。

表 3.8.7 $p = 11, q = 19, s = 10$ 时的伪随机数列

i	1	2	3	4	5	6
X_i	177	188	23	111	199	100

由表 3.8.7 可知，当 $s = 10$ 时，所得的伪随机数列的周期为 6。

而对 $s = 35$，有 $X_0 \equiv 35^2 \equiv 180 \pmod{209}$，从而可得如表 3.8.8 所示的伪随机数列。

表 3.8.8　$p=11, q=19, s=35$ 时的伪随机数列

i	1	2	3	4	5	6	7	8	9	10	11	12
X_i	5	25	207	4	16	47	119	158	93	80	130	180

由表 3.8.8 可知，当 $s=35$ 时，所得的伪随机数列的周期为 12。

习　题　3

1. 证明：

(1) $2^{10} \not\equiv 1 \pmod{11^2}$, $3^{10} \equiv 1 \pmod{11^2}$；

(2) $2^{1092} \equiv 1 \pmod{1093^2}$, $3^{1092} \not\equiv 1 \pmod{1093^2}$。

2. 证明：对任何整数 n，都有 $n^9 - n^3 \equiv 0 \pmod{504}$。

3. 判断以下结论是否成立，对的请予以证明，错的请给出反例：

(1) 若 $a^2 \equiv b^2 \pmod{m}$，则 $a \equiv b \pmod{m}$ 或 $a \equiv -b \pmod{m}$ 至少有一个成立；

(2) 若 $a \equiv b \pmod{m}$，则 $a^2 \equiv b^2 \pmod{m^2}$；

(3) 若 $a \equiv b \pmod{2}$，则 $a^2 \equiv b^2 \pmod{2^2}$；

(4) 设 p 是奇素数，$p \nmid a$，则 $a^2 \equiv b^2 \pmod{p}$ 的充要条件是 $a \equiv b \pmod{p}$ 或 $a \equiv -b \pmod{p}$ 有且仅有一式成立；

(5) 设 $(a, m) = 1$, $k \geq 1$，若 $a^k \equiv b^k \pmod{m}$ 且 $a^{k+1} \equiv b^{k+1} \pmod{m}$，则 $a \equiv b \pmod{m}$。

4. 在不计算和式 $1^3 + 2^3 + \cdots + m^3$ 的前提下，判断当正整数 m 满足什么条件时，等式

$$1^3 + 2^3 + \cdots + m^3 \equiv 0 \pmod{m}$$

一定成立。

5. 计算：

(1) 求 2^{400} 的十进制表示中的个位数；

(2) 求 2^{1000} 的十进制表示中的最后两位数；

(3) 求 9^{9^9} 及 $9^{9^{9^9}}$ 的十进制表示中的最后两位数；

(4) 求 2^s 对模 10 的最小非负剩余，其中 $s = 2^k$, $k \geq 2$；

(5) 求 $(13\,481^{56} - 77)^{28}$ 被 111 除后所得的最小非负剩余。

6. 利用模 9 的同余式求等式 $89\,878 \cdot 58\,965 = 5299X56\,270$ 右端的未知数字 X。

7. 证明：乘法等式 $c = ab$ 的充分必要条件是对于任意正整数 m，都有 $c \equiv ab \pmod{m}$ 成立。当选 $m = 9$ 时，利用同余式（即十进制数各位数之和）检验 $c = ab$ 的正确性的方法称为**弃九验算法**。

8. 利用弃九验算法判断下列等式是否成立：

(1) $2368 \cdot 846 = 2\,003\,328$; (2) $875\,961 \cdot 2753 = 2\,410\,520\,633$;

(3) $16 \cdot 937 \cdot 1559 = 23\,373\,528$; (4) $17^4 = 83\,521$;

(5) $23\,372\,428 \div 6236 = 3748$。

9. 求 $(12\,371^{56} + 34)^{28}$ 被 111 除后所得的最小非负剩余，并进而求 $(12\,371^{56} + 34)^{28+72c}$ 被 111 除后所得的最小非负剩余，其中 c 为非负整数。

10. 记 $a^{b^c} = a^{(b^c)}$，并设今天是星期一，且 c 为正整数。那么，从今天起再过 773^{3169^c} 天是星期几？

11. 证明：$641 | F^5 = 2^{2^5} + 1$。

12. 设 m 为正整数，证明：$3 | 2^n + 1$ 的充分必要条件是 n 为奇数。

13. 设 p 为奇素数，证明：若 $a^p + b^p \equiv 0 \pmod{p}$，则 $a^p + b^p \equiv 0 \pmod{p^2}$。

14. 设 p 为素数，$a^p - b^p \equiv 0 \pmod{p}$。证明：$a^p - b^p \equiv 0 \pmod{p^2}$。

15. 证明以下不定方程无整数解：

(1) $x^2 + 2y^2 = 203$;

(2) $x^2 - 2y^2 = 77$。

16. 设 p 为素数，且 $(a, p) = 1$。证明：$n^2 \equiv an \pmod{p^k}$ 的充分必要条件是 $n \equiv 0 \pmod{p^k}$ 或 $n \equiv a \pmod{p^k}$。

17. 设正整数 $m > 1$，证明：在任意取定的 $m + 1$ 个整数中，必存在两个数，它们模 m 同余。

18. 设 p, q 均为素数，$n = pq$，证明：如果 $a^2 \equiv b^2 \pmod{n}$ 且 $n \nmid a - b$，$n \nmid a + b$，则 $(n, a - b) > 1$，$(n, a + b) > 1$。

19. 记 $C_{m,r} = \{x | x \in \mathbf{Z}, x \equiv r \pmod{m}\}$ 为模数 m 的一个剩余类，证明：当 $m | n$ 时，有 $C_{n,r} \subseteq C_{m,r}$，且仅当 $m = n$ 时有 $C_{n,r} = C_{m,r}$。

20. 设 a_1、a_2 是模数 m 的同一个剩余类的两个数，证明：$(a_1, m) = (a_2, m)$。

21. 证明：设有 m 个整数，它们都不属于剩余类 $C_{m,0}$，那么其中必存在两个数 r_1、r_2，使得 $r_1 - r_2 \in C_{m,0}$。

22. 证明：在任意给定的对模 m 两两不同余的 $\left[\dfrac{m}{2}\right] + 1$ 个整数中，必存在两个数 r_1、r_2，使得 $r_1 - r_2 \in C_{m,1}$。

23. 把下列剩余类 $C_{m,r}$ 表示为模 n 的剩余类集合的并：

(1) $m = 5, r = 1, n = 15$;

(2) $m = 10, r = 6, n = 120$;

(3) $m = 10, r = 6, n = 80$。

24. 记集合 A 与 B 的交集为 AB，并集为 $A + B$，完成以下各题：

(1) 证明：$C_{2,0} C_{3,1} = C_{6,4}$;

(2) 求 j，分别满足：① $C_{3,0}C_{5,0}=C_{15,j}$，② $C_{3,1}C_{5,1}=C_{15,j}$，③ $C_{3,-1}C_{5,-2}=C_{15,j}$；

(3) 求 s 及 $j_1, j_2, \cdots, j_s$，使得 $C_{3,1}=C_{21,j_1}+C_{21,j_2}+\cdots+C_{21,j_s}$；

(4) 一般地，设 $a|b$，j 为给定整数，求 s 及 $j_1, j_2, \cdots, j_s$，使得 $C_{a,j}=C_{b,j_1}+C_{b,j_2}+\cdots+C_{b,j_s}$。

25. 设 $(m,n)=1$，证明：$m^{\varphi(n)}+n^{\varphi(m)}\equiv 1 \pmod{mn}$。

26. 设 $f(x)$ 为整系数多项式，p 为素数，证明：$f^p(x)\equiv f(x^p) \pmod{p}$。

27. 求下列整数 a 对模数 m 的逆（其中 n 为任意整数）：

(1) $a=3$，$m=7$；   (2) $a=13$，$m=10$；

(3) $a=n-1$，$m=n$；   (4) $a=2$，$m=2n+1$。

28. 计算 $a^{-r} \pmod{m}$，其中：

(1) $a=30$，$r=37$，$m=49$；   (2) $a=81$，$r=1650$，$m=1225$；

(3) $a=30$，$r=88$，$m=97$；   (4) $a=55$，$r=268$，$m=139$。

29. 证明：对任意整数 n，以下 5 个同余式中至少有一个成立：(1) $n\equiv 0 \pmod{2}$；(2) $n\equiv 0 \pmod{3}$；(3) $n\equiv 1 \pmod{4}$；(4) $n\equiv 5 \pmod{6}$；(5) $n\equiv 7 \pmod{12}$。

30. 求全部正整数三元组 $\{a,b,c\}$，满足条件
$$a\equiv b \pmod{c}, \quad b\equiv c \pmod{b}, \quad c\equiv a \pmod{b}$$

31. 任意两个相邻正整数的立方差 $n^3-(n-1)^3$ 能否被 5 整除（$n\geqslant 1$）？为什么？请给出理由。

32. 设 p 是素数，$f(x)$、$q(x)$ 和 $r(x)$ 是整系数多项式，且有
$$f(x)=q(x)(x^p-x)+r(x)$$
其中 $r(x)$ 的次数小于 p。证明：对任意整数 x，都有
$$f(x)\equiv r(x) \pmod{p}$$
即这是一个模 p 的恒等同余式。

33. 按要求给出模 9 的一个完全剩余系：

(1) 剩余系中的每个数都是奇数；

(2) 剩余系中的每个数都是偶数；

(3) 剩余系中的每个数都是 5 的倍数。

34. 若要求模 10 的完全剩余系中的数都是奇数或都是偶数，能做到吗？为什么？

35. 证明：若 $2|m$，则模 m 的一组完全剩余系中一定有一半的数是偶数，一半的数是奇数。

36. 设 $m_1, m_2, \cdots, m_k$ 是 k 个两两互素的正整数，$M=m_1 m_2 \cdots m_k$，$M_i=M/i (i=1, 2, \cdots, k)$。证明：若 x_i 遍历模 m_i 的一组完全剩余系（既约剩余系），则 $x=M_1 x_1+M_2 x_2+\cdots+M_k x_k$ 遍历模 M 的一组完全剩余系（既约剩余系）。

37. 设 $m_i>0 (i=1, 2, \cdots, k)$，证明：若 x_i 遍历模 m_i 的一组完全剩余系，则 $x=x_1+$

$m_1 x_2 + m_1 m_2 x_3 + \cdots + m_1 m_2 \cdots m_{k-1} x_k$ 遍历模 $M = m_1 m_2 \cdots m_k$ 的一组完全剩余系。

38. 证明：当 $m > 2$ 时，$0^2, 1^2, 2^2, \cdots, (m-1)^2$ 一定不能构成模 m 的完全剩余系。

39. 设 m 为偶数，证明：若 $a_1, a_2, \cdots, a_m$ 和 $b_1, b_2, \cdots, b_m$ 是模 m 的任意两组完全剩余系，则 $a_1 + b_1, a_2 + b_2, \cdots, a_m + b_m$ 不是 m 的完全剩余系。

40. 设 $m \geqslant 3$ 为给定的整数。试问模 $2m-1$ 的一组完全剩余系最少要属于模 $m-2$ 的几个剩余类。一般地，设 $K > m \geqslant 1$，模 K 的一组完全剩余系最少要属于模 m 的几个剩余类？

41. 试求模 4 的一组完全剩余系 $r_1, \cdots, r_4$ 和模 5 的一组完全剩余系 $s_1, \cdots, s_5$，使得：
 (1) $r_i s_j$ 是模 20 的完全剩余系；
 (2) $r_i + s_j$ 同时也是模 20 的完全剩余系。

42. 题 41 的两个要求对既约剩余系成立吗？

43. 证明：若 x_1 遍历模 m 的既约剩余系，x_i 遍历模 m 的完全剩余系 ($2 \leqslant i \leqslant k$)，则 $x = x_1 + m x_2 + m^2 x_3 + \cdots + m^{k-1} x_k$ 遍历模 m^k 的一组既约剩余系。

44. 设 $m \geqslant 3$，$r_1, r_2, \cdots, r_s$ 是全部小于 $m/2$ 且与 m 互素的正整数。证明：$-r_s, \cdots, -r_2, -r_1, r_1, r_2, \cdots, r_s$ 和 $r_1, \cdots, r_s, m - r_s, \cdots, m - r_1$ 都是模 m 的既约剩余系。由此推出当 $m \geqslant 3$ 时，$2 \mid \varphi(m)$。

45. 设 $m \geqslant 3$，证明：若 $r_1, r_2, \cdots, r_{\varphi(m)}$ 为模 m 的一个既约剩余系，那么
$$r_1 + r_2 + \cdots + r_{\varphi(m)} \equiv 0 \pmod{m}$$

46. 证明：当 $m \geqslant 2$ 时，模 m 最小正既约剩余系的各数之和等于 $m\varphi(m)/2$。

47. 求出所有的正整数 n，使得 $\varphi(n) \mid n$。

48. 设 n 为正整数，p 为素数，证明：
$$1 + \varphi(p) + \varphi(p^2) + \cdots + \varphi(p^n) = p^n$$

49. 用 Euler 定理证明：$3^{8\,232\,010} - 59\,049$ 能被 $24\,010\,000 = 2^4 \cdot 5^4 \cdot 7^4$ 整除。

50. 证明：若 p 是素数，则对任意的整数 $a_1, a_2, \cdots, a_k$，均有
$$(a_1 + a_2 + \cdots + a_k)^p \equiv a_1^p + a_2^p + \cdots + a_k^p \pmod{p}$$
并由此推出 Fermat 定理，进而推出 Euler 定理。

51. 利用模重复平方计算法计算以下值：
 (1) $12\,996^{227} \pmod{37\,909}$； (2) $5555^{235} \pmod{76\,213}$。

52. 求下列不定方程的全部整数解：
 (1) $x + y = 60$； (2) $x + y + z = 40$；
 (3) $3x + 5y + 6z = 100$； (4) $6x_1 + 30x_2 - 21x_3 + 21x_4 = 99$。

53. 求下列不定方程组的全部整数解：
 (1) $\begin{cases} x + y + z = 100 \\ 4x + 2y + \dfrac{1}{4}z = 100 \end{cases}$； (2) $\begin{cases} 3x + 7y = 2 \\ 2x - 5y + 10z = 8 \end{cases}$；

(3) $\begin{cases} x+y+z+w=100 \\ x+2y+3z+4w=300 \\ x+4y+9z+16w=1000 \end{cases}$。

54. 求下列方程的全部非负整数解和全部正整数解：

(1) $5x+7y=41$；

(2) $7x+3y=123$；

(3) $63x+11y=6893$。

55. (1) 将分数 23/30 表示为三个既约分数之和，它们的分母两两互素；

(2) 将分数 23/30 表示为两个既约分数之和，它们的分母互素。

56. 有 100 个人要把 100 件货物搬走，其中规定男士每人搬 4 件，女士每人搬 3 件，小孩每 3 人搬 1 件。问男士、女士和小孩的人数可能为多少。

57. 判断下列矩阵模 m 的可逆性，若可逆，请求其逆矩阵：

(1) $\begin{pmatrix} 20 & 43 \\ 17 & 33 \end{pmatrix} \pmod{60}$；

(2) $\begin{bmatrix} 1 & 7 & 21 \\ 3 & 12 & 33 \\ 52 & 23 & 2 \end{bmatrix} \pmod{26}$；

(3) $\begin{bmatrix} 3 & 9 & 0 \\ 7 & 11 & -23 \\ 5 & 32 & 42 \end{bmatrix} \pmod{26}$；

(4) $\begin{bmatrix} 2 & 8 & 5 & 13 \\ 7 & 29 & 14 & 42 \\ 1 & 6 & 2 & 15 \\ 4 & 5 & 7 & 14 \end{bmatrix} \pmod{3^4}$。

58. 用 BBS 算法生成伪随机数列，并观察其重复周期。其中 $p=17, q=31, s=73$ 或 397。

第4章 同余方程

同余方程和同余方程组在密码学、信息共享以及实际生活中都有应用。但是求解同余方程是比较困难的,也就是说,目前可用的比较成熟的方法能够求解的只有一次同余方程和一次同余方程组,以及个别的二次同余方程。故本章主要介绍同余方程的概念和求解一次同余方程(组)的解法。而对于高次同余方程,主要讨论其特殊情形下的解法和高次方程的化简以及解数的判断方法。

4.1 基本概念

【**定义 4.1.1**】 设 m 是一个正整数,$f(x)$ 为 n 次多项式
$$f(x)=a_n x^n+a_{n-1}x^{n-1}+\cdots+a_1 x+a_0$$
其中 a_i 是整数($a_n \not\equiv 0 \pmod{m}$),则
$$f(x) \equiv 0 \pmod{m} \tag{4.1.1}$$
叫做**模** m 的(n 次)**同余方程**(或**模** m 的(n 次)**同余式**),n 叫做 $f(x)$ 的**次数**,记为 $\deg f(x)$ 或 $\partial° f(x)$。

若整数 a 使得同余式
$$f(a) \equiv 0 \pmod{m}$$
成立,则 a 叫做该同余方程的**解**。

显然,若 a 是同余方程(4.1.1)的解,则满足 $x \equiv a \pmod{m}$ 的所有整数都是方程(4.1.1)的解。即剩余类
$$C_a=\{x \mid x \in \mathbf{Z}, x \equiv a \pmod{m}\}$$
中的每个剩余都是解。故把这些解都看做是相同的,并说剩余类 C_a 是同余方程(4.1.1)的**一个解**,这个解通常记为
$$x \equiv a \pmod{m}$$

当 c_1、c_2 均为同余方程(4.1.1)的解,且对模 m 不同余时,就称它们是同余方程(4.1.1)的**不同的解**。而所有对模 m 的两两不同余的解的个数,称为同余方程(4.1.1)的**解数**,记做 $T(f;m)$。显然
$$T(f;m) \leqslant m$$

若两个同余方程的解和解数相同,则称两个方程**同解**。

同余方程最直观、最原始的解法就是穷举法。

穷举法的思路是：任意选定模 m 的一组完全剩余系，并以其中的每个剩余代入方程 (4.1.1)，在此完全剩余系中解的个数就是解数 $T(f;m)$。

【例 4.1.1】 求同余方程 $x^5+x+1\equiv 0\pmod 7$ 的解及解数。

解 选模数 7 的最小非负完全剩余系 $\{0,1,2,\cdots,5,6\}$，可以验证，$x\equiv 2,4\pmod 7$ 是同余方程的不同的解，故该方程的解数为 $T(f;7)=2$。验证过程如下：

$$0^5+0+1=1\equiv 1\pmod 7$$
$$1^5+1+1=3\equiv 3\pmod 7$$
$$2^5+2+1=35\equiv 0\pmod 7$$
$$3^5+3+1=247\equiv 2\pmod 7$$
$$4^5+4+1=1029\equiv 0\pmod 7$$
$$5^5+5+1=3131\equiv 2\pmod 7$$
$$6^5+6+1=7783\equiv 6\pmod 7$$

【例 4.1.2】 求同余方程 $4x^2+27x-12\equiv 0\pmod{15}$ 的解及解数。

解 为了计算方便，取模 15 的绝对最小完全剩余系 $\{-7,-6,\cdots,-1,0,1,2,\cdots,7\}$，将其代入方程中，直接计算知 $x=-6,3$ 是解。所以，该同余方程的解为

$$x\equiv -6,3\pmod{15}$$

且解数 $T(f;15)=2$。

【例 4.1.3】 求同余方程 $4x^2+27x-7\equiv 0\pmod{15}$ 的解及解数。

解 同样直接计算知 $x=-7,-2,-1,4$ 是解。所以该同余方程的解为

$$x\equiv -7,-2,-1,4\pmod{15}$$

且解数 $T(f;15)=4$。

由例 4.1.3 可以看出，n 次同余方程的解可能超过 n 个。这一点显然与一般的代数方程不同。

【例 4.1.4】 求同余方程 $4x^2+27x-9\equiv 0\pmod{15}$ 的解及解数。

解 经直接计算知，本方程无解，即解数为 0。

一个显然的**结论**是：当 $f(x)$ 的系数都是模 m 的倍数时，任意的整数值 x 都是同余方程 (4.1.1) 的解，这样的同余方程 (4.1.1) 的解数为 m。但这并不是其解数为 m 的必要条件。

例如，方程 $21x^5+35x+14\equiv 0\pmod 7$ 显然有 7 个解，因为其等价于方程 $0\equiv 0\pmod 7$。

【例 4.1.5】 求方程 $x^5-x\equiv 0\pmod 5$ 和 $x^7-x\equiv 0\pmod 7$ 的解及解数。

解 由费马小定理知，同余方程 $x^5-x\equiv 0\pmod 5$ 的解数为 5；同余方程 $x^7-x\equiv 0\pmod 7$ 的解数为 7。

一般地，对素数 p，同余方程

$$x^p-x\equiv 0\pmod p$$

的解数为 p。

【例 4.1.6】 证明同余方程
$$x(x^2-1)(x^2+1)(x^4+x^2+1) \equiv 0 \pmod{35}$$
即
$$x^9 + x^7 - x^3 - x \equiv 0 \pmod{35}$$
的解数为 35。

证 记 $f_1(x)=x$, $f_2(x)=x^2-1$, $f_3(x)=x^2+1$, $f_4(x)=x^4+x^2+1$。可以看出，$f_1(x)$ 为奇函数，其余为偶函数。

因为 5 和 7 都是素数，由同余的性质知，方程 $x(x^2-1)(x^2+1)(x^4+x^2+1) \equiv 0 \pmod{35}$ 成立的充分必要条件是方程组
$$\begin{cases} x(x^2-1)(x^2+1)(x^4+x^2+1) \equiv 0 \pmod{5} \\ x(x^2-1)(x^2+1)(x^4+x^2+1) \equiv 0 \pmod{7} \end{cases}$$
成立。进一步，其充分必要条件则是存在 i、j，使得
$$\begin{cases} f_i(x) \equiv 0 \pmod{5} \\ f_j(x) \equiv 0 \pmod{7} \end{cases}$$
成立。

直接计算，可得以下结果：

$x=0$ 时，$f_1(0) \equiv 0 \pmod 5$, $f_1(0) \equiv 0 \pmod 7$（即 $f_1(0) \equiv 0 \pmod{35}$，亦即 $i=j=1$）；

$x=\pm 1$ 时，$f_2(\pm 1) \equiv 0 \pmod 5$, $f_2(\pm 1) \equiv 0 \pmod 7$（即 $f_2(\pm 1) \equiv 0 \pmod{35}$，亦即 $i=j=2$）；

$x=\pm 2$ 时，$f_3(\pm 2) \equiv 5 \equiv 0 \pmod 5$, $f_4(\pm 2) \equiv 21 \equiv 0 \pmod 7$（即 $f_3(\pm 2) f_4(\pm 2) \equiv 0 \pmod{35}$，亦即 $i=3, j=4$）；

$x=\pm 3$ 时，$f_3(\pm 3) \equiv 10 \equiv 0 \pmod 5$, $f_4(\pm 3) \equiv 91 \equiv 0 \pmod 7$；

$x=\pm 4$ 时，$f_2(\pm 4) \equiv 15 \equiv 0 \pmod 5$, $f_4(\pm 4) \equiv 273 \equiv 0 \pmod 7$；

$x=\pm 5$ 时，$f_1(\pm 5) \equiv \pm 5 \equiv 0 \pmod 5$, $f_4(\pm 5) \equiv 651 \equiv 0 \pmod 7$；

$x=\pm 6$ 时，$f_2(\pm 6) \equiv 35 \equiv 0 \pmod{35}$；

$x=\pm 7$ 时，$f_3(\pm 7) \equiv 50 \equiv 0 \pmod 5$, $f_1(\pm 7) \equiv \pm 7 \equiv 0 \pmod 7$；

$x=\pm 8$ 时，$f_3(\pm 8) \equiv 65 \equiv 0 \pmod 5$, $f_2(\pm 8) \equiv 63 \equiv 0 \pmod 7$；

$x=\pm 9$ 时，$f_2(\pm 9) \equiv 80 \equiv 0 \pmod 5$, $f_4(\pm 9) \equiv 949 \cdot 7 \equiv 0 \pmod 7$；

$x=\pm 10$ 时，$f_1(\pm 10) \equiv \pm 10 \equiv 0 \pmod 5$, $f_4(\pm 10) \equiv 1443 \cdot 7 \equiv 0 \pmod 7$；

$x=\pm 11$ 时，$f_2(\pm 11) \equiv 24 \cdot 5 \equiv 0 \pmod 5$, $f_4(\pm 11) \equiv 2109 \cdot 7 \equiv 0 \pmod 7$；

$x=\pm 12$ 时，$f_2(\pm 12) \equiv 29 \cdot 5 \equiv 0 \pmod 5$, $f_4(\pm 12) \equiv 2983 \cdot 7 \equiv 0 \pmod 7$；

$x=\pm 13$ 时，$f_3(\pm 13) \equiv 34 \cdot 5 \equiv 0 \pmod 5$, $f_2(\pm 13) \equiv 24 \cdot 7 \equiv 0 \pmod 7$；

$x=\pm 14$ 时，$f_2(\pm 14) \equiv 39 \cdot 5 \equiv 0 \pmod 5$, $f_1(\pm 14) \equiv \pm 14 \equiv 0 \pmod 7$；

$x=\pm15$ 时，$f_1(\pm15)\equiv\pm15\equiv0\pmod 5$，$f_2(\pm15)\equiv32\cdot7\equiv0\pmod 7$；

$x=\pm16$ 时，$f_2(\pm16)\equiv51\cdot5\equiv0\pmod 5$，$f_4(\pm16)\equiv9399\cdot7\equiv0\pmod 7$；

$x=\pm17$ 时，$f_3(\pm17)\equiv58\cdot5\equiv0\pmod 5$，$f_4(\pm17)\equiv11\,973\cdot7\equiv0\pmod 7$。

另外可以看出，由于方程 $x^9+x^7-x^3-x\equiv0\pmod{35}$ 中 x 的幂都是奇数，即 $f(x)=x^9+x^7-x^3-x$ 为奇函数，亦即 $f(-x)=-f(x)$。故当 x 为其解时，$-x$ 也为其解。因此，在验证时，只需计算 $x=0,1,2,\cdots,17$ 时的函数值 $f(x)$ 即可，而不必再计算 $f(-x)$ 的值。

以下讨论同余方程的性质。

【定理 4.1.1】 (i) 若两个多项式 $f(x)\equiv g(x)\pmod m$，则同余方程(4.1.1)与同余方程 $g(x)\equiv0\pmod m$ 同解。

(ii) 若 $(a,m)=1$，则同余方程(4.1.1)与同余方程 $af(x)\equiv0\pmod m$ 同解。特别地，当 $(a_n,m)=1$ 时，取 $a\equiv a_n^{-1}\pmod m$，则多项式 $af(x)$ 的首项系数可化为 $aa_n\equiv1\pmod m$。

证 (i) 显然。

(ii) 因为 $(a,m)=1$，故有
$$f(x)\equiv0\pmod m \Leftrightarrow af(x)\equiv0\pmod m$$

【例 4.1.7】 证明同余方程 $4x^2+27x-9\equiv0\pmod{15}$ 与同余方程 $x^2+3x-6\equiv0\pmod{15}$ 同解。

证 首先 $4x^2+27x-9\equiv4x^2-3x+6\pmod{15}$，故由定理 4.1.1 的(i)知原方程 $4x^2+27x-9\equiv0\pmod{15}$ 与方程
$$4x^2-3x+6\equiv0\pmod{15}$$
同解。

其次，由于 $4^{-1}\equiv4\pmod{15}$，所以，给上方程两边同乘以 $4^{-1}\equiv4$ 得
$$16x^2-12x+24\equiv0\pmod{15}$$
再利用定理 4.1.1 的(i)，将方程的系数模 15，并取绝对最小剩余，即得
$$x^2+3x-6\equiv0\pmod{15}$$

【定理 4.1.2】 (i) 设正整数 $d\mid m$，那么，模 m 的同余方程(4.1.1)有解的必要条件是模 d 的同余方程
$$f(x)\equiv0\pmod d \tag{4.1.2}$$
有解。

(ii) 设方程(4.1.2)有解，它的全部解为
$$x\equiv x_1,\cdots,x_s\pmod d \tag{4.1.3}$$
那么，对方程(4.1.1)的每个解 a(如果有)，有且仅有一个 x_i 满足
$$a\equiv x_i\pmod d$$

证 (i) 设 a 是同余方程(4.1.1)的解，即
$$f(a)\equiv 0(\bmod m)$$
从而由同余性质知 $m|f(a)$。

又已知 $d|m$，所以 $d|f(a)$。

故 $f(a)\equiv 0(\bmod d)$，即方程(4.1.2)成立。

(ii) 首先，由(i)的证明过程知，若 a 是方程(4.1.1)的解，则 a 也是方程(4.1.2)的解。而方程(4.1.2)的全部解为 $x_1,\cdots,x_s(\bmod d)$，故至少存在某 $x_i(1\leqslant i\leqslant s)$ 满足
$$a\equiv x_i(\bmod d)$$
其次，若方程(4.1.2)有两个解 x_1 和 x_2 同时满足
$$a\equiv x_1(\bmod d), a\equiv x_2(\bmod d)$$
则由同余的等价性之传递性知，必有
$$x_1\equiv x_2(\bmod d)$$
即结论(ii)成立。

定理 4.1.2 的意义之一在于可以利用模数小的方程(4.1.2)来否定模数大的方程(4.1.1)的解的存在性。

意义之二在于由其结论可知：方程(4.1.1)的解必是方程(4.1.2)的解。换言之，方程(4.1.1)的解可以在与方程(4.1.2)的解同余的数中找到。也就是说，若 a 是方程(4.1.1)的解，x_i 是方程(4.1.2)的解，则必有
$$a=x_i+kd$$
其中 k 为某个整数。

【**推论**】 方程(4.1.1)的解集是方程(4.1.2)解集的子集。

【**例 4.1.8**】 解同余方程 $4x^2+27x-9\equiv 0(\bmod 15)$。

解 由于 $5|15$，故考虑模 5 的同余方程
$$4x^2+27x-9\equiv 0(\bmod 5) \qquad (4.1.4)$$
又由于
$$4x^2+27x-9\equiv -x^2+2x+1\equiv 0(\bmod 5)$$
由定理 4.1.1 知，方程(4.1.4)与方程
$$-x^2+2x+1\equiv 0(\bmod 5)$$
同解。上式两边同乘以 -1 并配方得
$$x^2-2x-1\equiv 0(\bmod 5)$$
$$(x-1)^2\equiv 2(\bmod 5)$$
容易验证它无解。因而由定理 4.1.2 知原同余方程无解。

【**例 4.1.9**】 解同余方程 $x^3+5x^2+9\equiv 0(\bmod 9)$。

解 直接计算知，同余方程

$$x^3+5x^2+9\equiv 0\pmod 3$$

即方程
$$x^3-x^2\equiv x(x^2-x)\equiv 0\pmod 3 \qquad (4.1.5)$$

有两个解
$$x\equiv 0,1\pmod 3$$

下面利用方程(4.1.5)的解求原方程的解。

方法Ⅰ：利用方程 $x^3-x^2\equiv 0\pmod 3$ 的解试探或穷举。

已知方程(4.1.5)的解为 $x\equiv 0,1\pmod 3$，故由定理4.1.2知原方程的不同的解一定在集合$\{0,3,6,1,4,7\}=\{0,3,-3,1,4,-2\}\pmod m$中。

逐个试验：以 $x\equiv -3,-2,0,1,3,4$ 分别代入原方程中，可知 $x\equiv -3,0,3,4$ 满足原方程，而 $x\equiv -2,1$ 不满足原方程。故原方程的解为 $x\equiv -3,0,3,4$。

方法Ⅱ：将与方程(4.1.5)的解 x_i 同余的数 $x=3y+x_i(y=0,\pm 1,\pm 2,\cdots)$ 带入原方程求其解。

已知方程(4.1.5)的解为 $x\equiv 0,1\pmod 3$，下面分别讨论：

利用定理4.1.2，先求原同余方程 $x^3+5x^2+9\equiv 0\pmod 9$ 相应于
$$x\equiv 0\pmod 3 \qquad (4.1.6)$$

的解。这时 $x=3y+0$，将其代入原同余方程，得
$$(3y)^3+5(3y)^2+9=27y^3+45y^2+9\equiv 0\pmod 9$$

显然，上式对所有 y 都成立。因此，相应的全部解即为满足式(4.1.6)的全部 x 的值。所以，原模9的同余方程有三个相应于式(4.1.6)的解：
$$x\equiv 0,3,6\pmod 9 \quad(\text{或 } x\equiv -3,0,3\pmod 9))$$

再求相应于
$$x\equiv 1\pmod 3 \qquad (4.1.7)$$

的解。这时 $x=3y+1$，将其代入原同余方程，得
$$(3y+1)^3+5(3y+1)^2+9\equiv 0\pmod 9$$

利用定理4.1.1，方程可化为
$$30y+6\equiv 0\pmod 9$$

由同余的性质3.1.6和性质3.1.7知，满足上式的 y 的值即为
$$10y+2\equiv 0\pmod 3$$

即
$$y\equiv 1\pmod 3$$

所以，$y=3k+1$，即
$$x=3y+1=9k+4,\quad k\in\mathbf Z$$

因此，原同余方程恰有一个相应的解

$$x \equiv 4 \pmod 9$$

即既满足原方程，又满足式(4.1.7)的解只有一个 $x \equiv 4 \pmod 9$。

这样，由定理 4.1.2 推出，原同余方程的解数为 4，其解分别为

$$x \equiv -3, 0, 3, 4 \pmod 9$$

【定理 4.1.3】 (i) 若正整数 $d \mid (a_n, a_{n-1}, \cdots, a_0, m)$，则满足模 m 的同余方程 (4.1.1) 的所有 x 的值(不是解数)，与满足模 m/d 的同余方程

$$g(x) = \frac{1}{d} f(x) \equiv 0 \left(\bmod \frac{m}{d} \right) \tag{4.1.8}$$

的所有 x 的值相同。

(ii) 且有

$$T(f; m) = d \cdot T\left(g; \frac{m}{d}\right) \tag{4.1.9}$$

证 (i) 显然。因为当 $d \mid (a, b, m)$ 时，$a \equiv b \pmod m$ 的充分必要条件是

$$\frac{a}{d} \equiv \frac{b}{d} \left(\bmod \frac{m}{d}\right)$$

即当 $d \mid (a, b, m)$ 时，有

$$\frac{a-b}{m} = \frac{\frac{a}{d} - \frac{b}{d}}{\frac{m}{d}} = 整数$$

(ii) 设同余方程 (4.1.8) 的全部解为

$$x \equiv c_1, c_2, \cdots, c_s \left(\bmod \frac{m}{d}\right) \tag{4.1.10}$$

由结论(i)知，满足模 m 的同余方程 (4.1.1) 的所有 x 的值(不是解数)即是由式(4.1.10)给出的全部 x 的值(不是同余类)。那么，由定理 4.1.2 知，对应于每一个同余类 $x \equiv c_i \pmod{m/d}$，恰好是模 m 的 d 个不同的同余类的并，由此即推得式(4.1.9)。

【注】 定理 4.1.2 与定理 4.1.3 的区别如下：

(1) 定理 4.1.2 中：方程 (4.1.1) 的解必满足方程 (4.1.2)，而方程 (4.1.2) 的解未必满足方程 (4.1.1)。所以方程 (4.1.2) 的解集包含方程 (4.1.1) 的解集，也就是说，可以在方程 (4.1.2) 的解中找到方程 (4.1.1) 的解。

(2) 定理 4.1.3 中：方程 (4.1.1) 与方程 (4.1.8) 的所有 x 的值相同，但解数不同，前者的解数是后者的 d 倍。故可以先解相对简单的方程 (4.1.8)，再利用其解求方程 (4.1.1) 的解和解数。两个方程的解的关系为：设方程 (4.1.8) 的全部解为 $x \equiv c_1, c_2, \cdots, c_s \pmod{m/d}$，则方程 (4.1.1) 的全部解可表示为

$$x \equiv c_i + \frac{m}{d} t \pmod m, \ i = 1, 2, \cdots, s; \ t = 0, 1, \cdots, d-1 \tag{4.1.11}$$

【例 4.1.10】 解同余方程 $6x^3+9x^2+6\equiv 0\pmod{15}$。

解 选 $d=(6,9,6,15)=3$，由定理 4.1.3 知，原方程与方程
$$2x^3+3x^2+2\equiv 0\pmod 5 \tag{4.1.12}$$
的解的值相同。

直接计算知，同余方程(4.1.12)有一个解：$x\equiv 2\pmod 5$。其解的所有值的集合即为模 5 的剩余类
$$C_2(5)=\{\cdots,-23,-18,-13,-8,-3,2,7,12,17,22,27,\cdots\}$$
那么，由定理 4.1.3 的结论(i)知，$C_2(5)$ 中的每个值也满足原方程。

但相对于原方程，即模数 15 而言，$C_2(5)$ 中包含了模 15 的 3 个不同的剩余类，即
$$C_2(5)=\{\cdots,-13,2,17,\cdots\}\cup\{\cdots,-8,7,22,\cdots\}\cup\{\cdots,-3,12,27,\cdots\}$$
$$=C_2(15)\cup C_7(15)\cup C_{12}(15)$$
亦即对原方程而言，其解为
$$x\equiv 2,7,12\pmod{15}$$

与例 4.1.9 的解题思路相比，若用定理 4.1.2 的方法解本例的方程，则是利用方程
$$6x^3+9x^2+6\equiv 0\pmod 3 \tag{4.1.13}$$
或
$$6x^3+9x^2+6\equiv 0\pmod 5 \tag{4.1.14}$$
的解再求原方程的解，且是在方程(4.1.13)或方程(4.1.14)二者之一的解中寻找原方程的解。

例如，利用方程(4.1.13)求解原方程。由定理 4.1.1 的结论(i)知方程(4.1.13)的同解方程为
$$0\equiv 0\pmod 3$$
易知其解为 $x\equiv 0,1,2\pmod 3$。

再由定理 4.1.2 的结论(ii)知原方程的不同的解一定在集合 $S=\{0,3,6,9,12;1,4,7,10,13;2,5,8,11,14\}$ 中。

若采用例 4.1.9 的方法 I，即对 S 中的值逐个带入原方程进行试验，等于令 $x\equiv 0,1,\cdots,14$，将其分别代入原方程中逐个进行计算，最后得知 $x\equiv 2,7,12\pmod{15}$ 满足原方程。实际上，此时相当于对 x 穷举来求原方程的解，也就是说定理 4.1.2 并没有发挥作用。

若用方法 II，需分别令 $x\equiv 3y,3y+1,3y+2$，将其代入原方程中，再分别解 3 个方程
$$6(3y)^3+9(3y)^2+6\equiv 0\pmod{15}$$
$$6(3y+1)^3+9(3y+1)^2+6\equiv 0\pmod{15}$$
$$6(3y+2)^3+9(3y+2)^2+6\equiv 0\pmod{15}$$
才能获得原方程的解。

4.2 一次同余方程

设 $m \nmid a$，则模 m 的一次同余方程为

$$ax \equiv b \pmod{m} \tag{4.2.1}$$

【定理 4.2.1】 当 $(a, m) = 1$ 时，同余方程 (4.2.1) 必有解，且其解数为 1。

证 先证可解性。证法 I：已知当 $(a, m) = 1$ 时，若 x 遍历模 m 的一组完全剩余系，则 ax 也遍历模 m 的完全剩余系，即若 $r_1, \cdots, r_m$ 是模 m 的一组完全剩余系，则 $ar_1, \cdots, ar_m$ 也是模 m 的一组完全剩余系。因此，有且仅有一个 r_i，使得

$$ar_i \equiv b \pmod{m}$$

即同余方程 (4.2.1) 有且仅有一个解 $x \equiv r_i \pmod{m}$。

证法 II：当 $(a, m) = 1$ 时，a 对模 m 有逆 a^{-1}，且满足

$$aa^{-1} \equiv 1 \pmod{m}$$

容易看出

$$x \equiv a^{-1}b \pmod{m}$$

满足同余方程 (4.2.1)。

再证解的唯一性。若同时有解 x_1 和 x_2 满足方程 (4.2.1)，即

$$ax_1 \equiv b \pmod{m} \quad \text{且} \quad ax_2 \equiv b \pmod{m}$$

那么，必有

$$ax_1 \equiv ax_2 \pmod{m}$$

从而

$$x_1 \equiv x_2 \pmod{m}$$

证毕。

特别地，按照证法 II，并利用 Euler 定理，同余方程 (4.2.1) 的解为

$$x \equiv a^{\varphi(m)-1} b \pmod{m} \tag{4.2.2}$$

【例 4.2.1】 解一次同余方程 $3x \equiv 8 \pmod{20}$。

解 用方法 I，即穷举。令 $x = 0, 1, 2, \cdots, 19$，分别将其代入方程，经计算，可知

$$3 \cdot 16 \equiv 8 \pmod{20}$$

故

$$x \equiv 16 \pmod{20}$$

用方法 II，因 $3^{-1} \equiv 7 \pmod{20}$，所以

$$x \equiv 3^{-1} \cdot 8 \equiv 7 \cdot 8 \equiv 56 \equiv 16 \pmod{20}$$

若用式 (4.2.2) 求解，则有 $\varphi(20) = 8$，故

$$x \equiv 3^{8-1} \cdot 8 \equiv 2187 \cdot 8 \equiv 7 \cdot 8 \equiv 56 \equiv 16 \pmod{20}$$

【定理 4.2.2】 一次同余方程(4.2.1)有解的充分必要条件是$(a,m)|n$。当方程(4.2.1)有解时，其解数为$d=(a,m)$。而且，若x_0是方程(4.2.1)的某个解，则它的d个解为

$$x = x_0 + \frac{m}{d}t, \quad t = 0, 1, \cdots, d-1 \tag{4.2.3}$$

此时称x_0为方程(4.2.1)的一个**特解**，称式(4.2.3)为方程(4.2.1)的**通解**。

证 必要性：设方程(4.2.1)有解$x \equiv x_0 \pmod{m}$，即x_0满足

$$ax_0 \equiv b \pmod{m}$$

则由同余的等价定义知必存在整数y_0，使得

$$ax_0 = b + my_0$$

即

$$ax_0 - my_0 = b$$

又$d|a$且$d|m$，故由整除的性质知d整除二者的任何线性组合$ax_0 - my_0$，即$d|b$。

充分性：当$d=(a,m)=1$时，就是定理4.2.1，故假定$d>1$。

若$d|b$，则由定理4.1.3知，满足同余方程(4.2.1)的x的值和满足同余方程

$$\frac{a}{d}x \equiv \frac{b}{d} \left(\bmod \frac{m}{d}\right) \tag{4.2.4}$$

的x的值是相同的。由于$(a/d, m/d)=1$，故由定理4.2.1知同余方程(4.2.4)有解，所以同余方程(4.2.1)也有解。这就证明了充分性。

其次，求方程(4.2.1)的解数。若x_0是同余方程(4.2.1)的解，则它也是同余方程(4.2.4)的解，进而由定理4.2.1知，满足同余方程(4.2.4)的所有的x的值是

$$x \equiv x_0 \left(\bmod \frac{m}{d}\right) \tag{4.2.5}$$

由上面的讨论知，式(4.2.5)也给出了满足同余方程(4.2.1)的所有的x的值(不是解数)。即由式(4.2.5)给出的模m/d的同余类$x_0 \pmod{d/m}$就是以下d个模m的同余类：

$$x_0 + \frac{m}{d}t \pmod{m}, \quad t = 0, \cdots, d-1$$

即定理的后一半结论成立。

【推论】 当$(a,m)=1$时，一次同余方程

$$ax \equiv 1 \pmod{m} \tag{4.2.6}$$

有唯一解$x \equiv a^{-1} \pmod{m}$。方程(4.2.1)的唯一解为$x \equiv a^{-1}b \pmod{m}$。而当$(a,m)=d>1$时，一次同余方程(4.2.1)的通解为

$$x = \left(\frac{a}{d}\right)^{-1} \frac{b}{d} + \frac{m}{d}t, \quad t = 0, \cdots, d-1$$

下面是关于求解一次同余方程的例子。其中有的例子利用前面所给的定理的结论求解，有的利用定理的证明思路求解，还有的则本身又给出了一种新的求解方法。

【例 4.2.2】 解一次同余方程 $6x \equiv 9 \pmod{15}$。

解 利用穷举的方式进行求解。

穷举方式 I：对原方程和模 15 穷举，即令 $x=0,1,2,\cdots,14$，计算 $r \equiv 6x \pmod{15}$ $(0 \leqslant r \leqslant 14)$。计算如下：

$$6 \cdot 0 \equiv 0 \pmod{15}, 6 \cdot 1 \equiv 6 \pmod{15}, 6 \cdot 2 \equiv 12 \pmod{15}$$
$$6 \cdot 3 \equiv 3 \pmod{15}, 6 \cdot 4 \equiv 9 \pmod{15}, 6 \cdot 5 \equiv 0 \pmod{15}$$
$$6 \cdot 6 \equiv 6 \pmod{15}, 6 \cdot 7 \equiv 12 \pmod{15}, 6 \cdot 8 \equiv 3 \pmod{15}$$
$$6 \cdot 9 \equiv 9 \pmod{15}, 6 \cdot 10 \equiv 0 \pmod{15}, 6 \cdot 11 \equiv 6 \pmod{15}$$
$$6 \cdot 12 \equiv 12 \pmod{15}, 6 \cdot 13 \equiv 3 \pmod{15}, 6 \cdot 14 \equiv 9 \pmod{15}$$

故原方程的解为

$$x \equiv 4, 9, 14 \pmod{15}$$

穷举方式 II：原方程两边同除以 3，化为解的值相同的等价方程

$$2x \equiv 3 \pmod{5} \tag{4.2.7}$$

再对模 5 穷举，即令 $x=0,1,2,3,4$，计算 $r \equiv 2x \pmod{5} (0 \leqslant r \leqslant 4)$。计算如下：

$$2 \cdot 0 \equiv 0 \pmod{5}, 2 \cdot 1 \equiv 2 \pmod{5}, 2 \cdot 2 \equiv 4 \pmod{5}$$
$$2 \cdot 3 \equiv 1 \pmod{5}, 2 \cdot 4 \equiv 3 \pmod{5}$$

所以方程(4.2.7)的解为

$$x \equiv 4 \pmod{5}$$

即原方程的解为

$$x \equiv 4, 4+5, 4+10 \equiv 4, 9, 14 \pmod{15}$$

【例 4.2.3】 解一次同余方程 $6x \equiv 9 \pmod{14}$。

解 对原方程和模 14 穷举，有

$$6 \cdot 0 \equiv 0 \pmod{14}, 6 \cdot 1 \equiv 6 \pmod{14}, 6 \cdot 2 \equiv 12 \pmod{14}, 6 \cdot 3 \equiv 4 \pmod{14}$$
$$6 \cdot 4 \equiv 10 \pmod{14}, 6 \cdot 5 \equiv 2 \pmod{14}, 6 \cdot 6 \equiv 8 \pmod{14}, 6 \cdot 7 \equiv 0 \pmod{14}$$
$$6 \cdot 8 \equiv 6 \pmod{14}, 6 \cdot 9 \equiv 12 \pmod{14}, 6 \cdot 10 \equiv 4 \pmod{14}, 6 \cdot 11 \equiv 10 \pmod{14}$$
$$6 \cdot 12 \equiv 2 \pmod{14}, 6 \cdot 13 \equiv 8 \pmod{14}$$

故原方程无解。

【例 4.2.4】 解一次同余方程 $12x \equiv 18 \pmod{30}$。

解 利用前述有关定理给出的结论，先判断，后求解。

因为 $(12,30)=6$，$6 \mid 18$，所以原方程有 6 个解。

方程两边和模数 30 都除以 6，得

$$2x \equiv 3 \pmod{5} \tag{4.2.8}$$

从而解得 $x \equiv 4 \pmod{5}$，即对模数 5 而言，剩余类集合

$$C_4(5) = \{x \mid x \in \mathbf{Z}, x \equiv 4 \pmod 5\} = \{\cdots, -6, -1, 4, 9, 14, \cdots\}$$

中每个剩余都是方程(4.2.8)的解,从而每个都是原方程的解。

但对模数 $m=5$ 而言,集合 $C_4(5)$ 中的所有元素都属于同一个剩余类,故只有一个解。也就是说,方程(4.2.8)只有一个解。若这个解取最小正剩余,则 $x=4$;若取最大非正剩余,则 $x=-1$。

而对模数 $m=30$ 而言,集合 $C_4(5)$ 中的所有元素并不属于同一个剩余类,而且可以看出,当 $m=30$ 时,集合

$$C_4(5) = \{x \mid x \in \mathbf{Z}, x \equiv 4 \pmod 5\} = \{\cdots, -6, -1, 4, 9, 14, 19, 24, 29, 34, \cdots\}$$
$$= \{\cdots, -56, -26, 4, 34, 64, \cdots\} \cup \{\cdots, -51, -21, 9, 39, 69, \cdots\}$$
$$\cup \{\cdots, -46, -16, 14, 44, 74, \cdots\} \cup \{\cdots, -41, -11, 19, 49, 79, \cdots\}$$
$$\cup \{\cdots, -36, -6, 24, 54, 84, \cdots\} \cup \{\cdots, -31, -1, 29, 59, 89, \cdots\}$$
$$= \{x \mid x \in \mathbf{Z}, x \equiv 4 \pmod{30}\} \cup \{x \mid x \in \mathbf{Z}, x \equiv 9 \pmod{30}\}$$
$$\cup \{x \mid x \in \mathbf{Z}, x \equiv 14 \pmod{30}\} \cup \{x \mid x \in \mathbf{Z}, x \equiv 19 \pmod{30}\}$$
$$\cup \{x \mid x \in \mathbf{Z}, x \equiv 24 \pmod{30}\} \cup \{x \mid x \in \mathbf{Z}, x \equiv 29 \pmod{30}\}$$
$$= C_4(30) \cup C_9(30) \cup C_{14}(30) \cup C_{19}(30) \cup C_{24}(30) \cup C_{29}(30)$$

所以,原方程有 6 个不同的解,即

$$x \equiv 4, 9, 14, 19, 24, 29 \pmod{30}$$

【例 4.2.5】 解一次同余方程 $99x \equiv 18 \pmod{143}$。

解 因为 $(99, 143) = 11$,而 $11 \nmid 18$,所以原方程无解。

除了上述两种方法之外,还可以采用类似于辗转相除法的思路,将原方程中的系数和模数逐渐变小,直到最后很容易求解为止。具体做法如下:

(1) 对方程(4.2.1),令

$$a_1 \equiv a \pmod m, \quad -\frac{m}{2} < a_1 \leqslant \frac{m}{2}$$

$$b_1 \equiv b \pmod m, \quad -\frac{m}{2} < b_1 \leqslant \frac{m}{2}$$

由定理 4.1.1 知,同余方程(4.2.1)同解于同余方程

$$a_1 x \equiv b_1 \pmod m \tag{4.2.9}$$

(2) 同余方程(4.2.9)与同余方程

$$my \equiv -b_1 \pmod{|a_1|} \tag{4.2.10}$$

同时有解或无解。这是因为同余方程(4.2.9)与不定方程

$$a_1 x = b_1 + my$$

同时有解或无解。而该不定方程又可表示为

$$my = -b_1 + a_1 x$$

同理,此不定方程又与同余方程(4.2.10)同时有解或无解。

(3) 若 $y_0 \pmod{|a_1|}$ 是方程(4.2.10)的解，则 $x_0 \pmod m$ 是方程(4.2.9)即方程(4.2.1)的解，其中

$$x_0 = \frac{my_0 + b_1}{a_1} \quad (4.2.11)$$

反过来，若 $x_0 \pmod m$ 是方程(4.2.1)即方程(4.2.9)的解，则 $y_0 \pmod{|a_1|}$ 是方程(4.2.10)的解，其中

$$y_0 = \frac{a_1 x_0 - b_1}{m} \quad (4.2.12)$$

此外，若 $y_0 \pmod{|a_1|}$、$y_0' \pmod{|a_1|}$ 是方程(4.2.10)的两个不同的解，则相应的 $x_0 \pmod m$、$x_0' \pmod m$ 也是方程(4.2.9)即方程(4.2.1)的两个不同的解。所以，方程(4.2.10)与方程(4.2.9)(即方程(4.2.1))的解数相同。

用此方法求解一次同余方程的过程可以总结如下：求解模 m 的同余方程(4.2.1)，通过同余方程(4.2.9)转化为求解较小的模 $|a_1|$ 的同余方程(4.2.10)。如果方程(4.2.10)能立即解出，则由式(4.2.11)即可得方程(4.2.1)的全部解；如果方程(4.2.10)还不容易解出，则继续对它应用步骤(1)、(2)，将其化为一个模更小的同余方程。如此反复进行下去，总能使问题归结为求解一个模很小且能够直接看出其是否有解的同余方程。再逐次利用式(4.2.11)(即步骤(3))反向推导即可求得方程(4.2.1)的全部解。

【例 4.2.6】 解同余方程 $589x \equiv 1026 \pmod{817}$。

解 先将原方程的系数按绝对值模小得

$$-228x \equiv 209 \pmod{817} \quad (4.2.13)$$

再按式(4.2.10)将方程(4.2.13)转化为新的方程

$$817y \equiv -209 \pmod{228}$$

重复上述过程，有

$$-95y \equiv 19 \pmod{228} \quad \text{（系数模小）} \quad (4.2.14)$$
$$228z \equiv -19 \pmod{95} \quad \text{（方程转化）}$$
$$38z \equiv -19 \pmod{95} \quad \text{（系数模小）} \quad (4.2.15)$$
$$95w \equiv 19 \pmod{38} \quad \text{（方程转化）}$$
$$19w \equiv 19 \pmod{38} \quad \text{（系数模小）} \quad (4.2.16)$$
$$38u \equiv -19 \pmod{19} \quad \text{（方程转化）}$$
$$0 \cdot u \equiv 0 \pmod{19} \quad \text{（系数模小）} \quad (4.2.17)$$

这表明最后一个关于 u 的同余方程(4.2.17)对模 19 有 19 个解：

$$u \equiv 0, 1, 2, \cdots, 18 \pmod{19}$$

按求解思路的第(3)步，即逐次利用式(4.2.11)反向推导，得关于 w 对模 38 的同余方程(4.2.16)有 19 个解：

$$w \equiv \frac{38u+19}{19} \equiv 2u+1 \pmod{38}, \quad u=0, 1, \cdots, 18$$

关于 z 对模 95 的同余方程(4.2.15)有 19 个解：

$$z \equiv \frac{95w-19}{38} \equiv 5u+2 \pmod{95}, \quad u=0, 1, \cdots, 18$$

关于 y 对模 228 的同余方程(4.2.14)有 19 个解：

$$y \equiv \frac{228z+19}{-95} \equiv -12u-5 \pmod{228}, \quad u=0, 1, \cdots, 18$$

最后得到 x 对模 817 的同余方程(4.2.13)有 19 个解：

$$x \equiv \frac{817y+209}{-228} \equiv \frac{817(-12u-5)+209}{-228}$$
$$\equiv 43u+17 \pmod{228}, \quad u=0, 1, \cdots, 18$$

所以，原方程共有 19 个解，即

$$x \equiv 43u+17 \pmod{228}, \quad u=0, 1, \cdots, 18$$

【注】 在利用该方法解方程时，不能把 m、a_1、b_1 搞错(特别是 b_1 的正负号)。此外，如果在利用该方法的过程中，使用同余式的性质化简同余方程时，改变了同余方程的模，则要注意方程的解数。例如，在例 4.2.6 中，当得到了同余方程

$$38z \equiv -19 \pmod{95} \tag{4.2.18}$$

后，如果利用同余的性质，就得到方程(4.2.18)化简后(解的值完全相同但解数不同)的新方程

$$2z \equiv -1 \pmod{5}$$

此时就容易看出，满足该同余方程的所有的 z 的值是

$$z \equiv 2 \pmod{5}$$

但原来对 z 的同余方程的模为 95，为了得到原方程(4.2.18)的解，就要利用定理 4.1.3，得到方程(4.2.18)有 19 个解：

$$z \equiv 2+5u \pmod{95}, \quad u=0, 1, \cdots, 18$$

【例 4.2.7】 解同余方程 $21x \equiv 38 \pmod{117}$。

解 与例 4.2.6 的思路相同，原方程的转化过程如下：

$$117y \equiv -38 \pmod{21} \quad (方程转化)$$
$$-9y \equiv 4 \pmod{21} \quad (系数模小)$$
$$21z \equiv -4 \pmod{9} \quad (方程转化)$$
$$3z \equiv -4 \pmod{9} \quad (系数模小)$$
$$9w \equiv 4 \pmod{3} \quad (方程转化)$$
$$0 \cdot w \equiv 1 \pmod{3} \quad (系数模小)$$

最后的同余方程无解，所以原方程无解。

4.3 中国剩余定理

在《孙子算经》中有"物不知数"的问题:"今有物,不知其数,三三数之剩二,五五数之剩三,七七数之剩二,问物几何?"

实际上,此问题的数学模型就是同余方程组。即设物的总数为 x,则 x 满足

$$\begin{cases} x \equiv 2 \pmod{3} \\ x \equiv 3 \pmod{5} \\ x \equiv 2 \pmod{7} \end{cases}$$

是一个方程组,并由此引出同余方程组的研究。

【定义 4.3.1】 设 $m_1, \cdots, m_k$ 为正整数,$b_1, \cdots, b_k$ 为任意整数,称

$$\begin{cases} x \equiv b_1 \pmod{m_1} \\ x \equiv b_2 \pmod{m_2} \\ \vdots \\ x \equiv b_k \pmod{m_k} \end{cases} \tag{4.3.1}$$

为一次同余方程组。

关于(一次)同余方程组,当 $m_1, m_2, \cdots, m_k$ 两两互素时,有如下结论。

【定理 4.3.1】(孙子定理、孙子剩余定理、中国剩余定理) 设 $m_1, m_2, \cdots, m_k$ 是两两互素的正整数,则对任意整数 $b_1, b_2, \cdots, b_k$,一次同余方程组(4.3.1)必有解,且解数为 1,并且有

(i) 若令

$$M = m_1 m_2 \cdots m_k, \quad M_i = \frac{M}{m_i}, \quad i=1,2,\cdots,k$$

则同余方程组(4.3.1)的解是

$$x \equiv M_1 M_1^{-1} b_1 + M_2 M_2^{-1} b_2 + \cdots + M_k M_k^{-1} b_k \pmod{M} \tag{4.3.2}$$

其中 M_i^{-1} 是 M_i 对模 m_i 的逆,即 M_i^{-1} 满足

$$M_i M_i^{-1} \equiv 1 \pmod{m_i}, \quad i=1,2,\cdots,k \tag{4.3.3}$$

(ii) 若令

$$N_i = m_1 \cdots m_i, \quad i=1,2,\cdots,k-1$$

则同余方程组(4.3.1)的解可表示为

$$x \equiv x_k \pmod{M} \tag{4.3.4}$$

其中 x_i 是同余方程组

$$\begin{cases} x \equiv b_1 \pmod{m_1} \\ x \equiv b_2 \pmod{m_2} \\ \vdots \\ x \equiv b_i \pmod{m_i} \end{cases}$$

的解($i=1,2,\cdots,k$),并满足递归关系式
$$x_i \equiv x_{i-1} + N_{i-1}(N_{i-1}^{-1}(b_i - x_{i-1}) \pmod{m_i}) \pmod{N_i} \tag{4.3.5}$$

此处 $i=2,3,\cdots,k$,且 N_{i-1}^{-1} 是 N_{i-1} 模 m_i 的逆,即
$$N_{i-1} N_{i-1}^{-1} \equiv 1 \pmod{m_i}$$

证 证法 I:由于 $m_1, m_2, \cdots, m_k$ 两两互素,故
$$M = [m_1, m_2, \cdots, m_k] = m_1, m_2, \cdots, m_k \tag{4.3.6}$$

先证唯一性。即若同余方程组(4.3.1)有解 x_1、x_2,则必有
$$x_1 \equiv x_2 \pmod{M}$$

这是因为当 x_1、x_2 均是同余方程组(4.3.1)的解时,必有
$$x_1 \equiv x_2 \pmod{m_i}, \quad i=1,2,\cdots,k \tag{4.3.7}$$

由于 $m_1, m_2, \cdots, m_k$ 两两互素,由同余的性质及式(4.3.6)和式(4.3.7)即知唯一性成立。

下面证由式(4.3.2)给出的
$$c \equiv M_1 M_1^{-1} b_1 + M_2 M_2^{-1} b_2 + \cdots + M_k M_k^{-1} b_k \pmod{M} \tag{4.3.8}$$

确是同余方程组(4.3.1)的解。

显然,$(m_i, M_i) = 1$,所以满足式(4.3.3)的 M_i^{-1} 必存在。由式(4.3.3)及 $m_j | M_i (j \neq i)$ 可知
$$c \equiv M_i M_i^{-1} b_i \equiv b_i \pmod{m_i}, \quad i=1,2,\cdots,k$$

即 c 是解。

证法 I 虽然简单,但很难看出为什么有式(4.3.2)那样的解。下面的证法 II 则说明了问题的本质。

证法 II(构造性证明方法):用归纳法。

当 $k=1$ 时,同余方程
$$x \equiv b_1 \pmod{m_1}$$

的解为
$$x = x_1 \equiv b_1 \pmod{m_1}$$

当 $k=2$ 时,原同余方程组为
$$\begin{cases} x \equiv b_1 \pmod{N_1} & \text{①} \\ x \equiv b_2 \pmod{m_2} & \text{②} \end{cases} \tag{4.3.9}$$

将方程组(4.3.9)中①的解 $x = x_1 \equiv b_1 \pmod{N_1}$ 表示为
$$x = x_1 + N_1 y_1 \tag{4.3.10}$$

其中 $y_1 \in \mathbf{Z}$ 为待定参数。y_1 待定的原因是，就方程组(4.3.9)中的①而言，由于式(4.3.10)本身就是方程①的另一种表示方式，故 y_1 取任何整数值时按式(4.3.10)所得的 x 都满足方程①。现在要求解方程组(4.3.9)的解，即同时满足两个方程的共同的解，那么，这些共同的解首先是要满足方程①的，所以可以从满足方程①的全部解构成的集合中寻找满足方程②的解，这样找出来的解显然是整个方程组的解，而且除此之外的整数，显然也不可能满足方程组。下面的做法就是在方程①的解中找同时满足方程②的解，实质上就是找某些 y_1，使得这些 y_1 对应的 x 满足方程②。

再将 x 代入方程组(4.3.9)的方程②，有
$$x_1 + N_1 y_1 \equiv b_2 \pmod{m_2}$$
或
$$N_1 y_1 \equiv b_2 - x_1 \pmod{m_2}$$
已知 $(N_1, m_2) = (m_1, m_2) = 1$，故有
$$y_1 \equiv N_1^{-1}(b_2 - x_1) \pmod{m_2} \tag{4.3.11}$$
其中 $N_1 N_1^{-1} \equiv 1 \pmod{m_2}$。将式(4.3.11)代入式(4.3.10)，得方程组(4.3.9)的解为
$$x = x_2 \equiv [x_1 + N_1(N_1^{-1}(b_2 - x_1) \pmod{m_2})] \pmod{m_2 m_1}$$

设 $i-1(i \geq 2)$ 时，命题成立，即方程组
$$\begin{cases} x \equiv b_1 \pmod{m_1} \\ x \equiv b_2 \pmod{m_2} \\ \vdots \\ x \equiv b_{i-1} \pmod{m_{i-1}} \end{cases}$$
有解
$$x \equiv x_{i-1} \pmod{m_1 m_2 \cdots m_{i-1} = N_{i-1}}$$

对于 i，将同余方程组
$$\begin{cases} x \equiv b_1 \pmod{m_1} \\ x \equiv b_2 \pmod{m_2} \\ \vdots \\ x \equiv b_i \pmod{m_i} \end{cases} \tag{4.3.12}$$

表示为方程组
$$\begin{cases} x \equiv x_{i-1} \pmod{N_{i-1}} \\ x \equiv b_i \pmod{m_i} \end{cases} \tag{4.3.13}$$

易知二者同解。此时，类似于 $k=2$ 时的情形，可将方程组(4.3.13)中的第一个方程的解表示为
$$x = x_{i-1} + N_{i-1} y_{i-1} \tag{4.3.14}$$
(其中 $y_{i-1} \in \mathbf{Z}$ 为待定参数)。再将 x 代入方程组(4.3.13)的第二个方程，有

$$x_{i-1}+N_{i-1}y_{i-1}\equiv b_i(\bmod\ m_i)$$

或

$$N_{i-1}y_{i-1}\equiv b_i-x_{i-1}(\bmod\ m_i)$$

已知$(N_{i-1}, m_i)=(m_1 m_2\cdots m_{i-1}, m_i)=1$,故有

$$y_{i-1}\equiv N_{i-1}^{-1}(b_i-x_{i-1})\ (\bmod\ m_i) \tag{4.3.15}$$

其中$N_{i-1}N_{i-1}^{-1}\equiv 1(\bmod\ m_i)$。将式(4.3.15)代入式(4.3.14),得方程组(4.3.12)的解为

$$x=x_i\equiv[x_{i-1}+N_{i-1}(N_{i-1}^{-1}(b_i-x_{i-1})(\bmod\ m_i))](\bmod\ N_{i-1}m_i)$$

即

$$x=x_i\equiv[x_{i-1}+N_{i-1}(N_{i-1}^{-1}(b_i-x_{i-1})(\bmod\ m_i))]\ (\bmod\ m_1\cdots m_i)$$

由数学归纳法知,命题成立。

【例 4.3.1】 解"物不知数"问题。

解 原问题转化为解同余方程组

$$\begin{cases} x\equiv 2\ (\bmod\ 3) \\ x\equiv 3\ (\bmod\ 5) \\ x\equiv 2\ (\bmod\ 7) \end{cases}$$

用公式求解。已知$m_1=3, m_2=5, m_3=7$,故

$$M=3\cdot 5\cdot 7=105, M_1=35, M_2=21, M_3=15$$

解方程$M_i M_i^{-1}\equiv 1(\bmod\ m_i)$,求$M_i^{-1}(i=1,2,3)$,有

$$35M_1^{-1}\equiv 1(\bmod\ 3),\ M_1^{-1}\equiv 2(\bmod\ 3)$$
$$21M_2^{-1}\equiv 1(\bmod\ 5),\ M_2^{-1}\equiv 1(\bmod\ 5)$$
$$15M_3^{-1}\equiv 1(\bmod\ 7),\ M_3^{-1}\equiv 1(\bmod\ 7)$$

由公式(4.3.2)得同余方程组的解为

$$x\equiv M_1 M_1^{-1}b_1+M_2 M_2^{-1}b_2+\cdots+M_k M_k^{-1}b_k(\bmod\ M)$$
$$\equiv 35\cdot 2\cdot 2+21\cdot 1\cdot 3+15\cdot 1\cdot 2(\bmod\ 105)$$
$$\equiv 233(\bmod\ 105)$$
$$\equiv 23(\bmod\ 105)$$

即物品数可能为

$$x=23+105k,\ k\geqslant 0$$

最少为23。

【例 4.3.2】(韩信点兵) 有兵一队,不到百人。若排成三行纵队,则末行一人;若排成五行纵队,则末行二人;若排成七行纵队,则末行五人。求兵数。

解 设士兵有x人,则问题等价于解方程组

$$\begin{cases} x \equiv 1 \pmod{3} \\ x \equiv 2 \pmod{5} \\ x \equiv 5 \pmod{7} \end{cases}$$

由例 4.3.1 知 $m_1=3, m_2=5, m_3=7$ 时，
$$M=105, M_1=35, M_2=21, M_3=15$$
$$M_1^{-1} \equiv 2 \pmod{3}, M_2^{-1} \equiv 1 \pmod{5}, M_3^{-1} \equiv 1 \pmod{7}$$

从而有
$$x \equiv 70 \cdot 1 + 21 \cdot 2 + 15 \cdot 5 \equiv 187 \equiv 82 \pmod{105}$$

即士兵人数应为 82。

关于解同余方程组的一个**规律**是：例如对方程组 $\begin{cases} x \equiv a_1 \pmod{3} \\ x \equiv a_2 \pmod{5} \\ x \equiv a_3 \pmod{7} \end{cases}$ 而言，若模数 3、5、7 不变，则 M、M_i、M_i^{-1} 不变，故方程组的解为

$$x \equiv 70a_1 + 21a_2 + 15a_3 \pmod{105} \tag{4.3.16}$$

即韩信点兵问题的求解过程可归纳为四句话：三人同行七十稀，五树梅花廿一枝，七子团圆正月半，除百零五便得知。

又如：有兵一队，约二百人。若排成三行纵队，则末行二人；若排成五行纵队，则末行二人；若排成七行纵队，则末行一人。求兵数。

此即解方程组
$$\begin{cases} x \equiv 2 \pmod{3} \\ x \equiv 2 \pmod{5} \\ x \equiv 1 \pmod{7} \end{cases}$$

由式(4.3.16)可得
$$x \equiv 70 \cdot 2 + 21 \cdot 2 + 15 \cdot 1 \equiv 92 \pmod{105}$$

故士兵人数应为 197。

【例 4.3.3】 求解同余方程组
$$\begin{cases} x \equiv 1 \pmod{2} & \text{①} \\ x \equiv 2 \pmod{3} & \text{②} \\ x \equiv 3 \pmod{5} & \text{③} \end{cases} \tag{4.3.17}$$

解 利用定理 4.3.1 中证法 Ⅱ 的思路求解。

由于方程组中 x 的系数为 1，故由方程①直接得它自身的解为 $x \equiv x_1 \equiv 1 \pmod{2}$，或表示为

$$x = 2u + 1, \quad u = 0, \pm 1, \pm 2, \cdots \tag{4.3.18}$$

为了求同时满足前两个方程的 x，在式(4.3.18)中寻找满足方程②的 x，也就是 u。为

此,将式(4.3.18)代入方程②,得
$$2u+1 \equiv 2 \pmod 3$$
解之得
$$u \equiv 2 \pmod 3$$
即
$$u = 3v+2, \quad v = 0, \pm 1, \pm 2, \cdots$$
将其带入式(4.3.18),有
$$x = 2u+1 = 2(3v+2)+1 = 6v+5, \quad v = 0, \pm 1, \pm 2, \cdots \qquad (4.3.19)$$
即有 $x \equiv x_2 \equiv 5 \pmod 6$ 满足方程组(4.3.17)的前两个方程。

解出前两个方程的解 x_2 之后,将其解与方程③联立求解,即
$$\begin{cases} x \equiv 5 \pmod 6 & \text{①,②} \\ x \equiv 3 \pmod 5 & \text{③} \end{cases}$$
将 $x = 6v+5$ 代入方程③得
$$6v+5 \equiv 3 \pmod 5$$
解之得
$$v \equiv 3 \pmod 5$$
即
$$v = 5w+3, \quad w = 0, \pm 1, \pm 2, \cdots$$
将其带入式(4.3.19),可得
$$x = 6v+5 = 6(5w+3)+5 = 30w+23, \quad w = 0, \pm 1, \pm 2, \cdots$$
故
$$x \equiv 23 \pmod{30}$$

【例 4.3.4】 解同余方程组
$$\begin{cases} x \equiv 1 \pmod 2 & \text{①} \\ x \equiv 2 \pmod 3 & \text{②} \\ x \equiv 3 \pmod 5 & \text{③} \\ x \equiv -2 \pmod 7 & \text{④} \end{cases}$$

解 用代入化简的方法求解。类似于解线性代数方程组的方法,分为化简过程和回代过程。

化简过程如下:
由方程①知
$$x = 1+2y, \quad y = 0, \pm 1, \pm 2, \cdots \qquad (4.3.20)$$
将式(4.3.20)分别代入方程②、③、④得

$$\begin{cases} 1+2y\equiv 2 \pmod{3} \\ 1+2y\equiv 3 \pmod{5} \\ 1+2y\equiv -2 \pmod{7} \end{cases}$$

整理得

$$\begin{cases} 2y\equiv 1 \pmod{3} \\ 2y\equiv 2 \pmod{5} \\ 2y\equiv -3 \pmod{7} \end{cases}$$

分别独立解之得

$$\begin{cases} y\equiv 2 \pmod{3} & ⑤ \\ y\equiv 1 \pmod{5} & ⑥ \\ y\equiv 2 \pmod{7} & ⑦ \end{cases}$$

此时已经将由四个方程组成的方程组化简为由三个方程构成的方程组。同样的思路,继续化简,即将由方程⑤得到的

$$y = 2 + 3z, \quad z = 0, \pm 1, \pm 2, \cdots \tag{4.3.21}$$

代入方程⑥、⑦得

$$\begin{cases} 2+3z\equiv 1 \pmod{5} \\ 2+3z\equiv 2 \pmod{7} \end{cases}$$

分别解之得

$$\begin{cases} z\equiv 3 \pmod{5} & ⑧ \\ z\equiv 0 \pmod{7} & ⑨ \end{cases}$$

此时方程又被减少一个,只剩下两个。但由于方程个数大于1,故还须继续化简。为此,将方程⑧表示为

$$z = 3 + 5w, \quad w = 0, \pm 1, \pm 2, \cdots \tag{4.3.22}$$

并将其代入方程⑨得

$$3+5w\equiv 0 \pmod{7}$$

即

$$5w\equiv -3 \pmod{7}$$

解之得

$$w\equiv 5 \pmod{7} \quad ⑩$$

从而最终将含有4个方程的方程组化为一个方程⑩。

回代过程如下:

由方程⑩得

$$w = 5 + 7t, \quad t = 0, \pm 1, \pm 2, \cdots$$

将其代入式(4.3.22)得
$$z = 3 + 5(5 + 7t) = 28 + 35t, \quad t = 0, \pm 1, \pm 2, \cdots$$
再将 z 代入式(4.3.21)得
$$y = 2 + 3(28 + 35t) = 86 + 105t, \quad t = 0, \pm 1, \pm 2, \cdots$$
最后将 y 代入式(4.3.20)得
$$x = 1 + 2(86 + 105t) = 173 + 210t, \quad t = 0, \pm 1, \pm 2, \cdots$$
所以，原方程组的解为
$$x \equiv 173 \pmod{210}$$

【例 4.3.5】 求解方程组
$$\begin{cases} x \equiv 1 \pmod{3} & ① \\ x \equiv 5 \pmod{8} & ② \end{cases}$$

解 利用集合求交的方式求解。

孤立地看问题，方程组中每个方程的解都是已知的，即方程①的解为 $x \equiv 1 \pmod{3}$，方程②的解为 $x \equiv 5 \pmod{8}$。因此，解方程组实质就是求同时满足方程①和方程②的共同的 x，即求分别满足两个方程的解集的交集。

为此，给出两个方程各自解的值的集合。设满足方程①、②的解集分别为 A、B，则
$$A = \{\cdots, -11, -8, -5, -2, 1, 4, 7, 10, 13, 16, \cdots, 31, 34, 37, 40, \cdots\}$$
$$B = \{\cdots, -11, -3, 5, 13, 21, 29, 37, 45, \cdots\}$$
而其共同解则为集合 A 与 B 的交，即
$$AB = \{\cdots, -11, 13, 37, \cdots\}$$
所以 $x \equiv 13 \pmod{24}$ 是方程①和方程②的共同解，从而也就是原方程组的解。

【例 4.3.6】 求解方程组
$$\begin{cases} 2x \equiv 3 \pmod{7} & ① \\ 6x \equiv 4 \pmod{8} & ② \end{cases}$$

解 利用集合求交的方式求解。

本例的特点是单个方程的系数不为 1，故需要先独立地解每个方程，得方程①的解为 $x_1 \equiv 5 \pmod{7}$，方程②的解为 $x_2 \equiv 2, 6 \pmod{8}$。

然后给出两个方程各自解的值的集合，即
$$A = \{\cdots, -30, -23, -16, -9, -2, 5, 12, 19, 26, 33, 40, 47, 54, \cdots\}$$
$$B = B_1 \bigcup B_2$$
$$= \{\cdots, -30, -22, -14, -6, 2, 10, 18, 26, 34, 42, \cdots\}$$
$$\bigcup \{\cdots, -10, -2, 6, 14, 22, 30, 38, 46, 54, \cdots\}$$
其共同解的值的集合为

$$A(B_1 \cup B_2) = AB_1 \cup AB_2$$
$$= \{\cdots, -58, -2, 54, 110, \cdots\} \cup \{\cdots, -30, 26, 82, 138, \cdots\}$$

所以，原方程组的解为
$$x \equiv -2, 26 \pmod{56}$$

例 4.3.6 的另一个特点是其中的方程②实际有两个解，即多解情形。对此种情形，简单直观的思路就是利用集合求交的方法求解，即给出每个方程解的值的集合，再将这些集合求交，即得原方程组的解。但是，此种方程组也可用定理 4.3.1 的(i)给出的方法求解。具体解法见例 4.3.7。

【例 4.3.7】 解同余方程组
$$\begin{cases} 6x \equiv 10 \pmod{8} & ① \\ 9x \equiv 3 \pmod{15} & ② \end{cases}$$

解 本例属于多解情形。

原方程组不是定理 4.3.1 中的同余方程组的形式。分别独立解每个方程，得方程①的解为 $x_1 \equiv -1, 3 \pmod 8$，解数为 2；方程②的解为 $x_2 \equiv -3, 2, 7 \pmod{15}$，解数为 3。

由于 x_1 满足方程①，x_2 满足方程②，且求方程组的解就是找 x_1 与 x_2 的共同部分，所以只要将二者联立即可。即满足方程组
$$\begin{cases} x \equiv -1, 3 \pmod 8 \\ x \equiv -3, 2, 7 \pmod{15} \end{cases}$$
的解就是原方程组的解。但由于二者均为多值，即选 x_1 的任一解和 x_2 的任一解联立的方程的解都满足原方程组，故可以分别就 x_1 和 x_2 的不同值联立方程，得原方程组的不同的解。那么，根据方程①和方程②的解数，可以联立出 6 个方程组，即

$$\begin{cases} x \equiv -1 \pmod 8 \\ x \equiv -3 \pmod{15} \end{cases}, \begin{cases} x \equiv -1 \pmod 8 \\ x \equiv 2 \pmod{15} \end{cases}, \begin{cases} x \equiv -1 \pmod 8 \\ x \equiv 7 \pmod{15} \end{cases}$$

$$\begin{cases} x \equiv 3 \pmod 8 \\ x \equiv -3 \pmod{15} \end{cases}, \begin{cases} x \equiv 3 \pmod 8 \\ x \equiv 2 \pmod{15} \end{cases}, \begin{cases} x \equiv 3 \pmod 8 \\ x \equiv 7 \pmod{15} \end{cases}$$

分别求解得每个方程的唯一解为
$$x \equiv 87, 47, 7, 27, 107, 67 \pmod{120}$$

所以，原同余方程组的解数为 6，且其解为（取绝对最小剩余）
$$x \equiv -53, -33, -13, 7, 27, 47 \pmod{120}$$

【例 4.3.8】 解同余方程 $19x \equiv 556 \pmod{1155}$。

解 这是一个一次同余方程，模数较大，求解不方便，但可以将其化为模数较小的一次同余方程组来解，而且容易求解。所以本例的思路就是化单个方程为方程组进行求解。

由于 $1155 = 3 \cdot 5 \cdot 7 \cdot 11$，所以由同余性质知，原同余方程与同余方程组

第 4 章　同　余　方　程

$$\begin{cases} 19x \equiv 556 \pmod 3 \\ 19x \equiv 556 \pmod 5 \\ 19x \equiv 556 \pmod 7 \\ 19x \equiv 556 \pmod{11} \end{cases}$$

的解相同。整理可得典型的方程组

$$\begin{cases} x \equiv 1 \pmod 3 \\ -x \equiv 1 \pmod 5 \\ -2x \equiv 3 \pmod 7 \\ -3x \equiv 6 \pmod{11} \end{cases} \tag{4.3.23}$$

进而对同余方程组中的每个方程单独求解，同余方程组(4.3.23)就变为同解方程组

$$\begin{cases} x \equiv 1 \pmod 3 \\ x \equiv -1 \pmod 5 \\ x \equiv 2 \pmod 7 \\ x \equiv -2 \pmod{11} \end{cases} \tag{4.3.24}$$

此时再利用定理 4.3.1 求解方程组(4.3.24)，得

$$x \equiv 394 \pmod{1155}$$

这就是原同余方程的解。

【例 4.3.9】　解同余方程组

$$\begin{cases} x \equiv 3 \pmod 8 \\ x \equiv 11 \pmod{20} \\ x \equiv 1 \pmod{15} \end{cases}$$

解　本例的特点是模数 $m_1, \cdots, m_k$ 不是两两互素的情形。

由于 $m_1 = 8, m_2 = 20, m_3 = 15$ 不两两互素，所以不能直接用定理 4.3.1 求解。首先仿照例 4.3.8，将后两个方程化为同解方程组，从而原方程组转化为

$$\begin{cases} x \equiv 3 \pmod 8 & ① \\ x \equiv 11 \pmod 4 & ② \\ x \equiv 11 \pmod 5 & ③ \\ x \equiv 1 \pmod 5 & ④ \\ x \equiv 1 \pmod 3 & ⑤ \end{cases} \tag{4.3.25}$$

显然，满足方程①的 x 必满足方程②，而方程③、④是一样的。因此，方程组(4.3.25)也就是原同余方程组与同余方程组

的解相同。

同余方程组(4.3.26)满足定理 4.3.1 的条件，容易求出其解为
$$x \equiv -29 \pmod{120}$$

注意到 $[8,20,15]=120$，所以这也就是原同余方程组的解，且解数为 1。

【例 4.3.10】 计算 $2^{1\,000\,000} \pmod{77}$。

解 方法Ⅰ：利用 Euler 定理和模重复平方快速算法求解。

首先，因为 $(2,77)=1$，故
$$2^{\varphi(77)} = 2^{60} \equiv 1 \pmod{77}$$

所以
$$2^{1\,000\,000} \equiv 2^{1\,000\,000 \pmod{60}} \equiv 2^{40} \pmod{77}$$

其次，利用模重复平方快速算法得
$$2^{40} \equiv 23 \pmod{77}$$

所以
$$2^{1\,000\,000} \equiv 23 \pmod{77}$$

方法Ⅱ：将 $x \equiv 2^{1\,000\,000} \pmod{77}$ 化为模数小的方程组，并利用解方程组求同余。即

$$x \equiv 2^{1\,000\,000} \pmod{77} \Leftrightarrow \begin{cases} x \equiv 2^{1\,000\,000} \pmod{7} \\ x \equiv 2^{1\,000\,000} \pmod{11} \end{cases}$$

$$\Leftrightarrow \begin{cases} x \equiv 2 \pmod{7} \\ x \equiv 1 \pmod{11} \end{cases}$$

（注意 $2^3 \equiv 1 \pmod{7}$，$2^{10} \equiv 1 \pmod{11}$）解之得
$$x \equiv 23 \pmod{77}$$

即
$$2^{1\,000\,000} \equiv 23 \pmod{77}$$

【例 4.3.11】 求相邻的四个整数，它们依次可被 2^2、3^2、5^2 及 7^2 整除。

解 设这四个相邻整数是 $x-1$、x、$x+1$、$x+2$。由题意知，x 应满足

$$\begin{cases} x-1 \equiv 0 \pmod{2^2} \\ x \equiv 0 \pmod{3^2} \\ x+1 \equiv 0 \pmod{5^2} \\ x+2 \equiv 0 \pmod{7^2} \end{cases}$$

即解同余方程组问题。此时有
$$m_1 = 2^2, \ m_2 = 3^2, \ m_3 = 5^2, \ m_4 = 7^2$$

$$M_1 = 3^2 5^2 7^2, \quad M_2 = 2^2 5^2 7^2, \quad M_3 = 2^2 3^2 7^2, \quad M_4 = 2^2 3^2 5^2$$

同时可求出

$$M_1^{-1} = 1, \quad M_2^{-1} = -2, \quad M_3^{-1} = 9, \quad M_4^{-1} = -19$$

由定理 4.3.1 知

$$x \equiv 3^2 \cdot 5^2 \cdot 7^2 \cdot 1 \cdot 1 + 2^2 \cdot 5^2 \cdot 7^2 \cdot (-2) \cdot 0 + 2^2 \cdot 3^2 \cdot 7^2 \cdot 9 \cdot (-1)$$
$$+ 2^2 \cdot 3^2 \cdot 5^2 \cdot (-19) \cdot (-2) \, (\bmod \, 2^2 \cdot 3^2 \cdot 5^2 \cdot 7^2)$$

故

$$x \equiv 11\,025 - 15\,876 + 34\,200 \equiv 29\,349 \, (\bmod \, 44\,100)$$

所以满足要求的四个相邻整数有无穷多组，它们是

$$29\,348 + 44\,100t, \ 29\,349 + 44\,100t, \ 29\,350 + 44\,100t, \ 29\,351 + 44\,100t, \ t = 0, \pm 1, \pm 2, \cdots$$

满足要求的最小的四个相邻正整数是

$$29\,348, \ 29\,349, \ 29\,350, \ 29\,351$$

孙子定理是数论中最重要的基本定理之一。它实质上刻画了剩余系的结构。

【定理 4.3.2】 在定理 4.3.1 的条件下，若 $b_1, b_2, \cdots, b_k$ 分别遍历模 $m_1, m_2, \cdots, m_k$ 的完全剩余系，则

$$x \equiv M_1 M_1^{-1} b_1 + M_2 M_2^{-1} b_2 + \cdots + M_k M_k^{-1} b_k (\bmod \, M)$$

遍历模 $M = m_1 m_2 \cdots m_k$ 的完全剩余系。

证 令

$$x_0 \equiv M_1 M_1^{-1} b_1 + M_2 M_2^{-1} b_2 + \cdots + M_k M_k^{-1} b_k (\bmod \, M)$$

则当 $b_1, b_2, \cdots, b_k$ 分别遍历模 $m_1, m_2, \cdots, m_k$ 的完全剩余系时，x_0 遍历 $M = m_1 m_2 \cdots m_k$ 个数。

下面证明这 M 个数模 M 两两不同余，从而构成 M 的一个完全剩余系，即定理结论成立。

用反证法。假如对相应于 $b_1, b_2, \cdots, b_k$ 的 x_0，存在另一组数 $b_1', b_2', \cdots, b_k'$，也使得

$$x_0 \equiv M_1 M_1^{-1} b_1' + M_2 M_2^{-1} b_2' + \cdots + M_k M_k^{-1} b_k' (\bmod \, M)$$

则应有

$$M_1 M_1^{-1} b_1 + \cdots + M_k M_k^{-1} b_k \equiv M_1 M_1^{-1} b_1' + \cdots + M_k M_k^{-1} b_k' (\bmod \, M) \quad (4.3.27)$$

由同余的性质知，式(4.3.27)成立的充分必要条件是

$$M_1 M_1^{-1} b_1 + \cdots + M_k M_k^{-1} b_k \equiv M_1 M_1^{-1} b_1' + \cdots + M_k M_k^{-1} b_k' (\bmod \, m_i)$$
$$i = 1, 2, \cdots, k$$

但由于当 $j \neq i$ 时，有 $M_j \equiv 0 (\bmod \, m_i)(1 \leq i, j \leq k)$，因此有

$$M_i M_i^{-1} b_i \equiv M_i M_i^{-1} b_i' (\bmod \, m_i), \quad i = 1, 2, \cdots, k$$

已知 $M_i M_i^{-1} \equiv 1 (\bmod \, m_i)$，所以

$$b_i \equiv b_i' (\bmod \, m_i), \quad i = 1, 2, \cdots, k$$

而 b_i、b_i' 是同一个完全剩余系中的两个数，故
$$b_i = b_i', \quad i=1, 2, \cdots, k$$
矛盾。故结论成立。

4.4 高次同余方程的解数及解法

高次同余方程的求解比较困难，目前只有极少数特殊情形的方程可以给出一般的解法，故本节主要讨论其解数，并讨论利用方程 $f(x) \equiv 0 \pmod{p^{\alpha-1}}$ 的解求方程 $f(x) \equiv 0 \pmod{p^{\alpha}}$ 的解的方法（p 为素数，$\alpha > 1$ 为整数）。

4.4.1 解数

【定理 4.4.1】 设 $m_1, m_2, \cdots, m_k$ 两两互素，$M = m_1 m_2 \cdots m_k$，$f(x)$ 是整系数多项式，则同余方程
$$f(x) \equiv 0 \pmod{M} \tag{4.4.1}$$
与同余方程组
$$\begin{cases} f(x) \equiv 0 \pmod{m_1} \\ f(x) \equiv 0 \pmod{m_2} \\ \quad \vdots \\ f(x) \equiv 0 \pmod{m_k} \end{cases} \tag{4.4.2}$$
同解，且
$$T(f; m) = T(f; m_1) \cdots T(f; m_k)$$
这里 $T(f; m)$ 表示同余方程 $f(x) \equiv 0 \pmod{M}$ 的解数。也就是说，解数 $T(f; m)$ 是 m 的积性函数。

证 由同余的性质知，当 $m_1, m_2, \cdots, m_k$ 两两互素时，
$$f(x) \equiv 0 \pmod{M} \Leftrightarrow \begin{cases} f(x) \equiv 0 \pmod{m_1} \\ f(x) \equiv 0 \pmod{m_2} \\ \quad \vdots \\ f(x) \equiv 0 \pmod{m_k} \end{cases}$$
即二者的解的值相同。

设方程
$$f(x) \equiv 0 \pmod{m_i} \tag{4.4.3}$$
的解是 $x \equiv b_i \pmod{m_i} (i=1, 2, \cdots, k)$，则由中国剩余定理可求得一次同余方程组

$$\begin{cases} x \equiv b_1 \pmod{m_1} \\ x \equiv b_2 \pmod{m_2} \\ \quad \vdots \\ x \equiv b_k \pmod{m_k} \end{cases} \quad (4.4.4)$$

的解为
$$x \equiv M_1 M_1^{-1} b_1 + M_2 M_2^{-1} b_2 + \cdots + M_k M_k^{-1} b_k \pmod{M}$$

因为
$$f(x) \equiv f(b_i) \equiv 0 \pmod{m_i}, \quad i = 1, 2, \cdots, k$$

故 x 也是方程(4.4.1)的解。因此，当 b_i 遍历 $f(x) \equiv 0 \pmod{m_i}(i = 1, 2, \cdots, k)$ 的所有解时，x 也遍历方程(4.4.1)的所有解，即方程组(4.4.2)的解数为
$$T(f; m_1) \cdot T(f; m_2) \cdots T(f; m_k)$$

因此，方程(4.4.1)与方程组(4.4.2)的解数也相同，故二者同解。

【例 4.4.1】 解同余方程 $x^4 + 2x^3 + 8x + 9 \equiv 0 \pmod{35}$。

解 由定理 4.4.1 知，方程同解于同余方程组
$$\begin{cases} x^4 + 2x^3 + 8x + 9 \equiv 0 \pmod{5} \\ x^4 + 2x^3 + 8x + 9 \equiv 0 \pmod{7} \end{cases}$$

即
$$\begin{cases} x^4 + 2x^3 - 2x - 1 \equiv 0 \pmod{5} & \text{①} \\ x^4 + 2x^3 + x + 2 \equiv 0 \pmod{7} & \text{②} \end{cases}$$

分别解单个方程，得方程①的解为
$$x \equiv b_1 \equiv 1, 4 \pmod{5}$$

方程②的解为
$$x \equiv b_2 \equiv 3, 5, 6 \pmod{7}$$

联立二方程的解，得方程组
$$\begin{cases} x \equiv b_1 \pmod{5} \\ x \equiv b_2 \pmod{7} \end{cases} \quad (4.4.5)$$

其解为
$$\begin{aligned} x &\equiv M_1 M_1^{-1} b_1 + M_2 M_2^{-1} b_2 \pmod{M} \\ &\equiv 7 \cdot 3 b_1 + 5 \cdot 3 b_2 \pmod{35} \end{aligned} \quad (4.4.6)$$

其中 $M = 35, M_1 = 7, M_1^{-1} = 3, M_2 = 5, M_2^{-1} = 3$。

对不同的 (b_1, b_2)，代入式(4.4.6)可得方程组(4.4.5)也就是原方程的解 $x \equiv a \pmod{35}$（见表 4.4.1）。

表 4.4.1 方程组(4.4.5)对应不同(b_1, b_2)时的解

b_1	1	1	1	4	4	4
b_2	3	5	6	3	5	6
a	31	26	6	24	19	34

所以，原方程的解为

$$x \equiv 6, 19, 24, 26, 31, 34 \pmod{35}$$

4.4.2 特殊情形的解法

定理 4.4.1 的意义还在于指出了一般同余方程(4.4.1)(即同余方程组(4.4.2))的求解途径：即先求出每一个同余方程(4.4.3)的 t_i 个不同的解($i=1, 2, \cdots, k$)；然后，从每个方程的解中选出一个解，构成一次同余方程组(4.4.4)，再求方程组(4.4.4)的解。那么，由这样得到的 $t=t_1 t_2 \cdots t_k$ 个解就是同余方程(4.4.1)的全部解。当对某个 i，若同余方程(4.4.3)无解，则同余方程(4.4.1)也无解。

通常，当 $m = p_1^{a_1} \cdots p_k^{a_k}$ 时，取 $m_i = p_i^{a_i}$ ($i=1, 2, \cdots, k$)。这样，一般同余方程(4.4.1)的求解就归结为模为素数幂的同余方程的求解，即方程

$$f(x) \equiv 0 \pmod{p^a} \tag{4.4.7}$$

的求解问题。

【例 4.4.2】 解同余方程 $x^6 + 2x^3 + 6x + 8 \equiv 0 \pmod{12}$。

解 因为 $12 = 2^2 \cdot 3$，故由定理 4.4.1 知原方程同解于同余方程组

$$\begin{cases} x^6 + 2x^3 + 6x + 8 \equiv 0 \pmod{2^2} \\ x^6 + 2x^3 + 6x + 8 \equiv 0 \pmod{3} \end{cases}$$

即

$$\begin{cases} x^6 + 2x^3 + 2x \equiv 0 \pmod{2^2} & \text{①} \\ x^6 - x^3 - 1 \equiv 0 \pmod{3} & \text{②} \end{cases}$$

分别解单个方程，知方程②无解，故原方程无解。

【定义 4.4.1】 设 $f(x) = a_n x^n + a_{n-1} x^{n-1} + \cdots + a_1 x + a_0$ 为整系数多项式，记

$$f'(x) = n a_n x^{n-1} + (n-1) a_{n-1} x^{n-2} + \cdots + 2 a_2 x + a_1$$

称 $f'(x)$ 为 $f(x)$ 的**导式**。

为求解方程(4.4.7)，先介绍以下**准备知识**。对多项式 $f(a+bx)$ 的每一项做二项式展开后，再合并同类项，有

$$f(a+bx) = a_n(a+bx)^n + a_{n-1}(a+bx)^{n-1} + \cdots + a_1(a+bx) + a_0$$
$$= a_n\left[a^n + (n-1)a^{n-1}(bx) + \sum_{i=2}^n C_n^{n-i} a^{n-i}(bx)^i\right]$$
$$+ a_{n-1}\left[a^{n-1} + (n-2)a^{n-2}(bx) + \sum_{i=2}^{n-1} C_n^{n-1-i} a^{n-1-i}(bx)^i\right]$$
$$+ \cdots + a_2[a^2 + 2a(bx) + (bx)^2] + a_1(a+bx) + a_0$$
$$= (a_n a^n + a_{n-1} a^{n-1} + \cdots + a_1 a + a_0)$$
$$+ [na_n a^{n-1} + (n-1)a_{n-1} a^{n-2} + \cdots + 2a_2 a + a_1](bx)$$
$$+ a_n \sum_{i=2}^n C_n^{n-i} a^{n-i}(bx)^i + a_{n-1}\sum_{i=2}^{n-1} C_n^{n-1-i} a^{n-1-i}(bx)^i + \cdots + a_2(bx)^2$$
$$= f(a) + f'(a)(bx) + A_2(b^2 x^2) + \cdots + A_n(b^n x^n)$$

其中 A_i 为 $(bx)^i$ 的系数 ($i=2, 3, \cdots, n$)。

【定理 4.4.2】 设 $x \equiv x_1 \pmod{p}$ 是同余方程

$$f(x) \equiv 0 \pmod{p} \tag{4.4.8}$$

的一个解,且

$$(f'(x_1), p) = 1$$

则同余方程(4.4.7)有解

$$x \equiv x_\alpha \pmod{p^\alpha}$$

其中 x_α 由下面的关系式递归得到

$$\begin{cases} x_i \equiv x_{i-1} + p^{i-1} t_{i-1} \pmod{p^i} \\ t_{i-1} \equiv -\dfrac{f(x_{i-1})}{p^{i-1}} f'(x_1)^{-1} \pmod{p} \end{cases}, \; i=2, 3, \cdots, \alpha \tag{4.4.9}$$

证 用归纳法。

(1) 当 $\alpha = 2$ 时,相应的方程(4.4.7)为

$$f(x) \equiv 0 \pmod{p^2} \tag{4.4.10}$$

由定理 4.1.2 的推论知方程(4.4.10)的解集是方程(4.4.8)解集的子集,故需在后者的全部解中寻找前者的解。因此,将方程(4.4.8)的解 $x \equiv x_1 \pmod{p}$ 表示为

$$x = x_1 + pt_1, \; t_1 = 0, \pm 1, \pm 2, \cdots$$

并将其代入方程(4.4.10)得关于 t_1 的同余方程

$$f(x_1 + pt_1) \equiv 0 \pmod{p^2}$$

(目的是希望选择某些 t_1 以使相应的 x 满足方程(4.4.10)),即

$$a_n(x_1+pt_1)^n + a_{n-1}(x_1+pt_1)^{n-1} + \cdots + a_1(x_1+pt_1) + a_0 \equiv 0 \pmod{p^2}$$

整理得

$$f(x_1) + pt_1 f'(x_1) + A_2 p^2 x_1^2 + \cdots + A_n p^n x_1^n \equiv 0 \pmod{p^2}$$

即
$$f(x_1) + pt_1 f'(x_1) \equiv 0 \pmod{p^2} \tag{4.4.11}$$

由于 x_1 是方程(4.4.8)的解，即 $f(x_1) \equiv 0 \pmod{p}$，故 $p \mid f(x_1)$（或存在整数 q，使得 $f(x_1) = pq$）。所以方程(4.4.11)可化为

$$t_1 f'(x_1) \equiv -\frac{f(x_1)}{p} \pmod{p} \tag{4.4.12}$$

由已知条件，$(f'(x_1), p) = 1$，故方程(4.4.12)有唯一解

$$t_1 \equiv -\frac{f(x_1)}{p} f'(x_1)^{-1} \pmod{p}$$

由此得方程(4.4.10)的解为

$$\begin{cases} x \equiv x_2 \equiv x_1 + pt_1 \pmod{p^2} \\ t_1 \equiv -\dfrac{f(x_1)}{p} f'(x_1)^{-1} \pmod{p} \end{cases}$$

(2) 设 $3 \leqslant i \leqslant \alpha$，并假设定理对 $i-1$ 成立，即同余方程

$$f(x) \equiv 0 \pmod{p^{i-1}} \tag{4.4.13}$$

有解

$$x \equiv x_{i-1} \pmod{p^{i-1}}$$

或

$$x = x_{i-1} + p^{i-1} t_{i-1}, \quad t_{i-1} = 0, \pm 1, \pm 2, \cdots \tag{4.4.14}$$

为了求方程

$$f(x) \equiv 0 \pmod{p^i} \tag{4.4.15}$$

的解，将式(4.4.14)代入方程(4.4.15)得关于 t_{i-1} 的同余方程

$$f(x_{i-1} + p^{i-1} t_{i-1}) \equiv 0 \pmod{p^i} \tag{4.4.16}$$

从中解出 t_{i-1}，即得方程(4.4.15)的解。为此，展开式(4.4.16)得

$$f(x_{i-1}) + p^{i-1} f'(x_{i-1}) t_{i-1} + A_2 p^{2(i-1)} t_{i-1}^2 + \cdots + A_n p^{n(i-1)} t_{i-1}^n \equiv 0 \pmod{p^i} \tag{4.4.17}$$

其中诸 A_j 为整数（$j = 2, 3, \cdots, n$）。

由于 $i \geqslant 2$ 时，$k(i-1) \geqslant i$，故 $p^{k(i-1)} \geqslant p^i$，即 $p^i \mid p^{k(i-1)}$（$k = 2, 3, \cdots, n$）。所以，式(4.4.17)化简为

$$f(x_{i-1}) + p^{i-1} f'(x_{i-1}) t_{i-1} \equiv 0 \pmod{p^i} \tag{4.4.18}$$

由归纳假设，x_{i-1} 是方程(4.4.13)的解，即

$$f(x_{i-1}) \equiv 0 \pmod{p^{i-1}}$$

亦即 $p^{i-1} \mid f(x_{i-1})$，从而方程(4.4.18)又可化为

$$t_{i-1} f'(x_{i-1}) \equiv -\frac{f(x_{i-1})}{p^{i-1}} \pmod{p} \tag{4.4.19}$$

由式(4.4.14)知 $x_i \equiv x_{i-1} \equiv x_{i-2} \equiv \cdots \equiv x_1 \pmod{p}$，故
$$f'(x_i) \equiv f'(x_{i-1}) \equiv f'(x_{i-2}) \equiv \cdots \equiv f'(x_1) \pmod{p}$$

进而有
$$(f'(x_i), p) = (f'(x_{i-1}), p) = (f'(x_{i-2}), p) = \cdots = (f'(x_1), p) = 1$$

所以方程(4.4.19)有唯一解
$$t_{i-1} \equiv -\frac{f(x_{i-1})}{p^{i-1}} f'(x_{i-1})^{-1} \pmod{p}$$
$$\equiv -\frac{f(x_{i-1})}{p^{i-1}} f'(x_1)^{-1} \pmod{p}$$

代入式(4.4.14)，得方程(4.4.15)的解为
$$\begin{cases} x_i \equiv x_{i-1} + p^{i-1} t_{i-1} \pmod{p^i} \\ t_{i-1} \equiv -\dfrac{f(x_{i-1})}{p^{i-1}} f'(x_1)^{-1} \pmod{p} \end{cases} \tag{4.4.20}$$

由归纳法知，定理 4.4.2 成立。

【例 4.4.3】 按照定理 4.4.2 的证明思路解同余方程 $x^3 - 4x^2 + 5x - 6 \equiv 0 \pmod{3^3}$。

解 （1）当 $\alpha = 1$ 时，穷举解方程
$$x^3 - 4x^2 + 5x - 6 \equiv 0 \pmod{3}$$

即解方程
$$x^3 - x^2 - x \equiv x(x^2 - x - 1) \equiv 0 \pmod{3}$$

得
$$x = x_1 \equiv 0 \pmod{3}$$

即
$$x = x_1 + pt_1 = 0 + 3t_1, \quad t_1 = 0, \pm 1, \pm 2, \cdots$$

（2）当 $\alpha = 2$ 时，需要求解的方程为
$$x^3 - 4x^2 + 5x - 6 \equiv 0 \pmod{3^2} \tag{4.4.21}$$

将
$$x = x_1 + pt_1 = 0 + 3t_1 \tag{4.4.22}$$

代入方程(4.4.21)，求满足条件的 t_1，即
$$(0 + 3t_1)^3 - 4(0 + 3t_1)^2 + 5(0 + 3t_1) - 6 \equiv 0 \pmod{3^2}$$

整理得
$$6t_1 - 6 \equiv 0 \pmod{3^2} \tag{4.4.23}$$

方程两边和模数都同除以 $p = 3$，得
$$2t_1 \equiv 2 \pmod{3} \tag{4.4.24}$$

解得

$$t_1 \equiv 1 \pmod{3}$$

即方程(4.4.24)的解为
$$t_1 = 1 + 3t_2, t_2 = 0, \pm 1, \pm 2, \cdots$$

将 t_1 代入式(4.4.22)得满足方程(4.4.21)的解
$$x = 0 + 3t_1 = 0 + 3(1 + 3t_2) = 3 + 9t_2, \quad t_2 = 0, \pm 1, \pm 2, \cdots$$

即
$$x = x_2 \equiv 3 \pmod{9}$$

需要注意的是：此时方程(4.4.23)的解表面上看应该有 3 个，即 $t_1 \equiv 1, 4, 7 \pmod{9}$，但实质上对方程(4.4.21)而言，它们都对应一个解。比如将方程(4.4.23)的另一解 $t_1 = 4 + 3t_2$ ($t_2 = 0, \pm 1, \pm 2, \cdots$)代入式(4.4.22)，则 $x = 0 + 3t_1 = 0 + 3(4 + 3t_2) = 12 + 9t_2$，即对应方程(4.4.21)的解仍为 $x = x_2 \equiv 12 \equiv 3 \pmod{9}$；若再将方程(4.4.23)的另一解 $t_1 = 7 + 3t_2$ ($t_2 = 0, \pm 1, \pm 2, \cdots$)代入式(4.4.22)，也得同样结果。所以，此处直接选方程(4.4.24)的唯一解构造出 x_2 即可，不必用方程(4.4.23)的 3 个解去构造 x_2。

(3) 当 $\alpha = 3$ 时，需要求解的方程为
$$x^3 - 4x^2 + 5x - 6 \equiv 0 \pmod{3^3} \tag{4.4.25}$$

仿(2)，将
$$x = x_2 + p^2 t_2 = 3 + 9t_2 \tag{4.4.26}$$

代入方程(4.4.25)，求满足条件的 t_2，即
$$(3 + 9t_2)^3 - 4(3 + 9t_2)^2 + 5(3 + 9t_2) - 6 \equiv 0 \pmod{3^3}$$

整理得
$$-9t_2 \equiv 0 \pmod{3^3} \tag{4.4.27}$$

(或 $18t_2 \equiv 0 \pmod{3^3}$)。方程两边和模数同除以 $p^2 = 3^2 = 9$，得
$$-t_2 \equiv 0 \pmod{3} \tag{4.4.28}$$

解得
$$t_2 \equiv 0 \pmod{3}$$

即方程(4.4.28)的解为
$$t_2 = 0 + 3t_3, t_3 = 0, \pm 1, \pm 2, \cdots$$

将其代入式(4.4.26)得满足方程(4.4.25)的解为
$$x = 3 + 9t_2 = 3 + 9(0 + 3t_3) = 3 + 27t_3, t_3 = 0, \pm 1, \pm 2, \cdots$$

即原方程的解为
$$x = x_3 \equiv 3 \pmod{3^3}$$

【例 4.4.4】 利用定理 4.4.2 的结论解例 4.4.3 中的同余方程 $x^3 - 4x^2 + 5x - 6 \equiv 0 \pmod{3^3}$。

解 利用定理 4.4.2 的结论，即式(4.4.9)求解。

首先计算导式
$$f'(x) = 3x^2 - 8x + 5$$

(1) 当 $\alpha = 1$ 时，即解方程
$$x^3 - 4x^2 + 5x - 6 \equiv 0 \pmod{3}$$

穷举得其解为
$$x = x_1 \equiv 0 \pmod{3}$$

则 $f'(x_1) = (3x^2 - 8x + 5)_{x=0} = 5$，且
$$(f'(x_1), p) = (5, 3) = 1$$

从而
$$(f'(x_1))^{-1} \equiv 5^{-1} \equiv 2^{-1} \equiv 2 \pmod{3}$$

(2) 当 $\alpha = 2$ 时，即解方程
$$x^3 - 4x^2 + 5x - 6 \equiv 0 \pmod{3^2} \tag{4.4.29}$$

利用式(4.4.9)求解。计算得
$$f(x_1) = f(0) = -6$$

故
$$t_1 \equiv -\frac{f(x_1)}{p} f'(x_1)^{-1} \pmod{p} \equiv -\frac{-6}{3} \cdot 2 \equiv 1 \pmod{3}$$

从而方程(4.4.29)的解为
$$x_2 \equiv x_1 + p t_1 \pmod{p^2} = 0 + 3 \cdot 1 \equiv 3 \pmod{3^2}$$

(3) 当 $\alpha = 3$ 时，即解原方程。按照式(4.4.9)，计算得
$$f(x_2) = f(3) = 3^3 - 4 \cdot 3^2 + 5 \cdot 3 - 6 = 0$$
$$t_2 \equiv -\frac{f(x_2)}{p^2} f'(x_1)^{-1} \pmod{p} \equiv -\frac{0}{3^2} \cdot 2 \equiv 0 \pmod{3}$$
$$x_3 \equiv x_2 + p^2 t_2 \pmod{p^3} = 3 + 3^2 \cdot 0 \equiv 3 \pmod{3^3}$$

所以，原方程的解为 $x \equiv 3 \pmod{3^3}$。

另外，由上面的求解过程和结果可以看出，本例还可以继续计算下去，即对方程
$$x^3 - 4x^2 + 5x - 6 \equiv 0 \pmod{3^\alpha}, \quad \alpha = 4, 5, \cdots$$

有
$$f(x_{\alpha-1}) = f(3) = f(x_{\alpha-2}) = 3^3 - 4 \cdot 3^2 + 5 \cdot 3 - 6 = 0$$
$$t_{\alpha-1} \equiv -\frac{f(x_{\alpha-1})}{p^{\alpha-1}} f'(x_1)^{-1} \pmod{p} \equiv -\frac{0}{3^{\alpha-1}} \cdot 2 \equiv 0 \pmod{3}$$
$$x_\alpha \equiv x_{\alpha-1} + p^{\alpha-1} t_{\alpha-1} \pmod{p^\alpha} \equiv 3 + 3^{\alpha-1} \cdot 0 \equiv 3 \pmod{3^\alpha}$$

因此，对本例而言，当 $\alpha \geqslant 2$ 时，方程的解恒为 $x \equiv 3 \pmod{3^\alpha}$。

【例 4.4.5】 按照解的包含关系，再解例 4.4.3 中的同余方程 $x^3 - 4x^2 + 5x - 6 \equiv$

$0 \pmod{3^3}$。

解 由定理 4.1.2 知，方程 $f(x) \equiv 0 \pmod{p^{\alpha+1}}$ 如果有解，则其解一定满足方程 $f(x) \equiv 0 \pmod{p^\alpha}$。也就是说，前者的解的全部值构成的集合 $A_{\alpha+1}$ 一定是后者的解的值集合 A_α 的子集，即 $A_{\alpha+1} \subset A_\alpha$。故可以从 $\alpha = 1$ 开始，在后者的解的值中寻找前者的解。

(1) 当 $\alpha = 1$ 时，即解方程

$$x^3 - 4x^2 + 5x - 6 \equiv 0 \pmod{3}$$

亦即解方程

$$x^3 - x^2 - x \equiv 0 \pmod{3}$$

穷举得该方程只有一个解

$$x = x_1 \equiv 0 \pmod{3}$$

即其解的全部的值为

$$x = x_1 + pt_1 = 0 + 3t_1, \quad t_1 = 0, \pm 1, \pm 2, \cdots$$

或者记为集合 $A_1 = \{\cdots, -6, -3, 0, 3, 6, \cdots\}$。

(2) 当 $\alpha = 2$ 时，即解方程

$$x^3 - 4x^2 + 5x - 6 \equiv 0 \pmod{3^2} \tag{4.4.30}$$

由定理 4.1.2 知，方程(4.4.30)的解只能在下列值

$$x = x_1 + pt_1 = 0 + 3t_1, \quad t_1 = 0, \pm 1, \pm 2, \cdots$$

也就是集合 A_1 中寻找。但对于模数 3^2 而言，模 3 时的一个解 $x_1 \equiv 0 \pmod 3$ 可能对应方程(4.4.30)最多 3 个不同的解(即 $t_1 = 0, \pm 1$)

$$x \equiv 0, \pm 3 \pmod{3^2} \quad \text{或} \quad x \equiv 0, 3, 6 \pmod{3^2}$$

故将 $x \equiv 0, \pm 3$ 分别代入方程(4.4.30)直接检验，知其解为

$$x = x_2 \equiv 3 \pmod{3^2}$$

即方程(4.4.30)的解的全部值为

$$x = x_2 + p^2 t_2 = 3 + 3^2 t_2, \quad t_2 = 0, \pm 1, \pm 2, \cdots$$

或者记为集合 $A_2 = \{\cdots, -15, -6, 3, 12, 21, \cdots\}$。

(3) 当 $\alpha = 3$ 时，即解方程

$$x^3 - 4x^2 + 5x - 6 \equiv 0 \pmod{3^3} \tag{4.4.31}$$

与上类似，方程(4.4.31)的解只能在下列值

$$x = x_2 + p^2 t_2 = 3 + 3^2 t_2, \quad t_2 = 0, \pm 1, \pm 2, \cdots$$

也就是集合 A_2 中寻找。且对于模数 3^3 而言，实际上也最多只有 3 个不同的解($t_2 = 0, \pm 1$)

$$x \equiv -6, 3, 12 \pmod{3^3}$$

将其逐个代入方程(4.4.31)进行检验，知其解为

$$x = x_3 \equiv 3 \pmod{3^3}$$

与例 4.4.4 类似，依次类推，当 $\alpha = i - 1$ 时，设方程的一个解为

$$x \equiv x_{i-1} \pmod{3^{i-1}}$$

则当 $\alpha = i$ 时，相应于 x_{i-1} 的解最多有 3 个，其值为

$$x \equiv x_{i-1} - 3^{i-1}, x_{i-1}, x_{i-1} + 3^{i-1} \pmod{3^i}$$

然后将此 3 个不同的值代入方程，以检验其是否为解。

例如，当 $\alpha = 4$ 时，相应于 $x = x_3 \equiv 3 \pmod{3^3}$ 的可能解为

$$x \equiv 3 - 3^3, 3, 3 + 3^3 \equiv -24, 3, 30 \pmod{3^4}$$

此例反映了问题的本质，即模数为 3^i 时方程的解须在模数为 3^{i-1} 时方程的解的值中寻找。

4.4.3 一般情形的解法

【定理 4.4.3】 设整数 $\alpha \geq 2$，$x_{\alpha-1}$ 是方程

$$f(x) \equiv 0 \pmod{p^{\alpha-1}} \tag{4.4.32}$$

的解，则同余方程(4.4.7)满足

$$x \equiv x_{\alpha-1} \pmod{p^{\alpha-1}} \tag{4.4.33}$$

的解是

$$x \equiv x_{\alpha-1} + p^{\alpha-1} y_j \pmod{p^\alpha} \tag{4.4.34}$$

其中

$$y \equiv y_1, y_2, \cdots, y_k \pmod{p} \tag{4.4.35}$$

是同余方程

$$f'(x_1) y \equiv -\frac{f(x_{\alpha-1})}{p^{\alpha-1}} = -f(x_{\alpha-1}) p^{1-\alpha} \pmod{p} \tag{4.4.36}$$

的全部解。其中式(4.4.36)与式(4.4.19)形式相同。

证 定理 4.4.3 是定理 4.4.2 的一般情形，或者说定理 4.4.2 只是定理 4.4.3 当 $(f'(x_1), p) = 1$ 时的特殊情形。而对于 $(f'(x_1), p) > 1$ 的情形，定理 4.4.3 进行了扩展。

定理 4.4.3 前半部分的证明与定理 4.4.2 的证明是一样的，二者的共同点就是获得式(4.4.19)，也就是式(4.4.36)。视式(4.4.36)为含有未知数 y 的方程，其解可能有三种情形：无解、唯一解、多解。而定理 4.4.2 只是讨论了其唯一解（即 $(f'(x_1), p) = 1$）时的解法，没有涉及 $(f'(x_1), p) > 1$ 的情形。但不管是无解，还是有解或多解情形，两个定理都是将问题转化为一次同余方程(4.4.36)的求解问题。即若一次方程(4.4.36)无解，则高次方程(4.4.7)无解；若方程(4.4.36)模 p 有 k 个不同的解 $y_1, y_2, \cdots, y_k (k \geq 1)$，那么将其解 y 代入式(4.4.34)，即得方程(4.4.7)的 k 个不同的解。

至于方程(4.4.36)有解的判断和具体解法见 4.2 节，即关键看 $(f'(x_1), p)$ 与

$f(x_{\alpha-1})p^{1-\alpha}$ 的关系。

综上所述,求解高次同余方程的过程可归纳如下:

由一次方程求解方法以及 p 为素数的条件知,方程(4.4.36)的解可能有三种情形(设方程(4.4.7)的解数为 k):

(1) $p \nmid f'(x_1)$,同余方程(4.4.36)的解数为 1,故方程(4.4.7)满足条件(4.4.33)的解数也为 1,即 $k=1$(此即定理 4.4.2 的情形)。

(2) $p \mid f'(x_1)$,但 $p \nmid f(x_{\alpha-1})p^{1-\alpha}$,即 $f(x_{\alpha-1}) \not\equiv 0 \pmod{p^\alpha}$,此时方程(4.4.36)无解,故方程(4.4.7)无满足条件(4.4.33)的解,亦即解数 $k=0$。

(3) $p \mid f'(x_1)$ 且 $p \mid f(x_{\alpha-1})p^{1-\alpha}$,即 $f(x_{\alpha-1}) \equiv 0 \pmod{p^\alpha}$,此时同余方程(4.4.36)的解数为 p,即 $y \equiv 0, 1, \cdots, p-1 \pmod{p}$ 均为方程(4.4.36)的解。故方程(4.4.7)满足条件(4.4.33)的解数为 p,即 $k=p$。

【例 4.4.6】 解同余方程 $x^3+5x^2+9 \equiv 0 \pmod{81}$。

解 首先求导式,即
$$f'(x)=3x^2+10x$$

(1) 当 $\alpha=1$ 时,对应的同余方程为
$$x^3-x^2=x^2(x-1) \equiv 0 \pmod{3} \tag{4.4.37}$$

有两个解 $x_{1i} \equiv 0, 1 \pmod{3}$ $(i=1, 2)$,且有
$$f'(x_{11})=f'(0)=0, \ f'(x_{12})=f'(1)=13$$

进而有
$$(f'(x_{11}), p)=(f'(0), 3)=(0, 3)=3$$
$$(f'(x_{12}), p)=(f'(1), 3)=(13, 3)=1$$

即对 $x_{12} \equiv 1 \pmod{3}$,$f'(x_{12})$ 满足定理 4.4.2 的条件,下一步可按照式(4.4.9)继续求解。而对 $x_{11} \equiv 0 \pmod{3}$,$f'(x_{11})$ 不满足定理 4.4.2 的条件,此时只能按照定理 4.4.2 的证明过程,且在解方程(4.4.19)(或方程(4.4.18))时抛开 $(f'(x_1), p)=1$ 的要求,按照一般条件解之。即方程(4.4.19)可能有解或无解;可能有唯一解(即定理 4.4.2 的情形),也可能有多个解。为此,将方程(4.4.19)重新表示为一般方式,即方程(4.4.36)的形式,然后再分情况进行讨论。

(2) 当 $\alpha=2$ 时,即解方程
$$x^3+5x^2+9 \equiv 0 \pmod{9} \tag{4.4.38}$$

① 相应于 $x=x_{11} \equiv 0 \pmod{3}$,计算
$$f(x_{11})=f(0)=9$$

将其代入式(4.4.36),得关于变量 y 的(一次)方程

$$0y \equiv -\frac{9}{3} = -3 \pmod{3}$$

此方程有 3 个解：$y \equiv 0, 1, 2 \pmod{3}$。将其代入式(4.4.34)得方程(4.4.38)的 3 个解，即

$$x \equiv x_{11} + py_1 = 0 + 3 \cdot 0 = 0 \pmod 9$$
$$x \equiv x_{11} + py_2 = 0 + 3 \cdot 1 = 3 \pmod 9$$
$$x \equiv x_{11} + py_3 = 0 + 3 \cdot 2 = 6 \equiv -3 \pmod 9$$

② 相应于 $x = x_{12} \equiv 1 \pmod 3$，计算

$$f(x_{12}) = f(1) = 15$$

将其代入式(4.4.36)，得关于变量 y 的方程

$$13y \equiv -\frac{15}{3} = -5 \pmod 3$$

此方程只有 1 个解：$y \equiv 1 \pmod 3$。将其代入式(4.4.34)得方程(4.4.38)的 1 个解，即

$$x \equiv x_{12} + py = 1 + 3 \cdot 1 = 4 \pmod 9$$

所以方程(4.4.38)有 4 个解：

$$x = x_2 \equiv -3, 0, 3, 4 \pmod 9$$

依次记为 $x_{2i}(i=1, 2, 3, 4)$。

(3) 当 $\alpha = 3$ 时，即解方程

$$x^3 + 5x^2 + 9 \equiv 0 \pmod{27} \qquad (4.4.39)$$

① 相应于 $x = x_{21} \equiv -3 \pmod 9$，计算

$$\frac{f(x_{21})}{p^{3-1}} = \frac{f(-3)}{3^2} = 3$$

将其代入式(4.4.36)，得关于 y 的(一次)方程

$$0y \equiv -3 \pmod 3$$

此方程有 3 个解：$y \equiv 0, 1, 2 \pmod 3$。将其代入式(4.4.34)得方程(4.3.39)的 3 个解，即

$$x \equiv x_{21} + 9y = -3, 6, 15 \equiv -12, -3, 6 \pmod{27}$$

② 相应于 $x = x_{22} \equiv 0 \pmod 9$，计算

$$\frac{f(x_{22})}{p^{3-1}} = \frac{f(0)}{3^2} = 1$$

将其代入式(4.4.36)，得关于 y 的(一次)方程

$$0y \equiv -1 \pmod 3$$

此方程无解，故方程(4.4.39)无相应于 $x = x_{22} \equiv 0 \pmod 9$ 的解。

③ 相应于 $x = x_{23} \equiv 3 \pmod 9$，计算

$$\frac{f(x_{23})}{p^{3-1}} = \frac{f(3)}{3^2} = 27$$

得方程
$$0y \equiv -27 \pmod 3$$

此方程有 3 个解：$y \equiv 0, 1, 2 \pmod 3$。将其代入式(4.4.34)得方程(4.4.39)的 3 个解，即
$$x \equiv x_{23} + 9y \equiv 3, 12, 21 \equiv -6, 3, 12 \pmod{27}$$

④ 相应于 $x = x_{24} \equiv 4 \pmod 9$，计算
$$\frac{f(x_{24})}{p^{3-1}} = \frac{f(4)}{3^2} = \frac{153}{9}$$

得方程
$$13y \equiv -17 \pmod 3$$

此方程有 1 个解：$y \equiv 1 \pmod 3$。将其代入式(4.4.34)得方程(4.4.39)的 1 个解，即
$$x = x_3 \equiv x_{24} + 9y \equiv 4 + 9 \cdot 1 \equiv 13 \pmod{27}$$

所以方程(4.4.39)有 7 个解：
$$x = x_3 \equiv -12, -3, 6, -6, 3, 12, 13 \pmod{27}$$

依次记为 $x_{3i}(i = 1, 2, \cdots, 7)$。

(4) 当 $\alpha = 4$ 时，即解方程
$$x^3 + 5x^2 + 9 \equiv 0 \pmod{81} \tag{4.4.40}$$

仿照上述过程，计算可得

① 相应于 $x = x_{31} \equiv -12 \pmod{27}$，方程(4.4.40)无解。
② 相应于 $x = x_{32} \equiv -3 \pmod{27}$，方程(4.4.40)无解。
③ 相应于 $x = x_{33} \equiv 6 \pmod{27}$，方程(4.4.40)有 3 个解：
$$x = x_4 \equiv -21, 6, 33 \pmod{81}$$
④ 相应于 $x = x_{34} \equiv -6 \pmod{27}$，方程(4.4.40)无解。
⑤ 相应于 $x = x_{35} \equiv 3 \pmod{27}$，方程(4.4.40)有 3 个解：
$$x = x_4 \equiv -24, 3, 30 \pmod{81}$$
⑥ 相应于 $x = x_{36} \equiv 12 \pmod{27}$，方程(4.4.40)无解。
⑦ 相应于 $x = x_{37} \equiv 13 \pmod{27}$，方程(4.4.40)有 1 个解：
$$x = x_4 \equiv 40 \pmod{81}$$

所以，方程(4.4.40)有 7 个解：
$$x = x_4 \equiv -21, 6, 33, -24, 3, 30, 40 \pmod{27}$$

例 4.4.6 中解的分布情况可归纳如下(参见图 4.4.1)：

(1) 相应于 $x = x_1 \equiv 0 \pmod 3$ 分支，要么有 3 个解，要么无解(因为 $3 \mid 3 = f'(0)$)。

(2) 相应于 $x = x_1 \equiv 1 \pmod 3$ 分支，每次都是一个解(因为 $3 \nmid 13 = f'(1)$，即 $(f'(1), p) = (13, 3) = 1$)。

例 4.4.6 涵盖了单解、多解和无解的情形，故只能用定理 4.4.3 这种一般方法求解。

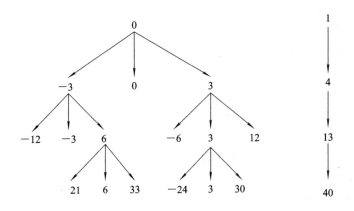

图 4.4.1 解的分布情况

4.5 素数模的同余方程

由前述内容可以看出,解高次同余方程的问题可总结如下:

设多项式 $f(x)=a_nx^n+a_{n-1}x^{n-1}+\cdots+a_1x+a_0$,并设正整数 m 的标准分解式为 $m=p_1^{a_1}\cdots p_k^{a_k}$,则

(1) 方程 $f(x)\equiv 0\pmod{m}$ 有解的充分必要条件是方程组

$$\begin{cases} f(x)\equiv 0 \pmod{p_1^{a_1}} \\ f(x)\equiv 0 \pmod{p_2^{a_2}} \\ \quad\vdots \\ f(x)\equiv 0 \pmod{p_k^{a_k}} \end{cases}$$

有解;

(2) 方程 $f(x)\equiv 0\pmod{p^a}$ 有解的必要条件是方程 $f(x)\equiv 0\pmod{p^{a-1}}$ 有解,从而最终归结为解方程 $f(x)\equiv 0\pmod{p}$;

(3) 问题:如何判断方程 $f(x)\equiv 0\pmod{p}$ 有解并求其解,其中 p 为素数。

因此,本节的重点就是讨论模数为素数 p 的同余方程

$$f(x)=a_nx^n+a_{n-1}x^{n-1}+\cdots+a_1x+a_0\equiv 0\pmod{p}, \quad a_n\not\equiv 0\pmod{p} \quad (4.5.1)$$

的求解问题。

由于解一般的同余方程是很困难的,故本节主要针对一般的同余方程,讨论其化简问题,并给出判断解数的方法。

4.5.1 同余方程的化简

为了将一些同余方程化简为尽量容易求解的方式,先引入多项式有关除法的概念。

【引理】（多项式带余除法，多项式欧几里得除法） 设 $f(x)=a_nx^n+a_{n-1}x^{n-1}+\cdots+a_1x+a_0$ 为 n 次整系数多项式，$g(x)=x^m+b_{m-1}x^{m-1}+\cdots+b_1x+b_0$ 为 $m\geqslant 1$ 的首项系数为 1 的整系数多项式，则存在整系数多项式 $q(x)$ 和 $r(x)$，使得

$$f(x)=g(x)q(x)+r(x),\ \deg r(x)<\deg g(x)$$

证 分两种情形：

(1) 当 $n<m$ 时，显然 $q(x)=0,r(x)=f(x)$。

(2) 当 $n\geqslant m$ 时，$q(x)=a_nx^{n-m}+q_1(x)$，$r(x)=f(x)-g(x)q(x)$，$q_1(x)$ 满足

$$f(x)-a_nx^{n-m}g(x)=g(x)q_1(x)+r_1(x)$$

【例 4.5.1】 设多项式 $f(x)=3x^{14}+4x^{13}+2x^{11}+x^9+x^6+x^3+12x^2+x$，$g(x)=x^5-x$，求满足引理条件的 $q(x)$ 和 $r(x)$。

解 利用多项式除法，可得

$$q(x)=3x^9+4x^8+2x^6+3x^5+5x^4+2x^2+4x+5$$
$$r(x)=3x^3+16x^2+6x$$

在多项式带余除法的基础上，即可进行方程的化简，且有以下结论。

【定理 4.5.1】 同余方程(4.5.1)与一个次数不超过 $p-1$（且模数为 p）的同余方程同解。

证 令 $g(x)=x^p-x$，由多项式的带余除法知，存在整系数多项式 $q(x)$ 和 $r(x)$，使得

$$f(x)=(x^p-x)q(x)+r(x),\ 0\leqslant\deg r(x)<p-1$$

由定理 3.4.2(Fermat 小定理)知，对任何整数 x，都有

$$x^p-x\equiv 0(\mathrm{mod}\ p)$$

故

$$f(x)\equiv 0(\mathrm{mod}\ p)\Leftrightarrow r(x)\equiv 0(\mathrm{mod}\ p)$$

定理 4.5.1 的意义在于可以将同余方程降阶。即当模数为素数 p 时，方程(4.5.1)最多只有 p 个解，故当 $n\geqslant p$ 时，可将方程(4.5.1)化为次数小于 p 的同解方程，从而达到降阶的目的。

【例 4.5.2】 求与方程 $f(x)\equiv 3x^{14}+4x^{13}+2x^{11}+x^9+x^6+x^3+12x^2+x(\mathrm{mod}\ 5)$ 同解的方程。

解 选 $g(x)=x^5-x$，则由例 4.5.1 知

$$f(x)\equiv g(x)(3x^9+4x^8+2x^6+3x^5+5x^4+2x^2+4x+5)$$
$$+3x^3+x^2+x(\mathrm{mod}\ 5)$$

所以，原同余方程同解于方程

$$3x^3+x^2+x\equiv 0(\mathrm{mod}\ 5)$$

【定理 4.5.2】 设 $1\leqslant k\leqslant n$，若 $x\equiv x_i(\mathrm{mod}\ p)$ 是方程(4.5.1)的不同解($i=1,2,\cdots,k$)，

则对任何 x 都有
$$f(x) \equiv (x-x_1)(x-x_2)\cdots(x-x_k)f_k(x) \pmod{p} \tag{4.5.2}$$
其中 $f_k(x)$ 是首项系数为 a_n 的 $n-k$ 次多项式。

证 由多项式的带余除法知，存在整系数多项式 $f_1(x)$ 和 $r(x)$，使得
$$f(x) \equiv (x-x_1)f_1(x)+r(x) \pmod{p}, \quad \deg r(x) < \deg(x-x_1)$$
即 $f_1(x)$ 是首项系数为 a_n 的 $n-1$ 次多项式，$r(x)=r$ 为常数。

又由 $f(x) \equiv 0 \pmod{p}$ 知，$r(x) \equiv 0 \pmod{p}$。即有
$$f(x) \equiv (x-x_1)f_1(x) \pmod{p}$$
又知当 $x_i \not\equiv x_1 \pmod{p}$ 时，$f(x_i) \equiv 0 \pmod{p}(i=2,3,\cdots,k)$，故
$$f_1(x_i) \equiv 0 \pmod{p}, \quad i=2,3,\cdots,k$$
同理有
$$f_1(x) \equiv (x-x_2)f_2(x) \pmod{p}$$
即
$$f(x) \equiv (x-x_1)(x-x_2)f_2(x) \pmod{p}$$
以此类推，即知定理结论成立。

定理 4.5.2 的意义在于可以利用已知的解将同余方程降阶，即当模数为素数 p 时，可利用已知的解将原方程(4.5.1)转化为次数更低的方程，以便求原方程的其他解，而且可以对每个解逐个地去做。

【例 4.5.3】 已知方程 $3x^{14}+4x^{13}+2x^{11}+x^9+x^6+x^3+12x^2+x \equiv 0 \pmod{5}$ 有解 $x \equiv 0,1,2 \pmod{5}$，试将其表示为方程(4.5.2)的形式。

解 做多项式除法：
$$(3x^{14}+4x^{13}+2x^{11}+x^9+x^6+x^3+12x^2+x) \div x$$
$$\equiv 3x^{13}+4x^{12}+2x^{10}+x^8+x^5+x^2+2x+1 \pmod{5}$$
$$(3x^{13}+4x^{12}+2x^{10}+x^8+x^5+x^2+2x+1) \div (x-1)$$
$$\equiv 3x^{12}+2x^{11}+2x^{10}+4x^9+4x^8+x^4+x^3+x^2+2x+4 \pmod{5}$$
$$(3x^{12}+2x^{11}+2x^{10}+4x^9+4x^8+x^4+x^3+x^2+2x+4) \div (x-2)$$
$$\equiv 3x^{11}+3x^{10}+3x^9+4x^7+3x^6+x^5+2x^4+x^2+3x+3 \pmod{5}$$
所以
$$3x^{14}+4x^{13}+2x^{11}+x^9+x^6+x^3+12x^2+x$$
$$\equiv x(x-1)(x-2)(3x^{11}+3x^{10}+3x^9+4x^7+3x^6+x^5+2x^4+x^2+3x+3)$$
$$\equiv 0 \pmod{5}$$

【例 4.5.4】 解方程 $3x^{14}+4x^{13}+2x^{11}+x^9+x^6+x^3+12x^2+x \equiv 0 \pmod{5}$。

解 由例 4.5.2 知，原方程的同解方程为
$$3x^3+16x^2+6x \equiv 0 \pmod{5}$$

即
$$x(3x^2+x+1)\equiv 0\pmod 5 \quad \text{或} \quad 3x(x^2+2x+2)\equiv 0\pmod 5$$
(注意 $3^{-1}\equiv 2\pmod 5$)。将其进一步变形为
$$3x(x^2-3x+2)\equiv 0\pmod 5$$
继续分解为
$$3x(x-1)(x-2)\equiv 0\pmod 5$$
所以，原方程恰有 3 个解：$x\equiv 0,1,2\pmod 5$。

【定理 4.5.3】 设 p 为素数，则

(i) 对任何整数 x，都有
$$x^{p-1}-1\equiv (x-1)(x-2)\cdots(x-(p-1))\pmod p$$

(ii) $(p-1)!+1\equiv 0\pmod p$。

证 (i) 在定理 4.5.2 中选 $f(x)=x^{p-1}-1$，$x_i=i(i=1,2,\cdots,p-1)$ 即可。

(ii) 在情形(i)中选 $x=p$ 代入即可。即
$$p^{p-1}-1\equiv (p-1)(p-2)\cdots(p-(p-1))\pmod p$$
亦即
$$(p-1)!+1\equiv p^{p-1}\equiv 0\pmod p$$

4.5.2 解数的判断

4.5.1 节主要介绍了方程化简和降阶的方法，但由于化简后的方程的求解仍然比较困难，故本节讨论同余方程解数的估计和判断方法。

【定理 4.5.4】(Lagrange(拉格朗日)定理)　同余方程(4.5.1)的解数不超过其次数。

证 用反证法。设方程(4.5.1)至少有 $n+1$ 个解：
$$x\equiv x_i\pmod p,\quad i=1,2,\cdots,n+1$$
则由定理 4.5.2，有
$$f(x)\equiv (x-x_1)(x-x_2)\cdots(x-x_n)f_n(x)\pmod p \tag{4.5.3}$$
而 $f(x_{n+1})\equiv 0\pmod p$，所以在式(4.5.3)中令 $x=x_{n+1}$，得
$$(x_{n+1}-x_1)(x_{n+1}-x_2)\cdots(x_{n+1}-x_n)f_n(x_{n+1})\equiv f(x_{n+1})\equiv 0\pmod p$$
又知 $x_{n+1}\not\equiv x_i\pmod p(i=1,2,\cdots,n)$ 且 p 是素数，故
$$f_n(x_{n+1})\equiv 0\pmod p$$
实际上 $f_n(x)=a_n$，故 $a_n\equiv 0\pmod p$，矛盾。

【推论】 次数小于 p 的整系数多项式对所有整数取值后模 p 为零的充要条件是其系数被 p 整除。

即设 $n<p$，$f(x)=a_nx^n+a_{n-1}x^{n-1}+\cdots+a_1x+a_0$，则 $\forall$ 整数 x，
$$f(x)\equiv 0\pmod p \Leftrightarrow p\mid (a_0,a_1,\cdots,a_n)$$

证 必要性：由定理 4.5.4 的证明过程知，当满足方程的 x 的个数大于 n 时，必有 $p\mid a_n$，从而原方程

$$a_n x^n + a_{n-1}x^{n-1} + \cdots + a_1 x + a_0 \equiv 0 \pmod{p}$$

同解于方程

$$a_{n-1}x^{n-1} + \cdots + a_1 x + a_0 \equiv 0 \pmod{p}$$

再以此类推，可证得

$$p\mid a_{n-1},\ p\mid a_{n-2},\ \cdots,\ p\mid a_0$$

充分性：显然。

【定理 4.5.5】 设 p 为素数，n 为正整数，$n \leqslant p$，则同余方程

$$f(x) = x^n + a_{n-1}x^{n-1} + \cdots + a_1 x + a_0 \equiv 0 \pmod{p} \tag{4.5.4}$$

有 n 个解的充要条件是 $x^p - x$ 除以 $f(x)$ 后所得余式的所有系数都是 p 的倍数。

证 必要性：设

$$x^p - x = f(x)q(x) + r(x) \tag{4.5.5}$$

且 $\deg r(x) < n$，$\deg q(x) = p - n$。

已知方程 (4.5.4) 有 n 个解，但由 Fermat 小定理知这些解也是方程

$$x^p - x \equiv 0 \pmod{p}$$

的解，从而再结合方程 (4.5.5) 知它们也是方程

$$r(x) \equiv 0 \pmod{p}$$

的解。但 $\deg r(x) < n$，故由定理 4.5.4 的推论知 $r(x)$ 的系数都是 p 的倍数。

充分性：已知 $r(x)$ 的系数都能被 p 整除，则对任何整数 x，必有

$$r(x) \equiv 0 \pmod{p}$$

但由 Fermat 小定理知，对任何整数 x，也有

$$x^p - x \equiv 0 \pmod{p}$$

因此，对任何整数 x，有

$$f(x)q(x) \equiv 0 \pmod{p} \tag{4.5.6}$$

即方程 (4.5.6) 有 p 个不同的解：

$$x \equiv 0,\ 1,\ \cdots,\ p-1 \pmod{p}$$

若方程 $f(x) \equiv 0 \pmod{p}$ 的解数 $k < n$，加之由定理 4.5.4 知方程 $q(x) \equiv 0 \pmod{p}$ 的解数 $h \leqslant p - n$，从而方程 (4.5.6) 的解数小于等于 $k + h < p$，矛盾。

【推论】 设 p 为素数，d 是 $p-1$ 的正因数，则多项式 $x^d - 1$ 模 p 有 d 个不同的根。

证 设 $p - 1 = kd$，则多项式 $x^p - x$ 可分解为

$$x^p - x = (x^{p-1} - 1)x = ((x^d)^k - 1)x = (x^d - 1)q(x) + 0$$

余项 $r(x) \equiv 0 \pmod{p}$，满足定理条件，故结论成立。上式中，$q(x) = ((x^d)^{k-1} + (x^d)^{k-2} + \cdots + x^d + 1)x$。

【例 4.5.5】 判断同余方程 $2x^3+5x^2+6x+1\equiv 0 \pmod 7$ 是否有 3 个解。

解 先化方程左边为首一多项式，即
$$2^{-1}(2x^3+5x^2+6x+1)\equiv 4(2x^3+5x^2+6x+1)$$
$$\equiv x^3-x^2+3x-3 \pmod 7$$

得同解方程
$$x^3-x^2+3x-3\equiv 0 \pmod 7$$

做带余除法，得
$$x^7-x\equiv (x^3-x^2+3x-3)(x^3+x^2-2x-2)x+7x(x^2-1) \pmod 7$$

其中 $r(x)\equiv 7x(x^2-1)\pmod 7$。

因为 $r(x)$ 的系数都能被 7 整除，故由定理 4.5.5 知，原同余方程的解数为 3。

【例 4.5.6】 判断同余方程 $21x^{18}+2x^{15}-x^{10}+4x-3\equiv 0\pmod 7$ 的解数。

解 先按照定理 4.1.1 的结论(i)，将原方程的系数模 7 得同解方程
$$2x^{15}-x^{10}+4x-3\equiv 0\pmod 7$$

做多项式除法得
$$2x^{15}-x^{10}+4x-3\equiv (x^7-x)(2x^8-x^3+2x^2)+(-x^4+2x^3+4x-3)\pmod 7$$

故同解方程为
$$-x^4+2x^3+4x-3\equiv 0\pmod 7$$

直接枚举可知 $x=0,1,2,\cdots,6$ 都不是方程的解，故原方程无解。

4.6 同余方程的应用

4.6.1 密钥分存

秘密共享的一种策略就是由信息的解密密钥衍生出若干个称为子密钥的密钥，并将这些子密钥分给若干个人分别持有。条件是只有当这些子密钥的持有者到齐或部分到齐后，利用他们掌握的若干个子密钥生成解密密钥，亦即重构解密密钥，从而解密信息，到达秘密共享的目的。

密钥分存的一种思路就是利用插值多项式来生成子密钥，并利用这些子密钥重构解密密钥。

根据数据插值理论，任给平面上的 t 个点 $P_i=(x_i,y_i)(i=1,2,\cdots,t)$，必存在唯一的不超过 $t-1$ 次的多项式
$$f(x)=a_0+a_1x+a_2x^2+\cdots+a_{t-1}x^{t-1} \tag{4.6.1}$$

使得该多项式曲线通过所给的 t 个点，即有 $f(x_i)=y_i(i=1,2,\cdots,t)$。

显然，构造 $f(x)$ 的关键就是求其系数 $a_0,a_1,\cdots,a_{t-1}$。而求 $a_0,a_1,\cdots,a_{t-1}$ 的直观

且简单的方法之一就是将 x_i 代入式(4.6.1)，且令 $f(x_i)=y_i(i=1,2,\cdots,t)$，从而得关于 a_i 的线性代数方程组

$$\begin{cases} a_0+x_1a_1+x_1^2a_2+\cdots+x_1^{t-1}a_{t-1}=y_1 \\ a_0+x_2a_1+x_2^2a_2+\cdots+x_2^{t-1}a_{t-1}=y_2 \\ \vdots \\ a_0+x_ta_1+x_t^2a_2+\cdots+x_t^{t-1}a_{t-1}=y_t \end{cases} \quad (4.6.2)$$

再解此方程组即可得 $a_i(i=0,1,\cdots,t-1)$。而且方程组(4.6.2)的系数行列式

$$\Delta = \begin{vmatrix} 1 & x_1 & \cdots & x_1^{t-1} \\ 1 & x_2 & \cdots & x_2^{t-1} \\ \vdots & \vdots & & \vdots \\ 1 & x_t & \cdots & x_t^{t-1} \end{vmatrix}$$

是线性代数中典型的范德蒙行列式，且当 $x_i \neq x_j$ 时，其值 $\Delta = \prod_{1 \leqslant j < i \leqslant t}(x_i-x_j) \neq 0$。故方程组(4.6.2)有唯一解，即所构造的多项式 $f(x)$ 存在且唯一。

【**例 4.6.1**】 已知平面上的 4 个点 $(0,-5)$、$(1,-3)$、$(2,3)$、$(3,13)$，试求一个不超过 3 次的多项式 $f(x)$，通过所给定的点。

解 设所求多项式为 $f(x)=a_0+a_1x+a_2x^2+a_3x^3$，按照式(4.6.2)构造 a_0、a_1、a_2、a_3 满足的代数方程组

$$\begin{cases} a_0=-5 \\ a_0+a_1+a_2+a_3=-3 \\ a_0+2a_1+4a_2+8a_3=3 \\ a_0+3a_1+9a_2+27a_3=13 \end{cases}$$

解之得 $a_0=-5$，$a_1=0$，$a_2=2$，$a_3=0$。所以，所求多项式为

$$f(x)=2x^2-5$$

需要说明的是，当将上述运算改为关于模整数 m 的同余运算时，结论也成立。

利用多项式的插值方法，可以构造一种密钥分存方案：设用户组共享的密钥为 k，选择素数 q，并任选整数 $a_1,a_2,\cdots,a_{t-1}(0 \leqslant a_i < q;i=1,2,\cdots,t-1)$，构造多项式

$$f(x)=k+a_1x+a_2x^2+\cdots+a_{t-1}x^{t-1}$$

并计算 $k_i \equiv f(x_i) \pmod{q}$（例如可以选 $x_i=i$ 或 $x_i=\alpha^i \pmod{q}$，其中 α 为 q 的原根（见6.1节原根的定义））$(i=1,2,\cdots,n)$，将 (x_i,k_i) 作为子密钥分别发送给 n 个相关的用户 $(n \geqslant t)$。那么，当其中有 r 个用户到场时 $(r \geqslant t)$，可利用其手中掌握的子密钥 $(x_{i_j},k_{i_j})(j=1,2,\cdots,r)$，重构多项式 $f(x)$，从而恢复出解密密钥 k。其重构过程可以采用类似于解方程组(4.6.2)的方法，解同余方程组

$$\begin{cases} a_0 + x_{i_1}a_1 + x_{i_1}^2 a_2 + \cdots + x_{i_1}^{r-1} a_{r-1} \equiv k_{i_1} \pmod{q} \\ a_0 + x_{i_2}a_1 + x_{i_2}^2 a_2 + \cdots + x_{i_2}^{r-1} a_{r-1} \equiv k_{i_2} \pmod{q} \\ \vdots \\ a_0 + x_{i_r}a_1 + x_{i_r}^2 a_2 + \cdots + x_{i_r}^{r-1} a_{r-1} \equiv k_{i_r} \pmod{q} \end{cases} \quad (4.6.3)$$

即得 $k=a_0$。

这里需要说明的是，由多项式插值的有关结论知，当点 (x_i, k_i) 选自多项式曲线上 $f(x)$ 的点时，即使 $r>t$，重构的多项式也必为 $f(x)$，尽管表面上看起来此时利用方程组 (4.6.2) 或方程组 (4.6.3) 重构的多项式的次数似乎为 $r-1$。

另外，沙米尔给出了一种基于拉格朗日插值公式的重构方案，即

$$f(x) \equiv \sum_{j=1}^{r} \left(\prod_{\substack{u=1 \\ u \neq j}}^{r} \frac{x - x_{i_u}}{x_{i_j} - x_{i_u}} \right) k_{i_j} \equiv \sum_{i=0}^{t-1} a_i x^i \pmod{q} \quad (4.6.4)$$

其中 $\dfrac{1}{x_{i_j} - x_{i_u}}$ 表示 $x_{i_j} - x_{i_u}$ 模 q 的逆，即 $\dfrac{1}{x_{i_j} - x_{i_u}} \equiv (x_{i_j} - x_{i_u})^{-1} \pmod{q}$。而拉格朗日插值公式的意义主要在于可以利用公式 (4.6.4) 直接构造插值多项式 $f(x)$，而不必通过解方程组 (4.6.2) 或方程组 (4.6.3) 构造 $f(x)$。

其次，重构 $f(x)$ 的目的是恢复密钥 $k=a_0$，故不需要计算其他的 $a_i (i=1, 2, \cdots, t-1)$，而只要计算

$$k \equiv f(0) \equiv \sum_{j=1}^{r} \left(\prod_{\substack{u=1 \\ u \neq j}}^{r} \frac{-x_{i_u}}{x_{i_j} - x_{i_u}} \right) k_{i_j} \pmod{q}$$

即可。

【例 4.6.2】 设 $q=17$，$k=13$，$f(x)=13+10x+2x^2$，$n=5$。选 $x_i=i$，试计算子密钥 $k_i (i=1, 2, \cdots, 5)$。

解 将 $x_i=i$ 代入 $f(x)$，可得如下子密钥：

$$k_1 \equiv f(1) \equiv 8 \pmod{17}$$
$$k_2 \equiv f(2) \equiv 7 \pmod{17}$$
$$k_3 \equiv f(3) \equiv 10 \pmod{17}$$
$$k_4 \equiv f(4) \equiv 0 \pmod{17}$$
$$k_5 \equiv f(5) \equiv 11 \pmod{17}$$

【例 4.6.3】 设 $q=97$，并已知 4 个子密钥 $(x_{i_j}, k_{i_j}) = (5, 49), (25, 28), (33, 52), (43, 63)$，试利用这些子密钥恢复多项式 $f(x)$，并确定密钥 k。

解 由式 (4.6.4) 知

$$f(x) \equiv \frac{(x-25)(x-33)(x-43)}{(5-25)(5-33)(5-43)} \times 49 + \frac{(x-5)(x-33)(x-43)}{(25-5)(25-33)(25-43)} \times 28$$
$$+ \frac{(x-5)(x-25)(x-43)}{(33-5)(33-25)(33-43)} \times 52 + \frac{(x-5)(x-25)(x-33)}{(43-5)(43-25)(43-33)} \times 63$$
$$\equiv 49 \times (-21\ 280)^{-1}(x-25)(x-33)(x-43)$$
$$+ 28 \times 2880^{-1}(x-5)(x-33)(x-43)$$
$$+ 52 \times (-2240)^{-1}(x-5)(x-25)(x-43)$$
$$+ 63 \times 6840^{-1}(x-5)(x-25)(x-33)$$
$$\equiv 49 \times 76(x^3 - 101x^2 + 3319x - 35\ 475)$$
$$+ 28 \times 42(x^3 - 81x^2 + 1799x - 7095)$$
$$+ 52 \times 43(x^3 - 73x^2 + 1415x - 5375)$$
$$+ 63 \times 33(x^3 - 63x^2 + 1115x - 4125)$$
$$\equiv 68 + 49x + 36x^2 \pmod{97}$$

所以，$f(x) = 68 + 49x + 36x^2$，密钥 $k = 68$。

4.6.2 数据库加密方案

一般的密码算法主要针对整体的一个文件进行加解密，而针对数据库专门设计的密码方案则可以在粒度上细致到对每个字段独立地加解密且整个文件或记录又是一个有机的整体。

加密方案：设该数据库共有 n 个字段 $f_1, f_2, \cdots, f_n$，每个字段编码为整数串。选 n 个不同的素数 $p_1, p_2, \cdots, p_n$，满足 $p_i > f_i (i=1, 2, \cdots, n)$。那么，整个记录的密文 C 为满足同余方程组

$$\begin{cases} C \equiv f_1 \pmod{p_1} \\ C \equiv f_2 \pmod{p_2} \\ \quad \vdots \\ C \equiv f_n \pmod{p_n} \end{cases}$$

的解。

由中国剩余定理知

$$C \equiv \sum_{i=1}^{n} M_i M_i^{-1} f_i \equiv \sum_{i=1}^{n} e_i f_i \pmod{M}$$

其中 $M = p_1 p_2 \cdots p_n$，$M_i = M/p_i$，$M_i M_i^{-1} \equiv 1 \pmod{p_i}$，$e_i \equiv M_i M_i^{-1} \pmod{M} (i=1, 2, \cdots, n)$。

解密方案：尽管密文与整条记录相关，但对于用户 A_i 而言，只要 A_i 持有第 i 个子密钥 p_i，A_i 就可以独立地查看字段 f_i 的信息，因为

$$f_i \equiv C \pmod{p_i}$$

由于利用 e_i 加密信息和 p_i 解密信息,故也称 e_i 为**写入子密钥**,称 p_i 为**读出子密钥**。

其次,利用该方法,A_i 还可独立地修改自己的字段值,并利用原来的密文生成新的密文。设第 i 个字段的新值为 f_i',其增量为 $\Delta f_i = f_i' - f_i$,则容易证明该记录的新密文为
$$C' \equiv C + e_i(f_i' - f_i) \equiv C + e_i \cdot \Delta f_i \pmod{M}$$

【**例 4.6.4**】 设字段数 $n=4$,各字段 f_i 的值分别为 5、7、8、12,子密钥 p_i 分别为 7、11、13、17,计算 C。

解 解同余方程组
$$\begin{cases} C \equiv 5 \pmod{7} \\ C \equiv 7 \pmod{11} \\ C \equiv 8 \pmod{13} \\ C \equiv 12 \pmod{17} \end{cases}$$

得该记录的密文为 $C \equiv 7509 \pmod{17\,017}$。其中写入子密钥为 $e_1 = 9724$,$e_2 = 12\,376$,$e_3 = 3927$,$e_4 = 8008$,故
$$C \equiv 9724 f_1 + 12\,376 f_2 + 3927 f_3 + 8088 f_4 \pmod{17\,017}$$

【**例 4.6.5**】 设数据库的字段数和各用户的子密钥均与例 4.6.4 的相同,已知某条记录的密文 $C = 12\,356$,试解密出每个字段的明文值,并求用户 A_3 的字段值改为 2 或 9 时新的密文。

解 直接计算可得每个字段的明文值为
$$f_1 \equiv 12\,356 \equiv 1 \pmod{7}, \quad f_2 \equiv 12\,356 \equiv 3 \pmod{11}$$
$$f_3 \equiv 12\,356 \equiv 6 \pmod{13}, \quad f_4 \equiv 12\,356 \equiv 14 \pmod{17}$$

当用户的字段值变为 $f_3' = 2$ 时,其增量为 $\Delta f_3 = f_3' - f_3 = 2 - 6 = -4$,故新的密文为
$$C' \equiv C + e_3 \cdot \Delta f_3 \equiv 12\,356 + 3927 \times (-4) \equiv -3352 \equiv 13\,665 \pmod{17\,017}$$

当用户的字段值变为 $f_3' = 9$ 时,其增量为 $\Delta f_3 = 9 - 6 = 3$,故新的密文为
$$C' \equiv C + e_3 \cdot \Delta f_3 \equiv 12\,356 + 3927 \times 3 \equiv 7120 \pmod{17\,017}$$

4.6.3 BBS 流密码算法

流密码是相对于分组密码而言的,是一类适合于数据流的密码算法。其与分组密码的区别在于后者需将明文分组后进行加密,若明文串或明文的最后一个分组的串长小于分组长度,则一般需对明文进行处理以使其达到分组长度,方可进行加密。而流密码则恰好相反,它可以以字节甚至以位为单位进行加密,即只要产生若干位的信息,就可以用它来进行加密,没有必须将信息凑到固定的长度才能加密的限制。

流密码算法的框架很简单,可以用数学公式描述为
$$\text{加密}: C_i = M_i \oplus k_i$$
$$\text{解密}: M_i = C_i \oplus k_i$$

其中：M_i 为数据流的第 i 段；C_i 为第 i 段密文；k_i 为第 i 段随机数列；M_i、C_i、k_i 均为二进制串；$\oplus$ 为按位进行异或运算，即 $x \oplus y \equiv x+y \pmod 2$。其之所以称为流密码，另一个关键因素就是 M_i、C_i、k_i 的粒度可以任意人为把握，即其长度可以随意选取。

可以看出，流密码算法的核心是设计一个伪随机数发生器。

BBS 流密码算法的密码强度也许是最强的，故称为密码安全伪随机数发生器（CSPRBG）。

BBS 密码算法也称为概率密码算法，其加、解密思路如表 4.6.1 所示（设信息为 t 位二进制串）。

表 4.6.1　BBS 密码算法

步骤	计 算 思 路
准备	参数选择：大素数 p、q 满足 $p \equiv q \equiv 3 \pmod 4$，令 $n=pq$，任选整数 s，满足 $(s,n)=1$
初始化	令 $X_0 \equiv s^2 \pmod n$
加密	for $i=1$ to t 　$\{X_i \equiv X_{i-1}^2 \pmod n;\ k_i \equiv X_i \pmod 2;\ C_i = M_i \oplus k_i\}$ 发送 $\{C_1, C_2, \cdots, C_t, X_{t+1}\}$
解密	首先利用 p、q 和 X_{t+1} 恢复 X_0，其次计算 for $i=1$ to t 　$\{X_i \equiv X_{i-1}^2 \pmod n;\ k_i \equiv X_i \pmod 2;\ M_i = C_i \oplus k_i\}$

该方法的优点之一就是若已掌握 p 和 q，就可以利用任何一个 $X_i(i \geqslant 1)$，恢复出 X_0，从而再利用恢复出的 X_0 计算出全部 X_i，最终得到密钥序列 k_i。反之，即使公开 n 和 X_i，若想利用求 X_i 的逆运算 $X_{i-1} \equiv \sqrt{X_i} \pmod n$ 得到 X_{i-1}，进而获得全部 X_i，在目前仍然是难题。

利用 X_i 恢复 X_0 的思路如表 4.6.2 所示。

表 4.6.2　利用 X_i 恢复 X_0

步骤	计 算 思 路
S1	令 $\alpha \equiv \left(\dfrac{p+1}{4}\right)^i \pmod{p-1}$，$\beta \equiv \left(\dfrac{q+1}{4}\right)^i \pmod{q-1}$
S2	计算 $a \equiv (X_i)^\alpha \pmod p$，$b \equiv (X_i)^\beta \pmod q$
S3	解同余方程组 $\begin{cases} y \equiv a \pmod p \\ y \equiv b \pmod q \end{cases}$，则 $X_0 = y$

【例 4.6.6】 设 $n=383\times 503=192\,649$，$s=101\,355$，试利用 BBS 算法，生成前 24 位密钥 k_i，并分别利用 X_5 和 X_{24} 恢复 X_0。

解 （1）因为 $X_0\equiv 101\,355^2\equiv 20\,749\,(\bmod\,192\,649)$，$X_i\equiv X_{i-1}^2\,(\bmod\,192\,649)$，$k_i\equiv X_i\,(\bmod\,2)$，故计算结果见表 4.6.3。

表 4.6.3 按照 BBS 算法生成的随机密钥

i	X_i	k_i	i	X_i	k_i	i	X_i	k_i	i	X_i	k_i
1	143 135	1	7	45 663	1	13	8630	0	19	137 171	1
2	177 671	1	8	69 442	0	14	114 386	0	20	48 060	0
3	97 048	0	9	186 894	0	15	14 863	1	21	94 739	1
4	89 992	0	10	177 046	0	16	133 015	1	22	153 860	0
5	174 051	1	11	137 922	0	17	106 065	1	23	190 480	0
6	80 649	1	12	123 175	1	18	45 870	0	24	80 985	1

所以，生成的二进制密钥的前 24 位数为 $\{110011100001001110101001\}$。

（2）利用 $X_5=174\,051$ 恢复 X_0。此时有

$$\alpha\equiv \left(\frac{383+1}{4}\right)^5\equiv 96^5\equiv 6\,(\bmod\,382)$$

$$\beta\equiv \left(\frac{503+1}{4}\right)^5\equiv 126^5\equiv 102\,(\bmod\,502)$$

$$a\equiv 174\,051^6\equiv 67\,(\bmod\,383),\quad b\equiv 174\,051^{102}\equiv 126\,(\bmod\,503)$$

从而得同余方程组

$$\begin{cases} y\equiv 67\,(\bmod\,383) \\ y\equiv 126\,(\bmod\,503) \end{cases}$$

解之得 $y\equiv 20\,749\,(\bmod\,192\,649)$，即 $X_0=20\,749$。

（3）利用 $X_{24}=80\,985$ 恢复 X_0。此时有

$$\alpha\equiv \left(\frac{383+1}{4}\right)^{24}\equiv 96^{24}\equiv 272\,(\bmod\,382)$$

$$\beta\equiv \left(\frac{503+1}{4}\right)^{24}\equiv 126^{24}\equiv 500\,(\bmod\,502)$$

$$a\equiv 80\,985^{272}\equiv 67\,(\bmod\,383)$$

$$b\equiv 80\,985^{500}\equiv 126\,(\bmod\,503)$$

可以看出，对 $X_{24}=80\,985$，同样有 $a\equiv 67\,(\bmod\,383)$，$b\equiv 126\,(\bmod\,503)$，即与 $X_5=174\,051$ 时获得的 a、b 的值相同，故此时不必再去建立方程组并求解，即知必有 $X_0=20\,749$。

习 题 4

1. 通过直接计算，求下列同余方程的解和解数：

(1) $x^5 - 3x^2 + 2 \equiv 0 \pmod{7}$；

(2) $3x^2 - 12x^2 - 9 \equiv 0 \pmod{28}$；

(3) $x^{26} + 7x^{21} - 5x^{17} + 2x^{11} + 8x^5 - 3x^2 - 7 \equiv 0 \pmod 5$。

2. 求解下列一元一次同余方程：

(1) $3x \equiv 2 \pmod 7$； (2) $9x \equiv 12 \pmod{15}$；

(3) $20x \equiv 4 \pmod{30}$； (4) $64x \equiv 83 \pmod{105}$；

(5) $987x \equiv 610 \pmod{1597}$； (6) $49x \equiv 5000 \pmod{999}$。

3. 证明：如果 a、b、c 是整数，$(a,b)=1$，则存在整数 n，使得 $(an+b,c)=1$。

4. 对同余方程 $x^2 \equiv 1 \pmod{2^a}$，证明：

(1) 当 $a>2$ 时，恰有四个不同的解，分别为 $x \equiv \pm 1, \pm(1+2^{a-1}) \pmod{2^a}$；

(2) 当 $a=1$ 时，只有一个解；

(3) 当 $a=2$ 时，恰有两个不同的解。

5. 设 a、m 为正整数，$a \nmid m$，令 $a_1 \equiv m \pmod a$ $(1 \leqslant a_1 \leqslant a)$。证明：一次同余方程 $ax \equiv b \pmod m$ 的解一定是同余方程 $a_1 x \equiv -\left\lfloor \dfrac{m}{a} \right\rfloor b \pmod m$ 的解。反过来对吗？请举例说明。

6. 能否利用第 5 题的思路提出一个解一元一次同余方程的方法？并试用此方法解下列一次同余方程，同时指出应用这一方法时要注意的问题：

(1) $6x \equiv 7 \pmod{23}$； (2) $5x \equiv 1 \pmod{12}$；

(3) $10x \equiv 28 \pmod{42}$； (4) $6x \equiv 33 \pmod{57}$。

7. 设 $(a,m)=1$，b 是整数，并设 $f(x)$ 为整系数多项式。令 $g(y)=f(ay+b)$，证明：同余方程 $f(x) \equiv 0 \pmod m$ 与 $g(y) \equiv 0 \pmod m$ 的解数相同，并给出二者的解的转换公式。

8. 利用上题的思路解同余方程：

(1) $4x^2 + 27x - 12 \equiv 0 \pmod{15}$；

(2) $4x^2 + 27x - 7 \equiv 0 \pmod{15}$；

(3) $4x^2 + 27x - 9 \equiv 0 \pmod{15}$。

9. 求解下列一元一次同余方程组：

(1) $\begin{cases} x \equiv 4 \pmod{11} \\ x \equiv 3 \pmod{17} \end{cases}$； (2) $\begin{cases} x \equiv 2 \pmod 5 \\ x \equiv 1 \pmod 6 \\ x \equiv 3 \pmod 7 \\ x \equiv 0 \pmod{11} \end{cases}$；

(3) $\begin{cases} 8x \equiv 6 \pmod{10} \\ 3x \equiv 11 \pmod{17} \end{cases}$； (4) $\begin{cases} x \equiv 6 \pmod{35} \\ x \equiv 11 \pmod{55} \\ x \equiv 2 \pmod{33} \end{cases}$。

10. 求 11 的倍数，使得该数被 2、3、5、7 除后的余数都为 1。

11. 搞活动时需将一箱糖果分成若干小堆。若 15 颗一堆，或 35 颗一堆，则最后一堆都少 7 颗；若将糖果数扩大到原来的 2 倍，并按 6 颗分一堆，则最后一堆为 4 颗。问此箱中最少有多少颗糖果？

12. 解下列各题（摘自 1275 年杨辉的《续古摘奇算法》）：
(1) 七数剩一，八数剩二，九数剩四，求本数；
(2) 二数余一，五数余二，七数余三，九数余五，问本数；
(3) 十一数余三，七十二数余二，十三数余一，问本数。

13. 设 n 为正整数，$m_1, m_2, \cdots, m_n$ 为两两互素的正整数。证明：存在 n 个相邻整数，使得第 i 个整数能被 m_i 整除 $(i=1, 2, \cdots, n)$。

14. 试找出所有的三位数，使它们除以 7、11、13 的余数之和最大。

15. 证明：同余方程组 $\begin{cases} x \equiv a \pmod{m_1} \\ x \equiv a \pmod{m_2} \end{cases}$ 一定有解，其全部解为 $x \equiv a \pmod{[m_1, m_2]}$。

16. 利用方程组解下列同余方程（即将同余方程化为同余方程组求解）：
(1) $23x \equiv 1 \pmod{140}$；
(2) $17x \equiv 229 \pmod{1540}$。

17. 某人每工作八天后休息两天，有一次他在周六、周日休息，问最少要几周后他可以在周日休息。

18. 证明：同余方程组 $\begin{cases} x \equiv a_1 \pmod{m_1} \\ x \equiv a_2 \pmod{m_2} \end{cases}$ 有解的充要条件是 $(m_1, m_2) \mid (a_1 - a_2)$，且有解时对模 $[m_1, m_2]$ 的解数为 1。

19. 证明：同余方程组 $\begin{cases} x \equiv b_1 \pmod{m_1} \\ x \equiv b_2 \pmod{m_2} \\ \vdots \\ x \equiv b_k \pmod{m_k} \end{cases}$ 有解的充分必要条件是 $(m_i, m_j) \mid (a_i - a_j)(1 \leq i \neq j \leq k)$，且有解时对模 $[m_1, m_2, \cdots, m_k]$ 的解数为 1。

20. 设 $m_1, m_2, \cdots, m_k$ 两两互素，证明：同余方程组 $\begin{cases} a_1 x \equiv b_1 \pmod{m_1} \\ a_2 x \equiv b_2 \pmod{m_2} \\ \vdots \\ a_k x \equiv b_k \pmod{m_k} \end{cases}$ 有解的充分必

要条件是每一个同余方程 $b_i x \equiv b_i \pmod{m_i}$ 均可解。当 $m_1, m_2, \cdots, m_k$ 不两两互素时，结论是否成立？

21. 证明：

(1) 对任意一组正整数 $m_1, m_2, \cdots, m_k$，一定能找到一组正整数 $n_1, n_2, \cdots, n_k$，满足 $n_i | m_i (i=1, 2, \cdots, k)$，$n_i$ 两两互素且 $[n_1, n_2, \cdots, n_k] = [m_1, m_2, \cdots, m_k]$；

(2) 若同余方程组 $\begin{cases} x \equiv b_1 \pmod{m_1} \\ x \equiv b_2 \pmod{m_2} \\ \vdots \\ x \equiv b_k \pmod{m_k} \end{cases}$ 有解，则其解与同余方程组 $\begin{cases} x \equiv b_1 \pmod{n_1} \\ x \equiv b_2 \pmod{n_2} \\ \vdots \\ x \equiv b_k \pmod{n_k} \end{cases}$ 的解相同。

22. 设 $m_1, m_2, \cdots, m_k$ 两两互素，证明：同余方程组 $\begin{cases} x \equiv b_1 \pmod{m_1} \\ x \equiv b_2 \pmod{m_2} \\ \vdots \\ x \equiv b_k \pmod{m_k} \end{cases}$ 的解为

$$x \equiv b_1 M_1^{\varphi(m_1)} + b_2 M_2^{\varphi(m_2)} + \cdots + b_k M_k^{\varphi(m_k)} \pmod{M}$$

其中 $M = m_1 m_2 \cdots m_k$，$M_i = \dfrac{M}{m_i} (i=1, 2, \cdots, k)$。

23. 设 $m \geqslant 1$，$\Delta = ad - bc$，$(m, \Delta) = 1$，$\Delta^{-1} \cdot \Delta \equiv 1 \pmod{m}$。证明：二元一次同余方程组 $\begin{cases} ax + by \equiv e \pmod{m} \\ cx + dy \equiv f \pmod{m} \end{cases}$ 对模 m 有唯一解

$$\begin{cases} x \equiv \Delta^{-1}(de - bf) \pmod{m} \\ y \equiv \Delta^{-1}(af - ce) \pmod{m} \end{cases}$$

24. 求下列二元一次同余方程组的解：

(1) $\begin{cases} 3x + 4y \equiv 5 \pmod{13} \\ 2x + 5y \equiv 7 \pmod{13} \end{cases}$；　　(2) $\begin{cases} x + 3y \equiv 1 \pmod{5} \\ 3x + 4y \equiv 2 \pmod{5} \end{cases}$；

(3) $\begin{cases} 2x + 3y \equiv 5 \pmod{7} \\ x + 5y \equiv 6 \pmod{7} \end{cases}$。

25. 求模 13 的一组完全剩余系 $r_1, r_2, \cdots, r_{13}$，满足
$$r_i \equiv i \pmod{3}, \quad r_i \equiv 0 \pmod{7}, \quad i = 1, 2, \cdots, 13$$

26. 求模 23 的一组完全剩余系 $r_1, r_2, \cdots, r_{23}$，满足
$$r_i \equiv -1 \pmod{2}, \quad r_i \equiv 1 \pmod{3}$$
$$r_i \equiv i \pmod{5}, \quad r_i \equiv 0 \pmod{7}, \quad i = 1, 2, \cdots, 12$$

27. 运用 Euler 定理求解下列一次同余方程：

(1) $5x \equiv 3 \pmod{14}$；　　(2) $4x \equiv 7 \pmod{15}$；　　(3) $3x \equiv 5 \pmod{16}$。

28. 设 p 为奇素数，α 为正整数。证明方程 $x^2 \equiv 1 \pmod{p^\alpha}$ 的解数为 2，且其解必为 $x \equiv \pm 1 \pmod{p^\alpha}$。

29. 对哪些值 a，同余方程 $x^3 \equiv a \pmod{9}$ 有解。

30. 设 p 为素数，证明：若同余方程 $g(x) \equiv 0 \pmod{p}$ 无解，则方程 $f(x) \equiv 0 \pmod{p}$ 与 $f(x)g(x) \equiv 0 \pmod{p}$ 的解及解数相同。

31. 以 T_i 表示同余方程 $f(x) \equiv i \pmod{m}$ 的解数，证明：
$$\sum_{i=1}^{m} T_i = m$$

32. 设同余方程 $h(x) \equiv 0 \pmod{m}$ 的解数等于 m，并设整系数多项式 $f(x)$、$q(x)$ 和 $r(x)$ 满足
$$f(x) \equiv q(x)h(x) + r(x) \pmod{m} \qquad (*)$$
证明：同余方程 $f(x) \equiv 0 \pmod{m}$ 与 $r(x) \equiv 0 \pmod{m}$ 的解和解数相同。此外，若 $h(x)$ 的最高次项系数为 1，则对任意的 $f(x)$，必有 $q(x)$ 和 $r(x)$ 使式 $(*)$ 成立，且有 $\deg r(x) < \deg h(x)$。

33. 求满足式 $(*)$ 的 $r(x)$。其中：
(1) $m = 7$，$h(x) = x^7 - x$，$f(x) = 3x^{11} + 3x^8 + 5$；
(2) $m = 5$，$h(x) = x^5 - x$，$f(x) = 4x^{20} + 3x^{13} + 2x^7 + 3x - 2$。

34. 求同余方程 $x^2 + x \equiv 0 \pmod{m}$ 的解数公式。

35. 求解下列高次同余方程：
(1) $3x^{14} + 4x^{13} + 2x^{11} + x^9 + x^6 + x^3 + 12x^2 + x \equiv 0 \pmod{7}$；
(2) $x^4 + 7x + 4 \equiv 0 \pmod{243}$。

36. 求下列模为素数幂的同余方程的解：
(1) $x^3 + x^2 - 4 \equiv 0 \pmod{7^3}$；   (2) $x^3 + x^2 - 5 \equiv 0 \pmod{7^3}$；
(3) $x^2 + 5x + 13 \equiv 0 \pmod{3^3}$；   (4) $x^2 + 5x + 13 \equiv 0 \pmod{3^4}$；
(5) $x^2 \equiv 3 \pmod{11^3}$；   (6) $x^2 \equiv -2 \pmod{19^4}$。

37. 设素数 $p \geq 4$，证明：$\displaystyle\sum_{k=1}^{p-1} \frac{(p-1)!}{k} \equiv 0 \pmod{p^2}$。

38. 设 $m_1, m_2, \cdots, m_k$ 两两互素，且 $(a_i, m_i) = 1 (i = 1, 2, \cdots, k)$。证明：当 x_i 遍历模 m_i 的完全剩余系（或既约剩余系）时 $(i = 1, 2, \cdots, k)$，
$$x = (M_1 a_1 x_1 + M_2 + \cdots + M_k)(M_1 + M_2 a_2 x_2 + M_3 + \cdots + M_k)$$
$$\cdots (M_1 + \cdots + M_{k-1} + M_k a_k x_k)$$
遍历模 $M = m_1 m_2 \cdots m_k$ 的完全剩余系（或既约剩余系）。其中，$M_i = M/m_i$，且满足 $x \equiv a_i M_i^k x_i \pmod{m_i} (i = 1, 2, \cdots, k)$。

39. 设 p 是素数。证明：同余方程 $f^2(x) \equiv 0 \pmod{p^\alpha}$ 与 $f(x) \equiv 0 \pmod{p^{\lfloor (\alpha-1)/2 \rfloor}}$ 的

解相同。

40. 设 n、k 均为正整数，a 为整数。证明：

(1) 设 $2 \nmid a$, $2 \nmid n$，则同余方程 $x^n \equiv a \pmod{2^k}$ 恰有一解；

(2) 设 p 为奇素数，$p \nmid a$，$p \nmid n$，则对任意 k，同余方程 $x^n \equiv a \pmod{p^k}$ 的解数相同。

41. 设 $q=71$，并已知 4 个子密钥 $(x_{i_j}, k_{i_j}) = (7, 45), (16, 57), (26, 47), (33, 64)$，试利用沙米尔给出的基于拉格朗日插值公式的重构方案和这些子密钥恢复多项式 $f(x)$，并确定密钥 k。

42. 设数据库的字段数 $n=5$，某条记录各字段的值分别为 $f_i = 19, 22, 8, 11, 9$，子密钥 $p_i = 23, 29, 13, 17, 19$，试计算该记录的密文 C。若字段 f_2 的值改为 16，试利用 C 计算新的密文 C'。

43. 选 $p=83$，$q=127$，$s=100$，试利用 BBS 算法生成序列 X_i，并利用 X_i 生成相应的二进制序列 k_i，其中 $i=1, 2, \cdots, 32$。

44. 设 $p=71$，$q=167$，且利用 BBS 算法生成的序列的 $X_9 = 4510$，试利用 p、q 和 X_9 恢复 X_0。

第 5 章　二次同余方程与平方剩余

由第 4 章可以看出，除了一次同余方程之外，解高次同余方程是个难题。但是对于某些特殊的二次同余方程，可以给出一种比较有效的求解方法。故本章主要针对二次同余方程，给出其化简和求解方法。由于即使对可求解的特殊二次方程，其过程也是比较复杂的，故首先需要判断方程是否有解。因此，本章将引入平方剩余、勒让德符号和雅可比符号等概念，并给出两种符号的相关性质，以用其辅助判断二次同余方程的可解性。

5.1　一般二次同余方程

本节主要将一般的二次同余方程
$$ax^2 + bx + c \equiv 0 \pmod{m}, \quad a \not\equiv 0 \pmod{m} \qquad (5.1.1)$$
进行化简，最后将解二次同余方程归结为解不含一次方项且模数为素数幂的标准二次同余方程。

5.1.1　二次同余方程的化简

由定理 4.4.1 知，若模数 m 可分解为 $m = p_1^{a_1} p_2^{a_2} \cdots p_k^{a_k}$，则方程(5.1.1)与同余方程组
$$\begin{cases} ax^2 + bx + c \equiv 0 \pmod{p_1^{a_1}} \\ ax^2 + bx + c \equiv 0 \pmod{p_2^{a_2}} \\ \quad \vdots \\ ax^2 + bx + c \equiv 0 \pmod{p_k^{a_k}} \end{cases}$$
同解，从而将问题归结为讨论二次同余方程
$$ax^2 + bx + c \equiv 0 \pmod{p^a}, \quad p \text{ 为素数且 } p \nmid a \qquad (5.1.2)$$
的有解判断与求解问题。

其次，当 $p \neq 2$ 时，方程(5.1.2)可以进一步化简。在方程(5.1.2)两边同乘以 $4a$ 得
$$4a^2 x^2 + 4abx + 4ac \equiv 0 \pmod{p^a}$$
配方得
$$(2ax + b)^2 \equiv b^2 - 4ac \pmod{p^a}$$
做变量代换，即令
$$y \equiv 2ax + b \pmod{p^a} \qquad (5.1.3)$$
则有

$$y^2 \equiv b^2 - 4ac \pmod{p^\alpha} \tag{5.1.4}$$

当 p 为奇素数时，方程(5.1.4)与方程(5.1.2)是同解的。也就是说，两者同时有解或无解；有解时，对方程(5.1.4)的每个解 $y \equiv y_0 \pmod{p}$，通过式(5.1.3)可以给出方程(5.1.2)的一个解 $x \equiv x_0 \pmod{p}$，且由方程(5.1.4)的不同解得出的方程(5.1.2)的解也是不同的，这是因为式(5.1.3)是关于 x 的一次同余方程，且 $(p, 2a) = 1$，所以其解数为1；反之，对方程(5.1.2)的每个解，利用式(5.1.3)，也恰好能唯一地得到方程(5.1.4)的一个解。所以两个方程的解数也相同。

由以上讨论知，下面只要讨论形如
$$x^2 \equiv a \pmod{p^\alpha} \tag{5.1.5}$$
的二次同余方程即可。

【例 5.1.1】 化简方程 $7x^2 + 5x - 2 \equiv 0 \pmod 9$ 为标准形式。

解 方程两边同乘以 $4 \cdot 7 = 28$，得
$$196x^2 + 140x - 56 \equiv 0 \pmod 9$$
即
$$(14x+5)^2 - 25 - 56 \equiv 0 \pmod 9$$
亦即
$$(14x+5)^2 \equiv 81 \pmod 9$$
令 $y = 14x + 5$，代入上式得
$$y^2 \equiv 0 \pmod 9$$

另外，可以直接看出，关于 y 的二次方程的解为 $y = 0, \pm 3$，从而可得关于 x 的方程的解为
$$x \equiv 14^{-1}(y-5) \equiv 5^{-1}(y-5) \equiv 2(y-5)$$
$$\equiv 2y - 10 \equiv 2y - 1 \pmod 9$$
分别将 $y = 0, \pm 3$ 代入上式得原方程的解为
$$x \equiv -7, -1, 5 \equiv -4, -1, 2 \pmod 9$$
反之，对关于 x 的方程穷举求解，可得其解为
$$x \equiv -4, -1, 2 \pmod 9$$
再将其代入式 $y = 14x + 5$ 中，又可求得关于 y 的二次方程的解
$$y \equiv 14x + 5 \equiv -4x - 4 \equiv -3, 0, 3 \pmod 9$$

说明：此处需要说明的是，为了便于求解和验证，本书一般将所得的解表示为绝对最小剩余。

5.1.2 平方剩余

【定义 5.1.1】 设 m 是正整数，a 是整数，$m \nmid a$。若同余方程

$$x^2 \equiv a \pmod{m} \tag{5.1.6}$$

有解,则称 a 是**模 m 的平方剩余**(或**二次剩余**);若无解,则称 a 是**模 m 的平方非剩余**(或**二次非剩余**)。

对于方程(5.1.6),会产生以下问题:

(1) 设正整数 a 是模 p 的平方剩余,若记方程(5.1.6)中的解为 $x \equiv \sqrt{a} \pmod{m}$,那么此处的平方根 $\sqrt{a} \pmod{m}$ 与通常的代数方程 $x^2 = a$ 的解 $\sqrt{a}$ 有何区别?

(2) 如何判断方程(5.1.6)有解?

(3) 如何求方程(5.1.6)的解?

例如,直接计算可知:1 是模 4 的平方剩余,-1 是模 4 的平方非剩余;1、2、4 是模 7 的平方剩余,3、5、6 是模 7 的平方非剩余。

【**例 5.1.2**】 求以 15 为模的所有平方剩余和平方非剩余。

解 直接计算如下:

$$1^2 \equiv 1 \pmod{15}, \ 2^2 \equiv 4 \pmod{15}, \ 3^2 \equiv 9 \pmod{15}$$
$$4^2 \equiv 1 \pmod{15}, \ 5^2 \equiv 10 \pmod{15}, \ 6^2 \equiv 6 \pmod{15}$$
$$7^2 \equiv 4 \pmod{15}, \ 8^2 \equiv 4 \pmod{15}, \ 9^2 \equiv 6 \pmod{15}$$
$$10^2 \equiv 10 \pmod{15}, \ 11^2 \equiv 1 \pmod{15}, \ 12^2 \equiv 9 \pmod{15}$$
$$13^2 \equiv 4 \pmod{15}, \ 14^2 \equiv 1 \pmod{15}$$

故模 15 的平方剩余为

$$1, 4, 6, 9, 10$$

平方非剩余为

$$2, 3, 5, 7, 8, 11, 12, 13, 14$$

由于 $x^2 \equiv (-x)^2 \pmod{m}$,故穷举求模 m 的平方剩余或平方非剩余时,只要计算 1^2,2^2,$\cdots$,$\lceil m/2 \rceil \pmod{m}$ 即可。例如本例只需计算 1^2,2^2,$\cdots$,$8^2 \pmod{15}$ 即可得到模 15 的全部平方剩余。

【**例 5.1.3**】 求满足方程 $y^2 \equiv x^3 + x + 1 \pmod{7}$ 且在第一象限的所有整点(即坐标为整数的点)。

解 将 $x = 0, 1, 2, 3, 4, 5, 6$ 分别代入方程 $y^2 \equiv x^3 + x + 1 \pmod{7}$,并解出 y:

$x = 0$,$y^2 \equiv 1 \pmod{7}$,$y \equiv 1, 6 \pmod{7}$;

$x = 1$,$y^2 \equiv 3 \pmod{7}$,无解;

$x = 2$,$y^2 \equiv 4 \pmod{7}$,$y \equiv 2, 5 \pmod{7}$;

$x = 3$,$y^2 \equiv 3 \pmod{7}$,无解;

$x = 4$,$y^2 \equiv 6 \pmod{7}$,无解;

$x = 5$,$y^2 \equiv 5 \pmod{7}$,无解;

$x=6$, $y^2 \equiv 6 \pmod 7$, 无解。

所以, 满足要求的整点为 $(0,1)$, $(0,6)$, $(2,2)$, $(2,5)$。

5.2 模为奇素数的平方剩余与平方非剩余

对于模为奇素数的二次方程
$$x^2 \equiv a \pmod p, \quad (a, p) = 1 \tag{5.2.1}$$
由于 $(-x)^2 = x^2$, 故方程 (5.2.1) 要么无解, 要么有两个解。

5.2.1 平方剩余的判断条件

【定理 5.2.1】（Euler 判别条件） 设 p 是奇素数, $(a, p) = 1$, 则

(i) a 是模 p 的平方剩余的充分必要条件是
$$a^{(p-1)/2} \equiv 1 \pmod p \tag{5.2.2}$$

(ii) a 是模 p 的平方非剩余的充分必要条件是
$$a^{(p-1)/2} \equiv -1 \pmod p \tag{5.2.3}$$

并且当 a 是模 p 的平方剩余时, 同余方程 (5.2.1) 恰有两个解。

证 首先证明对任一整数 a, 若 $p \nmid a$, 则式 (5.2.2) 或式 (5.2.3) 有且仅有一个成立。由定理 3.4.2 (费马小定理) 知
$$a^{p-1} \equiv 1 \pmod p$$

故知
$$(a^{(p-1)/2} - 1)(a^{(p-1)/2} + 1) \equiv 0 \pmod p \tag{5.2.4}$$

即
$$p \mid a^{p-1} - 1 = (a^{(p-1)/2} - 1)(a^{(p-1)/2} + 1)$$

但
$$(a^{(p-1)/2} - 1, a^{(p-1)/2} + 1) = 1 \text{ 或 } 2$$

且素数 $p > 2$。所以, p 能整除 $(a^{(p-1)/2} - 1)(a^{(p-1)/2} + 1)$, 但 p 不能同时整除 $a^{(p-1)/2} - 1$ 和 $a^{(p-1)/2} + 1$。

所以, 由式 (5.2.4) 立即推出式 (5.2.2) 或式 (5.2.3) 有且仅有一个成立。

(i) 必要性。若 a 是模 p 的二次剩余, 即存在整数 x_0, 使得
$$x_0^2 \equiv a \pmod p$$

因而有
$$(x_0^2)^{(p-1)/2} \equiv a^{(p-1)/2} \pmod p$$

即
$$x_0^{p-1} \equiv a^{(p-1)/2} \pmod p$$

由于 $p \nmid a$，所以 $p \nmid x_0$，因此由定理 3.4.2 知
$$x_0^{p-1} \equiv 1 \pmod{p}$$
由以上两式即可推出式(5.2.2)成立。

充分性：设式(5.2.2)成立，这时必有 $p \nmid a$，故一次同余方程
$$bx \equiv a \pmod{p}, \quad 1 \leqslant b \leqslant p-1 \tag{5.2.5}$$
有唯一解，对既约剩余系
$$-\frac{p-1}{2}, \cdots, -1, 1, \cdots, \frac{p-1}{2} \tag{5.2.6}$$
中的每个整数 j，当 $b=j$ 时，必有唯一的 $x=x_j$ 属于既约剩余系(5.2.6)，使得式(5.2.5)成立。若 a 不是模 p 的二次剩余，则必有 $j \neq x_j$。这样，既约剩余系(5.2.6)中的 $p-1$ 个数就可按 j、x_j 作为一对，两两分完。因此有
$$(p-1)! \equiv a^{(p-1)/2} \pmod{p}$$
再结合定理 4.5.3 的结论(ii)就有
$$a^{(p-1)/2} \equiv -1 \pmod{p}$$
但这与式(5.2.2)矛盾。所以必有某一 j_0，使 $j_0 = x_{j_0}$，由此及式(5.2.5)知，a 是模 p 的二次剩余。

(ii) 由已经证明的这两部分结论，即可推出结论(ii)成立。

其次，若 $x_0 \not\equiv 0 \pmod{p}$ 是方程(5.2.1)的解，则 $-x_0$ 也是其解，且必有 $x_0 \not\equiv -x_0 \pmod{p}$。故当 $(a, p) = 1$ 时，方程(5.2.1)要么无解，要么同时有两个解。

不过，定理 5.2.1 只是一个理论结果，当 p 非常大时，即 $p \gg 1$ 时，它并不是一个实用的判断方法。

由定理 5.2.1 的结论可以看出，对于任何整数 a，方程(5.2.1)的解数可能为
$$T(x^2 - a; p) = 0, 1, 2$$
其中当 $a \equiv 0 \pmod{p}$ 时，解数 $T(x^2 - a; p) = 1$。

【例 5.2.1】 设 $p = 19$，验证定理 5.2.1 的证明过程。

解 由费马小定理知，对任何 $a = 1, 2, \cdots, 18$，都有 $a^{18} \equiv 1 \pmod{19}$。而当 $p = 19$ 为素数时，方程 $x^2 \equiv 1 \pmod{19}$ 只有两个解，即 $x \equiv \pm 1 \pmod{19}$，故对任何 $a = 1, 2, \cdots, 18$，必有
$$a^9 \equiv \pm 1 \pmod{19}$$
从而验证了定理 5.2.1 证明的前半部分。

针对必要性：例如，由于 $6^2 \equiv 17 \pmod{19}$，故 $a = 17$ 是模 19 的二次剩余，即存在 $x_0 \equiv 6$，可用来验证
$$17^{\frac{19-1}{2}} \equiv 17^9 \equiv 6^{18} \equiv 1 \pmod{19}$$
又如，可穷举验证方程 $x^2 \equiv 2 \pmod{19}$ 无解，即 $a = 2$ 是模 19 的二次非剩余。那么

就有
$$2^{\frac{19-1}{2}} \equiv 2^9 \equiv -1 \pmod{19}$$

针对充分性：例如，已知 $6^9 \equiv 1 \pmod{19}$，下面验证 6 是模 19 的二次剩余。为此，解方程
$$bx \equiv 6 \pmod{19}, \quad 1 \leqslant b \leqslant 18$$

当 $b \equiv 1, 2, 3, 4, 5, \cdots, 17, 18 \pmod 9$ 时，方程有唯一解 $x \equiv 6, 3, 2, 11, 5, \cdots, 16, 13 \pmod 9$。即当 $b \equiv 5$ 时，$x \equiv 5$，有
$$5^2 \equiv 6 \pmod{19}$$

所以 6 是二次剩余。

又如 $3^{\frac{19-1}{2}} \equiv 3^9 \equiv -1 \pmod{19}$，那么，可验证 3 是模 19 的二次非剩余。为此，解一次同余方程
$$bx \equiv 3 \pmod{19}, \quad 1 \leqslant b \leqslant 18$$

对于不同的 b，对应的解如下：

b	1	2	3	4	5	6	7	8	9	10	11	12	13	14	15	16	17	18
x	3	11	1	15	12	10	14	17	13	6	2	5	9	7	4	18	8	16

可以看出，尽管对任何 b，方程有解，但没有一对 b 和 x，使得 $b = x$，也就是说，方程
$$x^2 \equiv 3 \pmod{19}$$
无解，从而说明了 3 是二次非剩余。

【例 5.2.2】 判断 137 是否为模 227 的平方剩余。

解 首先，227 是素数。其次，计算
$$137^{(227-1)/2} \equiv -1 \pmod{227}$$

所以由定理 5.2.1 知，137 是模 227 的平方非剩余。

【推论】 设 p 是奇素数，$(a_1, p) = 1$，$(a_2, p) = 1$，则

(i) 若 a_1、a_2 都是模 p 的平方剩余，则 $a_1 a_2$ 是模 p 的平方剩余；

(ii) 若 a_1、a_2 都是模 p 的平方非剩余，则 $a_1 a_2$ 是模 p 的平方剩余；

(iii) 若 a_1 是模 p 的平方剩余，a_2 是模 p 的平方非剩余，则 $a_1 a_2$ 是模 p 的平方非剩余。

证 显然，由于 $(a_1 a_2)^{(p-1)/2} = a_1^{(p-1)/2} a_2^{(p-1)/2}$，故上述三条结论均成立。

5.2.2 平方剩余的个数

【定理 5.2.2】 设 p 是奇素数，则模 p 的既约剩余系中平方剩余与平方非剩余的个数各为 $(p-1)/2$，且 $(p-1)/2$ 个平方剩余中的每一个都恰与序列 $1^2, 2^2, \cdots, \left(\dfrac{p-1}{2}\right)^2$ 中的一个数同余。

证 由定理 5.2.1 知，模 p 的平方剩余的个数就等于方程

$$x^{\frac{p-1}{2}} \equiv 1 \pmod{p}$$

的解数。但

$$x^{\frac{p-1}{2}} - 1 \mid x^p - 1$$

故由定理 4.5.5 知，方程的解数为 $\frac{p-1}{2}$，即平方剩余的个数为 $\frac{p-1}{2}$，且平方非剩余的个数为 $(p-1) - \frac{p-1}{2} = \frac{p-1}{2}$。

其次，可以证明当 $1 \leqslant k_1 \leqslant \frac{p-1}{2}$，$1 \leqslant k_2 \leqslant \frac{p-1}{2}$，且 $k_1 \neq k_2$ 时，有 $k_1^2 \not\equiv k_2^2 \pmod{p}$，故结论成立。

5.3　勒让德符号

为了快速判断整数 a 是否为素数 p 的平方剩余，本节引入 Legendre(勒让德)符号。

【定义 5.3.1】 设 p 是素数，定义**勒让德符号**为

$$L(a, p) = \left(\frac{a}{p}\right) = \begin{cases} 1, & \text{当 } a \text{ 是模 } p \text{ 的二次剩余时} \\ -1, & \text{当 } a \text{ 是模 } p \text{ 的二次非剩余时} \\ 0, & \text{当 } p \mid a \text{ 时} \end{cases}$$

显然，由定义可以看出：

【推论】 整数 a 是素数 p 的平方剩余的充分必要条件是 $\left(\frac{a}{p}\right) = 1$。

因此，判断平方剩余，也就是判断二次同余方程有解的问题，可转化为勒让德符号值的计算问题。

【例 5.3.1】 计算勒让德符号 $\left(\frac{a}{17}\right)$ 的值，其中 $a = 0, 1, 2, \cdots, 16$。

解 由于 17 整除 0，故由定义知 $\left(\frac{0}{17}\right) = 0$。

其次，直接计算，有

$1^2 \equiv 1 \pmod{17}$，$2^2 \equiv 4 \pmod{17}$，$3^2 \equiv 9 \pmod{17}$，$4^2 \equiv 16 \pmod{17}$
$5^2 \equiv 8 \pmod{17}$，$6^2 \equiv 2 \pmod{17}$，$7^2 \equiv 15 \pmod{17}$，$8^2 \equiv 13 \pmod{17}$

那么由定义知

$$\left(\frac{1}{17}\right) = \left(\frac{2}{17}\right) = \left(\frac{4}{17}\right) = \left(\frac{8}{17}\right) = \left(\frac{9}{17}\right) = \left(\frac{13}{17}\right) = \left(\frac{15}{17}\right) = \left(\frac{16}{17}\right) = 1$$

除此之外，必有

$$\left(\frac{3}{17}\right) = \left(\frac{5}{17}\right) = \left(\frac{6}{17}\right) = \left(\frac{7}{17}\right) = \left(\frac{10}{17}\right) = \left(\frac{11}{17}\right) = \left(\frac{12}{17}\right) = \left(\frac{14}{17}\right) = -1$$

本例仍是利用平方剩余而得到勒让德符号的值。但这显然不是我们的目的，问题应该反过来，即考虑如何快速计算勒让德符号的值，并以其为工具判断整数 a 是否是素数 p 的平方剩余，从而最终快速判断方程(5.2.1)是否有解。

因此，为了快速计算勒让德符号，就需要研究其性质。勒让德符号具有下列性质。

【性质 5.3.1】（欧拉判别法则） 设 p 是奇素数，则对任意整数 a，有

$$\left(\frac{a}{p}\right) \equiv a^{\frac{p-1}{2}} \pmod{p}$$

证 由定义 5.3.1 和定理 5.2.1 即知结论成立。

【性质 5.3.2】 $\left(\dfrac{1}{p}\right)=1$。

证 显然。因为方程 $x^2\equiv 1\pmod{p}$ 始终有解 $x\equiv\pm 1\pmod{p}$（或者由性质 5.3.1 即知等式成立）。

【性质 5.3.3】 $\left(\dfrac{-1}{p}\right)=(-1)^{(p-1)/2}$。

证 由性质 5.3.1 即知等式成立。

【例 5.3.2】 判断方程 $x^2\equiv -1\pmod{17}$ 和 $x^2\equiv -1\pmod{19}$ 是否有解。

解 判断两个方程是否有解，等价于判断 -1 是否是 17 或 19 的平方剩余，亦即计算勒让德符号 $\left(\dfrac{-1}{17}\right)$ 和 $\left(\dfrac{-1}{19}\right)$ 的问题。

由性质 5.3.3 知

$$\left(\frac{-1}{17}\right)=(-1)^{\frac{17-1}{2}}=1,\quad \left(\frac{-1}{19}\right)=(-1)^{\frac{19-1}{2}}=-1$$

所以，方程 $x^2\equiv -1\pmod{17}$ 有解，而方程 $x^2\equiv -1\pmod{19}$ 无解。

【推论】 $\left(\dfrac{-1}{p}\right)=\begin{cases}1, & p\equiv 1\pmod{4}\\ -1, & p\equiv 3\pmod{4}\end{cases}$

证 设 $p\equiv 1\pmod{4}$，即 $p=4k+1$，从而由性质 5.3.1 知

$$\left(\frac{-1}{p}\right)=(-1)^{(p-1)/2}=(-1)^{2k}=1$$

同理，当 $p\equiv 3\pmod{4}$ 时，有 $p=4k+3$，即

$$\left(\frac{-1}{p}\right)=(-1)^{(p-1)/2}=(-1)^{2k+1}=-1$$

本推论也可以**描述**为：设素数 $p>2$，则 -1 是模 p 的二次剩余的充分必要条件是 $p\equiv 1\pmod{4}$。

【性质 5.3.4】 $\left(\dfrac{a+p}{p}\right)=\left(\dfrac{a}{p}\right)$。

证 因为从同余的性质看，$x^2\equiv a+p\pmod{p}$ 成立的充分必要条件是 $x^2\equiv a\pmod{p}$，

故结论成立。

【推论】 若 $a \equiv b \pmod{p}$,则 $\left(\dfrac{a}{p}\right) = \left(\dfrac{b}{p}\right)$。

【性质 5.3.5】 $\left(\dfrac{ab}{p}\right) = \left(\dfrac{a}{p}\right)\left(\dfrac{b}{p}\right)$。

证 由性质 5.3.1 和幂运算的性质知

$$\left(\dfrac{ab}{p}\right) = (ab)^{\frac{p-1}{2}} = a^{\frac{p-1}{2}} b^{\frac{p-1}{2}} = \left(\dfrac{a}{p}\right)\left(\dfrac{b}{p}\right)$$

【推论 1】 $\left(\dfrac{a^k}{p}\right) = \left(\dfrac{a}{p}\right)^k$。

【推论 2】 当 $p \nmid a$ 时,$\left(\dfrac{a^2}{p}\right) = 1$。

这样,确定 a 是否是模 p 的平方剩余就变为计算勒让德符号 $\left(\dfrac{a}{p}\right)$ 的值的问题。上述性质可以用来提高计算 $\left(\dfrac{a}{p}\right)$ 的速度。并且由定理 1.5.1 的推论,设整数 a 的标准素因数分解式为

$$a = \pm q_1^{a_1} q_2^{a_2} \cdots q_k^{a_k} = (-1)^t q_1^{a_1} q_2^{a_2} \cdots q_k^{a_k}, \quad t = 0, 1$$

则有

$$\left(\dfrac{a}{p}\right) = \left(\dfrac{(-1)^t}{p}\right)\left(\dfrac{q_1}{p}\right)^{a_1}\left(\dfrac{q_2}{p}\right)^{a_2}\cdots\left(\dfrac{q_k}{p}\right)^{a_k}, \quad t = 0, 1$$

故只要计算出

$$\left(\dfrac{-1}{p}\right), \quad \left(\dfrac{2}{p}\right), \quad \left(\dfrac{q}{p}\right)$$

就可以计算出任意的 $\left(\dfrac{a}{p}\right)$,其中 $q > 2$ 是小于 p 的素数。

到目前已经解决了 $\left(\dfrac{-1}{p}\right)$ 的计算问题,还剩下 $\left(\dfrac{2}{p}\right)$、$\left(\dfrac{q}{p}\right)$ 的计算。

在解决 $\left(\dfrac{2}{p}\right)$,即证明性质 5.3.6 之前,需要先证明一个结论。

【引理 1】 设 p 为奇素数,$p \nmid d$,且设 $1 \leqslant j < \dfrac{p}{2}$,

$$t_j \equiv jd \pmod{p}, \quad 0 < t_j < p \tag{5.3.1}$$

若以 n 表示 $(p-1)/2$ 个 t_j 中大于 $p/2$ 的 t_j 的个数,则有

$$\left(\dfrac{d}{p}\right) = (-1)^n \tag{5.3.2}$$

证 对任意的 $1 \leqslant j < i < p/2$,有

$$t_j \pm t_i \equiv (j \pm i)d \not\equiv 0 \pmod{p}$$

即
$$t_j \not\equiv t_i \pmod{p} \tag{5.3.3}$$

若以 $r_1, r_2, \cdots, r_n$ 表示 t_j ($1 \leqslant j < p/2$) 中大于 $p/2$ 的数，$s_1, s_2, \cdots, s_k$ 表示 t_j 中小于 $p/2$ 的数，则显然有
$$1 \leqslant p - r_i < \frac{p}{2}$$

由式(5.3.3)知
$$s_j \not\equiv p - r_i \pmod{p}, \quad 1 \leqslant j \leqslant k, 1 \leqslant i \leqslant n$$

因此，$s_1, s_2, \cdots, s_k, p-r_1, p-r_2, \cdots, p-r_n$ 共 $(p-1)/2$ 个数恰好为整数 $1, 2, \cdots, (p-1)/2$ 的一个排列。由此及式(5.3.1)得

$$1 \cdot 2 \cdots \frac{p-1}{2} \cdot d^{\frac{p-1}{2}} \equiv t_1 t_2 \cdots t_{\frac{p-1}{2}}$$
$$\equiv s_1 s_2 \cdots s_k \cdot r_1 r_2 \cdots r_n$$
$$\equiv (-1)^n s_1 s_2 \cdots s_k \cdot (p-r_1)(p-r_2) \cdots (p-r_n)$$
$$\equiv (-1)^n \cdot 1 \cdot 2 \cdots \frac{p-1}{2} \pmod{p}$$

进而有
$$d^{\frac{p-1}{2}} \equiv (-1)^n \pmod{p}$$

再由性质5.3.1即知结论成立。

【**性质5.3.6**】 设 p 为奇素数，则 $\left(\dfrac{2}{p}\right) = (-1)^{\frac{p^2-1}{8}}$。

证 对任何整数 j 和 d，式(5.3.1)可表示为
$$jd = p\left\lfloor \frac{jd}{p} \right\rfloor + t_j, \quad 1 \leqslant j < \frac{p}{2}$$

其中 $\lfloor x \rfloor$ 为下整数函数(见2.2.1节)。两边对 j 求和得
$$d \sum_{j=1}^{(p-1)/2} j = p \sum_{j=1}^{(p-1)/2} \left\lfloor \frac{jd}{p} \right\rfloor + \sum_{j=1}^{(p-1)/2} t_j = p\Gamma + \sum_{j=1}^{(p-1)/2} t_j \tag{5.3.4}$$

由引理1的证明知
$$\sum_{j=1}^{(p-1)/2} t_j = s_1 + s_2 + \cdots + s_k + r_1 + r_2 + \cdots + r_n$$
$$= s_1 + \cdots + s_k + (p-r_1) + \cdots + (p-r_n) - np + 2(r_1 + r_2 + \cdots + r_n)$$
$$= \sum_{j=1}^{(p-1)/2} j - np + 2(r_1 + r_2 + \cdots + r_n) \tag{5.3.5}$$

注意 $\sum_{j=1}^{(p-1)/2} j = \dfrac{p^2-1}{8}$，故将式(5.3.5)代入式(5.3.4)可得

$$\frac{p^2-1}{8} \cdot d = pT + \frac{p^2-1}{8} - np + 2(r_1 + r_2 + \cdots + r_n)$$

即

$$\frac{p^2-1}{8}(d-1) = p(T-n) + 2(r_1 + r_2 + \cdots + r_n) \tag{5.3.6}$$

当 $d=2$ 时，对全部 $1 \leqslant j < p/2$，有 $2 \leqslant jd = 2j < p$，即 $\left\lfloor \dfrac{jd}{p} \right\rfloor = 0$，从而 $T = \sum\limits_{j=1}^{(p-1)/2} \left\lfloor \dfrac{jd}{p} \right\rfloor = 0$。因此

$$\frac{p^2-1}{8} = -np + 2(r_1 + r_2 + \cdots + r_n)$$

即

$$-np \equiv \frac{p^2-1}{8} \pmod{2}$$

而 p 为奇素数，故 $\dfrac{p^2-1}{8}$ 与 n 的奇偶性相同，即

$$n \equiv \frac{p^2-1}{8} \pmod{2}$$

将其代入式(5.3.2)得

$$\left(\frac{2}{p}\right) = (-1)^n = (-1)^{\frac{p^2-1}{8}}$$

【例 5.3.3】 判断 2 是否是 17、19 的平方剩余。

解 由性质 5.3.6 知

$$\left(\frac{2}{17}\right) = (-1)^{\frac{17^2-1}{8}} = (-1)^{\frac{18}{2} \times \frac{16}{4}} = 1$$

$$\left(\frac{2}{19}\right) = (-1)^{\frac{19^2-1}{8}} = (-1)^{\frac{20}{4} \times \frac{18}{2}} = -1$$

故 2 是模 17 的平方剩余，但不是模 19 的平方剩余。

【推论 1】 p 为奇素数，则

$$\left(\frac{2}{p}\right) = \begin{cases} 1, & p \equiv \pm 1 \pmod{8} \\ -1, & p \equiv \pm 3 \pmod{8} \end{cases}$$

证 因为当 $p = 8k+1(k=0, \pm 1, \pm 2, \cdots)$ 时，有

$$\frac{p^2-1}{8} = \frac{(p+1)(p-1)}{8} = \frac{(8k+2)8k}{8} = k(8k+2) = 偶数$$

而 $p = 8k+3(k=0, \pm 1, \pm 2, \cdots)$ 时，有

$$\frac{p^2-1}{8} = \frac{(8k+4)(8k+2)}{8} = \frac{8k+4}{4} \cdot \frac{8k+2}{2} = (2k+1)(4k+1) = 奇数$$

同理可证 $p = 8k-1$ 和 $p = 8k-3$ 的情况。

【推论 2】 p 为奇素数，则 2 是模 p 平方剩余的充分必要条件是 $p \equiv \pm 1 \pmod{8}$。

【例 5.3.4】 判断 2 是否是 31、59 的平方剩余。

解 由于 $31 \equiv -1 \pmod{8}$，$59 \equiv 3 \pmod{8}$，故由性质 5.3.6 的推论知 $\left(\dfrac{2}{31}\right)=1$，$\left(\dfrac{2}{59}\right)=-1$，再由定义 5.3.1 知 2 是模 31 的平方剩余，但不是模 59 的平方剩余。

【引理 2】 设 p 为奇素数，且 $(d,2p)=1$，则

$$\left(\frac{d}{p}\right)=(-1)^T \tag{5.3.7}$$

其中 $T=\sum\limits_{j=1}^{(p-1)/2}\left\lfloor\dfrac{jd}{p}\right\rfloor$。

证 由式(5.3.6)知

$$p(T-n)\equiv\frac{p^2-1}{8}(d-1)\pmod{2}$$

而 p 为奇素数，故

$$T-n\equiv\frac{p^2-1}{8}(d-1)\pmod{2} \tag{5.3.8}$$

又由条件 $(d,2p)=1$ 知 d 必为奇数，即 $d-1=$ 偶数。加之 $8\mid p^2-1$，从而

$$T-n\equiv 0\pmod{2}$$

即 T 与 n 的奇偶性相同。再结合引理 1 的结论，即知式(5.3.7)成立。

【性质 5.3.7】(二次互反律，Gauss(高斯)定理) 设 $p\neq q$ 且均为奇素数，则

$$\left(\frac{q}{p}\right)=(-1)^{\frac{p-1}{2}\times\frac{q-1}{2}}\left(\frac{p}{q}\right)$$

或

$$\left(\frac{q}{p}\right)\left(\frac{p}{q}\right)=(-1)^{\frac{p-1}{2}\times\frac{q-1}{2}}$$

证 在引理 2 中，令 $d=q$ 为奇素数，且 $p\neq q$，那么必有 $(q,2p)=1$，且

$$\left(\frac{q}{p}\right)=(-1)^T,\ T=\sum_{j=1}^{(p-1)/2}\left\lfloor\frac{jq}{p}\right\rfloor$$

当 $q>0$ 时，可以看出 T 就是直角坐标平面中由 x 轴、直线 $x=p/2$ 和直线 $y=qx/p$ 所围成的三角形内**整点**(指坐标值为整数的点)的个数。其理由是：

(1) 由于 p 为奇素数，故除了原点外，直线 $x=p/2$ 上无整点；又由于 $(p,q)=1$，故除了原点外，直线 $y=qx/p$ 上也无整点。

(2) 当 $p\nmid q$ 且 $1\leqslant j<p/2$ 时，线段 $x=j$，$0<y<jq/p$ 上的整点个数为 $\lfloor jq/p\rfloor$。

同理，对称地看问题，由引理 2 可得

$$\left(\frac{p}{q}\right)=(-1)^S$$

其中
$$S = \sum_{i=1}^{(q-1)/2} \left\lfloor \frac{jp}{q} \right\rfloor$$
是由 y 轴、直线 $y=q/2$ 和直线 $x=py/q$ 所围成的三角形内整点的个数。所以 $S+T$ 即为由 x 轴、y 轴、直线 $x=p/2$ 和直线 $y=q/2$ 所围成的矩形内整点的个数，即
$$T+S = \frac{p-1}{2} \times \frac{q-1}{2}$$
再由引理 2 知
$$\left(\frac{q}{p}\right)\left(\frac{p}{q}\right) = (-1)^{T+S} = (-1)^{\frac{p-1}{2} \times \frac{q-1}{2}} \tag{5.3.9}$$
而当 $p \neq q$ 且均为奇素数时，必有 $\left(\frac{p}{q}\right) = \pm 1$，故式(5.3.9)两端同乘以 $\left(\frac{p}{q}\right)$ 即得
$$\left(\frac{q}{p}\right) = (-1)^{\frac{p-1}{2} \times \frac{q-1}{2}} \left(\frac{p}{q}\right)$$

性质 5.3.3、性质 5.3.6 和性质 5.3.7 基本上解决了勒让德符号的计算问题，这里需要重点**说明**的是：

(1) 符号 $\left(\frac{q}{p}\right)$ 和 $\left(\frac{p}{q}\right)$ 分别刻画了二次同余方程
$$x^2 \equiv q \pmod{p}$$
和
$$x^2 \equiv p \pmod{q}$$
是否有解的情况，即 q 是否是模 p 的二次剩余和 p 是否是模 q 的二次剩余，其中正好是模与剩余互换了位置，而性质 5.3.7 则恰好刻画了两者之间的关系，故称之为二次互反律。

(2) 二次互反律由欧拉提出，高斯首先证明，目前已有一百五十多种不同的证法。二次互反律促进了代数数论的发展和类域论的形成。

【**推论**】 (i) 设奇素数 p, q 中至少有一个模 4 为 1，则同余方程 $x^2 \equiv q \pmod{p}$ 有解的充分必要条件是方程 $x^2 \equiv p \pmod{q}$ 有解；

(ii) 若 $p \equiv q \equiv 3 \pmod{4}$，则同余方程 $x^2 \equiv q \pmod{p}$ 有解的充分必要条件是方程 $x^2 \equiv p \pmod{q}$ 无解。

证 (i) 设 $p \equiv 1 \pmod{4}$，即 $p = 4k+1 (k=0, \pm 1, \pm 2, \cdots)$，则由性质 5.3.7 知
$$\left(\frac{q}{p}\right) = (-1)^{\frac{p-1}{2} \times \frac{q-1}{2}} \left(\frac{p}{q}\right) = (-1)^{\frac{4k}{2} \times \frac{q-1}{2}} \left(\frac{p}{q}\right) = \left(\frac{p}{q}\right)$$
即此时 $\left(\frac{q}{p}\right)$ 与 $\left(\frac{p}{q}\right)$ 同号，故对应的两个方程同时有解或无解。

(ii) 设 $p = 4s+3$, $q = 4t+3 (s, t = 0, \pm 1, \pm 2, \cdots)$，则

$$\left(\frac{q}{p}\right)=(-1)^{\frac{p-1}{2}\times\frac{q-1}{2}}\left(\frac{p}{q}\right)=(-1)^{\frac{4s+2}{2}\times\frac{4t+2}{2}}\left(\frac{p}{q}\right)=-\left(\frac{p}{q}\right)$$

即此时 $\left(\frac{q}{p}\right)$ 与 $\left(\frac{p}{q}\right)$ 异号，故对应的两个方程不能同时有解或无解。

【例 5.3.5】 判断 3 是否是模 17 的平方剩余。

解 利用性质 5.3.7 计算得

$$\left(\frac{3}{17}\right)=(-1)^{\frac{17-1}{2}\times\frac{3-1}{2}}\left(\frac{17}{3}\right)=\left(\frac{2}{3}\right)=-1$$

所以，3 是模 17 的平方非剩余（不但如此，由于 $17\equiv1\pmod 4$，故 17 也是 3 的平方非剩余）。

【例 5.3.6】 判断同余方程 $x^2\equiv137\pmod{227}$ 是否有解。

解 已知 137 与 227 均为奇素数，所以

$$\left(\frac{137}{227}\right)=(-1)^{\frac{227-1}{2}\times\frac{137-1}{2}}\left(\frac{227}{137}\right)=\left(\frac{90}{137}\right)$$

$$=\left(\frac{2\cdot 3^2\cdot 5}{137}\right)=\left(\frac{2}{137}\right)\left(\frac{3^2}{137}\right)\left(\frac{5}{137}\right)$$

$$=(-1)^{\frac{137^2-1}{8}}\cdot 1\cdot\left(\frac{5}{137}\right)=\left(\frac{5}{137}\right)$$

$$=(-1)^{\frac{137-1}{2}\times\frac{5-1}{2}}\left(\frac{137}{5}\right)=\left(\frac{2}{5}\right)=-1$$

所以，原同余方程无解。

为了快速计算，也可以先将 a 对模 p 取最小绝对剩余，即

$$\left(\frac{137}{227}\right)=\left(\frac{-90}{227}\right)=\left(\frac{-1}{227}\right)\left(\frac{2\cdot 3^2\cdot 5}{227}\right)$$

$$=-\left(\frac{2}{227}\right)\left(\frac{5}{227}\right)=(-1)^{\frac{227-1}{2}\times\frac{5-1}{2}}\left(\frac{227}{5}\right)$$

$$=\left(\frac{2}{5}\right)=-1$$

【例 5.3.7】 判断同余方程 $x^2\equiv-1\pmod{365}$ 是否有解，若有解，求解数。

解 由于 $365=5\cdot 73$，所以原方程与方程组

$$\begin{cases}x^2\equiv-1\pmod 5\\ x^2\equiv-1\pmod{73}\end{cases}$$

同解。而

$$\left(\frac{-1}{5}\right)=\left(\frac{-1}{73}\right)=1$$

所以方程有解，且由定理 4.4.1 知方程的解数为 4。

【例 5.3.8】 判断同余方程 $x^2\equiv2\pmod{3599}$ 是否有解，若有解，求解数。

解 由于 $3599 = 59 \cdot 61$，所以原方程与方程组
$$\begin{cases} x^2 \equiv 2 \pmod{59} \\ x^2 \equiv 2 \pmod{61} \end{cases}$$
同解。因为 $59 \equiv 3 \pmod 8$，即 $\left(\dfrac{2}{59}\right) = -1$，故方程 $x^2 \equiv 2 \pmod{59}$ 无解，从而原同余方程无解。

【例 5.3.9】 证明形如 $4n+1$ 的素数有无穷多。

证 用反证法。设形如 $4n+1$ 的素数为有限个，即 $p_1, p_2, \cdots, p_k$。令
$$a = (2p_1 p_2 \cdots p_k)^2 + 1 = 4b + 1$$
即 a 也形如 $4n+1$ 且 $a > p_i (i=1, 2, \cdots, k)$，所以 a 为合数。a 为奇数，故其素因数 p 必为奇数，那么
$$\left(\frac{-1}{p}\right) = \left(\frac{-1+a}{p}\right) = \left(\frac{(2p_1 p_2 \cdots p_k)^2}{p}\right) = 1$$
所以 -1 为模 p 的平方剩余。由性质 5.3.3 的推论知，$p \equiv 1 \pmod 4$，即 p 也是形如 $4n+1$ 的素数。

但显然 $p \neq p_i (i=1, 2, \cdots, k)$，故矛盾。否则，若存在某个 $i (1 \leq i \leq k)$，有 $p = p_i$，则有 $p | p_1 p_2 \cdots p_k$，从而必有 $p | (2p_1 p_2 \cdots p_k)^2$，再由假设知 $p | a$，所以
$$p | a - (2p_1 p_2 \cdots p_k)^2 = 1$$
也与假设矛盾，故结论成立。

【例 5.3.10】 求所有奇素数 p，它以 3 为其平方剩余。

解 即求所有奇素数 p，使得 $\left(\dfrac{3}{p}\right) = 1$。

易知 $p > 3$。由二次互反律知
$$\left(\frac{3}{p}\right) = (-1)^{\frac{p-1}{2}} \left(\frac{p}{3}\right)$$
因为
$$(-1)^{\frac{p-1}{2}} = \begin{cases} 1, & p \equiv 1 \pmod 4 \\ -1, & p \equiv -1 \pmod 4 \end{cases}$$
以及
$$\left(\frac{p}{3}\right) = \begin{cases} \left(\dfrac{1}{3}\right) = 1, & p \equiv 1 \pmod 6 \\ \left(\dfrac{-1}{3}\right) = -1, & p \equiv -1 \pmod 6 \end{cases} \quad (\text{注意 } p \text{ 为奇素数})$$
知 $\left(\dfrac{3}{p}\right) = 1$ 的充分必要条件是

$$\begin{cases} p \equiv 1 \pmod{4} \\ p \equiv 1 \pmod{6} \end{cases} \text{或} \quad \begin{cases} p \equiv -1 \pmod{4} \\ p \equiv -1 \pmod{6} \end{cases}$$

即

$$p \equiv 1 \pmod{12} \text{或} \ p \equiv -1 \pmod{12}$$

故 3 是模素数 p 的二次剩余的充分必要条件是 $p \equiv \pm 1 \pmod{12}$。

【例 5.3.11】 设 p 为奇素数，d 是整数。若 $\left(\dfrac{d}{p}\right) = -1$，则 p 一定不能表示为 $x^2 - dy^2$ 的形式。

证 用反证法。设 p 有表达式 $p = x^2 - dy^2$，则由 p 是素数可知 $(x,p) = (y,p) = 1$。这是因为若 $(x,p) \neq 1$，则必有 $p \mid x$，从而 $p \mid x^2 - p = dy^2$。

但是，由 $\left(\dfrac{d}{p}\right) = -1$ 知 $(d,p) = 1$，所以 $p \mid y^2$。又 p 为素数，故进而有 $p \mid y$。所以 $p^2 \mid x^2$，$p^2 \mid y^2$，从而 $p^2 \mid x^2 - dy^2 = p$。而这显然是不可能的。

那么，由 $(x,p) = (y,p) = 1$ 可知，$\left(\dfrac{x}{p}\right) = \pm 1$，$\left(\dfrac{y}{p}\right) = \pm 1$，从而有

$$\left(\dfrac{d}{p}\right) = \left(\dfrac{d}{p}\right)\left(\dfrac{y^2}{p}\right) = \left(\dfrac{dy^2}{p}\right) = \left(\dfrac{x^2 - p}{p}\right) = \left(\dfrac{x^2}{p}\right) = 1$$

与题设矛盾，故结论成立。

【例 5.3.12】 证明：

(1) 若 p 为 $x^4 + 1$ 的奇素因数，则 $p \equiv 1 \pmod{8}$；

(2) 进一步证明有无穷多个素数 $p \equiv 1 \pmod{8}$。

证 (1) 设 p 为 $x^4 + 1$ 的奇素因数，即 $p \mid x^4 + 1$，从而有

$$(x^2)^2 = x^4 \equiv -1 \pmod{p}$$

即 -1 是模 p 的平方剩余，亦即 $\left(\dfrac{-1}{p}\right) = 1$。故由性质 5.3.3 的推论知 $p \equiv 1 \pmod{4}$。而另一方面，由

$$x^4 + 1 = (x^2 + 1)^2 - 2x^2$$

知

$$(x^2 + 1)^2 \equiv 2x^2 \pmod{p}$$

但由 $p \mid x^4 + 1$ 又知 $p \nmid x$，故 $(p, 2x) = 1$。所以有

$$1 = \left(\dfrac{(x^2+1)^2}{p}\right) = \left(\dfrac{2x^2}{p}\right) = \left(\dfrac{2}{p}\right)\left(\dfrac{x^2}{p}\right) = \left(\dfrac{2}{p}\right)$$

再由性质 5.3.6 的推论知 $p \equiv \pm 1 \pmod{8}$，因而必有 $p \equiv 1 \pmod{8}$。

(2) 用反证法。若这样的素数只有有限个，设为 $p_1, p_2, \cdots, p_k$。令

$$A = (2p_1 p_2 \cdots p_k)^4 + 1$$

显然 $A \equiv 1 \pmod 8$。但 $A \neq p_1, p_2, \cdots, p_k$,故由假设知 A 不是素数。设 p 是 A 的素因数,显然 p 是奇数,那么由第(1)条结论知 $p \equiv 1 \pmod 8$。但由 A 的定义又可看出 $p \neq p_1, p_2, \cdots, p_k$,即不应该有 $p \equiv 1 \pmod 8$,与第(1)条结论矛盾,故结论成立。

【性质 5.3.8】 同余方程 $x^2 \equiv a \pmod p$ 的解数是 $1 + \left(\dfrac{a}{p}\right)$。

5.4 雅可比符号

在利用勒让德符号判断平方剩余,也就是二次方程的可解性时,会遇到这样的问题:在计算勒让德符号 $\left(\dfrac{a}{p}\right)$ 时,若 a 为奇数,但非素数,则不能应用二次互反律。按照目前的方法,只能将 a 进行素因数分解后再继续求值。但整数的分解又是难题,从而会影响 $\left(\dfrac{a}{p}\right)$ 的快速计算。

为了不进行整数的素因数分解,就能计算出勒让德符号 $\left(\dfrac{a}{p}\right)$,并且进一步快速计算 $\left(\dfrac{a}{p}\right)$,本节引入 Jacobi(雅可比)符号。

【定义 5.4.1】 设 $m = p_1 p_2 \cdots p_k$ 是奇素数 p_i 的连乘积(p_i 可以重复),对任意整数 a,定义雅可比符号为

$$J(a, m) = \left(\dfrac{a}{m}\right) = \left(\dfrac{a}{p_1}\right)\left(\dfrac{a}{p_2}\right)\cdots\left(\dfrac{a}{p_k}\right) \tag{5.4.1}$$

关于雅可比符号,有以下说明:

(1) 式(5.4.1)右端的 $\left(\dfrac{a}{p_i}\right)$ 为勒让德符号,即

$$J(a, m) = \left(\dfrac{a}{m}\right) = \left(\dfrac{a}{p_1}\right)\left(\dfrac{a}{p_2}\right)\cdots\left(\dfrac{a}{p_k}\right) = \prod_{i=1}^{k} L(a, p_i)$$

(2) 雅可比符号形式上是勒让德符号的推广,但与勒让德符号的意义不同。

(3) 两者的本质区别在于:勒让德符号可用来判断平方剩余,但雅可比符号却不能。即当 $k > 1$ 时,如果 $J(a, m) = -1$,则方程 $x^2 \equiv a \pmod m$ 无解(因为至少存在一个 p_i,使得 $\left(\dfrac{a}{p_i}\right) = -1$,即方程 $x^2 \equiv a \pmod{p_i}$ 无解,从而原方程 $x^2 \equiv a \pmod m$ 也无解),但当 $J(a, m) = 1$ 时,方程 $x^2 \equiv a \pmod m$ 则不一定有解。

(4) 当 $k = 1$ 时,$J(a, m) = L(a, m)$,即此时勒让德符号的值与雅可比符号的值相等。因此,求勒让德符号的值可转化为雅可比符号的计算。

【例 5.4.1】 计算雅可比符号 $\left(\dfrac{2}{9}\right)$。

解 由定义 5.4.1 知
$$\left(\frac{2}{9}\right) = \left(\frac{2}{3}\right)\left(\frac{2}{3}\right) = (-1)(-1) = 1$$

不过，可以验证 2 是模 9 的平方非剩余。即尽管 $\left(\dfrac{2}{9}\right)=1$，实际上方程 $x^2 \equiv 2 \pmod 9$ 并不可解。

又如当奇素数 $p \equiv 3 \pmod 4$ 时，由勒让德符号的性质知，-1 是模 p 的平方非剩余，即方程 $x^2 \equiv -1 \pmod p$ 无解，从而方程 $x^2 \equiv -1 \pmod{p^2}$ 也无解。即 -1 是模 p^2 的平方非剩余。但若取 $m=p^2$，则总有
$$\left(\frac{-1}{p^2}\right) = \left(\frac{-1}{p}\right)\left(\frac{-1}{p}\right) = (-1)(-1) = 1$$

与引入勒让德符号时的情况一样，下面的问题则是如何快速计算雅可比符号的值，以帮助加速勒让德符号的求值过程，从而加速判断平方剩余。

雅可比符号有以下性质。

【性质 5.4.1】 若 $(a,m)=1$，则 $J(a,m) = \left(\dfrac{a}{m}\right) = \pm 1$；若 $(a,m) > 1$，则 $J(a,m) = \left(\dfrac{a}{m}\right) = 0$。

证 设 $m = p_1 p_2 \cdots p_k$。若 $(a,m)=1$，则必有 $(a,p_i)=1\,(i=1,2,\cdots,k)$，从而 $\left(\dfrac{a}{p_i}\right) = \pm 1$，按雅可比符号的定义就有
$$J(a,m) = \left(\frac{a}{m}\right) = \left(\frac{a}{p_1}\right)\left(\frac{a}{p_2}\right)\cdots\left(\frac{a}{p_k}\right) = \pm 1$$

而当 $(a,m) > 1$ 时，则至少存在某个 p_i，满足 $p_i \mid a$，即 $\left(\dfrac{a}{p_i}\right) = 0\,(1 \leqslant i \leqslant k)$，从而
$$J(a,m) = \left(\frac{a}{m}\right) = \left(\frac{a}{p_1}\right)\cdots\left(\frac{a}{p_i}\right)\cdots\left(\frac{a}{p_k}\right) = 0$$

【例 5.4.2】 设 $a=15$，$m=39$，求 $\left(\dfrac{a}{m}\right)$。

解 按定义 5.4.1 有
$$\left(\frac{a}{m}\right) = \left(\frac{15}{39}\right) = \left(\frac{15}{3}\right)\left(\frac{15}{13}\right) = \left(\frac{0}{3}\right)\left(\frac{2}{13}\right) = 0 \cdot \left(\frac{2}{13}\right) = 0$$

【性质 5.4.2】 $\left(\dfrac{1}{m}\right) = 1$。

证
$$J(1,m) = \left(\frac{1}{m}\right) = \left(\frac{1}{p_1}\right)\left(\frac{1}{p_2}\right)\cdots\left(\frac{1}{p_k}\right) = 1$$

【性质 5.4.3】 $\left(\dfrac{-1}{m}\right) = (-1)^{\frac{m-1}{2}}$。

证 因为
$$m = \prod_{i=1}^{k} p_i = \prod_{i=1}^{k} [1 + (p_i - 1)]$$
$$= 1 + \sum_{i=1}^{k}(p_i - 1) + \sum_{1 \leqslant i < j \leqslant k}(p_i-1)(p_j-1) + \cdots + \prod_{i=1}^{k}(p_i-1)$$

故 $m \equiv 1 + \sum\limits_{i=1}^{k}(p_i - 1) \pmod{4}$，即
$$\frac{m-1}{2} \equiv \sum_{i=1}^{k}\frac{p_i-1}{2} \pmod{2}$$

所以
$$J(-1, m) = \left(\frac{-1}{m}\right) = \left(\frac{-1}{p_1}\right)\left(\frac{-1}{p_2}\right)\cdots\left(\frac{-1}{p_k}\right)$$
$$= (-1)^{\frac{p_1-1}{2}+\frac{p_2-1}{2}+\cdots+\frac{p_k-1}{2}} = (-1)^{\frac{m-1}{2}}$$

【推论】 $\left(\dfrac{-1}{m}\right) = \begin{cases} 1, & m \equiv 1 \pmod{4} \\ -1, & m \equiv 3 \pmod{4} \end{cases}$。

证 由 $m \equiv 1 \pmod{4}$ 知 $m = 4k+1$，从而
$$\left(\frac{-1}{m}\right) = (-1)^{\frac{m-1}{2}} = (-1)^{2k} = 1$$

而当 $m \equiv 3 \pmod{4}$ 时，有 $m = 4k+3$，从而
$$\left(\frac{-1}{m}\right) = (-1)^{\frac{m-1}{2}} = (-1)^{2k+1} = -1$$

【例 5.4.3】 计算 $\left(\dfrac{-1}{33}\right)$ 和 $\left(\dfrac{-1}{51}\right)$。

解 因为 $33 \equiv 1 \pmod 4$，$51 \equiv 3 \pmod 4$，所以由性质 5.4.3 的推论知
$$\left(\frac{-1}{33}\right) = 1, \quad \left(\frac{-1}{51}\right) = -1$$

【性质 5.4.4】 $\left(\dfrac{a+m}{m}\right) = \left(\dfrac{a}{m}\right)$。

证 首先，由 $m = p_1 p_2 \cdots p_k$ 和 $m + a \equiv a \pmod{m}$ 知
$$m + a \equiv a \pmod{p_i}, \quad 1 \leqslant i \leqslant k$$

其次，由雅可比符号和勒让德符号的性质知
$$\left(\frac{a+m}{m}\right) = \left(\frac{a+m}{p_1}\right)\left(\frac{a+m}{p_2}\right)\cdots\left(\frac{a+m}{p_k}\right)\cdots$$
$$= \left(\frac{a}{p_1}\right)\left(\frac{a}{p_2}\right)\cdots\left(\frac{a}{p_k}\right) = \left(\frac{a}{m}\right)$$

【推论】 若 $a \equiv b \pmod{m}$，则 $\left(\dfrac{a}{m}\right) = \left(\dfrac{b}{m}\right)$。

【性质 5.4.5】 $\left(\dfrac{ab}{m}\right) = \left(\dfrac{a}{m}\right)\left(\dfrac{b}{m}\right)$。

证　因为

$$\left(\dfrac{ab}{m}\right) = \left(\dfrac{ab}{p_1}\right)\left(\dfrac{ab}{p_2}\right)\cdots\left(\dfrac{ab}{p_k}\right)$$

$$= \left(\dfrac{a}{p_1}\right)\left(\dfrac{b}{p_1}\right)\cdot\left(\dfrac{a}{p_2}\right)\left(\dfrac{b}{p_2}\right)\cdot\cdots\cdot\left(\dfrac{a}{p_k}\right)\left(\dfrac{b}{p_k}\right)$$

$$= \left(\dfrac{a}{p_1}\right)\left(\dfrac{a}{p_2}\right)\cdots\left(\dfrac{a}{p_k}\right)\cdot\left(\dfrac{b}{p_1}\right)\left(\dfrac{b}{p_2}\right)\cdots\left(\dfrac{b}{p_k}\right)$$

$$= \left(\dfrac{a}{m}\right)\left(\dfrac{b}{m}\right)$$

【推论 1】 $\left(\dfrac{a^k}{m}\right) = \left(\dfrac{a}{m}\right)^k$。

【推论 2】 当 $(m, a) = 1$ 时，$\left(\dfrac{a^2}{m}\right) = 1$。

【性质 5.4.6】 $\left(\dfrac{2}{m}\right) = (-1)^{\frac{m^2-1}{8}}$。

证　因为当 $k \geqslant 2$ 时，有

$$m^2 = \prod_{i=1}^{k} p_i^2 = \prod_{i=1}^{k}[1 + (p_i^2 - 1)]$$

$$= 1 + \sum_{i=1}^{k}(p_i^2 - 1) + \sum_{1 \leqslant i < j \leqslant k}(p_i^2 - 1)(p_j^2 - 1) + \cdots + \prod_{i=1}^{k}(p_i^2 - 1)$$

而对任何奇数 q，都有 $q^2 \equiv 1 \pmod{8}$，故

$$m^2 - 1 \equiv \sum_{i=1}^{k}(p_i^2 - 1) \pmod{64}$$

再由同余的性质知

$$\dfrac{m^2 - 1}{8} \equiv \sum_{i=1}^{k} \dfrac{p_i^2 - 1}{8} \pmod{8}$$

$$\dfrac{m^2 - 1}{8} \equiv \sum_{i=1}^{k} \dfrac{p_i^2 - 1}{8} \pmod{2}$$

所以

$$J(2, m) = \left(\dfrac{2}{m}\right) = \left(\dfrac{2}{p_1}\right)\left(\dfrac{2}{p_2}\right)\cdots\left(\dfrac{2}{p_k}\right)$$

$$= (-1)^{\frac{p_1^2-1}{8} + \frac{p_2^2-1}{8} + \cdots + \frac{p_k^2-1}{8}} = (-1)^{\frac{m^2-1}{8}}$$

【推论】 设 m 为奇数，则

$$\left(\frac{2}{m}\right) = \begin{cases} 1, & m \equiv \pm 1 \pmod{8} \\ -1, & m \equiv \pm 3 \pmod{8} \end{cases}$$

证 因为当 $m = 8k+1$ 时,有

$$\frac{m^2 - 1}{8} = \frac{(m+1)(m-1)}{8} = \frac{(8k+2)8k}{8} = k(8k+2) = 偶数$$

当 $m = 8k+3$ 时,有

$$\frac{m^2 - 1}{8} = \frac{(8k+4)(8k+2)}{8} = (2k+1)(4k+1) = 奇数$$

同理可证 $m \equiv -1 \pmod{8}$ 和 $m \equiv -3 \pmod{8}$ 的情形。

【**例 5.4.4**】 计算 $\left(\dfrac{2}{57}\right)$ 和 $\left(\dfrac{2}{35}\right)$。

解 已知 $57 \equiv 1 \pmod{8}$,$35 \equiv 3 \pmod{8}$,故由性质 5.4.6 的推论知

$$\left(\frac{2}{57}\right) = 1, \quad \left(\frac{2}{35}\right) = -1$$

【**性质 5.4.7**】(二次互反律) 设 m、n 都是奇数,则

$$\left(\frac{n}{m}\right) = (-1)^{\frac{m-1}{2} \times \frac{n-1}{2}} \left(\frac{m}{n}\right)$$

或

$$\left(\frac{n}{m}\right)\left(\frac{m}{n}\right) = (-1)^{\frac{m-1}{2} \times \frac{n-1}{2}}$$

证 设 $m = p_1 p_2 \cdots p_s$,$n = q_1 q_2 \cdots q_t$。若 $(m, n) > 1$,则由雅可比符号的定义和性质 5.4.1 知

$$\left(\frac{n}{m}\right) = \left(\frac{m}{n}\right) = 0$$

即结论成立。因此,可设 $(m, n) = 1$,从而必有 $(p_i, q_j) = 1$ 且 $\left(\dfrac{q_j}{p_i}\right) = \pm 1$,$\left(\dfrac{p_i}{q_j}\right) = \pm 1 (1 \leqslant i \leqslant s, 1 \leqslant j \leqslant t)$。于是,根据雅可比符号的定义和性质 5.3.7,有

$$\left(\frac{n}{m}\right)\left(\frac{m}{n}\right) = \left(\prod_{i=1}^{s}\left(\frac{n}{p_i}\right)\right)\left(\prod_{j=1}^{t}\left(\frac{m}{q_j}\right)\right)$$

$$= \left[\prod_{i=1}^{s}\left(\prod_{j=1}^{t}\left(\frac{q_j}{p_i}\right)\right)\right]\left[\prod_{j=1}^{t}\left(\prod_{i=1}^{s}\left(\frac{p_i}{q_j}\right)\right)\right]$$

$$= \prod_{i=1}^{s}\left[\prod_{j=1}^{t}\left(\frac{q_j}{p_i}\right)\left(\frac{p_i}{q_j}\right)\right] = \prod_{i=1}^{s}\left[\prod_{j=1}^{t}(-1)^{\frac{p_i-1}{2} \times \frac{q_j-1}{2}}\right]$$

$$= \prod_{i=1}^{s}(-1)^{\sum_{j=1}^{t}\frac{p_i-1}{2} \times \frac{q_j-1}{2}} = (-1)^{\sum_{i=1}^{s}\sum_{j=1}^{t}\frac{p_i-1}{2} \times \frac{q_j-1}{2}}$$

$$= (-1)^{\frac{m-1}{2} \times \frac{n-1}{2}}$$

$\left(\text{因为} \dfrac{m-1}{2} \times \dfrac{n-1}{2} \equiv \sum_{i=1}^{s} \sum_{j=1}^{t} \dfrac{p_i-1}{2} \times \dfrac{q_j-1}{2} \pmod{2}\right)$。

【性质 5.4.8】 设 m_1、m_2、a 为整数，则
$$\left(\dfrac{a}{m_1 m_2}\right) = \left(\dfrac{a}{m_1}\right)\left(\dfrac{a}{m_2}\right)$$

证 设 $m_1 = p_1 p_2 \cdots p_s$，$m_2 = q_1 q_2 \cdots q_t$，则
$$\left(\dfrac{a}{m_1 m_2}\right) = \left(\dfrac{a}{p_1}\right) \cdots \left(\dfrac{a}{p_s}\right)\left(\dfrac{a}{q_1}\right) \cdots \left(\dfrac{a}{q_t}\right) = \left(\dfrac{a}{m_1}\right)\left(\dfrac{a}{m_2}\right)$$

这样，计算勒让德符号的值就转化为计算雅可比符号的值的问题。而后者的求值要比前者简单并快了许多。

【例 5.4.5】 用雅可比符号计算：
(1) $L(51, 71)$；(2) $L(-35, 97)$；
(3) $L(313, 401)$；(4) $L(165, 503)$。

解 (1) $L(51, 71) = \left(\dfrac{51}{71}\right) = (-1)^{\frac{71-1}{2} \times \frac{51-1}{2}} \left(\dfrac{71}{51}\right) = -\left(\dfrac{20}{51}\right)$
$= -\left(\dfrac{2^2 \cdot 5}{51}\right) = -\left(\dfrac{5}{51}\right) = -(-1)^{\frac{51-1}{2} \times \frac{5-1}{2}} \left(\dfrac{51}{5}\right)$
$= -\left(\dfrac{1}{5}\right) = -1$

(2) $L(-35, 97) = \left(\dfrac{-35}{97}\right) = (-1)^{\frac{97-1}{2}} \left(\dfrac{35}{97}\right) = (-1)^{\frac{97-1}{2} \times \frac{35-1}{2}} \left(\dfrac{97}{35}\right)$
$= \left(\dfrac{27}{35}\right) = (-1)^{\frac{35-1}{2} \times \frac{27-1}{2}} \left(\dfrac{8}{27}\right) = -\left(\dfrac{2}{27}\right)$
$= -(-1)^{\frac{27^2-1}{8}} = 1$

(3) $L(313, 401) = \left(\dfrac{313}{401}\right) = (-1)^{\frac{401-1}{2} \times \frac{313-1}{2}} \left(\dfrac{401}{313}\right) = \left(\dfrac{88}{313}\right)$
$= \left(\dfrac{2}{313}\right)\left(\dfrac{11}{313}\right) = (-1)^{\frac{313^2-1}{8}} (-1)^{\frac{313-1}{2} \times \frac{11-1}{2}} \left(\dfrac{5}{11}\right)$
$= (-1)^{\frac{11-1}{2} \times \frac{5-1}{2}} \left(\dfrac{1}{5}\right) = 1$

(4) $L(165, 503) = \left(\dfrac{165}{503}\right) = (-1)^{\frac{503-1}{2} \times \frac{165-1}{2}} \left(\dfrac{503}{165}\right)$
$= \left(\dfrac{8}{165}\right) = \left(\dfrac{2}{165}\right) = (-1)^{\frac{165^2-1}{8}} = -1$

【例 5.4.6】 判断同余方程 $x^2 \equiv 286 \pmod{563}$ 是否有解。

解 因为 563 为素数，计算勒让德符号，有

$$\left(\frac{286}{563}\right) = \left(\frac{2}{563}\right)\left(\frac{143}{563}\right)$$

$$= (-1)^{\frac{563^2-1}{8}} (-1)^{\frac{563-1}{2} \times \frac{143-1}{2}} \left(\frac{563}{143}\right)$$

$$= \left(\frac{-9}{143}\right) = \left(\frac{-1}{143}\right) = (-1)^{\frac{143-1}{2}} = -1$$

所以原方程无解。

【例 5.4.7】 判断同余方程 $x^2 \equiv 88 \pmod{105}$ 是否有解。

解 因为 $105 = 3 \cdot 5 \cdot 7$ 为合数，直接计算雅可比符号，有

$$\left(\frac{88}{105}\right) = \left(\frac{2^3}{105}\right)\left(\frac{11}{105}\right)$$

$$= (-1)^{\frac{105^2-1}{8}} (-1)^{\frac{105-1}{2} \times \frac{11-1}{2}} \left(\frac{105}{11}\right)$$

$$= -\left(\frac{6}{11}\right) = \left(\frac{-1}{143}\right) = (-1)^{\frac{143-1}{2}} = -1$$

所以原方程无解。

注意此例是利用雅可比符号 $J(m,a) = -1$ 来否定方程解的存在性。因为原方程与方程组 $\begin{cases} x^2 \equiv 88 \pmod 3 \\ x^2 \equiv 88 \pmod 5 \\ x^2 \equiv 88 \pmod 7 \end{cases}$ 同解，而方程组有解的充分必要条件是勒让德符号 $\left(\frac{88}{3}\right) = \left(\frac{88}{5}\right) = \left(\frac{88}{7}\right) = 1$。但现在 $\left(\frac{88}{3}\right)\left(\frac{88}{5}\right)\left(\frac{88}{7}\right) = \left(\frac{88}{105}\right) = -1$，说明 $\left(\frac{88}{3}\right)$、$\left(\frac{88}{5}\right)$、$\left(\frac{88}{7}\right)$ 三者中至少有一个为 -1，即方程组中至少有一个方程无解，从而原方程无解。

这再次说明雅可比符号可以用来否定方程有解，但不能肯定方程有解。

【例 5.4.8】 求同余方程 $x^2 \equiv 38 \pmod{385}$ 的解数。

解 因为 $385 = 7 \cdot 5 \cdot 11$ 为合数，直接计算雅可比符号，有

$$\left(\frac{38}{315}\right) = \left(\frac{2}{315}\right)\left(\frac{19}{315}\right) = (-1)^{\frac{315^2-1}{8}} (-1)^{\frac{315-1}{2} \times \frac{19-1}{2}} \left(\frac{315}{19}\right)$$

$$= \left(\frac{11}{19}\right) = (-1)^{\frac{19-1}{2} \times \frac{11-1}{2}} \left(\frac{8}{11}\right) = -(-1)^{\frac{11^2-1}{8}} = 1$$

而 $\left(\frac{38}{315}\right) = 1$ 并不能肯定原方程是否有解。所以，还须判断方程组 $\begin{cases} x^2 \equiv 38 \pmod 5 \\ x^2 \equiv 38 \pmod 7 \\ x^2 \equiv 38 \pmod{11} \end{cases}$ 中的每个方程是否有解。故再计算勒让德符号 $\left(\frac{38}{5}\right) = \left(\frac{3}{5}\right) = -1$，因此方程 $x^2 \equiv 38 \pmod 5$ 无解，最终说明原方程的解数为

$$T(x^2-38, 385)=0$$

5.5 模 p 平方根

由前述结论知，解一般的模数为 m 的二次同余方程，最终归结为解模数为素数 p 的二次同余方程

$$x^2 \equiv a \pmod{p}, \quad p\text{ 为素数且 } p \nmid a \tag{5.5.1}$$

所以本节重点介绍解模数为素数 p 的二次同余方程的方法，其基本思想是逐步迭代。

设 p 为奇素数，记 $p-1=2^t s$，其中 s 为奇数。

从理论角度讲，算法的思路如下：

由定理 5.2.1（欧拉判别条件）知，a 是模素数 p 的平方剩余的充分必要条件是

$$Z = a^{\frac{p-1}{2}} \equiv 1 \pmod{p} \tag{5.5.2}$$

若 $t>1$，则可对等式(5.5.2)中的各项开平方，即

$$\sqrt{Z} = a^{\frac{p-1}{2^2}} \equiv \pm 1 \pmod{p}.$$

当 $t>2$ 时，若 $\sqrt{Z} \equiv 1 \pmod{p}$，则继续开方；否则，构造 N，使得

$$N^r\sqrt{Z} \equiv 1 \pmod{p}$$

又可以继续开方。其中 N 为模 p 的平方非剩余（即 $N^{\frac{p-1}{2}} \equiv -1 \pmod{p}$）。

这样做的目的是：最终构造 N^g，使得

$$(a^{\frac{s+1}{2}} N^g)^2 \equiv a \pmod{p}$$

从而方程(5.5.1)的解为

$$x \equiv \pm a^{\frac{s+1}{2}} N^g \pmod{p}$$

具体算法如下：

将偶数 $p-1$ 表示为 $p-1=2^t s$，$t \geq 1$，s 为奇数。

(1) 选模 p 的平方非剩余 N，即 $\left(\dfrac{N}{p}\right)=-1$，令 $b \equiv N^s \pmod{p}$，则有

$$b^{2^t} = (N^s)^{2^t} = N^{2^t s} = N^{p-1} \equiv 1 \pmod{p}$$
$$b^{2^{t-1}} = N^{2^{t-1} s} = N^{\frac{p-1}{2}} \equiv -1 \pmod{p}$$

即 b 是模 p 的 2^t 次**单位根**，但非模 p 的 2^{t-1} 次单位根。

(2) 计算

$$x_{t-1} \equiv a^{\frac{s+1}{2}} \pmod{p}$$

则 $y = a^{-1} x_{t-1}^2$ 满足方程

$$y^{2^{t-1}} \equiv 1 \pmod{p}$$

（因 $y^{2^{t-1}} = (a^{-1}x_{t-1}^2)^{2^{t-1}} = a^{2^{t-1}s} = a^{\frac{p-1}{2}} \equiv 1 \pmod{p}$），即 $y = a^{-1}x_{t-1}^2$ 是模 p 的 2^{t-1} 次单位根。

(3) 若 $t=1$，则 $x = x_{t-1} = x_0 \equiv a^{\frac{s+1}{2}} \pmod{p}$ 满足方程(5.5.1)（此时 $p-1=2s$, $x^2 = a^{s+1} = a^{\frac{p-1}{2}+1} \equiv a \pmod{p}$）。

否则，$t \geq 2$，寻找 x_{t-2}，使得 $y = a^{-1}x_{t-2}^2$ 满足方程
$$y^{2^{t-2}} \equiv 1 \pmod{p}$$
即 $y = a^{-1}x_{t-2}^2$ 是模 p 的 2^{t-2} 次单位根。

① 若
$$(a^{-1}x_{t-1}^2)^{2^{t-2}} \equiv 1 \pmod{p}$$
令 $j_0 = 0$, $x_{t-2} = x_{t-1}b^{j_0} \equiv x_{t-1} \pmod{p}$，则 x_{t-2} 即为所求。

② 若
$$(a^{-1}x_{t-1}^2)^{2^{t-2}} \equiv -1 \pmod{p}$$
令 $j_0 = 1$, $x_{t-2} = x_{t-1}b^{j_0} = x_{t-1}b \pmod{p}$，则 x_{t-2} 即为所求（因 $y^{2^{t-2}} = (a^{-1}x_{t-2}^2)^{2^{t-2}} = (a^{-1}x_{t-1}^2b^2)^{2^{t-2}} = (a^{-1}x_{t-1}^2)^{2^{t-2}}b^{2^{t-1}} \equiv (-1)(-1) \equiv 1 \pmod{p}$）。

(4) 若 $t=2$，则 $x = x_{t-2} = x_0 = x_1 b^{j_0} \equiv a^{\frac{s+1}{2}}b^{j_0} \pmod{p}$ 满足方程(5.5.1)（此时 $p-1 = 2^2 s$, $x^2 \equiv a^{s+1}b^{2j_0} \equiv a^{\frac{p-1}{2^2}+1}b^{2j_0} \equiv a \pmod{p}$）。

否则，$t \geq 3$，寻找 x_{t-3}，使得 $y = a^{-1}x_{t-3}^2$ 满足方程
$$y^{2^{t-3}} \equiv 1 \pmod{p}$$
即 $y = a^{-1}x_{t-3}^2$ 是模 p 的 2^{t-3} 次单位根。

① 若
$$(a^{-1}x_{t-2}^2)^{2^{t-3}} \equiv 1 \pmod{p}$$
令 $j_1 = 0$, $x_{t-3} = x_{t-2}b^{j_1 \cdot 2} \equiv x_{t-2} \pmod{p}$，则 x_{t-2} 即为所求。

② 若
$$(a^{-1}x_{t-2}^2)^{2^{t-3}} \equiv -1 \pmod{p}$$
令 $j_1 = 1$, $x_{t-3} = x_{t-2}b^{j_1 \cdot 2} \equiv x_{t-2}b^2 \pmod{p}$，则 x_{t-3} 即为所求。

……

$(k+1)$ 设找到整数 x_{t-k} 满足
$$y^{2^{t-k}} \equiv 1 \pmod{p}$$
即 $y = a^{-1}x_{t-k}^2$ 是模 p 的 2^{t-k} 次单位根：
$$(a^{-1}x_{t-k}^2)^{2^{t-k}} \equiv 1 \pmod{p}$$

$(k+2)$ 若 $t=k$，则 $x \equiv x_{t-k} \equiv x_0 \pmod{p}$ 满足方程(5.5.1)。

否则，$t \geq k+1$，寻找 $x_{t-(k+1)}$，使得 $y = a^{-1}x_{t-(k+1)}^2$ 满足方程

第 5 章　二次同余方程与平方剩余

$$y^{2^{t-(k+1)}} \equiv 1 \pmod{p}$$

即 $y = a^{-1} x_{t-(k+1)}^2$ 是模 p 的 $2^{t-(k+1)}$ 次单位根。

① 若

$$(a^{-1} x_{t-k}^2)^{2^{t-(k+1)}} \equiv 1 \pmod{p}$$

令 $j_{k-1} = 0$，$x_{t-(k+1)} \equiv x_{t-k} b^{j_{k-1} 2^{k-1}} = x_{t-k} \pmod{p}$，则 $x_{t-(k+1)}$ 即为所求。

② 若

$$(a^{-1} x_{t-k}^2)^{2^{t-(k+1)}} \equiv -1 \pmod{p}$$

令 $j_0 = 1$，$x_{t-(k+1)} \equiv x_{t-k} b^{j_{k-1} 2^{k-1}} = x_{t-k} b^{2^{k-1}} \pmod{p}$，则 $x_{t-(k+1)}$ 即为所求。

特别地，对 $k = t-1$，有

$$x = x_0$$
$$\equiv x_1 b^{j_{t-2} 2^{t-2}} \pmod{p}$$
$$\equiv x_2 b^{j_{t-3} 2^{t-3} + j_{t-2} 2^{t-2}} \pmod{p}$$
$$\vdots$$
$$\equiv x_{t-1} b^{j_0 + j_1 2 + j_2 2^2 + \cdots + j_{t-3} 2^{t-3} + j_{t-2} 2^{t-2}} \pmod{p}$$
$$\equiv a^{\frac{s+1}{2}} b^{j_0 + j_1 2 + j_2 2^2 + \cdots + j_{t-3} 2^{t-3} + j_{t-2} 2^{t-2}} \pmod{p}$$

满足方程(5.5.1)。

【例 5.5.1】 解同余方程 $x^2 \equiv 186 \pmod{401}$。

解　由题意知，$a = 186$，$p = 401$。

先判断：401 为素数，利用雅可比符号快速计算勒让德符号，即

$$\left(\frac{186}{401}\right) = \left(\frac{2}{401}\right)\left(\frac{93}{401}\right) = 1 \cdot 1 = 1$$

所以原方程有解。

再求解：$p - 1 = 401 - 1 = 400 = 2^4 \cdot 25$，其中 $t = 4$，$s = 25$。

(1) 由于 $\left(\frac{3}{401}\right) = -1$，即 3 是模 401 的平方非剩余，故选 $N = 3$。令 $b \equiv N^s \equiv 3^{25} \equiv 268 \pmod{401}$。

(2) 计算

$$x_3 \equiv a^{\frac{s+1}{2}} \equiv 186^{\frac{25+1}{2}} \equiv 103 \pmod{401}$$
$$a^{-1} \equiv a^{p-2} \equiv 186^{399} \equiv 235 \pmod{401}$$

(3) 因为

$$(a^{-1} x_3^2)^{2^2} \equiv (235 \cdot 103^2)^{2^2} \equiv (98)^4 \equiv -1 \pmod{401}$$

故令 $j_0 = 1$，$x_2 \equiv x_3 b^{j_0} \equiv 103 \cdot 268 \equiv 336 \pmod{401}$（此时，$x_3 = a^{\frac{s+1}{2}} = 186^{13}$，$x_2 = a^{\frac{s+1}{2}} b = 186^{13} \cdot 3^{25}$）。

(4) 因为
$$(a^{-1}x_2^2)^2 \equiv (235 \cdot 336^2)^2 \equiv 1 \pmod{401}$$
故令 $j_1 = 0$, $x_1 \equiv x_2 b^{j_1 2} \equiv x_2 \equiv 336 \pmod{401}$ (此时, $x_1 = x_2 b^0 = 186^{13} \cdot 3^{25}$)。

(5) 因为
$$a^{-1}x_1^2 \equiv 235 \cdot 336^2 \equiv -1 \pmod{401}$$
故令 $j_2 = 1$, $x_0 \equiv x_1 b^{j_2 2^2} \equiv 336 \cdot 268^4 \equiv 304 \pmod{401}$ (此时, $x_0 = x_1 b^4 = 186^{13} \cdot 3^{25} \cdot 3^{100} = 186^{13} \cdot 3^{125}$)。

最后得
$$x \equiv x_0 \equiv 304 \pmod{401}$$
满足原方程。所以, 原方程的解为
$$x \equiv \pm 304 \equiv \pm 97 \pmod{401}$$

【例 5.5.2】 设 p 是形如 $4k+3$ 的素数, 若方程
$$x^2 \equiv a \pmod{p}$$
有非零解, 证明其解为
$$x \equiv \pm a^{\frac{p+1}{4}} \pmod{p}$$

证 因为 $p = 4k+3$, 故 $s = \dfrac{p-1}{2}$ 为奇数, 而原方程有解, 说明 a 是模 p 的二次剩余, 从而有
$$a^{\frac{p-1}{2}} \equiv 1 \pmod{p}$$
即
$$a^s \equiv 1 \pmod{p}$$
已知原方程有非零解, 即 $(a, p) = 1$, 故有
$$a^{s+1} \equiv a \pmod{p}$$
即
$$a^{s+1} \equiv (a^{\frac{s+1}{2}})^2 \equiv a \pmod{p}$$
所以
$$x \equiv \pm a^{\frac{s+1}{2}} \equiv \pm a^{\frac{(p-1)/2+1}{2}} \equiv \pm a^{\frac{p+1}{4}} \pmod{p}$$

【例 5.5.3】 设 p、q ($p \neq q$) 均为形如 $4k+3$ 的素数, 且 $\left(\dfrac{a}{p}\right) = \left(\dfrac{a}{q}\right) = 1$, 求解同余方程 $x^2 \equiv a \pmod{pq}$。

解 由定理 4.4.1 知, 原方程同解于方程组
$$\begin{cases} x^2 \equiv a \pmod{p} \\ x^2 \equiv a \pmod{q} \end{cases}$$

又由例 5.5.2 知,两个方程的解分别为

$$x \equiv \pm a^{\frac{p+1}{4}} \pmod{p} \text{ 和 } x \equiv \pm a^{\frac{q+1}{4}} \pmod{q}$$

利用中国剩余定理解联立方程

$$\begin{cases} x \equiv \pm a^{\frac{p+1}{4}} \pmod{p} \\ x \equiv \pm a^{\frac{q+1}{4}} \pmod{q} \end{cases}$$

得原方程的解为

$$x \equiv \pm q q^{-1}(a^{\frac{p+1}{4}} \pmod{p}) \pm p p^{-1}(a^{\frac{q+1}{4}} \pmod{q}) \pmod{pq}$$

其中,q^{-1} 是 q 模 p 的逆,p^{-1} 是 p 模 q 的逆。即

$$q q^{-1} \equiv 1 \pmod{p}, \quad p p^{-1} \equiv 1 \pmod{q}$$

【例 5.5.4】 解同余方程 $x^2 \equiv 3 \pmod{253}$。

解 因为 $253 = 11 \cdot 23$,11、$23 (11 \neq 23)$ 均为形如 $4k+3$ 的素数,且 $\left(\dfrac{3}{11}\right) = \left(\dfrac{3}{23}\right) = 1$,解方程 $x^2 \equiv 3 \pmod{11}$,得

$$x \equiv \pm 3^{\frac{11+1}{4}} \equiv \pm 3^3 \equiv \pm 5 \pmod{11}$$

解方程 $x^2 \equiv 3 \pmod{23}$,得

$$x \equiv \pm 3^{\frac{23+1}{4}} \equiv \pm 3^6 \equiv \pm 7 \pmod{23}$$

利用中国剩余定理解联立方程

$$\begin{cases} x \equiv \pm 5 \pmod{11} \\ x \equiv \pm 7 \pmod{23} \end{cases}$$

记 $p=11$,$q=23$,则 $pq=253$,$p^{-1}=21 \pmod{23}$,$q^{-1}=1 \pmod{11}$。由例 5.5.3 的结论知原方程的解为

$$x \equiv \pm 23 \cdot 1 \cdot 5 \pm 11 \cdot 21 \cdot 7 \pmod{253}$$
$$\equiv \pm 115 \pm 99$$
$$= \pm 16, \pm 39 \pmod{253}$$

5.6 模数为合数的情形

已知方程

$$x^2 \equiv a \pmod{m}, \quad (a, m) = 1$$

当模数 m 有分解式

$$m = 2^\delta p_1^{\alpha_1} p_2^{\alpha_2} \cdots p_k^{\alpha_k}, \quad \delta \geqslant 0, \alpha_i \geqslant 1$$

时(其中每个 p_i 均为奇素数),同解于方程组

$$\begin{cases} x^2 \equiv a \pmod{2^\delta} \\ x^2 \equiv a \pmod{p_1^{a_1}} \\ x^2 \equiv a \pmod{p_2^{a_2}} \\ \vdots \\ x^2 \equiv a \pmod{p_k^{a_k}} \end{cases}$$

从而问题归结为解模素数幂的方程

$$x^2 \equiv a \pmod{p^\alpha}, \quad (a, p) = 1, \quad \alpha \geqslant 1 \tag{5.6.1}$$

下面分 p 为奇素数和偶素数两种情况进行讨论。

5.6.1 p 为奇素数

【定理 5.6.1】 设 p 为奇素数，则方程(5.6.1)有解的充分必要条件是 $\left(\dfrac{a}{p}\right) = 1$，且有解时，其解数为 2。

证 必要性：

$$x^2 \equiv a \pmod{p^\alpha} \text{ 有解} \Rightarrow x^2 \equiv a \pmod{p} \text{ 有解} \Rightarrow \left(\dfrac{a}{p}\right) = 1$$

充分性：设 $\left(\dfrac{a}{p}\right) = 1$，则存在整数 $x \equiv x_1 \pmod{p}$ 使得

$$x_1^2 \equiv a \pmod{p}$$

令 $f(x) = x^2 - a$，则 $f'(x) = 2x$，$(f'(x_1), p) = (2x_1, p) = 1$，故由定理 4.4.2 知方程(5.6.1)有解且其解数为 2。

【推论】 同余方程(5.6.1)的解数为

$$T = 1 + \left(\dfrac{a}{p}\right)$$

5.6.2 $p = 2$

$p = 2$ 时，要求解的方程为

$$x^2 \equiv a \pmod{2^\delta}, \quad (a, 2) = 1, \quad \delta \geqslant 1 \tag{5.6.2}$$

当 $\delta = 1$ 时，方程 $x^2 \equiv a \equiv 1 \pmod{2}$ 显然有一个解 $x \equiv 1 \pmod{2}$。下面主要讨论 $\delta > 1$ 的情形。

【定理 5.6.2】 设 $\delta > 1$，则同余方程(5.6.2)有解的必要条件是

(i) 当 $\delta = 2$ 时，$a \equiv 1 \pmod{4}$；

(ii) 当 $\delta \geqslant 3$ 时，$a \equiv 1 \pmod{8}$。

若上述条件成立，则方程(5.6.2)有解。且当 $\delta = 2$ 时，解数是 2；当 $\delta \geqslant 3$ 时，解数是 4。

证 必要性：若方程(5.6.2)有解，则存在整数 z，使得
$$z^2 \equiv a \pmod{2^\delta} \tag{5.6.3}$$
由 $(a,2)=1$ 知 $(z,2)=1$，记 $z=1+2t$，则式(5.6.3)可表示为
$$a \equiv 1+4t(t+1) \pmod{2^\delta} \tag{5.6.4}$$
所以当 $\delta=2$ 时，$a\equiv 1\pmod 4$。

而当 $\delta \geqslant 3$ 时，由式(5.6.4)知
$$a \equiv 1+4t(t+1) \pmod{2^3=8}$$
又由 $2\mid t(t+1)$ 知，$a\equiv 1\pmod 8$。

充分性：

(i) 当 $\delta=2$ 时，设 $a\equiv 1\pmod 4$，方程
$$x^2 \equiv a \equiv 1 \pmod{2^2}$$
显然有两个解：$x\equiv 1,3\pmod{2^2}$。

(ii) 当 $\delta\geqslant 3$ 时，设 $a\equiv 1\pmod 8$。

若 $\delta=3$，易验证方程
$$x^2 \equiv a \equiv 1 \pmod{2^3} \tag{5.6.5}$$
的解为 $x\equiv \pm 1,\pm 5\pmod{2^3}$，即
$$x=\pm(1+2^2 t_3), \quad t_3=0,\pm 1,\pm 2,\cdots$$
或
$$x=\pm(x_3+2^2 t_3), \quad t_3=0,\pm 1,\pm 2,\cdots \tag{5.6.6}$$
其中，$x_3=1$。

若 $\delta=4$，方程为
$$x^2 \equiv a \pmod{2^4} \tag{5.6.7}$$
令
$$(x_3+2^2 t_3)^2 \equiv a \pmod{2^4}$$
(由第3章的结论，希望从方程(5.6.5)的解(5.6.6)中寻找方程(5.6.7)的解，即选 t_3 的部分值，满足方程(5.6.7))

即
$$x_3^2+2x_3(2^2 t_3)+2^4 t_3^2 \equiv a \pmod{2^4}$$
亦即
$$x_3^2+2^3 x_3 t_3 \equiv a \pmod{2^4}$$
$$2^3 x_3 t_3 \equiv a-x_3^2 \pmod{2^4}$$
所以
$$x_3 t_3 \equiv \frac{a-x_3^2}{2^3} \pmod 2$$

$$t_3 \equiv \frac{a-x_3^2}{2^3} \pmod{2}$$

或

$$t_3 = \frac{a-x_3^2}{2^3} + 2t_4, \quad t_4 = 0, \pm 1, \pm 2, \cdots$$

将其代入式(5.6.6)，方程(5.6.7)的解可表示为

$$x = \pm(x_3 + 2^2 t_3), \quad t_3 = \frac{a-x_3^2}{2^3} + 2t_4, \quad t_4 = 0, \pm 1, \pm 2, \cdots$$

$$x = \pm\left(x_3 + 2^2 \frac{a-x_3^2}{2^3} + 2^3 t_4\right), \quad t_4 = 0, \pm 1, \pm 2, \cdots$$

或

$$x = \pm(x_4 + 2^3 t_4), \quad t_4 = 0, \pm 1, \pm 2, \cdots$$

其中 $x_4 = x_3 + 2^2 \frac{a-x_3^2}{2^3}$，且 $x_4 \equiv 1 \pmod{2}$（因为 $a \equiv x_3^2 \equiv 1 \pmod{8}$，故 $\frac{a-x_3^2}{2^3} =$ 整数，从而 $2^2 \frac{a-x_3^2}{2^3}$ 为偶数）。

……

依次类推，对于 $\delta \geq 4$，设同余方程

$$x^2 \equiv a \pmod{2^{\delta-1}} \tag{5.6.8}$$

的解为

$$x = \pm(x_{\delta-1} + 2^{\delta-2} t_{\delta-1}), \quad t_{\delta-1} = 0, \pm 1, \pm 2, \cdots \tag{5.6.9}$$

或

$$x \equiv \pm(x_{\delta-1} + 2^{\delta-2} t_{\delta-1}) \pmod{2^{\delta-1}}, \quad t_{\delta-1} = 0, 1$$

且 $x_{\delta-1} \equiv 1 \pmod{2}$。

为了从方程(5.6.8)的解(5.6.9)中找出方程

$$x^2 \equiv a \pmod{2^\delta} \tag{5.6.10}$$

的解，令

$$(x_{\delta-1} + 2^{\delta-2} t_{\delta-1})^2 \equiv a \pmod{2^\delta}$$

即

$$x_{\delta-1}^2 + 2x_{\delta-1}(2^{\delta-2} t_{\delta-1}) + 2^{2(\delta-2)} t_{\delta-1}^2 \equiv a \pmod{2^\delta}$$

亦即

$$x_{\delta-1}^2 + 2^{\delta-1} x_{\delta-1} t_{\delta-1} \equiv a \pmod{2^\delta}$$

$$2^{\delta-1} x_{\delta-1} t_{\delta-1} \equiv a - x_{\delta-1}^2 \pmod{2^\delta} \tag{5.6.11}$$

所以

$$x_{\delta-1}t_{\delta-1} \equiv \frac{a-x_{\delta-1}^2}{2^{\delta-1}} \pmod{2}$$

$$t_{\delta-1} \equiv \frac{a-x_{\delta-1}^2}{2^{\delta-1}} \pmod{2}$$

或

$$t_{\delta-1} = \frac{a-x_{\delta-1}^2}{2^{\delta-1}} + 2t_\delta, \quad t_\delta = 0, \pm 1, \pm 2, \cdots$$

将其代入式(5.6.9),方程(5.6.10)的解可表示为

$$x = \pm(x_{\delta-1} + 2^{\delta-2}t_{\delta-1}), \quad t_{\delta-1} = \frac{a-x_{\delta-1}^2}{2^{\delta-1}} + 2t_\delta, \quad t_\delta = 0, \pm 1, \pm 2, \cdots$$

即

$$x = \pm\left(x_{\delta-1} + 2^{\delta-2}\frac{a-x_{\delta-1}^2}{2^{\delta-1}} + 2^{\delta-1}t_\delta\right), \quad t_\delta = 0, \pm 1, \pm 2, \cdots$$

或

$$x = \pm(x_\delta + 2^{\delta-1}t_\delta), \quad t_\delta = 0, \pm 1, \pm 2, \cdots$$

其中 $x_\delta = x_{\delta-1} + 2^{\delta-2}\frac{a-x_{\delta-1}^2}{2^{\delta-1}}$,且 $x_\delta \equiv 1 \pmod{2}$。

【例 5.6.1】 解方程 $x^2 \equiv 57 \pmod{64}$。

解 因为 $64 = 2^6$,即 $\delta = 6$。又因 $57 \equiv 1 \pmod{8}$,故方程有 4 个解。

当 $\delta = 3$ 时,方程的解为

$$x = \pm(1 + 2^2 t_3), \quad t_3 = 0, \pm 1, \pm 2, \cdots \tag{5.6.12}$$

(或 $x = \pm(x_3 + 2^2 t_3)$, $t_3 = 0, \pm 1, \pm 2, \cdots, x_3 = 1$)。

作为同余方程,其解也可表示为

$$x \equiv 1, 3, 5, 7 \pmod{8} \quad 或 \quad x \equiv \pm 1, \pm 5 \equiv \pm 7, \pm 3 \pmod{8}$$

甚或

$$x \equiv \pm(1 + 4t) \equiv \pm(3 + 4t) \pmod{8}, \quad t = 0, 1$$

还可表示为

$$x \equiv \pm 1, \pm 3 \equiv \mp 7, \mp 5 \pmod{8} 或 x \equiv \pm(1+2t) \equiv \pm(5+2t) \pmod{8}, \quad t = 0, 1$$

(此时相应的方程为 $x^2 \equiv 57 \equiv 1 \pmod{8}$。)

当 $\delta = 4$ 时,在式(5.6.12)的所有值中找方程

$$x^2 \equiv 57 \pmod{2^4} \tag{5.6.13}$$

的解。

为此,令 $(1 + 2^2 t_3)^2 \equiv 57 \pmod{2^4}$,则

$$1^2 + 2(4t_3) + 2^4 t_3^2 \equiv 57 \pmod{2^4}$$

即

$$1+2^3 t_3 \equiv 57 \pmod{2^4}$$
$$2^3 t_3 \equiv 56 \equiv 8 \pmod{2^4}$$
$$t_3 \equiv 1 \pmod 2$$

或
$$t_3 = 1 + 2t_4, \quad t_4 = 0, \pm 1, \pm 2, \cdots$$

将其代入式(5.6.12)得方程(5.6.13)的解为
$$x = \pm[1 + 2^2(1 + 2t_4)] = \pm(5 + 2^3 t_4), \quad t_4 = 0, \pm 1, \pm 2, \cdots$$

或
$$x \equiv \pm(5 + 2^3 t_4) \pmod{2^4}, \quad t_4 = 0, 1$$

或
$$x \equiv \pm 5, \pm 13 \equiv \pm 3, \pm 5 \pmod{2^4}$$

($x_4 = 5$。)

当 $\delta = 5$ 时，令 $(5 + 8t_4)^2 \equiv 57 \pmod{2^5}$，则
$$5^2 + 2 \cdot 5 \cdot (2^3 t_4) + 2^6 t_4^2 \equiv 57 \pmod{2^5}$$
$$2^4 \cdot 5 \cdot t_4 \equiv 57 - 5^2 \equiv 0 \pmod{2^5}$$
$$5 \cdot t_4 \equiv 0 \pmod 2$$
$$t_4 \equiv 0 \pmod 2$$

或
$$t_4 = 0 + 2t_5 = 2t_5, \quad t_5 = 0, \pm 1, \pm 2, \cdots$$

故方程 $x^2 \equiv 57 \pmod{2^5}$ 的解为
$$x = \pm[5 + 2^3(0 + 2t_5)] = \pm(5 + 2^4 t_5), \quad t_5 = 0, \pm 1, \pm 2, \cdots$$

或
$$x \equiv \pm(5 + 2^4 t_5) \pmod{t_5}, \quad t_5 = 0, 1$$

或
$$x \equiv \pm 5, \pm 21 \equiv \pm 5, \pm 11 \pmod{2^5}$$

($x_5 = 5$。)

当 $\delta = 6$ 时，令 $(5 + 2^4 t_5)^2 \equiv 57 \pmod{2^6}$，则
$$5^2 + 2 \cdot 5 \cdot (2^4 t_5) + 2^8 t_5^2 \equiv 57 \pmod{2^6}$$
$$2^5 \cdot 5 \cdot t_5 \equiv 32 \pmod{2^6}$$
$$5 \cdot t_5 \equiv 1 \pmod 2$$
$$t_5 \equiv 1 \pmod 2$$

或
$$t_5 = 1 + 2t_6, \quad t_6 = 0, \pm 1, \pm 2, \cdots$$

故原方程 $x^2 \equiv 57 \pmod{2^6}$ 的解为

$$x = \pm[5+2^4(1+2t_6)] = \pm(21+2^5 t_6), \quad t_6 = 0, \pm 1, \pm 2, \cdots$$

或

$$x \equiv \pm(21+2^5 t_6) \pmod{2^6}, \quad t_6 = 0, 1$$

或

$$x \equiv \pm 21, \pm 53 \equiv \pm 11, \pm 21 \pmod{2^6}$$

($x_6 = 21$。)

5.7 解同余方程小结

解一般同余方程的方法和步骤如下：

（1）化一般方程 $f(x) \equiv 0 \pmod{m}$ 为同解方程组

$$\begin{cases} f(x) \equiv 0 \pmod{2^\delta} \\ f(x) \equiv 0 \pmod{p_1^{a_1}} \\ f(x) \equiv 0 \pmod{p_2^{a_2}} \\ \vdots \\ f(x) \equiv 0 \pmod{p_k^{a_k}} \end{cases}$$

其中 $m = 2^\delta p_1^{a_1} p_2^{a_2} \cdots p_k^{a_k}$。

（2）解素数幂方程

$$f(x) \equiv 0 \pmod{p^\alpha}, \quad p \text{ 为素数}, \alpha \geqslant 1 \tag{5.7.1}$$

（3）对于方程(5.7.1)中 $\deg(f) = 2$，$\alpha = 1$，$p = 2$ 或奇素数的情况，可将二次方程化为不含一次方项的方程再求解，本章已给出了求解方法。

（4）对于方程(5.7.1)中 $\deg(f) = 2$，$\alpha \geqslant 2$，$p = 2$ 或奇素数的情况，同样先将二次方程化为不含一次方项的方程再求解，本章也给出了求解方法。

（5）在方程(5.7.1)中，当 $\deg(f) > 2$ 时，若已知 $\alpha = 1$ 时的解，则可利用此解求 $\alpha \geqslant 2$ 时的解。

但总的来说，解同余方程还是比较困难的，主要原因在于：

（1）m 的分解；

（2）$\deg(f) > 2$，$\alpha = 1$ 时的解法。

习 题 5

1. 分别求出以下列整数为模的全部平方剩余和平方非剩余：

(1) 17；(2) 23；(3) 21；(4) 30；(5) 8；(6) 27。

2. 求满足下列方程的所有整点：

(1) $y^2 \equiv x^3 - 2x + 3 \pmod{7}$；

(2) $y^2 \equiv x^3 + 5x + 1 \pmod{7}$；

(3) $y^2 \equiv x^3 + x + 1 \pmod{17}$；

(4) $y^2 \equiv x^3 + 3x + 1 \pmod{17}$。

3. 利用欧拉判别条件判断：

(1) -8 是否是模 53 的二次剩余；

(2) 8 是否是模 67 的二次剩余。

4. 求下列同余方程的解数：

(1) $x^2 \equiv 2 \pmod{67}$；(2) $x^2 \equiv -2 \pmod{67}$；

(3) $x^2 \equiv 2 \pmod{37}$；(4) $x^2 \equiv -2 \pmod{37}$；

(5) $x^2 \equiv 1 \pmod{221}$；(6) $x^2 \equiv -1 \pmod{427}$。

5. 计算下列勒让德符号：

(1) $\left(\dfrac{13}{47}\right)$；(2) $\left(\dfrac{30}{53}\right)$；(3) $\left(\dfrac{143}{53}\right)$；

(4) $\left(\dfrac{71}{73}\right)$；(5) $\left(\dfrac{-35}{97}\right)$；(6) $\left(\dfrac{-23}{131}\right)$；

(7) $\left(\dfrac{7}{223}\right)$；(8) $\left(\dfrac{-105}{223}\right)$；(9) $\left(\dfrac{91}{563}\right)$；

(10) $\left(\dfrac{-70}{571}\right)$；(11) $\left(\dfrac{-286}{647}\right)$；(12) $\left(\dfrac{789}{1193}\right)$。

6. 设 p 为奇素数，证明：若 $p \equiv \pm 3 \pmod{10}$，则 $\left(\dfrac{5}{p}\right) = -1$。

7. 判断下列同余方程是否有解，若有解，求其解数：

(1) $x^2 \equiv 7 \pmod{227}$；(2) $x^2 \equiv 249 \pmod{257}$；

(3) $x^2 \equiv 79 \pmod{433}$；(4) $x^2 \equiv 365 \pmod{389}$；

(5) $x^2 \equiv 11 \pmod{511}$；(6) $x^2 \equiv 2495 \pmod{5249}$；

(7) $11x^2 \equiv -6 \pmod{91}$；(8) $5x^2 \equiv -14 \pmod{6193}$。

8. 解下列同余方程：

(1) $8x^2 + 15x - 6 \equiv 0 \pmod{56}$；(2) $x^2 + x + 4 \equiv 0 \pmod{32}$。

9. 按要求完成下列问题：

(1) 求以 -3 为其二次剩余的全体素数；

(2) 求同时以 ± 3 为其二次剩余的全体素数；

(3) 求同时以 ± 3 为其二次非剩余的全体素数；

(4) 求以 3 为二次剩余、以 -3 为二次非剩余的全体素数;

(5) 求以 -3 为二次剩余、以 3 为二次非剩余的全体素数。

10. 求以 3 为二次非剩余、以 2 为二次剩余的全体素数(即以 3 为正的最小二次非剩余的全体素数)。

11. 按要求完成下列问题:

(1) 求满足 $\left(\dfrac{5}{p}\right)=1$ 的全体素数 p;

(2) 求满足 $\left(\dfrac{-5}{p}\right)=1$ 的全体素数 p;

(3) 求 $121^2 \pm 5$, $82^2 \pm 5 \cdot 11^2$, $273^2 \pm 5 \cdot 11^2$ 的素因数分解式;

(4) 判断方程 $x^4 \equiv 25 \pmod{1013}$ 是否有解。

12. 设素数 $p=4m+1$, $d \mid m$, 证明: $\left(\dfrac{d}{p}\right)=1$。

13. 证明: 设 q 是一个形如 $4n+1$ 的素数, 则存在一个奇素数 $p<q$, 使得 $\left(\dfrac{q}{p}\right)=-1$。

14. 说明: 为了计算勒让德符号, 可以避免利用 $\left(\dfrac{2}{p}\right)$ 的计算公式。

15. 设 a、b 是整数, 且 $b^2>1$。证明:

(1) $b^2+2 \nmid 4a^2+1$; (2) $b^2-2 \nmid 4a^2+1$;

(3) $2b^2+3 \nmid a^2-2$; (4) $3b^2+4 \nmid a^2+2$。

16. 设 p 是奇素数, $p \nmid a$。证明: 存在整数 u 和 v, 使得 $u^2+av^2 \equiv 0 \pmod{p}$ 的充分必要条件是 $-a$ 是模 p 的二次剩余, 其中 $(u,v)=1$。

17. 设 p 是奇素数, 证明:

(1) 模 p 的所有二次剩余的乘积对模 p 的剩余是 $(-1)^{(p+1)/2}$;

(2) 模 p 的所有二次非剩余的乘积对模 p 的剩余是 $(-1)^{(p-1)/2}$;

(3) 模 p 的所有二次剩余之和对模 p 的剩余是 1(当 $p=3$ 时)或 0(当 $p>3$ 时);

(4) 所有模 p 的二次非剩余之和是多少?

18. 证明下列形式的素数均有无穷多个:

(1) $8k-1$, $8k+3$, $8k-3$;

(2) $3k+1$, $6k+1$, $12k+1$, $12k+7$;

(3) 十进制表示末尾为 9 的数。

19. 设 n^4-n^2+1 的素因数为 p, 证明: $p \equiv 1 \pmod{12}$。

20. 设 p 是奇素数, 且 $p \equiv 1 \pmod 4$。证明:

(1) $1, 2, \cdots, (p-1)/2$ 中模 p 的二次剩余与非剩余的个数均为 $(p-1)/4$ 个;

(2) $1, 2, \cdots, p-1$ 中有 $(p-1)/4$ 个偶数为模 p 的二次剩余, $(p-1)/4$ 个奇数为模 p

的二次剩余；

(3) $1, 2, \cdots, p-1$ 中有 $(p-1)/4$ 个偶数为模 p 的二次非剩余, $(p-1)/4$ 个奇数为模 p 的二次非剩余；

(4) $1, 2, \cdots, p-1$ 中全体模 p 的二次剩余之和等于 $p(p-1)/4$；

(5) $1, 2, \cdots, p-1$ 中全体模 p 的二次非剩余之和等于 $p(p-1)/4$。

21. 设 p 是奇素数，把集合 $Z^+ = \{1, 2, \cdots, p-1\}$ 分为两个非空子集 S_1 和 S_2，且满足：属于同一个子集中的两个数的乘积必与 S_1 中的某个数同余于模 p，属于不同子集的两个数的乘积必与 S_2 中的某个数同余于模 p。证明：S_1 由 Z^+ 中的所有模 p 的二次剩余组成，S_2 则由其中的所有模 p 的二次非剩余组成，且各有 $(p-1)/2$ 个数。

22. 利用雅可比符号性质计算：

(1) $\left(\dfrac{51}{71}\right)$； (2) $\left(\dfrac{-35}{97}\right)$；

(3) $\left(\dfrac{313}{401}\right)$； (4) $\left(\dfrac{165}{503}\right)$。

23. 设 p 为奇素数，证明：方程 $x^2 \equiv -4 \pmod{p}$ 有解的充分必要条件是 $p \equiv 1 \pmod{4}$。

24. 设 p 为素数且 $p \equiv 3 \pmod{4}$，证明：$2p+1$ 是素数的充分必要条件是 $2^p \equiv 1 \pmod{2p+1}$。

25. 设素数 $p \geqslant 3$ 且 $p \nmid a$，证明：$\sum\limits_{x=1}^{p} \left(\dfrac{ax+b}{p}\right) = 0$。

26. 设素数 $p \geqslant 3$ 且 $p \nmid a$，证明：$\sum\limits_{x=1}^{p} \left(\dfrac{x^2+ax}{p}\right) = \sum\limits_{x=1}^{p} \left(\dfrac{x^2+x}{p}\right) = -1$。

27. 设 $x \bmod m$ 表示 x 遍历模数 m 的完全剩余系，证明：

(1) 若 $(a, m) = (b, m) = 1$，则
$$\sum_{x=1}^{m-1} \left(\dfrac{ax^2+bx}{m}\right) = \sum_{x=1}^{m-1} \left(\dfrac{ax+b}{m}\right) = -\left(\dfrac{a}{m}\right)$$

(2) 当 $(a, m) = 1$ 时，
$$\sum_{x \bmod m} \left(\dfrac{ax+b}{m}\right) = 0$$

(3) 设 $f(x)$ 为整系数多项式，则当 $(a, m) = 1$ 时，有
$$\sum_{x \bmod m} \left(\dfrac{f(ax+b)}{m}\right) = \sum_{x \bmod m} \left(\dfrac{f(x)}{m}\right)$$

28. 设 p 为奇素数，证明以下等式：

(1) 若 $p \equiv 1 \pmod{4}$，则 $\sum\limits_{r=1}^{p-1} r \left(\dfrac{r}{p}\right) = 0$；

(2) 若 $p \equiv 3 \pmod{4}$，则 $\sum\limits_{r=1}^{p-1} r^2 \left(\dfrac{r}{p}\right) = p \sum\limits_{r=1}^{p-1} r \left(\dfrac{r}{p}\right)$；

(3) 若 $p \equiv 1 \pmod 4$，则 $\sum\limits_{r=1}^{p-1} r^3 \left(\dfrac{r}{p}\right) = \dfrac{3}{2} p \sum\limits_{r=1}^{p-1} r^2 \left(\dfrac{r}{p}\right)$；

(4) 若 $p \equiv 3 \pmod 4$，则 $\sum\limits_{r=1}^{p-1} r^4 \left(\dfrac{r}{p}\right) = 2p \sum\limits_{r=1}^{p-1} r^3 \left(\dfrac{r}{p}\right) - p^2 \sum\limits_{r=1}^{p-1} r^2 \left(\dfrac{r}{p}\right)$。

29. 证明：设 $q = 2h+1$ 是一个素数，且 $q \equiv 7 \pmod 8$，则 $\sum\limits_{r=1}^{h} r \left(\dfrac{r}{q}\right) = 0$。

30. 设 a、b 为正整数，b 为奇数，证明：对 Jacobi 符号有公式
$$\left(\dfrac{a}{2a+b}\right) = \begin{cases} \left(\dfrac{a}{b}\right), & a \equiv 0, 1 \pmod 4 \\ -\left(\dfrac{a}{b}\right), & a \equiv 2, 3 \pmod 4 \end{cases}$$

31. 设 a、b、c 为正整数，b 为奇数，$(a, b) = 1$ 且 $b < 4ac$，证明：对 Jacobi 符号有公式
$$\left(\dfrac{a}{4ac-b}\right) = \left(\dfrac{a}{b}\right)$$

32. 证明：

(1) 若 p 为奇素数，q 为 $2^p - 1$ 的素因数，则 $q \equiv \pm 1 \pmod 8$；

(2) 不用计算，证明 $23 | 2^{11} - 1$，$47 | 2^{23} - 1$，$503 | 2^{251} - 1$。

33. 证明：对于任给的 $n > 1$，存在 $m > 0$，使同余方程
$$x^2 \equiv 1 \pmod m$$
的解数大于 n。

34. 设 $m = 2^{\alpha_0} p_1^{\alpha_1} p_2^{\alpha_2} \cdots p_k^{\alpha_k}$，$p_i$ 是不同的奇素数，$\alpha_i \geqslant 1 (1 \leqslant i \leqslant k)$，$\alpha_0 \geqslant 0$，求同余方程 $x^2 \equiv 1 \pmod m$ 的解数。

35. 设 k 是模数 m 的不同素因数的个数，求同余方程 $x^2 \equiv x \pmod m$ 的解数。

36. 设 $m = p_1 p_2 \cdots p_k$，a 为任意整数，求同余方程 $x^2 \equiv a \pmod m$ 的解数，其中 p_i 是不同的奇素数。

37. 设正整数 $m > 1$，a 为任意整数，求同余方程 $x^2 \equiv a \pmod m$ 的解数。

38. 把同余方程 $x^2 \equiv 1 \pmod m$ 写为 $(x-1)(x+1) \equiv 0 \pmod m$。当 $m = 2^{\alpha_0} p_1^{\alpha_1} p_2^{\alpha_2} \cdots p_k^{\alpha_k}$ 时，利用把同余方程化为同余方程组的方法，给出一种求 $x^2 \equiv 1 \pmod m$ 的全部解的具体方法，并用以求解 $m = 2^3 \cdot 3^2 \cdot 5^2$ 和 $m = 2 \cdot 3^2 \cdot 5 \cdot 7$ 的情形。其中 p_i 是不同的奇素数，$\alpha_i \geqslant 1 (1 \leqslant i \leqslant k)$，$\alpha_0 \geqslant 0$。

39. 设 $n > 1$，证明费马数 $F_n = 2^{2^n} + 1$ 的任一素因数必具有形如 $p = 2^{n+2} k + 1$ 的形式 $(k > 0)$。

40. 设 $m^2 > 1$，证明：对任意的 m、n，下列各数都不是整数：
$$\dfrac{4n^2+1}{m^2+2}, \dfrac{4n^2+1}{m^2-2}, \dfrac{n^2-2}{2m^2+3}, \dfrac{n^2+2}{3m^2+4}$$

41. 证明：设 $N=6119=82^2-5\cdot 11^2$，素数 $p|N$，那么必有 $\left(\dfrac{5}{p}\right)=1$，并用此方法把 N 分解为标准分解式。

42. 证明：对任何素数 p，同余方程 $x^{2^\alpha}\equiv 2^{2^{\alpha-1}} \pmod{p}$ $(\alpha\geq 3)$ 都有解 x。

43. 证明：如果 $n>0$ 且 $\sigma(n)=2n+1$，则 n 是一个奇数的平方。

44. 证明：设 $p=4n+1$ 是一个素数，则 $\sum\limits_{k=1}^{\frac{p-1}{2}}\left\lfloor\dfrac{k^2}{p}\right\rfloor\equiv\dfrac{(p-1)(p-5)}{24}$。

第 6 章　原根与离散对数

由欧拉定理知，当 $m>1$，且 $(a,m)=1$ 时，有
$$a^{\varphi(m)} \equiv 1 \pmod{m}$$
于是人们提出了如下问题：

(1) $\varphi(m)$ 是否是使得上式成立的最小正整数？

(2) 该最小正整数有何性质和用途？

为回答上述问题，本章引入整数的阶、原根以及离散对数的概念，同时给出原根和离散对数的计算方法及其应用。

6.1　整数的阶及其性质

6.1.1　整数的阶和原根

【定义 6.1.1】　设 $m>1$，$(a,m)=1$，则使得
$$a^e \equiv 1 \pmod{m}$$
成立的最小正整数 e 称做整数 a 对模 m 的**阶**（或**指数，乘法周期**），记做 $\mathrm{ord}_m(a)$。若 a 的阶 $e=\varphi(m)$，则 a 称做模 m 的**原根**。

【例 6.1.1】　按定义求正整数 7 的正既约剩余系中每个数对模 7 的阶和模 7 的原根。

解　因为 $m=7$，$\varphi(7)=6$，且 7 的正既约剩余系为 $\{1,2,3,4,5,6\}$，直接计算可得
$$1^1 \equiv 1 \pmod{7},\ 2^3 \equiv 1 \pmod{7},\ 3^6 \equiv 1 \pmod{7}$$
$$4^3 \equiv 1 \pmod{7},\ 5^6 \equiv 1 \pmod{7},\ 6^2 \equiv 1 \pmod{7}$$
故对模数 7 而言，1、2、3、4、5、6 的阶分别为 1、3、6、3、6、2（见表 6.1.1，亦称模 7 的阶数表）。

表 6.1.1　模 7 的阶数表

a	1	2	3	4	5	6
$\mathrm{ord}_m(a)$	1	3	6	3	6	2

由表 6.1.1 可以看出，3 和 5 都是模 7 的原根。

【例 6.1.2】　求正整数 14 的正既约剩余系中每个数对模 14 的阶和模 14 的原根。

解　因为 $m=14$，$\varphi(14)=6$，且 14 的正既约剩余系为 $\{1,3,5,9,11,13\}$，按照阶的

定义求值可得

$$1^1 \equiv 1 \pmod{14}, \quad 3^3 \equiv -1 \pmod{14}, \quad 5^3 \equiv -1 \pmod{14}$$

$$9^3 \equiv 1 \pmod{14}, \quad 11^3 \equiv 1 \pmod{14}, \quad 13^2 \equiv 1 \pmod{14}$$

从而得各数的阶(见表 6.1.2)。

表 6.1.2 模 14 的阶数表

a	1	3	5	9	11	13
$\text{ord}_m(a)$	1	6	6	3	3	2

由表 6.1.2 可以看出,模 14 的原根为 3 和 5。

由计算过程可以看出,若 $a^k \equiv -1 \pmod{m}$,则必有 $a^{2k} \equiv 1 \pmod{m}$,故不必计算 a^{2k},即可得 $\text{ord}_m(a) = 2k$。

【例 6.1.3】 判断正整数 15 是否有原根。

解 因为 $m = 15$, $\varphi(15) = 8$,且 15 的正既约剩余系为 $S = \{1, 2, 4, 7, 8, 11, 13, 14\}$,故可计算出剩余系中每个数对模 15 的阶(见表 6.1.3)。

表 6.1.3 模 15 的正既约剩余系的阶

a	1	2	4	7	8	11	13	14
$\text{ord}_m(a)$	1	4	2	4	4	2	4	2

由表 6.1.3 可以看出

$$\text{ord}_m(a) < 8 = \varphi(15), \quad \forall a \in S$$

所以 15 没有原根。

6.1.2 阶的性质与计算方法

【定理 6.1.1】 设 $m > 1$, $(a, m) = 1$, d 为正整数,则

$$a^d \equiv 1 \pmod{m} \Leftrightarrow \text{ord}_m(a) \mid d$$

即 $d \equiv 0 \pmod{\text{ord}_m(a)}$。

证 充分性:设 $\text{ord}_m(a) \mid d$,则 $d = k \cdot \text{ord}_m(a)$,从而

$$a^d \equiv a^{k \cdot \text{ord}_m(a)} \equiv (a^{\text{ord}_m(a)})^k \equiv 1 \pmod{m}$$

必要性:用反证法。若 $a^d \equiv 1$ 且 $\text{ord}_m(a) \nmid d$,则由欧几里得除法,有

$$d \equiv \text{ord}_m(a) \cdot q + r, \quad 0 < r < \text{ord}_m(a)$$

从而

$$a^r \equiv a^r (a^{\text{ord}_m(a)})^q \equiv a^d \equiv 1 \pmod{m}$$

与 $\text{ord}_m(a)$ 的最小性矛盾。

【推论 1】 $\mathrm{ord}_m(a) \mid \varphi(m)$。

由定理 6.1.1 及推论 1 可知，$\mathrm{ord}_m(a)$ 必是 $\varphi(m)$ 的因子，故求 $\mathrm{ord}_m(a)$ 时只需考虑 $a^i \pmod{m}$，其中 $i \mid \varphi(m)$ 且 $i < \varphi(m)$。

【例 6.1.4】 试判断 5 是否是 17 的原根。

解 因为 $\varphi(17)=16$，故由推论 1 知只需计算 $5^d \pmod{17}$ 即可（$d=1,2,4,8$）。其中：
$5^1 \equiv 5 \pmod{17}$，$5^2 \equiv 8 \pmod{17}$，$5^4 \equiv 13 \equiv -4 \pmod{17}$，$5^8 \equiv 16 \equiv -1 \pmod{17}$
所以，$\mathrm{ord}_{17}(5)=16$，即 5 是模 17 的原根。

【例 6.1.5】 求 $\mathrm{ord}_{33}(4)$、$\mathrm{ord}_{33}(5)$、$\mathrm{ord}_{38}(13)$ 的值。

解 因为 $\varphi(33)=20$，故由推论 1 知只需计算 4^i、$5^i \pmod{33}$ 即可（$i=1,2,4,5,10$）。其中：
$$4^4 \equiv 25 \equiv -8 \pmod{33},\ 4^5 \equiv -32 \equiv 1 \pmod{33}$$
$$5^4 \equiv 31 \equiv -2 \pmod{33},\ 5^5 \equiv -10 \pmod{33},\ 5^{10} \equiv 1 \pmod{33}$$
所以，$\mathrm{ord}_{33}(4)=5$，$\mathrm{ord}_{33}(5)=10$。

而对于 $\mathrm{ord}_{38}(13)$，由于 $\varphi(38)=18$，其因数有 1，2，3，6，9，18，故计算
$$13^2 \equiv 17 \pmod{38},\ 13^3 \equiv -7 \pmod{38},\ 13^6 \equiv 11 \pmod{38},\ 13^9 \equiv -1 \pmod{38}$$
所以，$\mathrm{ord}_{38}(13)=18$。

【推论 2】 设 p 是奇素数，$\dfrac{p-1}{2}$ 也是奇素数，$p \nmid a$。

(i) 若 a 是模 p 的二次剩余，则 a 不是 p 的原根，且当 $a \equiv 1 \pmod{p}$ 时，$\mathrm{ord}_p(a)=1$；当 $a \not\equiv 1 \pmod{p}$ 时，$\mathrm{ord}_p(a)=\dfrac{p-1}{2}$。

(ii) 若 a 是模 p 的二次非剩余，则当 $a \equiv p-1 \pmod{p}$ 时，$\mathrm{ord}_p(a)=2$；当 $a \not\equiv p-1 \pmod{p}$ 时，$\mathrm{ord}_p(a)=p-1$。

(iii) 此时，p 有 $\dfrac{p-1}{2}-1=\dfrac{p-3}{2}$ 个原根。

(iv) 当 $\dfrac{p-1}{2}=2$ 为偶素数时，必有 $p=5$，其平方剩余为 1 和 -1，平方非剩余为 2 和 3，且 2 和 3 是原根。

证 由推论 1 知，$\mathrm{ord}_p(a) \mid \varphi(p)=p-1=2 \cdot \dfrac{p-1}{2}$，故 $\mathrm{ord}_p(a)$ 可能为 1，2，$\dfrac{p-1}{2}$，$p-1$。

(i) a 是模 p 的二次剩余，则由二次剩余的充分必要条件知
$$a^{\frac{p-1}{2}} \equiv 1 \pmod{p}$$
那么，由定理 6.1.1 知 $\mathrm{ord}_p(a) \left| \dfrac{p-1}{2} \right.$，但 $\dfrac{p-1}{2}$ 是素数，故

$$\text{ord}_p(a)=1 \text{ 或 } \frac{p-1}{2}$$

而 $\text{ord}_p(a)=1$ 的充分必要条件是 $a\equiv 1\pmod{p}$，故结论成立。

(ii) a 是模 p 的二次非剩余，则由二次非剩余的充分必要条件知

$$a^{\frac{p-1}{2}}\equiv -1\pmod{p}$$

即 $\text{ord}_p(a)\neq \frac{p-1}{2}$，那么，只有

$$\text{ord}_p(a)=2 \text{ 或 } p-1$$

且 $\text{ord}_p(a)$ 也不能为 1，因为只有 $\text{ord}_p(1)=1$，但 1 是平方剩余，不是非剩余。而 $\text{ord}_p(a)=2$ 的充分必要条件是 $a\equiv p-1\equiv -1\pmod{p}$，故结论成立。

(iii) 由第 4 章的结论知，p 有 $\frac{p-1}{2}$ 个平方非剩余，其中只有 $\text{ord}_p(p-1)=2$，其余的 $\text{ord}_p(a)=p-1$，即原根有 $\frac{p-1}{2}-1=\frac{p-3}{2}$ 个。

(iv) 显然。

【例 6.1.6】 取 $p=11$，验证推论 2。

解 $p=11$ 为奇素数，且 $\frac{p-1}{2}=5$ 也为奇素数。易知，1、3、4、5、9 是 11 的二次剩余，2、6、7、8、10 是模 11 的二次非剩余，且有

$$\text{ord}_{11}(1)=1,\ \text{ord}_{11}(3)=\text{ord}_{11}(4)=\text{ord}_{11}(5)=\text{ord}_{11}(9)=5$$
$$\text{ord}_{11}(2)=\text{ord}_{11}(6)=\text{ord}_{11}(7)=\text{ord}_{11}(8)=10,\ \text{ord}_{11}(10)=2$$

【定理 6.1.2】 设 $(a,m)=1$。

(i) 若 $b\equiv a\pmod{m}$，则 $\text{ord}_m(b)=\text{ord}_m(a)$；

(ii) $\text{ord}_m(a^{-1})=\text{ord}_m(a)$。

证 (i) 已知 $b\equiv a\pmod{m}$，则有

$$b^{\text{ord}_m(a)}\equiv a^{\text{ord}_m(a)}\equiv 1\pmod{m}$$

所以 $\text{ord}_m(b)\mid \text{ord}_m(a)$。

其次，

$$a^{\text{ord}_m(b)}\equiv b^{\text{ord}_m(b)}\equiv 1\pmod{m}$$

所以 $\text{ord}_m(a)\mid \text{ord}_m(b)$。

故

$$\text{ord}_m(b)=\text{ord}_m(a)$$

(ii) 证法一：由 $(a^{-1})^{\text{ord}_m(a)}\equiv (a^{\text{ord}_m(a)})^{-1}\equiv 1\pmod{m}$ 知

$$\text{ord}_m(a^{-1})\mid \text{ord}_m(a)$$

由 $a\cdot a^{-1}\equiv 1\pmod{m}$ 知 $(a\cdot a^{-1})^{\text{ord}_m(a^{-1})}\equiv 1\pmod{m}$，即

$$a^{\mathrm{ord}_m(a^{-1})}(a^{-1})^{\mathrm{ord}_m(a^{-1})} \equiv 1 \pmod{m}$$

从而 $a^{\mathrm{ord}_m(a^{-1})} \equiv 1 \pmod{m}$，所以

$$\mathrm{ord}_m(a) \mid \mathrm{ord}_m(a^{-1})$$

故

$$\mathrm{ord}_m(a^{-1}) = \mathrm{ord}_m(a)$$

证法二：由 $a^k \equiv 1 \pmod{m}$ 的充分必要条件是

$$(a^{-1})^k \equiv 1 \pmod{m}$$

即可证得结论(ii)成立。

【例 6.1.7】 已知 $\mathrm{ord}_{17}(5) = 16$（见例 6.1.4），求 $\mathrm{ord}_{17}(39)$ 和 $\mathrm{ord}_{17}(7)$。

解 由于 $39 \equiv 5 \pmod{17}$，故由定理 6.1.2 的结论(i)知 $\mathrm{ord}_{17}(39) = \mathrm{ord}_{17}(5) = 16$。

其次，由于 $7 \equiv 5^{-1} \pmod{17}$，故由定理 6.1.2 的结论(ii)知 $\mathrm{ord}_{17}(7) = \mathrm{ord}_{17}(5) = 16$。

【定理 6.1.3】 设 $m > 1$，$(a, m) = 1$，则

$$1 = a^0, a, a^2, \cdots, a^{\mathrm{ord}_m(a)-1}$$

模 m 两两不同余。特别地，若 a 是模 m 的原根，则上述 $\varphi(m)$ 个数构成模 m 的既约剩余系。

证 用反证法。若存在整数 k、l（$0 \leqslant l < k < \mathrm{ord}_m(a)$）使得

$$a^k \equiv a^l \pmod{m}$$

则由 $(a, m) = 1$ 知

$$a^{k-l} \equiv 1 \pmod{m}$$

但 $0 < k - l < \mathrm{ord}_m(a)$，与 $\mathrm{ord}_m(a)$ 的最小性矛盾。

再设 a 是模 m 的原根，即 $\mathrm{ord}_m(a) = \varphi(m)$，则

$$1 = a^0, a, a^2, \cdots, a^{\varphi(m)-1}$$

模 m 两两不同余。由既约剩余系的等价条件知，上述 $\varphi(m)$ 个数构成模 m 的既约剩余系。

【例 6.1.8】 设模数 $m = 18$，选整数 $a = 5$ 和 7，验证定理 6.1.3 的结论。

解 因为 $\varphi(18) = 6$，$\mathrm{ord}_{18}(5) = 6$，故直接计算得

$$5^0 \equiv 1 \pmod{18}, \quad 5^1 \equiv 5 \pmod{18}, \quad 5^2 \equiv 7 \pmod{18}$$
$$5^3 \equiv 17 \pmod{18}, \quad 5^4 \equiv 13 \pmod{18}, \quad 5^5 \equiv 11 \pmod{18}$$

即 $\{5^k \mid k = 0, 1, 2, \cdots, 5\}$ 模 18 两两不同余，组成模 18 的既约剩余系。

而 $\mathrm{ord}_{18}(7) = 3$，故有

$$7^0 \equiv 1 \pmod{18}, \quad 7^1 \equiv 7 \pmod{18}, \quad 7^2 \equiv 13 \pmod{18}, \quad 7^3 \equiv 1 \pmod{18}$$

即 $\{7^k \mid k = 0, 1, 2\}$ 模 18 两两不同余。而且反过来，由 $7^3 \equiv 1 \pmod{18}$ 可以看出 7 不是模 18 的原根。

【例 6.1.9】 利用定理 6.1.3 的方法构造模 17 的既约剩余系。

解 由于 $(5, 17) = 1$，$\varphi(17) = 16$，且由例 6.1.4 知 5 是 17 的原根，故由定理 6.1.3 知

$5^k (k=0,1,2,\cdots,15)$ 可构成模 17 的既约剩余系。构造结果如表 6.1.4 所示。

表 6.1.4　利用 5^k 构造的模 17 的既约剩余系

k	0	1	2	3	4	5	6	7	8	9	10	11	12	13	14	15
5^k	1	5	8	6	13	14	2	10	16	12	9	11	4	3	15	7

【定理 6.1.4】 设 $m>1$，$(a,m)=1$，则
$$a^d \equiv a^k \pmod{m} \Leftrightarrow d \equiv k \pmod{\mathrm{ord}_m(a)}$$

证 首先设
$$d = \mathrm{ord}_m(a) q_1 + r_1, \quad 0 \leqslant r_1 < \mathrm{ord}_m(a), \quad q_1 \geqslant 0$$
$$k = \mathrm{ord}_m(a) q_2 + r_2, \quad 0 \leqslant r_2 < \mathrm{ord}_m(a), \quad q_2 \geqslant 0$$

又知 $a^{\mathrm{ord}_m(a)} \equiv 1 \pmod{m}$，故
$$a^d \equiv (a^{\mathrm{ord}_m(a)})^{q_1} a^{r_1} \equiv a^{r_1} \pmod{m}$$
$$a^k \equiv (a^{\mathrm{ord}_m(a)})^{q_2} a^{r_2} \equiv a^{r_2} \pmod{m}$$

必要性：已知 $a^d \equiv a^k \pmod{m}$，则由前面的推导知
$$a^{r_1} \equiv a^{r_2} \pmod{m}$$

由定理 6.1.3 的证明过程知，$r_1 = r_2$，即
$$d \equiv k \pmod{\mathrm{ord}_m(a)}$$

充分性：若 $d \equiv k \pmod{\mathrm{ord}_m(a)}$，则
$$d = k + \mathrm{ord}_m(a) \cdot t$$

故
$$a^d \equiv a^k (a^{\mathrm{ord}_m(a)})^t \equiv a^k \pmod{m}$$

【推论】 $a^n \equiv a^{n (\bmod \mathrm{ord}_m(a))} \pmod{m}$。

【例 6.1.10】 试分别求 2^{2002} 模 7 和 $2^{1\,000\,000}$ 模 231 的最小非负剩余。

解 对于模数 7 而言，由于 7 为素数且 7 很小，故由欧拉定理（或费马小定理）直接计算得
$$2^{2002} \equiv 2^{2002 (\bmod \varphi(7))} \equiv 2^{2002 (\bmod 6)} \equiv 2^4 \equiv 2 \pmod{7}$$

另外，同样由 7 和 2 很小易知 $\mathrm{ord}_7(2)=3$，故利用定理 6.1.4 的推论计算得
$$2^{2002} \equiv 2^{2002 (\bmod \mathrm{ord}_7(2))} \equiv 2^{2002 (\bmod 3)} \equiv 2^1 \equiv 2 \pmod{7}$$

但对于模数 $231 = 3 \cdot 7 \cdot 11$ 而言，由于 $\varphi(231)=120$，故利用欧拉定理计算的难度较大，而利用定理 6.1.4 的推论进行计算较方便。为此，利用定理 6.1.1 的推论 1 及例 6.1.4 和例 6.1.5 的思路，先求得 $\mathrm{ord}_{231}(2)=30$，从而有
$$2^{1\,000\,000} \equiv 2^{1\,000\,000 (\bmod \mathrm{ord}_{231}(2))} \equiv 2^{1\,000\,000 (\bmod 30)} \equiv 2^{10} \equiv 100 \pmod{231}$$

【定理 6.1.5】 设整数 $m>1$，$(a,m)=1$，整数 $d \geqslant 0$，则

$$\operatorname{ord}_m(a^d) = \frac{\operatorname{ord}_m(a)}{(\operatorname{ord}_m(a), d)}$$

证 由定义 6.1.1 知
$$a^{d \cdot \operatorname{ord}_m(a^d)} \equiv (a^d)^{\operatorname{ord}_m(a^d)} \equiv 1 \pmod{m}$$

又由定理 6.1.1 知，$\operatorname{ord}_m(a) \mid d\operatorname{ord}_m(a^d)$，从而
$$\frac{\operatorname{ord}_m(a)}{(\operatorname{ord}_m(a), d)} \left| \frac{d \cdot \operatorname{ord}_m(a^d)}{(\operatorname{ord}_m(a), d)} = \frac{d}{(\operatorname{ord}_m(a), d)} \operatorname{ord}_m(a^d) \right.$$

但 $\left(\dfrac{\operatorname{ord}_m(a)}{(\operatorname{ord}_m(a), d)}, \dfrac{d}{(\operatorname{ord}_m(a), d)}\right) = 1$，故
$$\frac{\operatorname{ord}_m(a)}{(\operatorname{ord}_m(a), d)} \left| \operatorname{ord}_m(a^d) \right.$$

另一方面，有
$$(a^d)^{\frac{\operatorname{ord}_m(a)}{(\operatorname{ord}_m(a), d)}} \equiv (a^{\operatorname{ord}_m(a)})^{\frac{d}{(\operatorname{ord}_m(a), d)}} \equiv 1 \pmod{m}$$

再由定理 6.1.1 知，$\operatorname{ord}_m(a^d) \left| \dfrac{\operatorname{ord}_m(a)}{(\operatorname{ord}_m(a), d)}\right.$，所以
$$\frac{\operatorname{ord}_m(a)}{(\operatorname{ord}_m(a), d)} = \operatorname{ord}_m(a^d)$$

定理 6.1.5 给出了一种利用 a 的阶求 a^d 的阶的实用方法，而且从另一个角度看问题，还给出了求与 a 的阶相同的所有元素的一种方法，即只要在公式中选使得 $(\operatorname{ord}_m(a), d) = 1$ 的 d，则有 $\operatorname{ord}_m(a^d) = \operatorname{ord}_m(a)$。

【例 6.1.11】 试利用 $\operatorname{ord}_{17}(5)$ 计算 $\operatorname{ord}_{17}(6)$ 和 $\operatorname{ord}_{17}(8)$。

解 由于
$$5^2 = 8 \pmod{17}, \quad 5^3 = 6 \pmod{17}$$

再由例 6.1.4 知，$\operatorname{ord}_{17}(5) = 16$，从而由定理 6.1.5 得
$$\operatorname{ord}_{17}(6) = \operatorname{ord}_{17}(5^3) = \frac{\operatorname{ord}_{17}(5)}{(\operatorname{ord}_{17}(5), 3)} = \frac{16}{(16, 3)} = 16$$
$$\operatorname{ord}_{17}(8) = \operatorname{ord}_{17}(5^2) = \frac{\operatorname{ord}_{17}(5)}{(\operatorname{ord}_{17}(5), 2)} = \frac{16}{(16, 2)} = 8$$

【推论】 设 $m > 1$，g 是模 m 的原根，整数 $d \geqslant 0$，则
$$g^d \text{ 是模 } m \text{ 的原根} \Leftrightarrow (d, \varphi(m)) = 1$$

证 由定理 6.1.5 知
$$\operatorname{ord}_m(g^d) = \frac{\operatorname{ord}_m(g)}{(\operatorname{ord}_m(g), d)} = \frac{\varphi(m)}{(\varphi(m), d)}$$

故
$$g^d \text{ 是原根} \Leftrightarrow \frac{\varphi(m)}{(\varphi(m), d)} = \varphi(m) \Leftrightarrow (d, \varphi(m)) = 1$$

定理 6.1.5 的推论的一个很重要的意义就是提供了可以利用一个已知的原根求其他原根的方法。具体方法如下：设 g 是模 m 的一个原根，并已知 $\varphi(m)$，那么，只要找到使 $(d, \varphi(m))=1$ 的正整数 d，则 g^d 必为 m 的一个原根。

【例 6.1.12】 求模 17 的所有原根。

解 因为 $\varphi(17)=16$，与 16 互素的正整数有 1、3、5、7、9、11、13、15，且由例 6.1.4 知 5 是模 17 的原根，则由原根 5 求 17 的其他原根如下：

$$5^1 \equiv 5 \pmod{17}, \quad 5^3 \equiv 6 \pmod{17}, \quad 5^5 \equiv 14 \pmod{17}$$
$$5^7 \equiv 10 \pmod{17}, \quad 5^9 \equiv 12 \pmod{17}, \quad 5^{11} \equiv 11 \pmod{17}$$
$$5^{13} \equiv 3 \pmod{17}, \quad 5^{15} \equiv 7 \pmod{17}$$

所以 17 的全部原根为 5、6、7、10、11、12、13、14。

【定理 6.1.6】（原根的个数） 设 $m>1$，若 m 有原根，则其原根的个数为 $\varphi(\varphi(m))$。

证 设 g 为原根，则由定理 6.1.3 知 $\varphi(m)$ 个数 $g, g^2, \cdots, g^{\varphi(m)}$ 是 m 的一个既约剩余系。而使得 $(d, \varphi(m))=1$ 的整数 d 共有 $\varphi(\varphi(m))$ 个，故由定理 6.1.5 的推论知结论成立。

【推论】 设 $m>1$，且 m 有原根，若 $\varphi(m)$ 的标准分解式为

$$\varphi(m) = p_1^{\alpha_1} p_2^{\alpha_2} \cdots p_k^{\alpha_k}, \quad \alpha_i > 0, \, i=1, 2, \cdots, k$$

则当 $(a, m)=1$ 时，a 是模 m 的原根的概率为

$$\prod_{i=1}^{k}\left(1-\frac{1}{p_i}\right) = \left(1-\frac{1}{p_1}\right)\left(1-\frac{1}{p_2}\right)\cdots\left(1-\frac{1}{p_k}\right)$$

证 由定理 6.1.6 知，a 是模 m 的原根的概率为 $\dfrac{\varphi(\varphi(m))}{\varphi(m)}$，再由欧拉函数的计算公式

$$\varphi(\varphi(m)) = \varphi(m)\left(1-\frac{1}{p_1}\right)\left(1-\frac{1}{p_2}\right)\cdots\left(1-\frac{1}{p_k}\right)$$

得

$$\frac{\varphi(\varphi(m))}{\varphi(m)} = \left(1-\frac{1}{p_1}\right)\left(1-\frac{1}{p_2}\right)\cdots\left(1-\frac{1}{p_k}\right)$$

【例 6.1.13】 求模 25 的所有原根。

解 因为 $\varphi(25)=20$，$\varphi(\varphi(25))=\varphi(20)=8$，故 25 若有原根，则其必有 8 个原根。又 $2^5 \equiv 7 \pmod{25}$，$2^{10} \equiv 24 \equiv -1 \pmod{25}$，所以 2 是模 25 的一个原根。20 的既约剩余系为 $\{1, 3, 7, 9, 11, 13, 17, 19\}$，由定理 6.1.5 知 25 的所有原根为

$$2^1 \equiv 2 \pmod{17}, \quad 2^3 \equiv 8 \pmod{17}, \quad 2^7 \equiv 3 \pmod{17}, \quad 2^9 \equiv 12 \pmod{17}$$
$$2^{11} \equiv 23 \pmod{17}, \quad 2^{13} \equiv 17 \pmod{17}, \quad 2^{17} \equiv 22 \pmod{17}, \quad 2^{19} \equiv 13 \pmod{17}$$

即模 25 的原根为 2, 3, 8, 12, 13, 17, 22, 23。

【定理 6.1.7】 设 $m>1$，$(a, m)=(b, m)=1$，若 $(\mathrm{ord}_m(a), \mathrm{ord}_m(b))=1$，则

$$\mathrm{ord}_m(ab) = \mathrm{ord}_m(a)\mathrm{ord}_m(b)$$

反之亦然。

证 已知 $(a,m)=(b,m)=1$，故 $(ab,m)=1$，即 $\mathrm{ord}_m(ab)$ 存在。又因为
$$a^{\mathrm{ord}_m(b)\cdot\mathrm{ord}_m(ab)}\equiv(a^{\mathrm{ord}_m(b)})^{\mathrm{ord}_m(ab)}(b^{\mathrm{ord}_m(ab)})^{\mathrm{ord}_m(ab)}$$
$$\equiv((ab)^{\mathrm{ord}_m(ab)})^{\mathrm{ord}_m(b)}\equiv 1\pmod m$$

故 $\mathrm{ord}_m(a)\mid\mathrm{ord}_m(b)\mathrm{ord}_m(ab)$，而 $(\mathrm{ord}_m(a),\mathrm{ord}_m(b))=1$，因此 $\mathrm{ord}_m(a)\mid\mathrm{ord}_m(ab)$。

同理可证 $\mathrm{ord}_m(b)\mid\mathrm{ord}_m(ab)$。

再利用 $(\mathrm{ord}_m(a),\mathrm{ord}_m(b))=1$，得
$$\mathrm{ord}_m(a)\mathrm{ord}_m(b)\mid\mathrm{ord}_m(ab)$$

另一方面，
$$(ab)^{\mathrm{ord}_m(a)\mathrm{ord}_m(b)}\equiv(a^{\mathrm{ord}_m(a)})^{\mathrm{ord}_m(b)}(b^{\mathrm{ord}_m(b)})^{\mathrm{ord}_m(a)}\equiv 1\pmod m$$

从而
$$\mathrm{ord}_m(ab)\mid\mathrm{ord}_m(a)\mathrm{ord}_m(b)$$

即
$$\mathrm{ord}_m(ab)=\mathrm{ord}_m(a)\mathrm{ord}_m(b)$$

反之，若 $\mathrm{ord}_m(ab)=\mathrm{ord}_m(a)\mathrm{ord}_m(b)$，那么
$$(ab)^{[\mathrm{ord}_m(a),\mathrm{ord}_m(b)]}\equiv a^{[\mathrm{ord}_m(a),\mathrm{ord}_m(b)]}b^{[\mathrm{ord}_m(a),\mathrm{ord}_m(b)]}\equiv 1\pmod m$$

因此
$$\mathrm{ord}_m(ab)\mid[\mathrm{ord}_m(a),\mathrm{ord}_m(b)]$$

即
$$\mathrm{ord}_m(a)\mathrm{ord}_m(b)\mid[\mathrm{ord}_m(a),\mathrm{ord}_m(b)]$$

但由于 $\mathrm{ord}_m(a)\mathrm{ord}_m(b)\geqslant[\mathrm{ord}_m(a),\mathrm{ord}_m(b)]$，故有
$$\mathrm{ord}_m(a)\mathrm{ord}_m(b)=[\mathrm{ord}_m(a),\mathrm{ord}_m(b)]$$

从而有
$$(\mathrm{ord}_m(a),\mathrm{ord}_m(b))=1$$

【例 6.1.14】 求模 71 的原根。

解 首先可求得 2 模 71 的阶为 $\mathrm{ord}_{71}(2)=35$，又知 -1 的阶为 2，且 $(35,2)=1$，故由定理 6.1.7 知 -2 的阶为
$$\mathrm{ord}_{71}(-2)=\mathrm{ord}_{71}(-1)\mathrm{ord}_{71}(2)=2\cdot 35=70=\varphi(71)$$

所以 $-2\equiv 69\pmod{71}$ 是模 71 的原根。

而 $\varphi(71)=70$，$\varphi(70)=24$，故 71 有 24 个原根，分别为 $(-2)^i$，其中 $i=1、3、9、11、13、17、19、23、27、29、31、33、37、39、41、43、47、51、53、57、59、61、67、69$。

计算 $(-2)^i$ 得 71 的原根为 7、11、13、21、22、28、31、33、35、42、44、47、52、53、55、56、59、61、62、63、65、67、68、69。

【例 6.1.15】 请给出一个 $(\mathrm{ord}_m(a),\mathrm{ord}_m(b))\neq 1$，从而使 $\mathrm{ord}_m(a)\mathrm{ord}_m(b)>\mathrm{ord}_m(ab)$

的反例。

解 选 $m=19$, $a=2$, $b=5$, 则 $ab=10$, 且有
$$\text{ord}_{19}(2)=18, \text{ord}_{19}(10)=18$$
由于 $5\not\equiv 1$, 故必有 $\text{ord}_{19}(5)>1$, 因此
$$\text{ord}_{19}(2)\text{ord}_{19}(5)>18=\text{ord}_{19}(10)$$
从而说明
$$(\text{ord}_{19}(2), \text{ord}_{19}(5))>1$$
即 $\text{ord}_{19}(2)$ 与 $\text{ord}_{19}(5)$ 不互素。事实上，$\text{ord}_{19}(5)=9$, 故 $(\text{ord}_{19}(2), \text{ord}_{19}(5))=(18,9)=9$。

【定理 6.1.8】 设 m、n 都是大于 1 的整数，且 $(a,m)=(a,n)=1$。

(i) 若 $n\mid m$, 则 $\text{ord}_n(a)\mid \text{ord}_m(a)$;

(ii) 若 $(m,n)=1$, 则 $\text{ord}_{mn}(a)=[\text{ord}_m(a), \text{ord}_n(a)]$。

证 (i) 由 $\text{ord}_m(a)$ 的定义知
$$a^{\text{ord}_m(a)}\equiv 1\pmod{m}$$
而 $n\mid m$, 故 $a^{\text{ord}_m(a)}\equiv 1\pmod{n}$, 从而由定理 6.1.1 知
$$\text{ord}_n(a)\mid \text{ord}_m(a)$$

(ii) 由结论(i)知
$$\text{ord}_m(a)\mid \text{ord}_{mn}(a), \text{ord}_n(a)\mid \text{ord}_{mn}(a)$$
从而由最小公倍数的性质知
$$[\text{ord}_m(a), \text{ord}_n(a)]\mid \text{ord}_{mn}(a)$$
又由
$$a^{[\text{ord}_m(a), \text{ord}_n(a)]}\equiv a^{k\,\text{ord}_m(a)}\equiv (a^{\text{ord}_m(a)})^k\equiv 1\pmod{m}$$
$$a^{[\text{ord}_m(a), \text{ord}_n(a)]}\equiv a^{j\,\text{ord}_n(a)}\equiv (a^{\text{ord}_n(a)})^j\equiv 1\pmod{n}$$
知，当 $(m,n)=1$ 时有
$$a^{[\text{ord}_m(a), \text{ord}_n(a)]}\equiv 1\pmod{mn}$$
于是，由定理 6.1.1 知
$$\text{ord}_{mn}(a)\mid [\text{ord}_m(a), \text{ord}_n(a)]$$

【推论 1】 设 p、q 是两个不同的奇素数，$(a, pq)=1$, 则
$$\text{ord}_{pq}(a)=[\text{ord}_p(a), \text{ord}_q(a)]$$

【例 6.1.16】 设 p、q 是两个不同的奇素数，$n=pq$, $(a,n)=1$。证明：若 e 满足 $(e,\varphi(n))=1$, 则存在整数 $d(1\leqslant d<\text{ord}_n(a))$, 使得
$$ed\equiv 1\pmod{\text{ord}_n(a)}$$
且对于 $c\equiv a^e\pmod{n}$, 有 $a\equiv c^d\pmod{n}$。

证 已知 $(e,\varphi(n))=1$ 且 $\text{ord}_n(a)\mid \varphi(n)$, 故 $(e,\text{ord}_n(a))=1$。所以
$$d\equiv e^{-1}\pmod{\text{ord}_n(a)}$$

存在，即存在整数 k，使得
$$ed = 1 + k\,\text{ord}_n(a)$$

又知 $a^{\text{ord}_p(a)} \equiv 1 \pmod{p}$，所以
$$a^{1+k\,\text{ord}_{pq}(a)} = a \cdot a^{k\,\text{ord}_{pq}(a)\frac{\text{ord}_{pq}(a)}{\text{ord}_p(a)}} \equiv a(a^{\text{ord}_p(a)})^{k\frac{\text{ord}_{pq}(a)}{\text{ord}_p(a)}} \equiv a \pmod{p}$$

即
$$a^{ed} \equiv a \pmod{p}$$

同理可证
$$a^{ed} \equiv a \pmod{q}$$

故
$$a^{ed} \equiv a \pmod{pq = n}$$

因此
$$c^d \equiv (a^e)^d \equiv a^{ed} \equiv a \pmod{n}$$

【推论 2】 设 $m > 1$，$(a, m) = 1$，且设 m 的标准分解式为
$$m = p_1^{\alpha_1} p_2^{\alpha_2} \cdots p_k^{\alpha_k}$$

则
$$\text{ord}_m(a) = [\text{ord}_{p_1^{\alpha_1}}(a), \text{ord}_{p_2^{\alpha_2}}(a), \cdots, \text{ord}_{p_k^{\alpha_k}}(a)]$$

【例 6.1.17】 求 $\text{ord}_{100}(33)$ 和 $\text{ord}_{100}(7)$。

解 已知 $(33, 100) = 1$，且 $100 = 2^2 5^2$，分别求 $\text{ord}_4(33)$ 和 $\text{ord}_{25}(33)$ 得
$$\text{ord}_4(33) = \text{ord}_4(1) = 1,\ \text{ord}_{25}(33) = \text{ord}_{25}(8) = 20$$

所以，由定理 6.1.8 知
$$\text{ord}_{100}(33) = [\text{ord}_4(33), \text{ord}_{25}(33)] = [1, 20] = 20$$

其次，可知
$$\text{ord}_4(7) = \text{ord}_4(3) = 2,\ \text{ord}_{25}(7) = 4$$

所以
$$\text{ord}_{100}(7) = [\text{ord}_4(7), \text{ord}_{25}(7)] = [2, 4] = 4$$

此处需要**注意**的是，对于模 m，未必有 $\text{ord}_m(ab) = [\text{ord}_m(a), \text{ord}_m(b)]$ 成立。例如：
$$\text{ord}_{10}(9) = 2 \neq 4 = [4, 4] = [\text{ord}_{10}(3), \text{ord}_{10}(3)]$$
$$\text{ord}_{10}(21) = 1 \neq 4 = [4, 4] = [\text{ord}_{10}(3), \text{ord}_{10}(7)]$$

但有
$$\text{ord}_{10}(63) = 4 = [4, 2] = [\text{ord}_{10}(7), \text{ord}_{10}(9)]$$

【定理 6.1.9】 设 m、n 都是大于 1 的整数，$(m, n) = 1$，则对与 mn 互素的任意整数 a_1、a_2，存在整数 a，使得
$$\text{ord}_{mn}(a) = [\text{ord}_m(a_1), \text{ord}_n(a_2)]$$

证 考虑同余方程组
$$\begin{cases} x \equiv a_1 \pmod{m} \\ x \equiv a_2 \pmod{n} \end{cases}$$

由中国剩余定理知，方程组若有唯一解 $x \equiv a \pmod{mn}$，则 a 即为所求。由定理 6.1.2 的结论(i)，有
$$\text{ord}_m(a) = \text{ord}_m(a_1), \quad \text{ord}_n(a) = \text{ord}_n(a_2)$$

从而由定理 6.1.8 知
$$\text{ord}_{mn}(a) = [\text{ord}_m(a), \text{ord}_n(a)] = [\text{ord}_m(a_1), \text{ord}_n(a_2)]$$

【例 6.1.18】 设 $m=11$，$n=27$，$a_1=5$，$a_2=14$，求满足 $\text{ord}_{11 \cdot 27}(a) = [\text{ord}_{11}(7), \text{ord}_{27}(14)]$ 的 a。

解 解方程组 $\begin{cases} x \equiv 7 \pmod{11} \\ x \equiv 14 \pmod{27} \end{cases}$，得
$$x \equiv 95 \pmod{11 \cdot 27 = 297}$$

即 $a=95$。

验证如下：
$$\text{ord}_{11 \cdot 27}(95) = 90, \quad \text{ord}_{11}(7) = 10, \quad \text{ord}_{27}(14) = 18$$
$$[\text{ord}_{11}(7), \text{ord}_{27}(14)] = [10, 18] = 90 = \text{ord}_{11 \cdot 27}(95)$$

【定理 6.1.10】 设 $m>1$，$(a,m)=(b,m)=1$，则存在整数 c，使得
$$\text{ord}_m(c) = [\text{ord}_m(a), \text{ord}_m(b)]$$

证 （构造性证法）对于整数 $\text{ord}_m(a)$ 和 $\text{ord}_m(b)$，由最小公倍数的性质知，存在整数 u 和 v，满足
$$u \mid \text{ord}_m(a), \ v \mid \text{ord}_m(b), \ \text{且} \ (u,v) = 1 \qquad (6.1.1)$$

使得
$$[\text{ord}_m(a), \text{ord}_m(b)] = uv \qquad (6.1.2)$$

令
$$s = \frac{\text{ord}_m(a)}{u}, \quad t = \frac{\text{ord}_m(b)}{v} \qquad (6.1.3)$$

则
$$(\text{ord}_m(a), s) = \left(\text{ord}_m(a), \frac{\text{ord}_m(a)}{u}\right) = \frac{\text{ord}_m(a)}{u},$$
$$(\text{ord}_m(b), t) = \left(\text{ord}_m(b), \frac{\text{ord}_m(b)}{v}\right) = \frac{\text{ord}_m(b)}{v}$$

由定理 6.1.5 知
$$\text{ord}_m(a^s) = \frac{\text{ord}_m(a)}{(\text{ord}_m(a), s)} = u$$

$$\mathrm{ord}_m(b^t) = \frac{\mathrm{ord}_m(b)}{(\mathrm{ord}_m(b), t)} = v$$

再由定理 6.1.7，有

$$\mathrm{ord}_m(a^s b^t) = \mathrm{ord}_m(a^s)\mathrm{ord}_m(b^t) = uv = [\mathrm{ord}_m(a), \mathrm{ord}_m(b)]$$

故取 $c = a^s b^t \pmod{m}$，即为所求。

【例 6.1.19】 已知正整数 $m = 3631$ 为素数，求其一个原根。

解 已知 $m = 3631$ 为素数，故有

$$\varphi(3631) = 3630 = 2 \cdot 3 \cdot 5 \cdot 11^2$$

分别计算 2、3、5、6 等对于模 3631 的阶：

$$\mathrm{ord}_{3631}(2) = 605 = 5 \cdot 11^2, \qquad \mathrm{ord}_{3631}(3) = 1210 = 2 \cdot 5 \cdot 11^2$$
$$\mathrm{ord}_{3631}(5) = 363 = 3 \cdot 11^2, \qquad \mathrm{ord}_{3631}(6) = 1210 = 2 \cdot 5 \cdot 11^2$$
$$\mathrm{ord}_{3631}(7) = 33 = 3 \cdot 11, \qquad \mathrm{ord}_{3631}(10) = 1815 = 3 \cdot 5 \cdot 11^2$$
$$\mathrm{ord}_{3631}(11) = 330 = 2 \cdot 3 \cdot 5 \cdot 11, \qquad \mathrm{ord}_{3631}(12) = 1210 = 2 \cdot 5 \cdot 11^2$$
$$\mathrm{ord}_{3631}(13) = 1815 = 3 \cdot 5 \cdot 11^2, \qquad \mathrm{ord}_{3631}(14) = 1815 = 3 \cdot 5 \cdot 11^2$$
$$\mathrm{ord}_{3631}(15) = 3630 = 2 \cdot 3 \cdot 5 \cdot 11^2, \mathrm{ord}_{3631}(17) = 1210 = 2 \cdot 5 \cdot 11^2$$

由定理 6.1.10，取 $a = 3$，$b = 5$ 以及 $u = 1210$，$v = 3$，这时，$s = 1$，$t = 11^2$，则 $c = a^s b^t = 3^1 \cdot 5^{121} \equiv 2623 \pmod{3631}$ 的阶为

$$\mathrm{ord}_{3631}(2623) = [\mathrm{ord}_{3631}(3), \mathrm{ord}_{3631}(5)] = [1210, 363] = 3630$$

因此，$c = 2623$ 是模 3631 的一个原根。

另外，本例还可利用 $a = 11$，$b = 13$ 并选 $u = 2 \cdot 3 \cdot 5$，$v = 11^2$，得 $s = 11$，$t = 3 \cdot 5$，计算 $c = 11^{11} \cdot 13^{15} \equiv 3382 \cdot 1051 \equiv 3364 \pmod{3631}$ 也为原根。

定理 6.1.5 及其推论给出了利用已知原根求其他原根的方法，从而将问题归结为如何求第一个原根的问题。而定理 6.1.10 又解决了利用整数 a 和 b 的阶求整数 c 的阶，且使得 c 的阶更大，或者说 c 最好是原根的可能性，即只要适当地选择 a、b，使得

$$\mathrm{ord}_m(c) = [\mathrm{ord}_m(a), \mathrm{ord}_m(b)] = \varphi(m)$$

就可以得到 m 的一个原根 c，且定理 6.1.10 的证明过程还给出了如何寻求 c 的方法（$c = a^s b^t \pmod{m}$）。但随之而来的问题是如何选择 a、b，才能达到要求。例 6.1.19 给出了具体的做法，思路如下：

(1) 求 $\varphi(m)$ 的标准分解式；

(2) 选若干个较小的满足 $(a, m) = 1$ 的 a，利用 $\varphi(m)$ 的标准分解式和定理 6.1.1 及其推论快速求 $\mathrm{ord}_m(a)$，并将 $\mathrm{ord}_m(a)$ 做素因数分解；

(3) 观察众 $\mathrm{ord}_m(a)$ 的分解式，选择其中的两个数 a 和 b，使得 $[\mathrm{ord}_m(a), \mathrm{ord}_m(b)] = \varphi(m)$（如例 6.1.19 中可选 $a = 3$、$b = 5$ 或 $a = 11$、$b = 13$ 或 $a = 2$、$b = 10$ 等）；

(4) 构造整数 u 和 v，满足式(6.1.1)和式(6.1.2)；

(5) 按照式(6.1.3)计算 s 和 t；

(6) 计算原根 $c = a^s b^t \pmod{m}$。

【定理 6.1.11】 设 p 是一个素数，a 对模数 p^i 的阶为 r_i，则

(i) $r_{i+1} = r_i$ 或者 $r_{i+1} = pr_i$；

(ii) 设 $p^t \| a^{r_2} - 1$，则有 $r_i = \begin{cases} r_2, & 2 \leqslant i \leqslant t \\ p^{i-t} r_2, & i > t \end{cases}$。

证 (i) 因为 $a^{r_i} \equiv 1 \pmod{p^i}$，故 $(a^{r_i})^k \equiv 1 \pmod{p^i}$ 且

$$\sum_{k=0}^{p-1} (a^{r_i})^k \equiv \sum_{k=0}^{p-1} 1 \equiv p \pmod{p^i}$$

从而有

$$\sum_{k=0}^{p-1} (a^{r_i})^k \equiv 0 \pmod{p}$$

故可得

$$a^{pr_i} - 1 = (a^{r_i} - 1) \sum_{k=0}^{p-1} (a^{r_i})^k \equiv 0 \pmod{p^{i+1}}$$

由此得

$$r_{i+1} \mid pr_i \qquad (6.1.4)$$

又因 $a^{r_{i+1}} \equiv 1 \pmod{p^i}$，故

$$r_i \mid r_{i+1} \qquad (6.1.5)$$

结合式(6.1.4)和式(6.1.5)便得 $r_{i+1} = r_i$ 或 $r_{i+1} = pr_i$。

(ii) 由于 $p^t \| a^{r_2} - 1$，故 $r_i \mid r_2 (i = 2, 3, \cdots, t)$。另一方面，由于 $i = 2, 3, \cdots, t$ 时，$a^{r_i} \equiv 1 \pmod{p^i}$，由此可推出 $a^{r_i} \equiv 1 \pmod{p^2}$，故 $r_2 \mid r_i$，从而 $r_2 = r_i (i = 2, 3, \cdots, t)$。

对于 $i > t$，则 $p^{t+1} \nmid a^{r_2} - 1$，因此由 $r_{t+1} = r_t$ 或 $r_{t+1} = pr_t$ 知必有 $r_{t+1} = pr_t$，否则有 $r_{t+1} = r_t = r_2$，与 $p^{t+1} \nmid a^{r_2} - 1$ 矛盾。

由于 $r_{t+2} = r_{t+1}$ 或 $r_{t+2} = pr_{t+1}$，故必有 $r_{t+2} = pr_{t+1}$，否则由

$$a^{r_{t+1}} - 1 = a^{pr_t} - 1 = (a^{r_t} - 1) \sum_{k=0}^{p-1} (a^{r_t})^k \equiv 0 \pmod{p^{t+2}}$$

和

$$\sum_{k=0}^{p-1} (a^{r_t})^k \equiv p \pmod{p^t}$$

可推出

$$a^{r_t} - 1 \equiv 0 \pmod{p^{t+1}}$$

故 $r_{t+1} \mid r_t$ 与 $r_{t+1} = pr_t$ 矛盾。

同理可证，$r_{t+3} = pr_{t+2}, \cdots$，故 $r_{t+1} = pr_2, r_{t+2} = pr_{t+1} = p^2 r_2, r_{t+3} = pr_{t+2} = p^3 r_2, \cdots,$

$r_i = p^{i-t} r_2$。

【例 6.1.20】 设 $a=7$，$p=2$，求 7 对模数 2^{10} 的阶 r_{10}。

解 因为 $r_1=1$，$r_2=2$，且 $7^2-1=48$，$2^4 \parallel 48$，故
$$r_{10}=2^{10-4}\cdot 2=2^7=128$$

【例 6.1.21】 设 $a=3$，求 3 对模数 $m=2^3\cdot 5^2\cdot 11=2200$ 的阶。

解 求 3 对 2^3 的阶：由例 6.1.20 及定理 6.1.11 知，$r_3=r_2=2$。

求 3 对 5^2 的阶：首先 3 对 5 的阶为 $r_1=4$，其次 $3^4\equiv 6\not\equiv 1 \pmod{5^2}$，故由定理 6.1.11 知，$r_2=pr_1=5\cdot 4=20$。

求 3 对 11 的阶：因为 $3^5\equiv 1\pmod{11}$，故 $r_1=5$。

所以，由定理 6.1.8 的推论 2，得 3 对模数 2200 的阶为
$$\lceil 2,20,5\rceil=20$$

6.2 原根的存在性与计算方法

【定理 6.2.1】 设 p 为奇素数，则模 p 的原根存在。

证 （构造性证法）记
$$e_r=\mathrm{ord}_p(r),\quad 1\leqslant r\leqslant p-1$$
$$e=[e_1,e_2,\cdots,e_{p-1}]$$

由定理 6.1.10 知，存在整数 $g(1\leqslant g\leqslant p-1)$，使得 $g^e\equiv 1\pmod p$，故由定理 6.1.1 的推论 1 知 $e\mid\varphi(p)=p-1$。

又由 e_r 和 e 的定义知 $e_r\mid e(r=1,2,\cdots,p-1)$，从而知方程
$$x^e\equiv 1\pmod p$$
有 $p-1$ 个解
$$x\equiv 1,2,\cdots,p-1\pmod p$$

再由定理 4.5.4 知，$p-1\leqslant e$，即 g 的阶为 $p-1$，亦即 p 至少有一个原根。

【推论 1】 设 p 为奇素数，d 是 $p-1$ 的正因子，则模 p 的阶为 d 的元素存在。

证 可以利用公式 $\mathrm{ord}_m(a^d)=\dfrac{\mathrm{ord}_m(a)}{(\mathrm{ord}_m(a),d)}$ 构造 d 阶元素。即只要选 a 为原根 g，并换 d 为 $(p-1)/d$ 即可。亦即 $\mathrm{ord}_p(g)=p-1$，选元素 $b=a^{(p-1)/d}$，则
$$\mathrm{ord}_p(b)=\mathrm{ord}_p(a^{(p-1)/d})=\dfrac{\mathrm{ord}_p(g)}{\left(\mathrm{ord}_p(g),\dfrac{p-1}{d}\right)}=\dfrac{p-1}{\left(p-1,\dfrac{p-1}{d}\right)}=d$$

【推论 2】 设 p 为素数，正整数 $d\mid\varphi(p)=p-1$，则对模数 p 而言，阶为 d 的数恰有 $\varphi(d)$ 个。

证 由推论 1 的证明过程即知。

【例 6.2.1】 设素数 $p=41$，验证推论 2 的结论。

解 因为 $\varphi(41)=40=2^3 \cdot 5$，其正因数为 1、2、4、5、8、10、20、40。验证结果如下：

阶为 1 的数有 $\varphi(1)=1$ 个，即 1；

阶为 2 的数有 $\varphi(2)=1$ 个，即 $40\equiv-1(\mathrm{mod}\ 41)$；

阶为 4 的数有 $\varphi(4)=2$ 个，即 9、32；

阶为 5 的数有 $\varphi(5)=4$ 个，即 10、16、18、37；

阶为 8 的数有 $\varphi(8)=4$ 个，即 3、14、27、38；

阶为 10 的数有 $\varphi(10)=4$ 个，即 4、23、25、31；

阶为 20 的数有 $\varphi(20)=8$ 个，即 2、5、8、20、21、33、36、39；

阶为 40 的数有 $\varphi(40)=16$ 个，具体见例 6.2.5。

【定理 6.2.2】 设 $m>1$，g 是模 m 的一个原根，则模 m 的既约剩余系中，阶是 e 的整数共有 $\varphi(e)$ 个。特别地，原根共有 $\varphi(\varphi(m))$ 个。

证 因 m 有原根 g，由定理 6.1.5 知，$a=g^d$ 的阶为

$$\mathrm{ord}_m(a)=\mathrm{ord}_m(g^d)=\frac{\mathrm{ord}_m(g)}{(\mathrm{ord}_m(g),d)}=\frac{\varphi(m)}{(\varphi(m),d)}$$

显然，a 的阶是 e 的充分必要条件是 $\frac{\varphi(m)}{(\varphi(m),d)}=e$，即

$$(\varphi(m),d)=\frac{\varphi(m)}{e}$$

令 $d=d'\frac{\varphi(m)}{e}(0\leqslant d'<e)$，则上式等价于 $(d',e)=1$。

显然，满足 $(d',e)=1$ 的 d' 有 $\varphi(e)$ 个，故阶为 $\varphi(m)$ 的整数个数是 $\varphi(\varphi(m))$，即原根个数为 $\varphi(\varphi(m))$。

【定理 6.2.3】 设 g 是模 p 的一个原根，则 g 或 $g+p$ 是模 p^2 的原根。

证 设 $\mathrm{ord}_{p^2}(g)=n$，即

$$g^n\equiv 1(\mathrm{mod}\ p^2) \tag{6.2.1}$$

则由同余的性质 3.1.8 知

$$g^n\equiv 1(\mathrm{mod}\ p)$$

而 g 是模 p 的一个原根，则由定理 6.1.1，有

$$p-1=\mathrm{ord}_p(g)\,|\,n \tag{6.2.2}$$

又由式(6.2.1)和定理 6.1.1 的推论 1 知

$$n\,|\,\varphi(p^2)=p(p-1) \tag{6.2.3}$$

结合式(6.2.2)和式(6.2.3)，必有 $n=p-1$ 或 $n=p(p-1)$。

若 $n=p(p-1)=\varphi(p^2)$，则 g 是模 p^2 的原根；否则，$n=p-1$，即

$$g^{p-1} \equiv 1 \pmod{p^2} \tag{6.2.4}$$

则 $g+p$ 必是模 p^2 的原根。证明如下：

事实上，有

$$(g+p)^{p-1} = \binom{p-1}{0}g^{p-1} + \binom{p-1}{1}g^{p-2}p + \binom{p-1}{2}g^{p-3}p^2 + \cdots + \binom{p-1}{p-1}p^{p-1}$$

$$\equiv g^{p-1} + (p-1)g^{p-2}p \pmod{p^2}$$

$$\equiv g^{p-1} - g^{p-2}p \pmod{p^2} \tag{6.2.5}$$

将式(6.2.4)代入式(6.2.5)，有

$$(g+p)^{p-1} \equiv 1 - g^{p-2}p \pmod{p^2}$$

这说明

$$(g+p)^{p-1} \not\equiv 1 \pmod{p^2} \tag{6.2.6}$$

否则，若 $(g+p)^{p-1} \equiv 1 \pmod{p^2}$，则有 $g^{p-2}p \equiv 0 \pmod{p^2}$，进而由同余的性质 3.1.7 知 $g^{p-2} \equiv 0 \pmod{p}$，这显然是不可能的。因此

$$\operatorname{ord}_{p^2}(g+p) = p(p-1) = \varphi(p^2)$$

即 $g+p$ 是模 p^2 的原根，证毕。

设 p^2 的原根为 g，那么式(6.2.6)可以改写为

$$g^{p-1} \not\equiv 1 \pmod{p^2} \tag{6.2.7}$$

由此可得以下结论。

【引理 1】 设 p^2 的原根为 g，则有

$$g^{p^{\alpha-2}(p-1)} \not\equiv 1 \pmod{p^\alpha}, \quad \alpha \geqslant 2 \tag{6.2.8}$$

证 用数学归纳法。

当 $\alpha=2$ 时，式(6.2.8)就是式(6.2.7)，命题成立。

假设 $\alpha \geqslant 2$ 时命题成立，可将式(6.2.8)写成

$$g^{p^{\alpha-2}(p-1)} = 1 + u_{\alpha-2}p^{\alpha-1}, \quad p \nmid u_{\alpha-2} \tag{6.2.9}$$

两端作 p 次方得

$$g^{p^{\alpha-1}(p-1)} = (1 + u_{\alpha-2}p^{\alpha-1})^p$$

$$= 1 + \binom{p}{1}u_{\alpha-2}p^{\alpha-1} + \binom{p}{2}(u_{\alpha-2}p^{\alpha-1})^2 + \cdots + \binom{p}{p}(u_{\alpha-2}p^{\alpha-1})^p$$

$$\equiv 1 + \binom{p}{1}u_{\alpha-2}p^{\alpha-1} \pmod{p^{\alpha+1}}$$

因为 $p \nmid u_{\alpha-2}$，所以

$$g^{p^{\alpha-1}(p-1)} \not\equiv 1 \pmod{p^{\alpha+1}}$$

即式(6.2.8)对所有整数 $\alpha \geqslant 2$ 成立。

【定理 6.2.4】 设 p 为奇素数，则对任意正整数 α，模 p^α 的原根存在。进一步，若 g 是

模 p^2 的一个原根，则对任意正整数 α，g 是模 p^α 的原根。

证 由定理 6.2.1 知 p 的原根存在，同时由定理 6.2.3 及引理 1 知 p^2 的原根 g 也存在，且对 $\alpha \geqslant 2$，式(6.2.8)成立。

设 $\mathrm{ord}_{p^\alpha}(g) = d$，即

$$g^d \equiv 1 \pmod{p^\alpha} \tag{6.2.10}$$

从而由同余的性质 3.1.8 知

$$g^d \equiv 1 \pmod{p^2}$$

因为 g 是模 p^2 的原根，则由定理 6.1.1，有

$$p(p-1) = \mathrm{ord}_{p^2}(g) \mid d \tag{6.2.11}$$

又由式(6.2.10)和定理 6.1.1 的推论 1 知

$$d \mid \varphi(p^\alpha) = p^{\alpha-1}(p-1) \tag{6.2.12}$$

结合式(6.2.11)和式(6.2.12)有

$$d = p^{r-1}(p-1), \; 2 \leqslant r \leqslant \alpha \tag{6.2.13}$$

再将式(6.2.13)代入式(6.2.9)，得到

$$1 + u_{r-1} p^r = g^{p^{r-1}(p-1)} \equiv 1 \pmod{p^\alpha}$$

或者

$$u_{r-1} p^r \equiv 0 \pmod{p^\alpha}$$

由于 $p \nmid u_{r-1}$，所以 $r \geqslant \alpha$。故 $r = \alpha$，从而说明了 g 是模 p^α 的原根。

【例 6.2.2】 对于 $\alpha \geqslant 1$，求 3^α 的一个原根。

解 对于 $p = 3$，易知 2 是其原根。

对于 $9 = 3^2$，由定理 6.2.3 知 2 或 $2 + 3 = 5$ 是其原根，直接验证知 2 是模 $9 = 3^2$ 的原根。

由于 3 为奇素数，且 2 是模 $9 = 3^2$ 的原根，则由定理 6.2.4 知，当 $\alpha \geqslant 3$ 时，2 是所有模 3^α 的原根。

因此，对于模 $3^\alpha (\alpha \geqslant 1)$，都有一个原根 $g = 2$。

【定理 6.2.5】 设 $\alpha \geqslant 1$，g 是模 p^α 的一个原根，则 g 与 $g + p^\alpha$ 中的奇数是模 $m = 2p^\alpha$ 的一个原根。

证 分两种情形：

(1) 若 g 是奇数，令 $d = \varphi(p^\alpha)$，则由 Euler 函数性质知

$$\varphi(2p^\alpha) = \varphi(2)\varphi(p^\alpha) = \varphi(p^\alpha) = d$$

又当

$$g^d \equiv 1 \pmod{p^\alpha}, \; g^r \not\equiv 1 \pmod{p^\alpha}, \; 0 < r < d$$

时，有

$$g^d \equiv 1 \pmod{2p^\alpha}, \; g^r \not\equiv 1 \pmod{2p^\alpha}, \; 0 < r < d$$

故 g 是模 $2p^\alpha$ 的一个原根。

(2) 若 g 是偶数，则 $g+p^\alpha$ 是奇数，类似(1)可得结论。

【例 6.2.3】 求 $2 \cdot 3^\alpha$ 和 $2 \cdot 5^\alpha (\alpha \geqslant 1)$ 的一个原根。

解 对于模 $2 \cdot 3^\alpha$，由例 6.2.2 知 2 是所有模 3^α 的原根($\alpha \geqslant 1$)。

其次，由于 2 是偶数，故 $2+3^\alpha$ 是奇数。因此，由定理 6.2.5 知，$2+3^\alpha$ 是 $2 \cdot 3^\alpha$ 的一个原根($\alpha \geqslant 1$)。

例如，$2+3=5$ 是 $2 \cdot 3=6$ 的原根，$2+3^2=11$ 是 $2 \cdot 3^2=18$ 的原根，$2+3^3=29$ 是 $2 \cdot 3^3=54$ 的原根等。

对于模 $2 \cdot 5^\alpha$ 而言，易知 2 是 5 的一个原根。因此，由定理 6.2.5 知，$2+5=7$ 是 $2 \cdot 5=10$ 的原根。又 7 是模 $25=5^2$ 的一个原根，而 7 为奇数，$7+25=32$ 为偶数，所以 7 也是 50 的一个原根。

【定理 6.2.6】 设 a 是一个奇数，则对任意 $\alpha \geqslant 3$，有
$$a^{\varphi(2^\alpha)/2} = a^{2^{\alpha-2}} \equiv 1 \pmod{2^\alpha} \tag{6.2.14}$$

证 用数学归纳法。先将奇数 a 表示为 $a=2b+1$，则有
$$a^2 = 4b(b+1)+1 \equiv 1 \pmod{2^3}$$

因此，结论对于 $\alpha=3$ 成立。

假设对于 $\alpha-1$，结论也成立，即
$$a^{2^{\alpha-3}} \equiv 1 \pmod{2^{\alpha-1}}$$

或存在整数 $t_{\alpha-3}$，使得
$$a^{2^{\alpha-3}} = 1 + t_{\alpha-3} 2^{\alpha-1}$$

两端各自平方得
$$a^{2^{\alpha-2}} = (1+2^{\alpha-1} t_{\alpha-3})^2 = 1+(t_{\alpha-3}+2^{\alpha-2} t_{\alpha-3}^2) 2^\alpha \equiv 1 \pmod{2^\alpha}$$

这说明结论对 α 成立。

由数学归纳法原理知，同余式(6.2.14)对所有的整数 $\alpha \geqslant 3$ 成立。

由定理 6.1.1 和定理 6.2.6 知，$\text{ord}_{2^\alpha}(a) \mid 2^{\alpha-2}$。

【例 6.2.4】 设整数 $\alpha \geqslant 3$，证明：
$$\text{ord}_{2^\alpha}(5) = \frac{\varphi(2^\alpha)}{2} = 2^{\alpha-2}$$

证 用数学归纳法。对 $\alpha \geqslant 3$，有
$$5^{2^{\alpha-3}} \equiv 1+2^{\alpha-1} \pmod{2^\alpha} \tag{6.2.15}$$

当 $\alpha=3$ 时，有
$$5^{2^{3-3}} \equiv 1+2^{3-1} \pmod{2^3}$$

故等式(6.2.15)成立。

假设 $\alpha \geqslant 3$ 时，式(6.2.15)成立，则存在整数 q，使得

$$5^{2^{\alpha-3}} = 1 + 2^{\alpha-1} + q2^{\alpha}$$

等式两边分别平方得

$$5^{2^{(\alpha+1)-3}} = 1 + 2^{\alpha} + (2^{\alpha-3} + q + 2^{\alpha-1}q + 2^{\alpha-1}q^2)2^{\alpha+1}$$

即

$$5^{2^{(\alpha+1)-3}} \equiv 1 + 2^{(\alpha+1)-1} \pmod{2^{\alpha+1}}$$

所以，式(6.2.15)对于 $\alpha+1$ 成立。由数学归纳法原理知，式(6.2.15)对所有的整数 $\alpha \geqslant 3$ 成立。那么，由此可知，

$$\operatorname{ord}_{2^{\alpha}}(5) \nmid 2^{\alpha-3}$$

但由定理 6.2.6 知

$$5^{2^{\alpha-2}} \equiv 1 \pmod{2^{\alpha}}$$

即

$$\operatorname{ord}_{2^{\alpha}}(5) \mid 2^{\alpha-2}$$

因此，$\operatorname{ord}_{2^{\alpha}}(5) = 2^{\alpha-2}$。

【定理 6.2.7】 模 m 的原根存在的充分必要条件是 $m = 2, 4, p^{\alpha}, 2p^{\alpha}(\alpha \geqslant 1)$，其中 p 为奇素数。

证 必要性：设 m 的标准素因数分解式为

$$m = 2^{\delta} p_1^{\alpha_1} p_2^{\alpha_2} \cdots p_k^{\alpha_k}$$

若 $(a, m) = 1$，则

$$(a, 2^{\delta}) = 1, \ (a, p_i^{\alpha_i}) = 1, \ i = 1, 2, \cdots, k$$

由定理 3.4.1(Euler 定理)和定理 6.2.6，有

$$\begin{cases} a^r \equiv 1 \pmod{2^{\delta}} \\ a^{\varphi(p_1^{\alpha_1})} \equiv 1 \pmod{p_1^{\alpha_1}} \\ \vdots \\ a^{\varphi(p_k^{\alpha_k})} \equiv 1 \pmod{p_k^{\alpha_k}} \end{cases}$$

其中，$r = \begin{cases} \varphi(2^{\delta}), & \delta \leqslant 2 \\ \dfrac{1}{2}\varphi(2^{\delta}), & \delta \geqslant 3 \end{cases}$。

令

$$s = [r, \varphi(p_1^{\alpha_1}), \varphi(p_2^{\alpha_2}), \cdots, \varphi(p_k^{\alpha_k})]$$

根据定理 6.1.1，对所有满足 $(a, m) = 1$ 的整数 a，有

$$a^s \equiv 1 \pmod{m}$$

因此，若 $s < \varphi(m)$，则模 m 的原根不存在。

下面讨论何时

$$s = \varphi(2^\delta)\varphi(p_1^{a_1})\varphi(p_2^{a_2})\cdots\varphi(p_k^{a_k})$$

(1) 当 $\delta \geq 3$ 时，$r = \frac{1}{2}\varphi(2^\delta)$，因此

$$s \leq \frac{\varphi(m)}{2} < \varphi(m)$$

(2) 当 $k \geq 2$ 时，有 $2 \mid \varphi(p_i^{a_i})(i=1,2)$，从而

$$[\varphi(p_1^{a_1}), \varphi(p_2^{a_2})] \leq \frac{1}{2}\varphi(p_1^{a_1})\varphi(p_2^{a_2}) < \varphi(p_1^{a_1} p_2^{a_2})$$

因此必有 $s < \varphi(m)$。

(3) 当 $\delta = 2$，$k = 1$ 时，有

$$r = \varphi(2^2) = 2 \text{ 且 } 2 \mid \varphi(p_1^{a_1})$$

因此

$$s = [r, \varphi(p_1^{a_1})] = [2, \varphi(p_1^{a_1})] = \varphi(p_1^{a_1}) < 2\varphi(p_1^{a_1}) = \varphi(2^2)\varphi(p_1^{a_1}) = \varphi(m)$$

总结以上三种情形，可知只有在

$$(\delta, k) = (1, 0), (2, 0), (0, 1), (1, 1)$$

时，即只有在

$$m = 2, 4, p^a, 2p^a$$

($a \geq 1$) 时，才可能有 $s = \varphi(m)$，即必要性成立。

充分性：当 $m = 2$ 时，$\varphi(2) = 1$，由定义知整数 1 是模 2 的原根。

当 $m = 4$ 时，$\varphi(4) = 2$，逐个检验知整数 3 是模 4 的原根。

当 $m = p^a$ 时，由定理 6.2.4 知，模 m 的原根存在。

当 $m = 2p^a$ 时，由定理 6.2.5 知，其原根存在。

因此，条件的充分性成立。

由定理 6.2.3、定理 6.2.4 和定理 6.2.5 可知，求 $m = p^a, 2p^a$（p 为奇素数）的原根，归结为求 p 的原根。那么，如何求 p 的原根，下面的两个定理从不同的角度给出了较实用的方法。

【定理 6.2.8】 设 $m > 1$，$\varphi(m)$ 的不同素因数是 $q_1, q_2, \cdots, q_k$，则 g 是模 m 的一个原根的充分必要条件是

$$a^{\varphi(m)/q_i} \not\equiv 1 \pmod{m}, \quad i = 1, 2, \cdots, k$$

证 必要性：设 g 是模 m 的一个原根，则由定义知 $\text{ord}_m(g) = \varphi(m)$。而

$$0 < \frac{\varphi(m)}{q_i} < \varphi(m), \quad i = 1, 2, \cdots, k$$

故由定理 6.1.3，有

$$a^{\varphi(m)/q_i} \not\equiv 1 \pmod{m}, \quad i = 1, 2, \cdots, k$$

充分性：反之，若 g 对 m 的阶 $e = \text{ord}_m(g) < \varphi(m)$，则由定理 6.1.1 知 $e \mid \varphi(m)$，即

$\dfrac{\varphi(m)}{e}$ 为整数，因此存在一素数 q，使得 $q\mid\dfrac{\varphi(m)}{e}$，即

$$\dfrac{\varphi(m)}{e}=qu \quad \text{或} \quad \dfrac{\varphi(m)}{q}=eu$$

进而

$$g^{\varphi(m)/q}=(g^e)^u\equiv 1\,(\bmod\ m)$$

与假设矛盾，证毕。

定理 6.2.8 的意义在于给出了一个更加实用的找原根的方法，尤其是利用 $\varphi(m)$ 的分解式找其第一个原根。

【例 6.2.5】 求模 41 的所有原根。

解 因为 $\varphi(m)=\varphi(41)=40=2^3\cdot 5$，故 $q_1=2$，$q_2=5$，$\varphi(m)/q_1=20$，$\varphi(m)/q_2=8$，即只需验证

$$g^8, g^{20}\equiv 1\,(\bmod\ 41)$$

是否成立。

检验如下：

因为 $2^8\equiv 10$，$2^{20}\equiv 1\,(\bmod\ 41)$，故 2 不是 41 的原根。

因为 $3^8\equiv 1\,(\bmod\ 41)$，故 3 不是 41 的原根。

因为 $5^8\equiv 18$，$5^{20}\equiv 1\,(\bmod\ 41)$，故 5 不是 41 的原根。

因为 $6^8\equiv 10$，$6^{20}\equiv 40\equiv -1\,(\bmod\ 41)$，故 6 是 41 的一个原根。

由定理 6.1.6 知，模数 41 共有 $\varphi(\varphi(41))=\varphi(40)=16$ 个原根。为此，先求出 $\varphi(41)=40$ 的既约剩余系

$$1,3,7,9,11,13,17,19,21,23,27,29,31,33,37,39$$

再利用定理 6.1.5 的推论得 41 的 16 个原根为

$$6^1\equiv 6\,(\bmod\ 41),\ 6^3\equiv 11\,(\bmod\ 41),\ 6^7\equiv 29\,(\bmod\ 41),\ 6^9\equiv 19\,(\bmod\ 41)$$

$$6^{11}\equiv 28\,(\bmod\ 41),\ 6^{13}\equiv 24\,(\bmod\ 41),\ 6^{17}\equiv 26\,(\bmod\ 41),\ 6^{19}\equiv 34\,(\bmod\ 41)$$

$$6^{21}\equiv 35\,(\bmod\ 41),\ 6^{23}\equiv 30\,(\bmod\ 41),\ 6^{27}\equiv 12\,(\bmod\ 41),\ 6^{29}\equiv 22\,(\bmod\ 41)$$

$$6^{31}\equiv 13\,(\bmod\ 41),\ 6^{33}\equiv 17\,(\bmod\ 41),\ 6^{37}\equiv 15\,(\bmod\ 41),\ 6^{39}\equiv 7\,(\bmod\ 41)$$

即 41 的原根为

$$6,7,11,12,13,15,17,19,22,24,26,28,29,30,34,35$$

【例 6.2.6】 求模 $m=41^\alpha$ 的一个原根 ($\alpha\geqslant 2$)。

解 由例 6.2.5 知 6 是模 41 的原根，故由定理 6.2.3 知，当 $\alpha=2$ 时，6 或 $6+41=47$ 是模 $41^2=1681$ 的原根。又

$$6^{40}\equiv 124\,(\bmod\ 41^2),\ 6^{328}\equiv 51\,(\bmod\ 41^2),\ 6^{820}\equiv 1680\equiv -1\,(\bmod\ 41^2)$$

$$47^{40}\equiv 1518\,(\bmod\ 41^2),\ 47^{328}\equiv 51\,(\bmod\ 41^2),\ 47^{820}\equiv 1680\equiv -1\,(\bmod\ 41^2)$$

所以由定理 6.2.8 知 6 和 47 都是模 1681 的原根(注意 $\varphi(41^2)=1640=2^3 \cdot 5 \cdot 41$)。

再由定理 6.2.4 知,6 和 47 是所有模 41^α 的原根($\alpha \geqslant 2$)。

【例 6.2.7】 求模 $m=2 \cdot 41^\alpha$ 的一个原根($\alpha \geqslant 1$)。

解 由例 6.2.6 知 6 是模 41^α 的原根,故由定理 6.2.5 知,$6+41^\alpha$ 是模 $2 \cdot 41^\alpha$ 的一个原根。

另外,由例 6.2.6 知 47 也是模 41^α 的原根,而 47 是奇数,故由定理 6.2.5 知,47 是模 $2 \cdot 41^\alpha$ 的一个原根。

【定理 6.2.9】 设 p 为奇素数,$p \nmid a$,若 $\mathrm{ord}_p(a)=e<p-1$,则
$$a^i, \quad i=1,2,\cdots,e$$
都不是 p 的原根。

证 因为由定理 6.1.5 知 a^i 对模 p 的阶为
$$\mathrm{ord}_p(a^i)=\frac{\mathrm{ord}_p(a)}{(\mathrm{ord}_p(a),i)}=\frac{e}{(e,i)}\leqslant e<p-1$$
所以诸 $a^i(i=1,2,\cdots,e)$ 都不是 p 的原根。

定理 6.2.9 采用否定非原根(即排除法)的思想,给出了一种求原根的方法,具体做法可归纳如下:

> S1　列出备选整数表:
> $$1,2,3,\cdots,p-1$$
> S2　选小的正整数 a,求 a 对 p 的阶 e
> S3　若 $e<p-1$,则 a 不是原根,那么就在备选整数表中除去以下各数:
> $$(a)_p,(a^2)_p,\cdots,(a^e)_p$$
> S4　若备选整数表只剩下 $\varphi(p-1)$ 个数,则输出表中全部整数(即全部原根);
> 否则,转 S2

实际上,在第 S3 步,若 $e=p-1$,则 a 是 p 的原根,也可结束上述过程,利用定理 6.1.5 的推论获得全部原根。其次,由于奇素数 p 有 $\varphi(\varphi(p))=\varphi(p-1)$ 个原根,故最后剩下的 $\varphi(p-1)$ 个数肯定是 p 的原根。

【例 6.2.8】 利用定理 6.2.9 给出的方法求模 41 的所有原根。

解 因为 $\varphi(41)=40=2^3 \cdot 5$,故由定理 6.1.1 的推论知 a 的阶的可能值只有 1、2、4、5、8、10、20、40。其次,$\varphi(40)=16$,即 41 有 16 个原根。

模数 41 的备选整数表为
$$1,2,3,\cdots,40$$

选 $a=2$,计算 $2^8 \equiv 10 \pmod{41}$,$2^{10} \equiv 40 \equiv -1 \pmod{41}$,因为 $\mathrm{ord}_{41}(2)=20<40=\varphi(41)$,故 2 不是 41 的原根。在备用表中除去 $2^i(i=1,2,\cdots,20)$,即以下 20 个数:

2, 4, 8, 16, 32, 23, 5, 10, 20, 40, 39, 37, 33, 25, 9, 18, 36, 31, 21, 1

表中剩余整数为

3, 6, 7, 11, 12, 13, 14, 15, 17, 19, 22, 24, 26, 27, 28, 29, 30, 34, 35, 38

其次选 $a=3$，计算 $3^4 \equiv 40 \equiv -1 \pmod{41}$，因为 $\text{ord}_{41}(3)=8$，故 3 不是 41 的原根。在备用表中除去 $3^i (i=1,2,\cdots,8)$，即以下 8 个数：

3, 9, 27, 40, 38, 32, 14, 1

其中 1、9、32、40 共 4 个数在第一次已被剔除。

此时表中剩下 $16=\varphi(40)$ 个数：

6, 7, 11, 12, 13, 15, 17, 19, 22, 24, 26, 28, 29, 30, 34, 35

显然都是原根。

6.3 离 散 对 数

设 g 是模 m 的一个原根，则当 x 遍历模 $\varphi(m)$ 的最小正完全剩余系时，g^x 遍历模 m 的一个既约剩余系。故对任意 y，$(y,m)=1$，存在唯一的整数 $x(1 \leqslant x \leqslant \varphi(m))$，使得

$$g^x \equiv y \pmod{m}$$

例如：$m=10$，$\varphi(10)=4$，其既约剩余系为 $\{1,3,7,9\}$。又知 $\text{ord}_{10}(1)=1$，$\text{ord}_{10}(3)=4$，$\text{ord}_{10}(7)=4$，$\text{ord}_{10}(9)=2$，即 3 和 7 是模 10 的原根。选 $g=3$，则当 $x=1,2,3,4$ 时，有

$$3^x \equiv 3, 9, 7, 1 \pmod{10}$$

是 10 的既约剩余系。

又如：$m=18$，$\varphi(18)=6$，其既约剩余系为 $\{1,5,7,11,13,17\}$。由 $\varphi(6)=2$ 知，模 18 有 5 和 11 两个原根。选 $g=5$，则当 $x=1,2,3,4,5,6$ 时，有

$$5^x \equiv 5, 7, 17, 13, 11, 1 \pmod{18}$$

是 18 的既约剩余系。

由此引出如下关于离散对数的定义。

【定义 6.3.1】 设 g 是模 m 的一个原根，对已知的 a，若存在整数 r，使得

$$g^r \equiv a \pmod{m}$$

成立，则称 r 为以 g 为底的 a 对模 m 的一个**离散对数**（简称为**对数**），记做 $r=\text{dlog}_{m,g}a$ 或 $\text{dlog}_g a$ 或 $\text{dlog}\,a$。对数也称为**指标**，记为 $r=\text{ind}_g a$ 或 $\text{ind}\,a$。

【例 6.3.1】 已知 5 是模 17 的原根，求 6、10、13 对模 17 的离散对数。

解 先构造以 5 为底模 17 的指数函数表（见表 6.3.1）。

表 6.3.1 以 5 为底模 17 的指数函数表

r	1	2	3	4	5	6	7	8	9	10	11	12	13	14	15	16
$a \equiv 5^r$	5	8	6	13	14	2	10	16	12	9	11	4	3	15	7	1

再由表 6.3.1 构造离散对数表(见表 6.3.2)。

表 6.3.2 以 5 为底的对模 17 的离散对数表

a	1	2	3	4	5	6	7	8	9	10	11	12	13	14	15	16
$r=\mathrm{dlog}_g a$	16	6	13	12	1	3	15	2	10	7	11	9	4	5	14	8

查表得 $\mathrm{dlog}_{17,5} 6=3$,$\mathrm{dlog}_{17,5} 10=7$,$\mathrm{dlog}_{17,5} 13=4$。

离散对数具有如下性质。

【定理 6.3.1】 设 $m>1$,g 是模 m 的一个原根,$(a,m)=1$,若整数 k 使得 $g^k \equiv a \pmod{m}$ 成立,则 k 满足

$$k \equiv \mathrm{dlog}_g a \pmod{\varphi(m)}$$

证 因为 $(a,m)=1$,故

$$g^k \equiv a \equiv g^{\mathrm{dlog}_g a} \pmod{m}$$

从而

$$g^{k-\mathrm{dlog}_g a} \equiv 1 \pmod{m}$$

又知 g 模 m 的阶为 $\varphi(m)$,由定理 6.1.1 知

$$\varphi(m) \mid k-\mathrm{dlog}_g a$$

即

$$k \equiv \mathrm{dlog}_g a \pmod{\varphi(m)}$$

【例 6.3.2】 已知 5 是 17 的一个原根,且 $5^{38} \equiv 2 \pmod{17}$,求对于模 17 的最小的正离散对数值 $\mathrm{dlog}_5 2$。

解 由定理 6.3.1 知

$$38 \equiv \mathrm{dlog}_5 2 \pmod{\varphi(17)=16}$$

故由题意知

$$\mathrm{dlog}_5 2 = 6$$

定理 6.3.1 说明,同一个真数 a 的对数的值实质上有无穷多,如例 6.3.2 中,对模数 17 及其原根 5 而言,由 $\mathrm{dlog}_5 2=6 \pmod{\varphi(17)=16}$ 知,真数 2 的对数有 6,22,38,54,…,即同一真数的对数有无穷多。

【推论】 设 $m>1$,g 是模 m 的一个原根,$(a,m)=1$,则

$$\mathrm{dlog}_g 1 \equiv 0 \pmod{\varphi(m)}, \quad \mathrm{dlog}_g g \equiv 1 \pmod{\varphi(m)}$$

证 因为

$$g^0 \equiv 1 \pmod{m}, \quad g^1 \equiv g \pmod{m}$$

故结论成立。

【定理 6.3.2】 设 $m>1$,g 是模 m 的一个原根,若 $(a_i,m)=1$ ($i=1,2,\cdots,n$),则

$$\mathrm{dlog}_g (a_1 a_2 \cdots a_n) \equiv \mathrm{dlog}_g a_1 + \mathrm{dlog}_g a_2 + \cdots + \mathrm{dlog}_g a_n \pmod{\varphi(m)}$$

特别地
$$\mathrm{dlog}_g a^n \equiv n\, \mathrm{dlog}_g a \pmod{\varphi(m)}$$

证 令 $r_i = \mathrm{dlog}_g a_i (i=1, 2, \cdots, n)$，由离散对数的定义知
$$a_i \equiv g^{r_i} \pmod{m}, \quad i=1, 2, \cdots, n$$

从而
$$a_1 a_2 \cdots a_n \equiv g^{r_1 + r_2 + \cdots + r_n} \pmod{m}$$

由定理 6.3.1 知
$$\mathrm{dlog}_g(a_1 a_2 \cdots a_n) \equiv r_1 + r_2 + \cdots + r_n \pmod{\varphi(m)}$$

即结论成立。

【定理 6.3.3】 设 $m>1$，g 是模 m 的一个原根，整数 r 满足 $1 \leqslant r \leqslant \varphi(m)$，则以 g 为底的对模 m 有相同对数 r 的所有整数全体是模 m 的一个既约剩余类。

证 已知 g 是模 m 的一个原根，故 $(g^r, m) = 1$。其次，由定理 6.3.2 和定理 6.3.1 的推论知
$$\mathrm{dlog}_g g^r = r$$

再由定义 6.3.1 知
$$\mathrm{dlog}_g a = r \Leftrightarrow a \equiv g^r \pmod{m}$$

故以 g 为底的对模 m 有同一对数 r 的所有整数都属于 g^r 所在的模 m 的一个既约剩余类。

定理 6.3.3 说明，同一对数 r 的真数 a 的值实质上有无穷多。例如在例 6.3.2 中，对模数 17 及其原根 5 而言，由 $5^6 \equiv 2 \pmod{17}$ 知，对数 6 对应的真数有 2，19，36，53，$\cdots$，但是它们都属于模 17 的同一个剩余类。

【例 6.3.3】 构造模 41 的离散对数表，并分别求整数 $a = 18, 34$ 以 6 为底的离散对数。

解 由例 6.2.5 知 6 是模 41 的原根，根据题意，计算 $y \equiv 6^x \pmod{41}$ ($x=0, 1, 2, \cdots, 40$) 得以 6 为底模 41 的指数函数表（见表 6.3.3）。

表 6.3.3　以 6 为底模 41 的指数函数表

	0	1	2	3	4	5	6	7	8	9
0		6	36	11	25	27	39	29	10	19
1	32	28	4	24	21	3	18	26	33	34
2	40	35	5	30	16	14	2	12	31	22
3	9	13	37	17	20	38	23	15	8	7
4	1									

注：表中行标为 x 的十位数，列标为 x 的个位数，交叉位置为指数函数 y 的值。

反之，可以利用表 6.3.3 构造以 6 为底的离散对数表 $y = \mathrm{dlog}_{41,6} x$（见表 6.3.4）。

表 6.3.4 以 6 为底的对模 41 的离散对数表

	0	1	2	3	4	5	6	7	8	9
0		40	26	15	12	22	1	39	38	30
1	8	3	27	31	25	37	24	33	16	9
2	34	14	29	36	13	4	17	5	11	7
3	23	28	10	18	19	21	2	32	35	6
4	20									

注：表中行标为 x 的十位数，列标为 x 的个位数，交叉位置为对数 y 的值。

查表 6.3.4 可得

$$\mathrm{dlog}_{41,6}(18)=16, \quad \mathrm{dlog}_{41,6}(34)=19$$

计算离散对数的复杂度：若已知模数 m 及其一个原根 g，当某个整数 x 的指数函数值 $y\equiv g^x (\mathrm{mod}\ m)$ 时，求 $x\equiv \mathrm{dlog}_{m,g} y\ (\mathrm{mod}\ \varphi(m))$ 是比较困难的。

6.4 离散对数的计算

6.4.1 Pohlid-Hellman 算法

Pohlid-Hellman(波里德-海尔曼)算法主要是利用原根的性质以及 $p-1$ 的分解结果，实现离散对数

$$x\equiv \mathrm{dlog}_g y\ (\mathrm{mod}\ p-1)$$

的计算，其中 p 为素数。

设 g 和 y 都是正整数，p 为素数，g 是 p 的原根，问题相当于求正整数 x，满足

$$y\equiv g^x\ (\mathrm{mod}\ p)$$

设 $p-1$ 的标准分解式为

$$p-1=p_1^{\alpha_1} p_2^{\alpha_2} \cdots p_k^{\alpha_k},\ \alpha_i>0,\ 1\leqslant i\leqslant k$$

则根据中国剩余定理，只要确定

$$r_i\equiv x\ (\mathrm{mod}\ p_i^{\alpha_i}),\ 1\leqslant i\leqslant k$$

即可求得 x。由中国剩余定理可得

$$x\equiv r_1 M_1 M_1^{-1} + r_2 M_2 M_2^{-1} + \cdots + r_k M_k M_k^{-1}\ (\mathrm{mod}\ p-1)$$

其中 $M_i=(p-1)/p_i^{\alpha_i}$，且 $M_i M_i^{-1}\equiv 1\ (\mathrm{mod}\ p_i^{\alpha_i})(i=1,2,\cdots,k)$。

下面讨论求 r_i 的方法，其中以 r_1 为例，其余类似。

由于 $y\equiv g^x\ (\mathrm{mod}\ p)$，故

$$y^{(p-1)/p_1} \equiv (g^x)^{(p-1)/p_1} \pmod{p}$$
$$\equiv (g^{r_1 M_1 M_1^{-1} + r_2 M_2 M_2^{-1} + \cdots + r_k M_k M_k^{-1}})^{(p-1)/p_1} \pmod{p}$$
$$\equiv (g^{r_1 M_1 M_1^{-1}})^{(p-1)/p_1} (g^{r_2 M_2 M_2^{-1}})^{(p-1)/p_1} \cdots (g^{r_k M_k M_k^{-1}})^{(p-1)/p_1} \pmod{p}$$

由于 $M_1 M_1^{-1} \equiv 1 \pmod{p_1^{\alpha_1}}$，故有 $M_1 M_1^{-1} = h p_1^{\alpha_1} + 1$，从而有

$$(g^{r_1 M_1 M_1^{-1}})^{(p-1)/p_1} \equiv (g^{r_1(h p_1^{\alpha_1}+1)})^{(p-1)/p_1} \pmod{p}$$
$$\equiv (g^{r_1 h p_1^{\alpha_1}})^{(p-1)/p_1}(g^{r_1})^{(p-1)/p_1} \pmod{p}$$
$$\equiv (g^{(p-1)})^{r_1 h p_1^{\alpha_1 - 1}}(g^{r_1})^{(p-1)/p_1} \pmod{p}$$

由于 g 是原根，即 $g^{p-1} \equiv 1 \pmod{p}$，故
$$(g^{r_1 M_1 M_1^{-1}})^{(p-1)/p_1} \equiv (g^{r_1})^{(p-1)/p_1} \pmod{p}$$

而另一方面 $p_1 | M_j (j=2, 3, \cdots, k)$，故当 $j \neq 1$ 时，有
$$(g^{r_j M_j M_j^{-1}})^{(p-1)/p_1} \equiv (g^{p-1})^{r_j M_j M_j^{-1}/p_1} \equiv 1 \pmod{p}$$

所以
$$y^{(p-1)/p_1} \equiv (g^x)^{(p-1)/p_1} \equiv (g^{r_1})^{(p-1)/p_1} \pmod{p}$$

将 r_1 表示为 p_1 进制，即记
$$r_1 = r_{10} + r_{11} p_1 + r_{12} p_1^2 + \cdots + r_{1(\alpha_1-1)} p_1^{\alpha_1 - 1}, \quad 0 \leqslant r_{1j} < p_1, \ j = 0, 1, \cdots, \alpha_1 - 1$$

则
$$y^{(p-1)/p_1} \equiv (g^{r_1})^{(p-1)/p_1}$$
$$\equiv g^{r_{10}(p-1)/p_1} g^{r_{11}(p-1)} g^{r_{12}(p-1)p_1} \cdots g^{r_{1(\alpha_1-1)}(p-1)p_1^{\alpha_1-2}}$$
$$\equiv g^{r_{10}(p-1)/p_1} \pmod{p}$$

即
$$y^{(p-1)/p_1} \equiv g^{r_{10}(p-1)/p_1} \pmod{p}$$

比较等式两边即可确定 r_{10}。但由于等式左边是已知的，而右边的 r_{10} 是未知的，故确定 r_{10} 的方法是：令 $i=0, 1, \cdots, p_1 - 1$，分别计算 $u_i \equiv g^{i(p-1)/p_1} \pmod{p}$，则必存在某个 n ($0 \leqslant n \leqslant p_1 - 1$)，使得上式成立，即 $y^{(p-1)/p_1} \equiv u_n \pmod{p}$，从而可知 $r_{10} = n$。

如果 $\alpha_1 = 1$，则 r_1 可以确定，即 $r_1 = r_{10}$。若 $\alpha_1 \geqslant 2$，则需进一步确定 r_{11} 等。而一旦确定了 r_{10}，就可以利用它继续确定 r_{11}。因为
$$g^{r_1 - r_{10}} = g^{r_{11} p_1 + r_{12} p_1^2 + \cdots + r_{1(\alpha_1 - 1)} p_1^{\alpha_1 - 1}}$$

故若令 $z_1 = y g^{-r_{10}}$，就有
$$(z_1)^{(p-1)/p_1^2} = (y g^{-r_{10}})^{(p-1)/p_1^2} = (g^x g^{-r_{10}})^{(p-1)/p_1^2}$$
$$\equiv (g^{r_1} g^{-r_{10}})^{(p-1)/p_1^2} \equiv (g^{r_1 - r_{10}})^{(p-1)/p_1^2}$$
$$\equiv g^{r_{11}(p-1)/p_1} g^{r_{12}(p-1)} \cdots g^{r_{1(\alpha_1-1)}(p-1)p_1^{\alpha_1-3}}$$
$$\equiv g^{r_{11}(p-1)/p_1} \pmod{p}$$

即
$$(z_1)^{(p-1)/p_1^2} \equiv g^{r_{11}(p-1)/p_1} \pmod{p}$$

于是类似于确定 r_{10} 的方法,由上式可以确定 r_{11}。

同理,若 $\alpha_1 \geqslant 3$,可令 $z_2 = z_1 g^{-r_{11}p_1}$,则有
$$g^{r_1-r_{10}-r_{11}p_1} = g^{r_{12}p_1^2 + \cdots + r_{1(\alpha_1-1)}p_1^{\alpha_1-1}}$$
$$(z_2)^{(p-1)/p_1^3} = (g^{r_1-r_{10}-r_{11}p_1})^{(p-1)/p_1^3} \equiv g^{r_{12}(p-1)/p_1} \pmod{p}$$

由上式可以确定 r_{12}。

以此类推,可得 $r_{13}, r_{14}, \cdots, r_{1(\alpha_1-1)}$。

另外,由前面的推导过程可以看出,在确定 $r_{10}, r_{11}, \cdots, r_{1(\alpha_1-1)}$ 时,每次都要反复用到 $g^{i(p-1)/p_1} \equiv (g^{(p-1)/p_1})^i \pmod{p}$ ($i = 0, 1, \cdots, p_1-1$),故为了计算方便,可以令 $\beta_1 = g^{(p-1)/p_1}$,预先计算好 $\beta_1, \beta_1^2, \cdots, \beta_1^{p_1-1}$(显然 $\beta_1^0 = g^{0 \times (p-1)/p_1} \equiv 1 \pmod{p}$),并列表,使用时直接查表即可。

【例 6.4.1】 设 $p = 8101, g = 6, y = 7833$,求 x 使之满足
$$y \equiv g^x \pmod{p}$$

解 首先有
$$8101 = 6 \times 1350 + 1$$
$$6(-1350) \equiv 1 \pmod{8101}$$
故
$$6^{-1} \equiv -1350 \equiv 6751 \pmod{8101}$$

其次,分解 $p-1$ 得
$$p - 1 = 8100 = 2^2 3^4 5^2$$

对 $p_1 = 2$,有 $\beta_1 = g^{(p-1)/p_1} = 6^{8100/2} \equiv 8100 \pmod{8101}$,并构造 β_1^i 表(见表 6.4.1)。

表 6.4.1 β_1^i

β_1^0	β_1
1	8100

对 $p_2 = 3$,有 $\beta_2 = g^{(p-1)/p_2} = 6^{8100/3} \equiv 5883 \pmod{8101}$,$\beta_2^2 \equiv 5883^2 \equiv 2217 \pmod{8101}$,构造 β_2^i 表(见表 6.4.2)。

表 6.4.2 β_2^i

β_2^0	β_2	β_2^2
1	5883	2217

对 $p_3 = 5$,有 $\beta_3 = g^{(p-1)/p_3} = 6^{8100/5} \equiv 3547 \pmod{8101}$,构造 β_3^i 表(见表 6.4.3)。

表 6.4.3 β_3^i

β_3^0	β_3	β_3^2	β_3^3	β_3^4
1	3547	356	7077	5221

(1) $p_1=2$,$\alpha_1=2$:需要分别确定 r_{10}、r_{11},以获得 $r_1=r_{10}+r_{11}\times 2$。

① 计算
$$y^{(p-1)/p_1}\equiv 7833^{8100/2}\equiv 7833^{4050}\equiv 8100\,(\bmod\,8101)$$

查表 6.4.1 知 $8100=\beta_1$,所以
$$r_{10}=1$$

② 计算
$$z_1=yg^{-r_{10}}\equiv 7833\times 6^{-1}\equiv 7833\times 6751\equiv 5356\,(\bmod\,8101)$$
$$(z_1)^{(p-1)/p_1^2}\equiv 5356^{8100/2^2}\equiv 1\,(\bmod\,8101)$$

查表 6.4.1 知 $1=\beta_1^0$,所以
$$r_{11}=0$$

故
$$r_1=1+0\times 2=1$$

(2) $p_2=3$,$\alpha_2=4$:需要分别确定 r_{20}、r_{21}、r_{22}、r_{23},以获得 $r_2=r_{20}+r_{21}\times 3+r_{22}\times 3^2+r_{23}\times 3^3$。

① 计算
$$y^{(p-1)/p_2}\equiv 7833^{8100/3}\equiv 7833^{2700}\equiv 2217\,(\bmod\,8101)$$

查表 6.4.2 知 $2217=\beta_2^2$,所以
$$r_{20}=2$$

② 计算
$$z_1=yg^{-r_{20}}\equiv 7833\times 6^{-2}\equiv 7833\times 6751^2\equiv 3593\,(\bmod\,8101)$$
$$(z_1)^{(p-1)/p_2^2}\equiv 3593^{8100/3^2}\equiv 3593^{900}\equiv 2217\,(\bmod\,8101)$$

查表 6.4.2 知 $2217=\beta_2^2$,所以
$$r_{21}=2$$

③ 计算
$$z_2=z_1g^{-r_{21}p_2}\equiv 3593\times 6^{-2\times 3}\equiv 3593\times 6751^6\equiv 3708\,(\bmod\,8101)$$
$$(z_2)^{(p-1)/p_2^3}\equiv 3708^{8100/3^3}\equiv 3708^{300}\equiv 5883\,(\bmod\,8101)$$

查表 6.4.2 知 $5883=\beta_2$,所以
$$r_{22}=1$$

④ 计算
$$z_3=z_2g^{-r_{22}p_2^2}\equiv 3708\times 6^{-1\times 3^2}\equiv 3708\times 6751^9\equiv 6926\,(\bmod\,8101)$$
$$(z_3)^{(p-1)/p_2^4}\equiv 6926^{8100/3^4}\equiv 6926^{100}\equiv 5883\,(\bmod\,8101)$$

查表 6.4.2 知 $5883=\beta_2$,所以
$$r_{23}=1$$

故
$$r_2 = 2 + 2 \times 3 + 1 \times 3^2 + 1 \times 3^3 = 44$$

(3) $p_3 = 5, \alpha_3 = 2$：需要分别确定 r_{30}、r_{31}，以获得 $r_3 = r_{30} + r_{31} \times 5$。

① 计算
$$y^{(p-1)/p_3} \equiv 7833^{8100/5} \equiv 7833^{1620} \equiv 356 \pmod{8101}$$

查表 6.4.3 知 $356 = \beta_3^2$，所以
$$r_{30} = 2$$

② 计算
$$z_1 = yg^{-r_{30}} \equiv 7833 \times 6^{-2} \equiv 7833 \times 6751^2 \equiv 3593 \pmod{8101}$$
$$(z_1)^{(p-1)/p_3^2} \equiv 3593^{8100/5^2} \equiv 3593^{324} \equiv 356 \pmod{8101}$$

查表 6.4.3 知 $356 = \beta_3^2$，所以
$$r_{31} = 2$$

故
$$r_3 = 2 + 2 \times 5 = 12$$

最后，计算
$$M_1 = \frac{(p-1)}{p_1^{\alpha_1}} = 3^4 5^2 = 2025$$
$$M_2 = \frac{(p-1)}{p_2^{\alpha_2}} = 2^2 5^2 = 100$$
$$M_3 = \frac{(p-1)}{p_3^{\alpha_3}} = 2^2 3^4 = 324$$

并分别解同余方程
$$M_1 M_1^{-1} \equiv 2025 M_1^{-1} \equiv 1 \pmod{2^2}$$
$$M_2 M_2^{-1} \equiv 100 M_2^{-1} \equiv 1 \pmod{3^4}$$
$$M_3 M_3^{-1} \equiv 324 M_3^{-1} \equiv 1 \pmod{5^2}$$

得
$$M_1^{-1} \equiv 1 \pmod{2^2}, \quad M_2^{-1} \equiv 64 \pmod{3^4}, \quad M_3^{-1} \equiv 24 \pmod{5^2}$$

故
$$x \equiv r_1 M_1 M_1^{-1} + r_2 M_2 M_2^{-1} + r_3 M_3 M_3^{-1} \pmod{p-1}$$
$$\equiv 1 \times 1 \times 2025 + 44 \times 100 \times 64 + 12 \times 324 \times 24 \pmod{8100}$$
$$\equiv 4337 \pmod{8100}$$
$$6^{4337} \equiv 7833 \pmod{8101} \text{ 或 } \mathrm{dlog}_6 7833 \equiv 4337 \pmod{8100}$$

需要说明的是：由前面的推导过程可以看出，Pohlid - Hellman 算法是利用穷举和比

较求得 r_{1j}，并由其再求得 r_1，最终得到问题的答案 x。故当 $p-1=p_1^{a_1}p_2^{a_2}\cdots p_k^{a_k}$ 只有小的素因数时，此算法有效。反之，只要 $p-1$ 有一个很大的素因数 q，则使用本算法的意义并不大。因为此时计算 $\beta_j^i \equiv (g^{(p-1)/p_j})^i \pmod{p}$ $(i=0,1,\cdots,q)$ 的工作量还是很大的。

6.4.2 Shank 算法

Shank(商克)算法是一种比较有效的算法，不仅速度快，而且需要的存储量也较少。

已知素数 p、整数 a 和 y，求 x 满足
$$y \equiv a^x \pmod{p}, \quad 0 \leqslant x < n$$
其中 n 是 a 的乘法周期，即 $a^n \equiv 1 \pmod{p}$。

问题等价于求离散对数 $x = \text{dlog}_{p,a} y$。

Shank 算法的运算是在有限域 $GF(p)$ 上进行的(即是在集合 $Z_p = \{0,1,2,\cdots,p-1\}$ 上进行关于模素数 p 的加法和乘法运算，有限域的概念见 9.4 节)。其基本思想如下：

(1) 选一整数 $d \approx \sqrt{n}$，设
$$x = qd + r, \quad 0 \leqslant r < d, \quad q \leqslant \frac{x}{d} \approx \sqrt{n}$$
故只要求得 q 和 r，即求得 x。

(2) 令 $i = 0, 1, \cdots, d-1$，计算 $\lambda_i \equiv a^i \pmod{p}$，并构造一个指数函数表 (λ_i, i)。为了便于检索，按 λ_i 值的增序排列。

(3) 由于假定 $y = a^x = a^{qd+r}$，所以
$$(a^{-d})^q y = a^{-qd} a^{qd+r} = a^r$$
$$(a^{-d})^q y = (a^{n-d})^q y$$

(4) 令 $q = 0, 1, 2, \cdots$，逐个计算 $u_q = (a^{n-d})^q y$，直到 u_q 等于表中某个 λ_i ($\lambda_i \equiv a^i \pmod{p}$) 为止，则必有 $x = qd + i$，输出 x。

Shank 算法可以归纳如下(其中已知素数 p、底数 a、真数 y 和 a 的乘法周期 n，且所有运算都在 $GF(p)$ 上进行)：

S1	选择 $d \approx \sqrt{n}$；$i \leftarrow 0$；$\lambda \leftarrow 1$
S2	将 (λ, i) 的值填入指数函数表 A
S3	若 $r = d-1$，则 {对表格 A 数据按 λ 的值增序排列；转 S4}
	否则 $\{\lambda \leftarrow a\lambda; i \leftarrow i+1;$ 转 S2$\}$ //完成建表
S4	计算：$b \leftarrow a^{n-d}$；$u \leftarrow y$；$q \leftarrow 0$ //赋初值
S5	若表 A 中存在一对数 (λ, r)，满足 $\lambda = u$，则 $\{\diamondsuit\ x \leftarrow qd + r;$ 输出 x；算法结束$\}$
	否则 $\{u \leftarrow bu; q \leftarrow q+1;$ 转 S5$\}$ //迭代求解

【例 6.4.2】 在 GF(23) 上求 $x = \text{dlog}_5 3$。

解 5 的乘法周期为 22，故 5 是 23 的原根。

对于很小的 $p = 23$，可以穷举求解，即计算

$$5^0 \equiv 1 \pmod{23}$$
$$5^1 \equiv 5 \pmod{23}$$
$$5^2 \equiv 2 \pmod{23}$$
$$\cdots$$
$$5^{15} \equiv 19 \pmod{23}$$
$$5^{16} \equiv 3 \pmod{23}$$

所以

$$x \equiv 16 \pmod{23}$$

现在用 Shank 算法求解：选 $d = 5 \approx \sqrt{22}$，针对 $i = 0, 1, \cdots, d-1$ 即 $i = 0, 1, 2, 3, 4$ 计算 $\lambda \equiv a^i \pmod p \equiv 5^i \pmod{23}$，建立指数函数表（见表 6.4.4），按 λ 的增序排列。

表 6.4.4 $5^r \pmod{23}$ 的指数函数表

$\lambda \equiv a^r$	1	2	4	5	10
r	0	2	4	1	3

计算

$$b \equiv a^{n-d} \equiv 5^{22-5} \equiv 5^{17} \equiv 15 \pmod{23}, \quad u = y = 3, \quad q = 0$$

检查：因表 6.4.4 中无 $\lambda = 3$，故继续计算

$$u \equiv 15 \times 3 \equiv 22, \quad q = 1 \quad (\text{即计算 } bu \equiv 5^{17+16} \equiv 5^{33} \equiv 5^{11} \equiv 22)$$

检查：因表 6.4.4 中无 $\lambda = 22$，故继续计算

$$u \equiv 15 \times 22 \equiv 8, \quad q = 2 \quad (\text{即计算 } bu \equiv 5^{17+11} \equiv 5^6 \equiv 8)$$

检查：因表 6.4.4 中无 $\lambda = 8$，故继续计算

$$u \equiv 15 \times 8 \equiv 5, \quad q = 3 \quad (\text{即计算 } bu \equiv 5^{17+6} \equiv 5^{23} \equiv 5)$$

检查：因表 6.4.4 中存在 $\lambda = 5$，对应的 $r = 1$，故有

$$x = qd + r = 3 \times 5 + 1 = 16$$

所以

$$\text{dlog}_5 3 = 16 \pmod{22} \quad \text{或} \quad 3 \equiv 5^{16} \pmod{23}$$

另外，若 a 的乘法周期 n 可以分解，则该方法还可化简。思路如下：

设 $n = n_1 n_2 (a^n \equiv 1 \pmod p)$，则 $a_1 = a^{n_2}$ 的乘法周期为 n_1，$a_2 = a^{n_1}$ 的乘法周期为 n_2。

若 $y = a^x (0 \leqslant x < n)$，则

$$x = x_2 n_1 + x_1, \quad 0 \leqslant x_1 < n_1, \quad 0 \leqslant x_2 < n_2$$

令
$$y_1 = y^{n_2} = a^{n_2 x} = a^{x_2 n_1 n_2 + x_1 n_2}$$
由于
$$a^{n_1 n_2} = a^n \equiv 1 \pmod{p}$$
所以
$$y_1 \equiv a^{n_2 x_1} = a_1^{x_1} \pmod{p}$$
即
$$x_1 \equiv \mathrm{dlog}_{a_1} y_1 \pmod{p}$$
令
$$y_2 = y a^{-x_1} \equiv y a^{n - x_1} = a^{n_1 x_2 + x_1} a^{-x_1} = a^{n_1 x_2} = a_2^{x_2}$$
则
$$x_2 \equiv \mathrm{dlog}_{a_2} y_2 \pmod{p}$$

由此得当 $n = n_1 n_2$ 时，求 $x = \mathrm{dlog}_a y$ 的算法如下：

S1　$a_1 \leftarrow a^{n_2}$；$y_1 \leftarrow y^{n_2}$

S2　求 $x_1 \leftarrow \mathrm{dlog}_{a_1} y_1$

S3　$a_2 \leftarrow a^{n_1}$；$y_2 \leftarrow a^{n - x_1}$

S4　求 $x_2 \leftarrow \mathrm{dlog}_{a_2} y_2$

S5　输出 $x = x_2 n_1 + x_1$

6.5 二项同余方程与 n 次剩余

本节主要研究具有特殊形式的称为**二项同余方程**的 n 次同余方程
$$x^n \equiv a \pmod{m}, \quad (a, m) = 1$$
有解的条件和解数，以及其解法。为此引入 n 次剩余的概念。

与二次剩余类似，n 次剩余主要是针对特殊 n 次方程的有解判断和求解而引入的。

【定义 6.5.1】 设 $m > 1$，$n > 1$，$(a, m) = 1$，若二项同余方程
$$x^n \equiv a \pmod{m}$$
有解，则 a 叫做对模 m 的 **n 次剩余**；否则，叫做对模 m 的 **n 次非剩余**。

【例 6.5.1】 求 5 次二项同余方程 $x^5 \equiv 9 \pmod{41}$ 的解。

解 查模数为 41、底数为 6 的离散对数表（见表 6.3.4），可得 $\mathrm{dlog}_6(9) = 30$，即 $6^{30} \equiv 9 \pmod{41}$。令
$$x \equiv 6^t \pmod{41} \tag{6.5.1}$$

将其代入原方程得
$$6^{5t} \equiv 6^{30} \pmod{41}$$
因 6 是原根，故由定理 6.3.1 得
$$5t \equiv 30 \pmod{\varphi(41) = 40}$$
解之得
$$t \equiv 6, 14, 22, 30, 38 \pmod{40}$$
将其代入式(6.5.1)得原方程的解为
$$x \equiv 6^t = 6^6, 6^{14}, 6^{22}, 6^{30}, 6^{38}$$
$$\equiv 39, 21, 5, 9, 8 \pmod{41}$$
本例也说明 9 是模 41 的 5 次剩余。

【例 6.5.2】 求 7 次二项同余方程 $x^7 \equiv 9 \pmod{41}$ 的解。

解 因为 $\mathrm{dlog}_6(9) = 30$，即 $6^{30} \equiv 9 \pmod{41}$。令
$$x \equiv 6^t \pmod{41}$$
原方程变形为
$$6^{7t} \equiv 6^{30} \pmod{41}$$
6 是原根，故
$$7t \equiv 30 \pmod{\varphi(41) = 40}$$
即
$$t \equiv 10 \pmod{40}$$
故原方程有唯一解
$$x \equiv 6^{10} \equiv 32 \pmod{41}$$

【例 6.5.3】 求 8 次二项同余方程 $x^8 \equiv 9 \pmod{41}$ 的解。

解 因为 $\mathrm{dlog}_6(9) = 30$，即 $6^{30} \equiv 9 \pmod{41}$。令
$$x \equiv 6^y \pmod{41}$$
原方程变形为
$$6^{8y} \equiv 6^{30} \pmod{41}$$
6 是原根，故有
$$8y \equiv 30 \pmod{\varphi(41) = 40}$$
此方程无解，故原方程无解。

【定理 6.5.1】 设 $m > 1, n > 1, g$ 是模 m 的一个原根，$(a, m) = 1$，则二项同余方程
$$x^n \equiv a \pmod{m} \tag{6.5.2}$$
有解的充分必要条件为 $(n, \varphi(m)) \mid \mathrm{dlog}_g a$，且在有解的情况下，解数为 $(n, \varphi(m))$。

证 设方程(6.5.2)有解 $x \equiv x_0 \pmod{m}$，由 $(a, m) = 1$ 知 $(x_0, m) = 1$，故分别存在非负整数 u 和 r，使得

$$x_0 \equiv g^u \pmod{m}$$
$$a \equiv g^r \pmod{m}$$

将其代入式(6.5.2)得
$$g^{nu} \equiv g^r \pmod{m}$$

而 g 为原根,故由定理 6.3.1 知
$$nu \equiv r \pmod{\varphi(m)}$$

即方程
$$ny \equiv r \pmod{\varphi(m)} \tag{6.5.3}$$

有解。故
$$(n, \varphi(m)) \mid r = \log_g a$$

反之,若 $(n, \varphi(m)) \mid r = \mathrm{dlog}_g a$,则方程(6.5.3)有解
$$y \equiv u \pmod{\varphi(m)}$$

且解数为 $d = (n, \varphi(m))$。因此,方程(6.5.2)有解
$$x_0 \equiv g^u \pmod{m}$$

且解数也为 $d = (n, \varphi(m))$。

【推论】 在定理 6.5.1 的条件下,a 是模 m 的 n 次剩余的充分必要条件是 $a^{\varphi(m)/d} \equiv 1 \pmod{m}$,其中 $d = (n, \varphi(m))$。

证 设 $a \equiv g^r \pmod{m}$,若 a 是模 m 的 n 次剩余,即二项同余方程 $x^n \equiv a \pmod{m}$ 有解,再由定理 6.5.1 知 $(n, \varphi(m)) \mid \mathrm{dlog}_g a$,即 $d \mid r$,所以
$$a^{\varphi(m)/d} \equiv (g^r)^{\varphi(m)/d} \equiv (g^{\varphi(m)})^{r/d} \equiv 1 \pmod{m}$$

反之,由 $a^{\varphi(m)/d} \equiv 1 \pmod{m}$ 知
$$(g^r)^{\varphi(m)/d} \equiv 1 \pmod{m}$$

而 g 是原根,即 g 的阶数为 $\varphi(m)$,故由定理 6.1.1 知
$$\varphi(m) \,\Big|\, r\frac{\varphi(m)}{d} = \frac{r}{d}\varphi(m)$$

即 $d \mid r$。

【例 6.5.4】 判断当 a 为何值时,二项同余方程 $x^8 \equiv a \pmod{41}$ 有解,解数为多少?

解 因为 $d = (n, \varphi(m)) = (8, \varphi(41)) = (8, 40) = 8$,且由例 6.2.5 知 6 是模 41 的一个原根,故由定理 6.5.1 知,原方程有解的充分必要条件是 $8 \mid \mathrm{dlog}_6 a$。查表 6.3.3 易得对数为 8 的倍数的数有
$$\mathrm{dlog}_6(10) = 8, \ \mathrm{dlog}_6(18) = 16, \ \mathrm{dlog}_6(16) = 24$$
$$\mathrm{dlog}_6(37) = 32, \ \mathrm{dlog}_6(1) = 40$$

即当 $a = 1, 10, 16, 18, 37$ 时,原方程有解,且有解时,解数为 8。

【例 6.5.5】 解二项同余方程 $x^{12} \equiv 37 \pmod{41}$。

解 因为 $d=(n,\varphi(m))=(12,\varphi(41))=(12,40)=4$,且查表 6.3.4 得
$$\text{dlog}_6(37)=32$$
又因为 $4\mid 32$,故方程有解,且解数为 4。

为将方程转化为一次方程求解,对原方程两边同时取对数,得
$$12\text{dlog}_6 x\equiv\text{dlog}_6 37\pmod{40}$$
(注意取对数时模数的变化)即
$$12\text{dlog}_6 x\equiv 32\pmod{40} \tag{6.5.4}$$
将其化为解的值相同的方程,即
$$3\text{dlog}_6 x\equiv 8\pmod{10}$$
视 $\text{dlog}_6 x$ 为未知数,解之得
$$\text{dlog}_6 x\equiv 6\pmod{10}$$
即方程(6.5.4)的解为
$$\text{dlog}_6 x\equiv 6,16,26,36\pmod{40}$$
查离散对数的反函数表 6.3.3(即指数函数表)得原方程的解为
$$x\equiv 6^6,6^{16},6^{26},6^{36}\equiv 39,18,2,23\pmod{41}$$

【定理 6.5.2】 设 $m>1$,g 是模 m 的一个原根,$(a,m)=1$,则 a 对 m 的阶数为
$$e=\text{ord}_m(a)=\frac{\varphi(m)}{(\text{dlog}_g a,\varphi(m))}$$
特别地,a 是模 m 的原根的充分必要条件为 $(\text{dlog}_g a,\varphi(m))=1$。

证 由定理 6.1.5 即得结论成立。

6.6 原根与离散对数的应用

6.6.1 Diffie-Hellman 密钥交换算法

众所周知,密钥的分配和交换是信息和网络安全里比信息传递更重要的安全问题。一旦密钥泄露,再好的加密算法对信息的保密也无济于事。

Diffie-Hellman(迪菲-海尔曼)密钥交换算法是一种具有公开密钥思想的密钥交换算法,它实际上是一种多人联合,共同联合建立共享通信密钥的方法。其优点是所交换的信息不必加密,可以公开传递,从而提高了密钥的安全程度,且降低了因信息泄露带来的安全威胁。

该算法在原理上是利用离散对数的复杂性构造的。即已知变量 x 算 $y\equiv g^x\pmod{m}$ 容易;而已知变量 y 算 $x\equiv\text{dlog}_g y\pmod{\varphi(m)}$ 极难。

Diffie-Hellman 密钥交换算法如表 6.6.1 所示。

表 6.6.1　Diffie-Hellman 密钥交换算法

步骤	计算思路	
选择全局公开量	q 为素数；α 为 q 的原根 ($\alpha<q$)	
生成用户密钥	用户 A	选择秘密的 X_A，$X_A<q$；计算公开的 Y_A，$Y_A \equiv \alpha^{X_A} \pmod{q}$
	用户 B	选择秘密的 X_B，$X_B<q$；计算公开的 Y_B，$Y_B \equiv \alpha^{X_B} \pmod{q}$
	⋮	⋮
交换公开密钥	$A \to B: Y_A$ $B \to A: Y_B$	
生成公共会话密钥 K	用户 A	计算 $K \equiv (Y_B)^{X_A} \pmod{q}$
	用户 B	计算 $K \equiv (Y_A)^{X_B} \pmod{q}$

【例 6.6.1】 设全局量 $q=353$，$\alpha=3$，用户 A 选私钥 $X_A=97$，B 选私钥 $X_B=233$。试求 A 和 B 的公钥 Y_A 和 Y_B，以及二人共享的会话密钥 K。

解 由题意得

$$Y_A \equiv 3^{97} \equiv 40 \pmod{353}$$

$$Y_B \equiv 3^{233} \equiv 248 \pmod{353}$$

用户 A 的密钥

$$K \equiv 248^{97} \equiv 160 \pmod{353}$$

用户 B 的密钥

$$K \equiv 40^{233} \equiv 160 \pmod{353}$$

6.6.2　ElGamal 加密算法

ElGamal(厄格玛尔)加密算法是利用离散对数的复杂性构造的。该算法既可以用于数据加密，也可以用于数字签名，其安全性依赖于有限域上计算离散对数的难度。

ElGamal 加密算法如表 6.6.2 所示。

表 6.6.2　ElGamal 加密算法

步骤	计算思路
参数选择	选择一素数 p 及整数模 p 的一个原根 g，随机选取 x（g 和 x 都小于 p），然后计算 $$y \equiv g^x \pmod{p}$$ 公开密钥：y、g、p，其中 g、p 可以为一组用户共享 私有密钥：x
加密过程	将明文信息 M 表示成 $\{0, 1, \cdots, p-1\}$ 范围内的数 加密： 秘密选择随机数 k，计算 $$a \equiv g^k \pmod{p}$$ $$b \equiv My^k \pmod{p}$$ 密文为整数对 (a, b)
解密过程	$M \equiv b/a^x \pmod{p}$

ElGamal 算法中涉及的除法运算 b/a^x 表示乘法运算 $b(a^x)^{-1}$。

该算法的正确性，即算法的原理在于：由 $a^x \equiv g^{kx} \pmod{p}$ 可知
$$\frac{b}{a^x} \equiv \frac{y^k M}{a^x} \equiv \frac{g^{xk} M}{g^{xk}} \equiv M \pmod{p}$$

该算法的优点之一是，对于明文消息 M，信息发送者可以任选随机数 k，用于加密 M，而信息接收者却并不需要知道 k 的值即可完成解密。这样，即使对同样的消息 M，当需要重复发送时，可以选择不同的 k，以保证密文不同，从而增加破译的难度。

【例 6.6.2】 选 $p=2357$ 及 Z_{2357}^+ 的原根 $g=2$，用户 A 的私钥为 $x=1751$，用户 B 欲用 A 的公钥给 A 发送消息，消息明文的编码 $M=2035$。试求 A 的公钥和 B 所发送的消息密文，同时用 A 的私钥解密该密文，还原明文，以验证算法的正确性。

解 (1) 生成密钥：因为
$$y \equiv g^x \pmod{p} \equiv 2^{1751} \pmod{2357} \equiv 1185$$
所以，A 的公钥为
$$p=2357,\ g=2,\ y \equiv 1185$$

(2) 消息明文加密：为加密消息 M，发送方 B 选取一个随机整数 $k=1520$ 并计算
$$a \equiv g^k \pmod{p} \equiv 2^{1520} \equiv 1430 \pmod{2357}$$
$$b \equiv My^k \pmod{p} \pmod{p} \equiv 2035 \cdot 1185^{1520} \equiv 697 \pmod{2357}$$
（其中 $y^k \pmod{p} \equiv 1185^{1520} \equiv 2084 \pmod{2357}$）

B 发送 $(a, b) = (1430, 697)$ 给 A。

(3) 解密：用户 A 收到密文 $(a, b) = (1430, 697)$，计算
$$a^{-x} \equiv a^{p-1-x} \equiv 1430^{2357-1-1751} \equiv 1430^{605} \equiv 872 \pmod{2357}$$

$$M \equiv \frac{b}{a^x} \equiv ba^{-x} \equiv 697 \cdot 872 \equiv 2035 \pmod{2357}$$

关于 ElGamal 加密算法的安全性,有以下结果:

(1) 攻击的复杂度:攻击 ElGamal 加密算法等价于求解离散对数问题。

(2) 由该算法的加密过程可以看出,加密不同的消息时需选用不同的随机数 k,即对于长的消息明文 M,当把 M 分段为 $M = M_1 M_2 \cdots M_t$ 后逐段进行加密时,每一段明文 M_i 需选用不同的随机数 k_i 对其加密。否则,本方法不能抵抗称为"已知明文攻击"的攻击方法。该攻击方法的思路就是在未知对方私钥的情况下,利用已获得的密文和部分明文,以及对方的公钥,推导出对方的全部明文或大部分明文。

假设用同一个随机数 k 来加密两段消息 M_1、M_2,所得到的密文分别为 (a_1, b_1) 和 (a_2, b_2),即

$$b_1 \equiv M_1 y^k \pmod{p}, \quad b_2 \equiv M_2 y^k \pmod{p}$$

那么,必有

$$\frac{b_2}{b_1} \equiv b_2 b_1^{-1} \equiv M_2 y^k (M_1 y^k)^{-1} \equiv \frac{M_2}{M_1} \pmod{p}$$

故当 M_1 已知时,可以很容易地计算出 M_2,即

$$M_2 \equiv M_1 \frac{b_2}{b_1} \pmod{p}$$

同理可得

$$M_i \equiv M_1 \frac{b_i}{b_1} \pmod{p}, \quad i = 3, 4, \cdots, t$$

从而最终在未知私钥的前提下,获得了用户的全部明文。

例如,已知

$$p = 2357, \ g = 2, \ x = 1751, \ y \equiv 1185 \pmod{2357}$$

选 $k = 1520$,则消息 $M_1 = 2035$ 的密文为

$$(a_1, b_1) = (1430, 697)$$

还选 $k = 1520$,则消息 $M_2 = 100$ 的密文为

$$(a_2, b_2) = (1430, 984)$$

消息 $M_3 = 1000$ 的密文为

$$(a_3, b_3) = (1430, 412)$$

若已知 $M_1 = 2035$,则有

$$M_2 \equiv M_1 \frac{b_2}{b_1} \equiv 2035 \cdot 984 \cdot 697^{-1} \equiv 100 \pmod{2357}$$

$$M_3 \equiv M_1 \frac{b_3}{b_1} \equiv 2035 \cdot 412 \cdot 697^{-1} \equiv 1000 \pmod{2357}$$

(其中 $697^{-1} \equiv 700 \pmod{2357}$)。

6.6.3 改进的随机数生成算法

3.8.4 节中给出了利用同余运算生成伪随机数的 Lehmer 算法(也称**线性同余法**(LCGs)):
$$X_n \equiv aX_{n-1}+c \pmod{m}, \quad n=1, 2, \cdots$$
同时讨论了其安全性。该算法的循环周期 T 严重依赖于乘数 a、增量 c 和种子值 X_0 的选择。其实质在于
$$X_n \equiv a^n X_0 + \frac{c(a^n-1)}{a-1} \pmod{m}$$
即每个 X_n 完全由 m、a、c 及 X_0 决定。故 Lehmer 算法的关键问题是如何确定参数 m、a、c 和 X_0。

可以看出,一旦 X_n 开始出现重复数值,则相同的数列将严格按照一定的循环重复产生。而人们的期望显然是将 m 选得尽可能大,且得到足够多的不重复的随机数。因此,在 m 已知的前提下,合理选择参数 a、c 和 X_0 是关键,以使其周期尽可能为 m 或接近 m。

【**定理 6.6.1**】(Hull 和 Dobell) 由 Lehmer 算法生成的随机数列为满周期数列的充分必要条件是:

(i) $(c, m)=1$;

(ii) 若存在素数 q,使得 $q|m$,则必有 $q|a-1$;

(iii) 若 $4|m$,则必有 $4|a-1$。

条件(i)意味着 c 和 m 互素。

条件(ii)是指
$$a - q\left\lfloor \frac{a}{p} \right\rfloor = 1$$
即若 $k=\lfloor a/q \rfloor$,则可得
$$a = 1+qk$$
其中 q 为 m 的素因数。

由条件(iii),若 $m/4$ 为整数,可设
$$a = 1+4t$$

获得满周期或足够长的周期是对所有随机数生成算法的重要考量指标之一。其中较常见的有**混合线性同余法**(Mixed LCGs,选 $c>0$)和**乘法线性同余法**(Multiplicative LCGs,$c=0$)。

1. 混合线性同余法

对于 $c>0$,有可能使得周期 $T=m$。此处仅讨论如何选择 m。

为得到尽可能大的周期，以及在$(0,1)$区间内的高密度的随机数$u_n = X_n/m$，希望m尽可能大。其次，利用除以m而获得余数，是一项十分缓慢的算法操作。故为了避免这种除法操作，较好的选择是$m = 2^b$，其中b为计算机用于存放实际数值的字长，这样就可利用整数溢出来避免这种明显的除以m的操作。

可供选用的混合线性同余法有：

(1) $X_n \equiv 5^{15} X_{n-1} + 1 \pmod{2^{35}}$；

(2) $X_n \equiv 314\,159\,269 X_{n-1} + 453\,806\,246 \pmod{2^{31}}$。

2. 乘法线性同余法

本方法的优点在于不需要$c(c=0)$。由于条件(i)不能满足，因而不能达到满周期。但仍可以适当选择m与a，使$T = m-1$。此方法是比较有效的方法，也是线性同余法中被采用得较多的方法。

Hutchinson建议m取小于2^b的最大素数p。那么，对于素数p而言，可以证明，如果a是以p为模的素因数，则周期$T = p-1$。显然，这只要选a为p的原根，且$(X_0, p) = 1$即可，这时在每一个循环里，严格地获得每个整数$1, 2, \cdots, p-1$各一次，而且选X_0为从1至$p-1$之间的任意整数，都能保证$T = p-1$。这种方法称为**素数模乘法线性同余法**（**PMMLCGs**）。

对于PMMLCGs，由于不能选2^b为模，因而不能运用溢出的机理去影响除法的模m。针对此情况，Payne、Rabung和Bogyo等人提出了一种避免明显除法，运用溢出原理的方法——模拟除法。

由$X_n \equiv aX_{n-1} \pmod{2^b}$知

$$X_n = aX_{n-1} - k2^b, \quad k = \left\lfloor \frac{aX_{n-1}}{2^b} \right\rfloor$$

令

$$y_n = X_n + kq = aX_{n-1} - k(2^b - q)$$

若$X_n + kq < 2^b - q$，则

$$y_n = aX_{n-1} \pmod{2^b - q}$$

若$X_n + kq \geq 2^b - q$，则

$$y_n = X_n + kq - k(2^b - q) = aX_{n-1} - (k+1)(2^b - q) \equiv aX_{n-1} \pmod{2^b - q}$$

数列$\{y_n\}$提供了$m = 2^b - q$时的随机序列，并且遵从原则

$$y_n = \begin{cases} X_n + kq, & \text{若 } X_n + kq < 2^b - q \\ X_n + kq + q - 2^b, & \text{若 } X_n + kq \geq 2^b - q \end{cases}$$

式中，X_n可由移模减数而得。

PMMLCGs的实际用例：$b = 35$，小于2^{35}的最大素数为$m = 2^{35} - 31 = 34\,359\,738\,337$，

且 $a=5^5=3125$ 时,生成的随机数具有较好的特性;对于 $b=35$,小于 2^{31} 的最大素数为 $m=2^{31}-1=2\,147\,483\,647$,且两种得到广泛应用的有关 a 的选择为 $a_1=7^5=16\,807$ 和 $a_2=630\,360\,016$。

3. Fibonacci 法

Fibonacci 法是建立在 Fibonacci(斐波那契)数列基础上的,其递归公式为
$$X_{n+1}\equiv X_n+X_{n-1}(\bmod m),\quad n=1,2,\cdots$$

Fibonacci 法需要两个初值 X_0 和 X_1,其得到的周期有可能大于 m,但它所生成的序列的随机性较差,故不能提供满意的结果。

4. 二次同余法

由 Coveyon 提出的二次同余法近似相当于双精度的中间平方法,但却比后者有较长的周期。其递归公式为
$$X_n\equiv aX_{n-1}^2+(X_{n-1}+c)(\bmod m),\quad n=1,2,\cdots$$

6.6.4 一种快速傅里叶变换算法

在数字信号处理和图像处理中,离散 Fourier(傅里叶)变换是使用很多的一种变换,故其快速计算也显得尤为重要。

【定义 6.6.1】 任给复数序列 $x_n(n=0,1,2,3,\cdots,N-1)$,变换

$$\begin{pmatrix} F_0 \\ F_1 \\ \vdots \\ F_{N-1} \end{pmatrix} = \boldsymbol{T} \begin{pmatrix} x_0 \\ x_1 \\ \vdots \\ x_{N-1} \end{pmatrix}$$

称为**离散傅里叶变换**(DFT)。其中 n 阶方阵

$$\boldsymbol{T} = \begin{pmatrix} W^{0\cdot 0} & W^{0\cdot 1} & \cdots & W^{0\cdot(N-1)} \\ W^{1\cdot 0} & W^{1\cdot 1} & \cdots & W^{1\cdot(N-1)} \\ W^{2\cdot 0} & W^{2\cdot 1} & \cdots & W^{2\cdot(N-1)} \\ \vdots & \vdots & & \vdots \\ W^{(N-1)\cdot 0} & W^{(N-1)\cdot 1} & \cdots & W^{(N-1)\cdot(N-1)} \end{pmatrix}$$

$$= \begin{pmatrix} 1 & 1 & 1 & \cdots & 1 \\ 1 & W & W^2 & \cdots & W^{N-1} \\ 1 & W^2 & W^4 & \cdots & W^{2(N-1)} \\ \vdots & \vdots & \vdots & & \vdots \\ 1 & W^{N-1} & W^{2(N-1)} & \cdots & W^{(N-1)^2} \end{pmatrix}$$

称为 **Fourier 变换矩阵**。这里，$W = e^{-\frac{2\pi}{N}i} = \cos\frac{2\pi}{N} - i\sin\frac{2\pi}{N}$，$i = \sqrt{-1}$ 为虚数单位。

DFT 也常表示为

$$F_k = \sum_{n=0}^{N-1} x_n W_N^{nk} = x_0 + x_1 W_N^k + x_2 W_N^{2k} + \cdots + x_{N-1} W_N^{(N-1)k} \tag{6.6.1}$$

其中：$k = 0, 1, 2, \cdots, N-1$；$W_N = e^{-\frac{2\pi}{N}i}$。

计算全部 N 个 F_k 的值大约需要 N^2 次复数乘法和 N^2 次复数加法。当 N 很大时，其计算量是相当大的。20 世纪 60 年代出现了一种计算 DFT 的新算法，使乘、加法的次数大致降为 $N \operatorname{lb} N$，这就是著名的**快速 Fourier 变换**(FFT)。但 FFT 的一个不足则是要求序列的长度是 2 的幂，从而影响了 FFT 的广泛应用。1968 年，Rader(雷德)利用原根把 N 是一个奇素数的 DFT 化为两个周期序列的互相关函数，再来计算它，既降低了运算量，又扩展了 FFT 的适用范围。

【定义 6.6.2】 设

$$a_0, a_1, \cdots, a_{N-1}, \cdots \quad \text{和} \quad b_0, b_1, \cdots, b_{N-1}, \cdots$$

是两个周期为 N 的序列，其**互相关函数**定义为

$$B(k) = \sum_{i=0}^{N-1} a_i b_{i+k}, \quad k = 0, 1, 2, \cdots, N-1$$

【定理 6.6.2】 设 $N = p$ 是一个奇素数，则式(6.6.1)可化为两个周期为 $p-1$ 的序列的互相关函数和 $2(p-1)$ 次加法来计算。

证 设 $N = p$，

$$F_k' = \sum_{n=1}^{p-1} x_n W_N^{nk}, \quad k = 1, 2, \cdots, p-1 \tag{6.6.2}$$

则有

$$F_0 = \sum_{n=0}^{p-1} x_n, \quad F_k = x_0 + F_k', \quad k = 1, 2, \cdots, p-1 \tag{6.6.3}$$

又设 g 是 p 的一个原根，则 $1, 2, \cdots, p-1$ 可表示为 $(g^s)_p (s = 0, 1, \cdots, p-2)$，即 g^s 除以 p 的最小非负余数，于是式(6.6.2)化为

$$F'_{(g^s)_p} = \sum_{t=0}^{p-2} x_{(g^t)_p} W_p^{g^{s+t}}, \quad s = 0, 1, \cdots, p-2 \tag{6.6.4}$$

由于 g 是原根，所以式(6.6.4)是两个周期为 $p-1$ 的序列 $a_u = x_{(g^u)_p} (u = 0, 1, \cdots)$ 和 $a_v = W_p^{g^v}$ ($v = 0, 1, \cdots$)的互相关函数，再由式(6.6.3)的 $2(p-1)$ 次加法给出全部 $F_0, F_1, \cdots, F_{p-1}$。

同理，对于 $N = p^a$ 和 $2p^a$(p 是一个奇素数)，也有类似的结果。

6.6.5 同余方程的求解

【例 6.6.3】 解同余方程 $16x \equiv 9 \pmod{41}$。

解 此处利用离散对数求解。已知 6 是 41 的原根，故对方程两边取以 6 为底的对数，有
$$\text{dlog}_{41,6} 16x \equiv \text{dlog}_{41,6} 9 \pmod{\varphi(41)=40}$$
再由定理 6.3.2 知，方程可表示为
$$\text{dlog}_{41,6} 16 + \text{dlog}_{41,6} x \equiv \text{dlog}_{41,6} 9 \pmod{40} \tag{6.6.5}$$
查离散对数函数表 6.3.4 有 $\text{dlog}_{41,6} 16 \equiv 24 \pmod{40}$，$\text{dlog}_{41,6} 9 \equiv 30 \pmod{40}$，将其代入式(6.6.5)得
$$24 + \text{dlog}_{41,6} x \equiv 30 \pmod{40}$$
故
$$\text{dlog}_{41,6} x \equiv 6 \pmod{40}$$
再查指数函数表 6.3.3 得 $x \equiv 39 \pmod{41}$。所以原方程的解为
$$x \equiv 39 \pmod{41}$$

利用离散对数还可以解**幂同余方程**
$$a^x \equiv b \pmod{m}, \quad (b, m) = 1 \tag{6.6.6}$$
其中 m 有原根 g。

【**定理 6.6.3**】 设整数 $m > 1$，其原根为 g，则幂同余方程(6.6.6)有解的充分必要条件是
$$(\varphi(m), \text{dlog}_{m,g} a) \mid \text{dlog}_{m,g} b \tag{6.6.7}$$
记 $d = (\varphi(m), \text{dlog}_{m,g} a)$，如果方程有解，则其解数为
$$T(a^x - b; m) = d$$
其通解为
$$x \equiv x_0 + \frac{\varphi(m)}{d} t \pmod{\varphi(m)}, \quad t = 0, 1, \cdots, d-1$$

证 由于 m 有原根 g，故等式(6.6.6)两边针对模数 m 取以 g 为底的对数，有
$$x \, \text{dlog}_{m,g} a \equiv \text{dlog}_{m,g} b \pmod{\varphi(m)} \tag{6.6.8}$$
显然幂同余方程(6.6.6)与一次同余方程(6.6.8)同时有解或无解，且解数也相同。

而方程(6.6.8)为一次同余方程，故由定理 4.4.2 可推导出本定理的所有结论。

【**例 6.6.4**】 判断幂同余方程 $10^x \equiv 2 \pmod{17}$ 是否有解，若有解，则求其解。

解 因为 $\varphi(17) = 16$，查表 6.3.2 知 $\text{dlog}_{17,5} 10 = 7$，$\text{dlog}_{17,5} 2 = 6$，$(\varphi(17), \text{dlog}_{17,5} 10) = (16, 7) = 1$，显然方程有解。

由例 6.1.4 知 5 是 17 的一个原根，对方程两边取以 5 为底的对数
$$x \, \text{dlog}_5 10 \equiv \text{dlog}_5 2 \pmod{\varphi(17)}$$
即
$$7x \equiv 6 \pmod{16}$$

解之得 $x\equiv 10\pmod{16}$，即为原方程的解。

【例 6.6.5】 判断幂同余方程 $4^x\equiv 16\pmod{17}$ 是否有解，若有解，则求其解。

解 查表 6.3.2 得 $\mathrm{dlog}_{17,5}4=12$，$\mathrm{dlog}_{17,5}16=8$，$(16,12)=4$，且 $4\mid 8=\mathrm{dlog}_{17,5}16$，所以方程有解。对方程两边取以 5 为底的对数得一次同余方程

$$12x\equiv 8\pmod{16}$$

解之得 $x\equiv 2,6,10,14\pmod{16}$，即为原方程的解。

比较例 6.6.4 和例 6.6.5，一个为单解，一个为多解，其本质原因在于指数函数 10^x 的底数 10 是 17 的原根，故对应真数 2，使得 $10^x\equiv 2\pmod{17}$ 成立的模 16 不同余的 x 只能有一个，而后者中函数 4^x 的底数 4 不是原根，其对模数 17 的阶为 $\mathrm{ord}_{17}(4)=4$，故对模数 4 来说，其解为 1 个，而对模数 16 来说，其不同余的解则为 4 个。

6.7 单 向 函 数

当前的公钥密码算法和密钥交换算法，基本上都是利用了带有陷门的单向函数，故本节给出有关概念。

【定义 6.7.1】 满足以下条件的函数 $y=f(x)$ 称为**单向函数**：

(i) 给定变量 x，计算函数 $y=f(x)$ 是容易的；

(ii) 已知 y，计算反函数 $x=f^{-1}(y)$ 实际上是不可行的。

数论函数中目前有很多单向函数。例如：对给定的 g 和 n，已知 x，计算 $y\equiv g^x\pmod n$ 比较容易；反之，若已知 y 和 g 及 $\varphi(n)$，计算离散对数 $x\equiv\mathrm{dlog}_g(y)\pmod{\varphi(n)}$ 则很困难。又如：已知整数 a 和 b，计算 $n=ab$ 很容易；反之，若已知 n，要得到 a 和 b 则很困难。

注意此处所说的"困难"或"不可行"是指对所有的整数或很大的数，除了对 x 穷举计算 $y'=f(x)$ 并与已知的 y 比较从而得到 x 的计算思路外，再无其他更好的计算方法。例如，对于离散对数 $x\equiv\mathrm{dlog}_g(y)\pmod{\varphi(n)}$ 的计算，若已知 y、g 和 n，则理论上讲，可以通过穷举 x 并计算 $y'\equiv g^x\pmod n$，最后获得相应于 y 的 x，但实际中当 n 充分大时，此问题属于难题。

【定义 6.7.2】 满足以下条件的函数 $y=f(x)$ 称为**单向陷门函数**（或带有陷门 k 的单向函数）：

(i) 已知陷门 k 和变量 x，则计算函数 $y=f(x)$ 是容易的；

(ii) 已知 y，但不知 k，则计算反函数 $x=f^{-1}(y)$ 是不可行的；

(iii) 已知 k 和 y，则计算 $x=f_k^{-1}(y)$ 是容易的。

例如，对于 RSA 算法，计算 $y\equiv x^e\pmod n$ 是容易的，而且若已知 d 和 y，计算 $x\equiv y^d\pmod n$ 也很容易；但是若不知 d，则无法计算 $x\equiv\sqrt[e]{y}\pmod n$，即 d 就是 RSA 算法的

陷门，也称为后门或机关。

习 题 6

1. 设 $m=12, 13, 14, 19, 20, 21$：

(1) 列出模 m 的阶数表；

(2) 如果模 m 有原根，试找出模 m 的最小正剩余系中的所有原根，即模 m 的最小正原根；

(3) 若模 m 没有原根，试找出模 m 的最小正剩余系中所有对模 m 的阶为最大的整数。

2. 求 $\text{ord}_{41}(10)$、$\text{ord}_{43}(7)$、$\text{ord}_{55}(2)$、$\text{ord}_{65}(8)$、$\text{ord}_{91}(11)$、$\text{ord}_{69}(4)$、$\text{ord}_{231}(5)$。

3. 设 m 为 37 和 43，求模 m 的最小正剩余系中所有阶为 6 的整数。

4. 证明：设 p 为素数，$\text{ord}_p(a)=3$，则 $\text{ord}_p(1+a)=6$。

5. 证明：若存在整数 a 且有 $\text{ord}_m(a)=m-1$，则 m 是素数。

6. 设 p 为素数，$\text{ord}_p(a)=k$。证明：

(1) 若 $2|k$，则 $a^{k/2} \equiv -1 (\bmod\ p)$；

(2) 若 $4|k$，则 $\text{ord}_p(-a)=k$；

(3) 若 $2|k$，$4\nmid k$，则 $\text{ord}_p(-a)=k/2$。

7. 设 $m>1$ 为整数，$(a, m)=1$。证明：若 $\text{ord}_m(a)=st$，则 $\text{ord}_m(a^s)=t$。

8. 设 m 是一个正整数，d 是 $\varphi(m)$ 的一个正因数。问是否存在整数 a，满足 $\text{ord}_m(a)=d$。

9. 设 $m>1$，$d \geqslant 1$，$(a, m)=1$，并设 $\text{ord}_m(a^d)=e$。试决定 $\text{ord}_m(a)$ 的值应满足的条件，以及其可能取值的个数。

10. 设 a 和 n 均为正整数且 $m=a^n-1$。证明：$\text{ord}_m(a)=n$，从而进一步说明 $n|\varphi(m)$。

11. 设 $m>1$，$(ab, m)=1$，并设 $(\text{ord}_m(a), \text{ord}_m(b))=d$。证明：

(1) $d^2 \text{ord}_m((ab)^d) = \text{ord}_m(a) \text{ord}_m(b)$；

(2) $d^2 \text{ord}_m(ab) = (\text{ord}_m(ab), d) \text{ord}_m(a) \text{ord}_m(b)$。

12. 针对每个 p，试求一个 g，它是模 p 的原根，但不是模 p^2 的原根，其中 $p=5, 7, 11, 17, 31$。

13. 证明：10 是 487 的原根，但不是 487^2 的原根。

14. 针对每个 p，求模 p 的所有原根 $g(1<g<p)$，其中 $p=19, 31, 37, 53, 71$。

15. 针对每个 p，求模 $2p$ 的所有原根 $g(1<g<p)$，其中 $p=19, 31, 37, 53, 71$。

16. 针对每个 p，试求一个 g，对所有 $\alpha \geqslant 1$，它是 p^α 和 $2p^\alpha$ 的原根，其中 $p=11, 13, 17, 19, 31, 37, 53, 71$。

17. 若 m 有原根 g，并设 $1 \leqslant k \leqslant \varphi(m)$，$(k, \varphi(m))=1$。证明：$g^k$ 是两两对模 m 不同余的模 m 的全部原根，其个数为 $\varphi(\varphi(m))$。

18. 证明：若素数 $p=2^n+1$ 且 $\left(\dfrac{a}{p}\right)=-1$，则 a 是 p 的一个原根。

19. 证明：7 是形如 $2^{4n}+1(n>0)$ 的素数的原根。

20. 设素数 $p>2$，$p-1$ 的标准素因数分解式为 $p-1=q_1^{\alpha_1}q_2^{\alpha_2}\cdots q_k^{\alpha_k}$。证明：

(1) 对任一 $j(1\leqslant j\leqslant k)$，必存在整数 a_j，其对模 p 的阶为 $q_j^{\alpha_j}$（不能利用模 p 存在的原根）；

(2) $a_1 a_2 \cdots a_k$ 是模 p 的原根。

21. 用上题的方法分别构造模数 23 和 61 的原根。

22. 设 $m\geqslant 1$，$n\geqslant 1$，且 $(n,\varphi(m))=1$。证明：当 x 遍历模 m 的既约剩余系时，x^n 也遍历模 m 的既约剩余系。

23. 设 $F_n=2^{2^n}+1$ 为第 n 个 Fermat 数。证明：

(1) $\text{ord}_{F_n}(2)=2^{n+1}$；

(2) 若素数 $p\mid F_n$，则 $\text{ord}_p(2)=2^{n+1}$；

(3) F_n 的素因数 $q\equiv 1 \pmod{2^{n+1}}$；

(4) 若 F_n 是素数，$n>1$，则 2 一定不是 F_n 的原根；

(5) 若 F_n 是素数，则模 F_n 的任一二次非剩余必是 F_n 的原根；

(6) 若 F_n 是素数，则 ± 3、± 7 都是其原根。

24. 设 p、q 是素数，证明以下结论，并分别针对每种情形举出两个实例以验证结论：

(1) 若 $q\equiv 1\pmod 4$，$p=2q+1$，则 2 是模 p 的原根；

(2) 若 $q\equiv -1\pmod 4$，$p=2q+1$，则 -2 是模 p 的原根；

(3) 若 $q\equiv 1\pmod 2$ 且 $q>3$，$p=2q+1$，则 -3、-4 都是模 p 的原根；

(4) 若 $q\equiv 1\pmod 2$，$p=4q+1$，则 2 是模 p 的原根。

25. 设 p 和 $\dfrac{p-1}{2}$ 都是奇素数，a 是与 p 互素的正整数。证明：如果

$$a\not\equiv 1,\ a^2\not\equiv 1,\ \dfrac{p-1}{2}\not\equiv 1 \pmod p$$

则 a 是模 p 的原根。

26. 设素数 $p>3$，$g_1,g_2,\cdots,g_{\varphi(p-1)}$ 是模 p 的 $\varphi(p-1)$ 个原根，证明：

$$\prod_{i=1}^{\varphi(p-1)} g_i \equiv 1 \pmod p$$

27. 设素数 p 的全部非负最小正原根为 $g_1,g_2,\cdots,g_k$，证明：

$$\sum_{i=1}^{k} g_i \equiv \mu(p-1) \pmod p$$

28. 已知 10 是 61 的一个原根，试利用 10 找出 61 的所有原根。

29. 设 g 是奇素数 p 的一个原根，证明：

(1) 当 $p \equiv 1 \pmod 4$ 时，$-g$ 也是 p 的一个原根；

(2) 当 $p \equiv 3 \pmod 4$ 时，$-g$ 对模 p 的阶为 $\dfrac{p-1}{2}$。

30. 证明：若 $p = 2^n + 1$ 且为素数（$n > 1$），则 3 是 p 的一个原根。

31. 设整数 $m > 2$ 且有原根，整数 a 满足 $(a, m) = 1$。证明：

(1) 同余方程 $x^2 \equiv a \pmod m$ 有解的充分必要条件是 $a^{\frac{\varphi(m)}{2}} \equiv 1 \pmod m$；

(2) 方程 $x^2 \equiv a \pmod m$ 若有解，则恰有两个解；

(3) 恰有 $\dfrac{\varphi(m)}{2}$ 个整数 a，对模 m 互不同余，且使得方程 $x^2 \equiv a \pmod m$ 有解。

32. 设整数 $m > 2$，整数 a 满足 $(a, m) = 1$，且设同余方程 $x^2 \equiv a \pmod m$ 有解。证明该方程恰有两个解的充分必要条件是 m 有一个原根。

33. 试构造以 10 为底对模 61 的离散对数表。

34. 判断下列方程是否有解，若有解，则求其解：

(1) $x^{22} \equiv 5 \pmod{41}$；(2) $x^{22} \equiv 29 \pmod{41}$；

(3) $x^{22} \equiv 5 \pmod{61}$；(4) $x^{22} \equiv 29 \pmod{61}$。

35. 构造相应的对数表，并利用其解下列同余方程：

(1) $3x^6 \equiv 5 \pmod 7$；(2) $5x^{12} \equiv 12 \pmod{17}$；

(3) $3x^{15} \equiv 13 \pmod{23}$；(4) $5x^{27} \equiv 22 \pmod{31}$。

36. 解同余方程：

(1) $x^6 \equiv -15 \pmod{64}$；(2) $x^{12} \equiv 7 \pmod{128}$。

37. 利用对数表解同余方程：

(1) $x^{40} \equiv 85 \pmod{98 = 2 \cdot 7^2}$；

(2) $x^{80} \equiv 501 \pmod{686 = 2 \cdot 7^3}$；

(3) $x^{27} \equiv 663 \pmod{1058 = 2 \cdot 23^2}$（已知 5 是模 23 的原根）。

38. 解同余方程：

(1) $3x^6 \equiv 7 \pmod{2^5 \cdot 31}$；(2) $5x^4 \equiv 3 \pmod{2^5 \cdot 23 \cdot 19}$。

39. 对哪些整数 b，同余方程 $7x^8 \equiv b \pmod{41}$ 可解？

40. 设素数 $p > 2$，证明：同余方程 $x^4 \equiv -1 \pmod p$ 有解的充分必要条件是 $p \equiv 1 \pmod 8$。由此推出形如 $p \equiv 1 \pmod 8$ 的素数有无穷多个。

41. 设 p 为素数，证明：同余方程 $x^8 \equiv 16 \pmod p$ 一定有解。

42. 设 p 是一个奇素数，求同余方程 $x^{p-1} \equiv 1 \pmod{p^s}$（$s \geq 1$）的全部解。

43. 利用原根求出以下模 m 的全部 3 次、4 次剩余：

$$m = 13, 17, 19, 23, 41, 43, 17^2, 23^2, 41^2, 43^2$$

44. 证明：对于 $a \geq 2$，$n \geq 1$，有 $n \mid \varphi(a^n - 1)$。

45. 求 53^2 的 26 次剩余。

46. 证明：2 是模 73 的 8 次剩余。

47. 设素数 $p \equiv 3 \pmod 4$，证明：a 是模 p 的 4 次剩余的充分必要条件是 $\left(\dfrac{a}{p}\right) \equiv 1$，即 a 是模 p 的二次剩余。

48. 设 p 为素数且 $p \equiv 5 \pmod 6$，证明：若 $(a, p) = 1$，则 a 必是模 p 的 3 次剩余。

49. 证明同余方程 $x^4 \equiv 4 \pmod{37}$ 和 $x^4 \equiv 37 \pmod{41}$ 之中至少有一个有解。

50. 利用对数表或求离散对数的方法解下列同余方程：

(1) $3^x \equiv 2 \pmod{23}$；(2) $9 \cdot 10^x \equiv 62 \pmod{229}$；

(3) $3^x \equiv 64 \pmod{161}$；(4) $3 \cdot 5^x \equiv 67 \pmod{119}$。

51. 证明：对于任意素数 p，同余方程 $(x^2-2)(x^2-17)(x^2-34) \equiv 0 \pmod p$ 有解。

52. 证明：如果 a 对奇素数 p 的阶为奇数，则幂同余方程 $a^x + 1 \equiv 0 \pmod p$ 无解。

53. 证明：设 $n = 2^k + 1 (k \geqslant 2)$，则 n 是素数的充分必要条件是 $3^{\frac{n-1}{2}} + 1 \equiv 0 \pmod n$。

54. 设 p 是一个奇素数，$n \geqslant 1$。证明：
$$1^n + 2^n + \cdots + (p-1)^n \equiv \begin{cases} -1 \pmod p, & n \equiv 0 \pmod{p-1} \\ 0 \pmod p, & \text{其他} \end{cases}$$

55. 设 n 是正整数，证明：若存在整数 a，使得 $a^{n-1} \equiv 1 \pmod n$，且 $a^{\frac{n-1}{q}} \not\equiv 1 \pmod n$ 对 $n-1$ 的所有素因数 q 成立，则 n 是一个素数。

第 7 章 连 分 数

在求某些实数,例如$\sqrt{2}$的具体值时,其中一种有效的方法就是利用连分数来逼近该实数。另外,在整数的分解中也可利用连分数实现其分解。故本章主要介绍连分数的概念及其性质和相关计算,以及其在有理逼近中的应用。

7.1 连 分 数

7.1.1 连分数的概念

在计算无理数,尤其计算开方时,可以利用有理数逼近无理数。例如,计算$\sqrt{2}$的近似值,可以构造展开式

$$\sqrt{2} = 1 + (\sqrt{2} - 1)$$
$$= 1 + \cfrac{1}{\sqrt{2}+1} \quad (\text{得到递归式})$$
$$= 1 + \cfrac{1}{2 + \cfrac{1}{\sqrt{2}+1}} \quad (\text{继续递归})$$
$$= 1 + \cfrac{1}{2 + \cfrac{1}{2 + \cfrac{1}{\sqrt{2}+1}}}$$
$$= 1 + \cfrac{1}{2 + \cfrac{1}{2 + \cfrac{1}{2 + \cfrac{1}{\sqrt{2}+1}}}}$$
$$= 1 + \cfrac{1}{2 + \cfrac{1}{2 + \cfrac{1}{2 + \cfrac{1}{2 + \cfrac{1}{\sqrt{2}+1}}}}}$$

从而求得$\sqrt{2}$的近似值。此时，可取$\sqrt{2} \approx 1$，代入上式得

1 次近似： $\sqrt{2} = 1 + \dfrac{1}{\sqrt{2}+1} \approx 1 + \dfrac{1}{1+1} = \dfrac{3}{2} = 1.5$

2 次近似： $\sqrt{2} = 1 + \dfrac{1}{2+\dfrac{1}{\sqrt{2}+1}} \approx 1 + \dfrac{1}{2+\dfrac{1}{1+1}} = \dfrac{7}{5} = 1.4$

3 次近似： $\sqrt{2} = 1 + \dfrac{1}{2+\dfrac{1}{2+\dfrac{1}{\sqrt{2}+1}}} \approx 1 + \dfrac{1}{2+\dfrac{1}{2+\dfrac{1}{1+1}}} = \dfrac{17}{12} \approx 1.4167$

4 次近似： $\sqrt{2} = 1 + \dfrac{1}{2+\dfrac{1}{2+\dfrac{1}{2+\dfrac{1}{\sqrt{2}+1}}}} \approx 1 + \dfrac{1}{2+\dfrac{1}{2+\dfrac{1}{2+\dfrac{1}{1+1}}}}$

$= \dfrac{41}{29} \approx 1.4138$

当然，也可取$\sqrt{2} \approx 1.5 = \dfrac{3}{2}$，代入得

1 次近似： $\sqrt{2} = 1 + \dfrac{1}{\sqrt{2}+1} \approx 1 + \dfrac{1}{\dfrac{3}{2}+1} = \dfrac{7}{5} = 1.4$

2 次近似： $\sqrt{2} = 1 + \dfrac{1}{2+\dfrac{1}{\sqrt{2}+1}} \approx 1 + \dfrac{1}{2+\dfrac{1}{\dfrac{3}{2}+1}} = \dfrac{17}{12} = 1.4167$

3 次近似： $\sqrt{2} = 1 + \dfrac{1}{2+\dfrac{1}{2+\dfrac{1}{\sqrt{2}+1}}} \approx 1 + \dfrac{1}{2+\dfrac{1}{2+\dfrac{1}{\dfrac{3}{2}+1}}} = \dfrac{41}{29} \approx 1.4138$

上述近似过程可归纳如下：
令 $a_0 = 0$，则

1 次近似： $\sqrt{2} \approx 1 + a_1 = 1 + \dfrac{1}{2+a_0} = 1 + \dfrac{1}{2+0} = 1 + \dfrac{1}{2} = 1.5$

2 次近似： $\sqrt{2} \approx 1 + a_2 = 1 + \dfrac{1}{2+a_1} = 1 + \dfrac{1}{2+\dfrac{1}{2}} = 1 + \dfrac{2}{5} = 1.4$

3 次近似： $\sqrt{2} \approx 1 + a_3 = 1 + \dfrac{1}{2+a_2} = 1 + \dfrac{1}{2+\dfrac{2}{5}} = 1 + \dfrac{5}{12} \approx 1.4167$

4 次近似： $\sqrt{2} \approx 1 + a_4 = 1 + \dfrac{1}{2+a_3} = 1 + \dfrac{1}{2+\dfrac{5}{12}} = 1 + \dfrac{12}{29} \approx 1.4138$

5 次近似： $\sqrt{2} \approx 1 + a_5 = 1 + \dfrac{1}{2+a_4} = 1 + \dfrac{1}{2+\dfrac{12}{29}} = 1 + \dfrac{29}{70} \approx 1.414\,286$

由此引出以下关于连分数的概念。

【定义 7.1.1】 设 $x_0, x_1, x_2, \cdots$ 是一个无穷实数序列，$x_i > 0 (i=1, 2, \cdots)$，对于整数 $n \geqslant 0$，称式

$$x_0 + \cfrac{1}{x_1 + \cfrac{1}{x_2 + \cfrac{1}{x_3 + \cfrac{\ddots}{x_{n-1} + \cfrac{1}{x_n}}}}} \qquad (7.1.1)$$

为(n 阶)**有限连分数**，其值是一个实数。当 $x_0, x_1, \cdots, x_n$ 都是整数时，式(7.1.1)称为(n 阶)**有限简单连分数**，其值是一个有理分数。有限连分数也记做

$$\langle x_0, x_1, \cdots, x_n \rangle \qquad (7.1.2)$$

与连分数相关的概念还有：

在式(7.1.1)或式(7.1.2)中，令 $n \to \infty$，即

$$x_0 + \cfrac{1}{x_1 + \cfrac{1}{x_2 + \cfrac{1}{x_3 + \ddots}}} \qquad (7.1.3)$$

或

$$\langle x_0, x_1, x_2, \cdots \rangle \qquad (7.1.4)$$

称为**无限连分数**。若式(7.1.3)和式(7.1.4)中的 $x_i (i=0, 1, 2, \cdots)$ 均为整数，则称其为**无限简单连分数**。当式(7.1.1)或式(7.1.2)为简单连分数时，其中的 x_k 称为有限简单连分数的**第 k 个部分商**。此外，有限连分数

$$\langle x_0, x_1, \cdots, x_k \rangle \qquad (7.1.5)$$

称为有限连分数(7.1.1)的**第 k 个渐进分数**。

若存在极限

$$\lim_{k\to\infty}\langle x_0, x_1, \cdots, x_k\rangle = \theta \tag{7.1.6}$$

则称无限连分数(7.1.3)(或(7.1.4))是**收敛**的，θ 称为该无限连分数的**值**，记做

$$\langle x_0, x_1, x_2, \cdots\rangle = \theta$$

否则，称其是**发散**的。

【例 7.1.1】 将 $\sqrt{2}$ 和 $\sqrt{11}$ 表示为连分数。

解 由前边的结果知

$$\sqrt{2} = \langle 1, 2, 2, 2, \cdots\rangle$$

对于 $\sqrt{11}$，因为 $3 < \sqrt{11} < 4$，故

$$\sqrt{11} = 3 + (\sqrt{11} - 3) = 3 + \cfrac{2}{\sqrt{11}+3} = 3 + \cfrac{1}{(\sqrt{11}+3)/2}$$

$$= 3 + \cfrac{1}{3 + (\sqrt{11}-3)/2} = 3 + \cfrac{1}{3 + \cfrac{1}{3+\sqrt{11}}}$$

$$= 3 + \cfrac{1}{3 + \cfrac{1}{6 + (\sqrt{11}-3)}} \quad （\text{得到}\sqrt{11}-3\text{的递归式}）$$

$$= 3 + \cfrac{1}{3 + \cfrac{1}{6 + \cfrac{1}{3 + \cfrac{1}{6+(\sqrt{11}-3)}}}} \quad （\text{继续递归}）$$

$$= \cdots,$$

故

$$\sqrt{11} = \langle 3, 3, 6, 3, 6, 3, 6, \cdots\rangle$$

7.1.2 连分数性质与渐进连分数的计算

【定理 7.1.1】 设 $x_0, x_1, x_2, \cdots$ 是一个无穷实数序列，$x_i > 0 (i \geq 1)$，则

(i) 对任意正整数 $n \geq 1, r \geq 1$，有

$$\langle x_0, x_1, \cdots, x_{n-1}, x_n, \cdots, x_{n+r}\rangle = \langle x_0, x_1, \cdots, x_{n-1}, \langle x_n, \cdots, x_{n+r}\rangle\rangle \tag{7.1.7a}$$

$$= \langle x_0, x_1, \cdots, x_{n-1}, x_n + \cfrac{1}{\langle x_{n+1}, \cdots, x_{n+r}\rangle}\rangle \tag{7.1.7b}$$

特别地，有

$$\langle x_0, x_1, \cdots, x_{n-1}, x_n, x_{n+1}\rangle = \langle x_0, x_1, \cdots, x_{n-1}, x_n + \frac{1}{x_{n+1}}\rangle \qquad (7.1.8)$$

(ii) 对任意实数 $\eta > 0$ 和任意整数 $n \geqslant 0$，当 n 是奇数时，有

$$\langle x_0, x_1, \cdots, x_{n-1}, x_n\rangle > \langle x_0, x_1, \cdots, x_{n-1}, x_n + \eta\rangle \qquad (7.1.9)$$

当 n 是偶数时，有

$$\langle x_0, x_1, \cdots, x_{n-1}, x_n\rangle < \langle x_0, x_1, \cdots, x_{n-1}, x_n + \eta\rangle \qquad (7.1.10)$$

(iii) 对整数 $n \geqslant 0$，令

$$\theta_n = \langle x_0, x_1, \cdots, x_{n-1}, x_n\rangle$$

则对任意整数 $r \geqslant 1$，有

$$\theta_{2n+1} > \theta_{2n+1+r}, \quad \theta_{2n} < \theta_{2n+r}$$

且 θ_i 按奇偶下标呈严格的单调性，即

$$\theta_1 > \theta_3 > \cdots > \theta_{2n-1} > \cdots$$
$$\theta_0 < \theta_2 < \cdots < \theta_{2n} < \cdots$$

同时对任意整数 $s \geqslant 1, t \geqslant 0$，有

$$\theta_{2s-1} > \theta_{2t}$$

证 (i) 因为

$$\langle x_0, x_1, \cdots, x_{n-1}, x_n, \cdots, x_{n+r}\rangle$$
$$= x_0 + \cfrac{1}{x_1 + \cfrac{1}{x_2 + \cfrac{1}{x_3 + \cfrac{\ddots}{x_{n-1} + \cfrac{1}{x_n + \cfrac{1}{x_{n+1} + \cfrac{\ddots}{x_{n+r-1} + \cfrac{1}{x_{n+r}}}}}}}}}$$

$$= x_0 + \cfrac{1}{x_1 + \cfrac{1}{x_2 + \cfrac{1}{x_3 + \cfrac{\ddots}{x_{n-1} + \cfrac{1}{a}}}}}$$

其中 $a = x_n + \cfrac{1}{x_{n+1} + \cfrac{1}{\ddots \cfrac{}{x_{n+r-1} + \cfrac{1}{x_{n+r}}}}} = \langle x_n, \cdots, x_{n+r} \rangle$，即式(7.1.7a)成立。或者令

$$\cfrac{1}{x_{n+1} + \cfrac{1}{\ddots \cfrac{}{x_{n+r-1} + \cfrac{1}{x_{n+r}}}}} = \cfrac{1}{\langle x_{n+1}, \cdots, x_{n+r} \rangle} = b，即 a = x_n + b，将其代入式(7.1.7a)就有$$

$$\langle x_0, x_1, \cdots, x_{n-1}, x_n, \cdots, x_{n+r} \rangle = x_0 + \cfrac{1}{x_1 + \cfrac{1}{x_2 + \cfrac{1}{x_3 + \cfrac{1}{\ddots \cfrac{}{x_{n-1} + \cfrac{1}{x_n + b}}}}}}$$

即式(7.1.7b)成立。

(ii) 用归纳法。此处直接验证即可。直接比较有
$$\theta_n = \langle x_0, x_1, \cdots, x_{n-1}, x_n \rangle$$

当 $n=0$ 时，
$$\theta_0 = \langle x_0 \rangle = x_0 < x_0 + \eta = \langle x_0 + \eta \rangle$$

当 $n=1$ 时，
$$\theta_1 = \langle x_0, x_1 \rangle = x_0 + \frac{1}{x_1} > x_0 + \frac{1}{x_1 + \eta} = \langle x_0, x_1 + \eta \rangle$$

当 $n=2$ 时，
$$\theta_2 = \langle x_0, x_1, x_2 \rangle = x_0 + \cfrac{1}{x_1 + \cfrac{1}{x_2}} < x_0 + \cfrac{1}{x_1 + \cfrac{1}{x_2 + \eta}}$$

当 $n=3$ 时，
$$\theta_3 = \langle x_0, x_1, x_2, x_3 \rangle = x_0 + \cfrac{1}{x_1 + \cfrac{1}{x_2 + \cfrac{1}{x_3}}} > x_0 + \cfrac{1}{x_1 + \cfrac{1}{x_2 + \cfrac{1}{x_3 + \eta}}}$$

(iii) 由(ii)易得结论(iii)成立。

【定理 7.1.2】 设 $x_0, x_1, x_2, \cdots$ 是一个无穷实数序列，$x_i > 0 (i \geq 1)$，对于整数 $n \geq 0$，再设

$$P_{-2}=0,\ P_{-1}=1,\ P_n=x_n P_{n-1}+P_{n-2},\ n\geqslant 0 \tag{7.1.11}$$

$$Q_{-2}=1,\ Q_{-1}=0,\ Q_n=x_n Q_{n-1}+Q_{n-2},\ n\geqslant 0 \tag{7.1.12}$$

则有

(i) $$\langle x_0,\ x_1,\ \cdots,\ x_{n-1},\ x_n\rangle=\frac{P_n}{Q_n},\ n\geqslant 0 \tag{7.1.13}$$

(ii) $$P_n Q_{n-1}-P_{n-1}Q_n=(-1)^{n+1},\ n\geqslant -1 \tag{7.1.14}$$

$$P_n Q_{n-2}-P_{n-2}Q_n=(-1)^n x_n,\ n\geqslant 0 \tag{7.1.15}$$

(iii) $$\langle x_0,\ x_1,\ \cdots,\ x_n\rangle-\langle x_0,\ x_1,\ \cdots,\ x_{n-1}\rangle=\frac{(-1)^{n+1}}{Q_{n-1}Q_n},\ n\geqslant 1 \tag{7.1.16}$$

$$\langle x_0,\ x_1,\ \cdots,\ x_n\rangle-\langle x_0,\ x_1,\ \cdots,\ x_{n-2}\rangle=\frac{(-1)^{n+1}x_n}{Q_{n-2}Q_n},\ n\geqslant 1 \tag{7.1.17}$$

证 （i）用数学归纳法证明等式(7.1.13)。

当 $n=0$ 时，由式(7.1.11)和式(7.1.12)，有

$$P_0=x_0 P_{-1}+P_{-2}=x_0\cdot 1+0=x_0,\ Q_0=x_0 Q_{-1}+Q_{-2}=x_0\cdot 0+1=1$$

从而有

$$\frac{P_0}{Q_0}=x_0=\langle x_0\rangle$$

设 $n=k$ 时命题成立，即

$$\langle x_0,\ x_1,\ \cdots,\ x_k\rangle=\frac{P_k}{Q_k}$$

对于 $n=k+1$，由式(7.1.11)和式(7.1.12)，以及归纳假设和式(7.1.8)，有

$$\langle x_0,\ x_1,\ \cdots,\ x_k,\ x_{k+1}\rangle=\langle x_0,\ x_1,\ \cdots,\ \frac{x_k+1}{x_{k+1}}\rangle$$

$$=\frac{(x_k+1/x_{k+1})P_{k-1}+P_{k-2}}{(x_k+1/x_{k+1})Q_{k-1}+Q_{k-2}}=\frac{x_{k+1}(x_k P_{k-1}+P_{k-2})+P_{k-1}}{x_{k+1}(x_k Q_{k-1}+Q_{k-2})+Q_{k-1}}$$

$$=\frac{x_{k+1}(x_k P_{k-1}+P_{k-2})+P_{k-1}}{x_{k+1}(x_k Q_{k-1}+Q_{k-2})+Q_{k-1}}=\frac{x_{k+1}P_k+P_{k-1}}{x_{k+1}Q_k+Q_{k-1}}$$

$$=\frac{P_{k+1}}{Q_{k+1}}$$

所以式(7.1.13)成立。

（ii）首先，用数学归纳法证明式(7.1.14)。

当 $n=-1$ 时，由式(7.1.11)，有

$$P_{-1}Q_{-2}-P_{-2}Q_{-1}=1\cdot 1+0\cdot 0=1=(-1)^0$$

假设 $n=k$ 时命题成立，即

$$P_k Q_{k-1}-P_{k-1}Q_k=(-1)^{k+1}$$

对于 $n=k+1$，从式(7.1.11)和式(7.1.12)中消去 x_{k+1}，并根据归纳假设可得

$$P_{k+1}Q_k - P_kQ_{k+1} = -(P_kQ_{k-1} - P_{k-1}Q_k) = -(-1)^{k+1} = (-1)^{k+2}$$

所以式(7.1.14)成立。

其次，对于式(7.1.15)，由式(7.1.11)、式(7.1.12)和式(7.1.14)易得

$$P_nQ_{n-2} - P_{n-2}Q_n = (x_nP_{n-1} + P_{n-2})Q_{n-2} - P_{n-2}(x_nQ_{n-1} + Q_{n-2})$$
$$= x_n(P_{n-1}Q_{n-2} - P_{n-2}Q_{n-1}) = (-1)^n x_n$$

因此式(7.1.15)成立。

(iii) 利用式(7.1.13)和式(7.1.14)，可得

$$\langle x_0, x_1, \cdots, x_n \rangle - \langle x_0, x_1, \cdots, x_{n-1} \rangle = \frac{P_n}{Q_n} - \frac{P_{n-1}}{Q_{n-1}} = \frac{P_nQ_{n-1} - P_{n-1}Q_n}{Q_{n-1}Q_n} = \frac{(-1)^{n+1}}{Q_{n-1}Q_n}$$

利用式(7.1.13)和式(7.1.15)，可得

$$\langle x_0, x_1, \cdots, x_n \rangle - \langle x_0, x_1, \cdots, x_{n-2} \rangle = \frac{P_n}{Q_n} - \frac{P_{n-2}}{Q_{n-2}} = \frac{P_nQ_{n-2} - P_{n-2}Q_n}{Q_{n-2}Q_n} = \frac{(-1)^{n+1} x_n}{Q_{n-2}Q_n}$$

所以式(7.1.16)和式(7.1.17)成立。

利用定理7.1.2，若已知连分数的部分商序列 $x_0, x_1, x_2, \cdots$，就可以利用式(7.1.11)和式(7.1.12)构造序列 $\{P_n\}$ 和 $\{Q_n\}$，并利用式(7.1.13)计算其渐进分数的值。

【例7.1.2】 求 $\sqrt{2} = \langle 1, 2, 2, 2, \cdots \rangle$ 的渐进分数。

解 利用 $\sqrt{2}$ 的简单连分数和式(7.1.11)～式(7.1.13)，可逐步算出 $\sqrt{2}$ 的渐进分数(见表7.1.1)。

表 7.1.1 $\sqrt{2}$ 的渐进分数

k	x_k	P_k	Q_k	$\langle x_0, x_1, \cdots, x_{n-1}, x_n \rangle = P_k/Q_k$
-2		0	1	
-1		1	0	
0	1	1	1	1.0000
1	2	3	2	1.5000
2	2	7	5	1.4000
3	2	17	12	1.416 667
4	2	41	29	1.413 793
5	2	99	70	1.414 286
6	2	239	169	1.414 201
7	2	577	408	1.414 216
8	2	1393	985	1.414 213
9	2	3363	2378	1.414 214

还可利用序列 $\{P_n\}$ 和 $\{Q_n\}$ 估计 $\sqrt{2}$ 的范围，如

$$1.414\,201 < \frac{P_6}{Q_6} = \frac{239}{169} < \sqrt{2} < \frac{577}{408} = \frac{P_7}{Q_7} < 1.414\,216$$

或进一步

$$1.414\,213 < \frac{P_8}{Q_8} = \frac{1393}{985} < \sqrt{2} < \frac{3363}{2378} = \frac{P_9}{Q_9} < 1.414\,214$$

7.2 简单连分数

7.2.1 实数的简单连分数的生成

设 x 为正实数，其简单连分数的生成方法如下：

(1) 令 $a_0 = \lfloor x \rfloor$，$x_0 = x - a_0$，则 $0 \leqslant x_0 < 1$。

(2) 若 $x_0 = 0$，则终止；否则，令 $a_1 = \left\lfloor \frac{1}{x_0} \right\rfloor$，$x_1 = \frac{1}{x_0} - a_1$。

(3) 若 $x_1 = 0$，则终止；否则，令 $a_2 = \left\lfloor \frac{1}{x_1} \right\rfloor$，$x_2 = \frac{1}{x_1} - a_2$。

⋮

($k+2$) 若 $x_k = 0$，则终止；否则，令 $a_{k+1} = \left\lfloor \frac{1}{x_k} \right\rfloor$，$x_{k+1} = \frac{1}{x_k} - a_{k+1}$。

⋮

由此即得 x 的简单连分数

$$x = a_0 + \cfrac{1}{a_1 + \cfrac{1}{a_2 + \cfrac{\ddots}{\quad + \cfrac{1}{a_n + \ddots}}}}$$

特别地，当 x 为有理分数 $\dfrac{u_0}{u_1}$ ($u_1 \geqslant 1$) 时，所构造的 x 的简单连分数 $\langle a_0, a_1, \cdots, a_n \rangle$ 的部分商 a_k ($0 \leqslant k \leqslant n$) 满足

$$u_i = u_{i+1} a_i + u_{i+2}$$
$$0 < u_{i+2} = u_{i+1} x_i < u_{i+1}, \quad i = 0, 1, \cdots, n-1$$
$$u_n = u_{n+1} a_n + u_{n+2}, \quad 0 = u_{n+2} = u_{n+1} x_n < u_{n+1}$$

即数列 $\{u_k\}$ 满足

$$u_1 > u_2 > u_3 > \cdots u_{n-1} > u_n > \cdots, \text{且 } u_i \geqslant 0$$

所以,存在 n,使得 $u_{n+2}=0$,从而 $x_n=0$。即有理分数 $\dfrac{u_0}{u_1}$ 存在有限简单连分数

$$x=\langle a_0, a_1, \cdots, a_n\rangle$$

【例 7.2.1】 求有理分数 $x=122/33$ 的有限简单连分数。

解 因为

$$a_0=\lfloor x\rfloor=3,\ x_0=x-a_0=\dfrac{122}{33}-3=\dfrac{23}{33}$$

$$a_1=\left\lfloor\dfrac{1}{x_0}\right\rfloor=\left\lfloor\dfrac{33}{23}\right\rfloor=1,\ x_1=\dfrac{1}{x_0}-a_1=\dfrac{33}{23}-1=\dfrac{10}{23}$$

$$a_2=\left\lfloor\dfrac{1}{x_1}\right\rfloor=\left\lfloor\dfrac{23}{10}\right\rfloor=2,\ x_2=\dfrac{1}{x_1}-a_2=\dfrac{23}{10}-2=\dfrac{3}{10}$$

$$a_3=\left\lfloor\dfrac{1}{x_2}\right\rfloor=\left\lfloor\dfrac{10}{3}\right\rfloor=3,\ x_3=\dfrac{1}{x_2}-a_3=\dfrac{10}{3}-3=\dfrac{1}{3}$$

$$a_4=\left\lfloor\dfrac{1}{x_3}\right\rfloor=\lfloor 3\rfloor=3,\ x_4=\dfrac{1}{x_3}-a_4=3-3=0$$

此时 $u_0=122$,$u_1=33$,其部分商 $a_k(0\leqslant k\leqslant n)$ 满足

$i=0$ 时,

$$u_2=u_0-u_1a_0=122-33\cdot 3=23$$

$$u_2=u_1x_0=33\cdot\dfrac{23}{33}=23<u_1=33$$

$i=1$ 时,

$$u_3=u_1-u_2a_1=33-23\cdot 1=10$$

$$u_3=u_2x_1=23\cdot\dfrac{10}{23}=10<u_2=23$$

$i=2$ 时,

$$u_4=u_2-u_3a_2=23-10\cdot 2=3$$

$$u_4=u_3x_2=10\cdot\dfrac{3}{10}=3<u_3=10$$

$i=3$ 时,

$$u_5=u_3-u_4a_3=10-3\cdot 3=1$$

$$u_5=u_4x_3=3\cdot\dfrac{1}{3}=1<u_4=3$$

$i=4$ 时,

$$u_6=u_4-u_5a_4=3-1\cdot 3=0$$

$$u_6=u_5x_4=1\cdot 0=0<u_5=1$$

即有理分数 $x=\dfrac{u_0}{u_1}=\dfrac{122}{33}$ 存在有限简单连分数

亦即
$$x = \langle 3, 1, 2, 3, 3 \rangle \text{ 或 } \langle 3, 1, 2, 3, 2, 1 \rangle$$

$$x = \frac{122}{33} = 3 + \cfrac{1}{1 + \cfrac{1}{2 + \cfrac{1}{3 + \cfrac{1}{3}}}}$$

或

$$x = \frac{122}{33} = 3 + \cfrac{1}{1 + \cfrac{1}{2 + \cfrac{1}{3 + \cfrac{1}{2 + \cfrac{1}{1}}}}}$$

7.2.2 有理分数的连分数表示

已知有理分数的连分数为有限简单连分数，故当 $a_n \geqslant 2$ 时，其连分数共有两种表示方式：

$$x = \langle a_0, a_1, \cdots, a_{n-1}, a_n \rangle = \langle a_0, a_1, \cdots, a_{n-1}, a_n - 1, 1 \rangle$$

例如

$$\frac{13}{5} = 2 + \frac{3}{5} = 2 + \cfrac{1}{1 + \cfrac{2}{3}} = 2 + \cfrac{1}{1 + \cfrac{1}{1 + \cfrac{1}{2}}} = \langle 2, 1, 1, 2 \rangle$$

或

$$\frac{13}{5} = 2 + \cfrac{1}{1 + \cfrac{1}{1 + \cfrac{1}{1 + \cfrac{1}{1}}}} = \langle 2, 1, 1, 1, 1 \rangle$$

又如

$$\frac{17}{7} = 2 + \frac{3}{7} = 2 + \cfrac{1}{2 + \cfrac{1}{3}} = \langle 2, 2, 3 \rangle$$

或

$$\frac{17}{7} = 2 + \cfrac{1}{2 + \cfrac{1}{2 + \cfrac{1}{1}}} = \langle 2, 2, 2, 1 \rangle$$

【定理 7.2.1】 设 $\langle a_0, a_1, \cdots, a_{n-1}, a_n \rangle$ 和 $\langle b_0, b_1, \cdots, b_{m-1}, b_m \rangle$ 是两个有限简单连分数，$a_n \geq 2$，$b_m \geq 2$。若

$$\langle a_0, a_1, \cdots, a_{n-1}, a_n \rangle = \langle b_0, b_1, \cdots, b_{m-1}, b_m \rangle$$

则必有 $n=m$，且 $a_i=b_i$ ($i=0, 1, \cdots, n$)。

证 不失一般性，假设 $n \leq m$，对 n 运用数学归纳法。

当 $n=0$ 时，如果 $m \geq 1$，由定理 7.1.1，有

$$\langle a_0 \rangle = \langle b_0, b_1, \cdots, b_m \rangle = \langle b_0 + \frac{1}{\langle b_1, b_2, \cdots, b_m \rangle} \rangle$$

即

$$a_0 = b_0 + \frac{1}{\langle b_1, b_2, \cdots, b_m \rangle}$$

但 $b_m > 1$，从而 $\langle b_1, \cdots, b_m \rangle > 1$。因此上式不成立，故 $m=0=n$ 且 $a_0=b_0$。

设当 $n=k$ 时，命题成立。那么，对于 $n=k+1$，由归纳假设和定理 7.1.1，有

$$a_0 + \frac{1}{\langle a_1, a_2, \cdots, a_{k+1} \rangle} = b_0 + \frac{1}{\langle b_1, b_2, \cdots, b_m \rangle} \tag{7.2.1}$$

因为 $a_2 > 1$ 且 $b_m > 1$，故有 $\langle a_1, a_2, \cdots, a_{k+1} \rangle > 1$ 和 $\langle b_1, b_2, \cdots, b_m \rangle > 1$，即

$$\frac{1}{\langle a_1, a_2, \cdots, a_{k+1} \rangle} < 1, \quad \frac{1}{\langle b_1, b_2, \cdots, b_m \rangle} < 1$$

因此由式 (7.2.1) 可以推出

$$a_0 = b_0, \quad \langle a_1, a_2, \cdots, a_{k+1} \rangle = \langle b_1, b_2, \cdots, b_m \rangle$$

又由归纳假设，有

$$k = m-1, \text{ 且 } a_i = b_i, \quad i=1, 2, \cdots, k+1$$

从而

$$k+1 = m, \text{ 且 } a_i = b_i, \quad i=0, 1, \cdots, k+1$$

即结论对 $n=k+1$ 成立。

由归纳法原理知，定理对所有的 $n \geq 0$ 成立。

【定理 7.2.2】 任一个不是整数的有理分数 $x = \dfrac{u_0}{u_1}$ 有且仅有两种有限简单连分数表示形式：

$$x = \langle a_0, a_1, \cdots, a_{n-1}, a_n \rangle \quad \text{和} \quad x = \langle a_0, a_1, \cdots, a_{n-1}, a_n-1, 1 \rangle$$

其中，$n \geq 1$，$a_n \geq 2$。

证 由定理 7.2.1 易知本定理成立。

【例 7.2.2】 求 $x = \dfrac{7700}{2145}$ 的有限简单连分数及它的各个渐进分数。

解 按照构造实数简单连分数的方法，有

$$a_0 = \lfloor x \rfloor = \left\lfloor \frac{7700}{2145} \right\rfloor = 3, \ x_0 = x - a_0 = \frac{1265}{2145}$$

$$a_1 = \left\lfloor \frac{1}{x_0} \right\rfloor = \left\lfloor \frac{2145}{1265} \right\rfloor = 1, \ x_1 = \frac{1}{x_0} - a_1 = \frac{880}{1265}$$

$$a_2 = \left\lfloor \frac{1}{x_1} \right\rfloor = \left\lfloor \frac{1265}{880} \right\rfloor = 1, \ x_2 = \frac{1}{x_1} - a_2 = \frac{385}{880}$$

$$a_3 = \left\lfloor \frac{1}{x_2} \right\rfloor = \left\lfloor \frac{880}{385} \right\rfloor = 2, \ x_3 = \frac{1}{x_2} - a_3 = \frac{110}{385}$$

$$a_4 = \left\lfloor \frac{1}{x_3} \right\rfloor = \left\lfloor \frac{385}{110} \right\rfloor = 3, \ x_4 = \frac{1}{x_3} - a_4 = \frac{55}{110}$$

$$a_5 = \left\lfloor \frac{1}{x_4} \right\rfloor = \left\lfloor \frac{110}{55} \right\rfloor = 2, \ x_5 = \frac{1}{x_4} - a_5 = 0$$

因此，

$$\frac{7700}{2145} = \langle 3, 1, 1, 2, 3, 2 \rangle = \langle 3, 1, 1, 2, 3, 1, 1 \rangle$$

关于简单连分数，还有以下结论。

【定理 7.2.3】 无限简单连分数 $\langle a_0, a_1, a_2, \cdots \rangle$ 收敛，即存在实数 θ，使得

$$\lim_{n \to \infty} \langle a_0, a_1, \cdots, a_n \rangle = \theta$$

【定理 7.2.4】 设实数 $\theta > 1$ 的渐进分数为 $\frac{P_n}{Q_n}$，则对任意 $n \geq 1$，有

$$|P_n^2 - \theta^2 Q_n^2| < 2\theta$$

7.3 循环连分数

对于某些连分数 $\langle a_0, a_1, a_2, \cdots \rangle$，可能会从某一位开始，出现若干 a_i 无限重复的现象，且这样的连分数尤其具有独特的性质。

【定义 7.3.1】 设实数 θ 是无限简单连分数 $\langle a_0, a_1, a_2, \cdots \rangle$，若存在整数 $m \geq 0$，使得对于该整数 m，存在整数 $k \geq 1$，对所有 $n \geq m$，有

$$a_{n+k} = a_k \tag{7.3.1}$$

则 θ 叫做**循环简单连分数**，简称**循环连分数**。此时，θ 可表示为

$$\theta = \langle a_0, a_1, \cdots, a_{m-1}, \overline{a_m, \cdots, a_{m+k-1}} \rangle$$

如果 $m=0$，使得式(7.3.1)成立，则 θ 叫做**纯循环简单连分数**，简称**纯循环连分数**。若 k 是满足式(7.3.1)的最小正整数，则称 k 为循环连分数的**周期**。

例如：$\sqrt{2} = \langle 1, 2, 2, 2, \cdots \rangle = \langle 1, \overline{2} \rangle$ 是循环（简单）连分数，其循环周期为 1；$\sqrt{11} = \langle 3, 3, 6, 3, 6, 3, 6, \cdots \rangle = \langle 3, \overline{3, 6} \rangle$ 也是循环（简单）连分数，其循环周期为 2。

【例 7.3.1】 求 $\dfrac{\sqrt{5}+1}{2}$ 的简单连分数,并观察其是否是循环连分数,若是,试给出其循环周期。

解 按照 7.2.1 节给出的方法,有

$$a_0 = \lfloor x \rfloor = \left\lfloor \dfrac{\sqrt{5}+1}{2} \right\rfloor = 1, \quad x_0 = x - a_0 = \dfrac{\sqrt{5}+1}{2} - 1 = \dfrac{\sqrt{5}-1}{2}$$

$$a_1 = \left\lfloor \dfrac{1}{x_0} \right\rfloor = \left\lfloor \dfrac{1}{(\sqrt{5}-1)/2} \right\rfloor = \left\lfloor \dfrac{\sqrt{5}+1}{2} \right\rfloor = 1, \quad x_1 = \dfrac{1}{x_0} - a_1 = \dfrac{\sqrt{5}+1}{2} - 1 = \dfrac{\sqrt{5}-1}{2}$$

可以看出,此时恒有

$$a_0 = a_1 = a_2 = \cdots = 1, \quad x_0 = x_1 = x_2 = \cdots = \dfrac{\sqrt{5}-1}{2}$$

故

$$\dfrac{\sqrt{5}+1}{2} = \langle 1, 1, 1, \cdots \rangle = \langle \overline{1} \rangle$$

是纯循环(简单)连分数,其循环周期为 1。

习 题 7

1. 分别求 $\sqrt{5}$ 和 $\sqrt{13}$ 的简单连分数,并计算其前 6 个渐进分数。

2. 将下列有理数表示为有限简单连分数,并求各个渐进分数:
(1) $-\dfrac{19}{29}$;(2) $\dfrac{873}{4867}$。

3. 求有理分数 $-\dfrac{43}{1001}$ 和 $\dfrac{5391}{3976}$ 的两种有限简单连分数表达式,以及其各个渐进分数、渐进分数与有理分数的误差。

4. 求有限简单连分数 $\langle 2, 1, 2, 1, 1, 4, 1, 1, 6, 1, 1, 8 \rangle$ 的各个渐进分数及其值,并与自然对数底 $e(=2.7182818)$ 的值进行比较。

5. 求有限简单连分数 $\langle 1, 1, 1, 1, 1, 1, 1, 1, 1 \rangle$ 的各个渐进分数,并观察其渐进分数的分子和分母的变化规律,以及其分子和分母各是一个什么样的数列。

6. 求以下无限简单连分数的值:
(1) $\langle 2, 3, \overline{1} \rangle$;(2) $\langle \overline{1, 2, 3} \rangle$;
(3) $\langle 0, 2, \overline{1, 3} \rangle$;(4) $\langle -2, \overline{2, 1} \rangle$。

7. 证明:若 $\xi = \langle x_0, x_1, \cdots, x_n \rangle$,且 $x_0 > 0$,则 $\xi^{-1} = \langle 0, x_0, x_1, \cdots, x_n \rangle$。

8. 设 a、b 为正数,证明:

(1) $a+\sqrt{a^2+b}=2a+\cfrac{b}{2a+\cfrac{b}{2a+\cfrac{b}{a+\sqrt{a^2+b}}}}$;

(2) $a+\sqrt{a^2+b}=\langle 2a, \dfrac{2a}{b}, 2a, \dfrac{2a}{b}, 2a, \dfrac{2a}{b}, a+\sqrt{a^2+b}\rangle$。

9. 设 a、b 均为正整数,$a=bc$,证明:
$$\langle b, a, b, a, b, a, \cdots \rangle = \frac{b+\sqrt{b^2+4c}}{2}$$

10. 设 $\dfrac{a}{b}$ 是有理分数,其简单连分数为 $\langle a_0, a_1, \cdots, a_n \rangle$。又设 $b \geqslant 1$,$\langle a_0, a_1, \cdots, a_{n-1} \rangle = \dfrac{P_{n-1}}{Q_{n-1}}$,$(P_{n-1}, Q_{n-1})=1$,$Q_{n-1}>0$。证明:
$$aP_{n-1} - bQ_{n-1} = (-1)^{n+1}(a, b) \qquad (*)$$

11. 式 $(*)$ 给出了求最大公因数 (a, b) 以及解不定方程的一个新方法。试用此方法求解以下的最大公因数和不定方程:
(1) $(4144, 7696)$;   (2) $(1005, 2940)$;
(3) $77x+63y=40$;   (4) $205x+93y=1$。

12. 证明:无限连分数 $\langle x_0, x_1, x_2, \cdots \rangle$ 收敛的充分必要条件是级数 $\sum\limits_{i=0}^{\infty} x_i$ 发散。

13. 设数列 $\{x_i\}$、$\{P_i\}$ 和 $\{Q_i\}$ 同定理 7.1.2,证明:
(1) 当 $n \geqslant 1$ 时,$Q_n/Q_{n-1} = \langle x_n, x_{n-1}, \cdots, x_0 \rangle$;
(2) 当 $x_0 > 0$,$n \geqslant 0$ 时,$P_n/P_{n-1} = \langle x_n, x_{n-1}, \cdots, x_0 \rangle$。

14. 设 $n \geqslant 1$,并设数列 $\{x_i\}$、$\{P_i\}$ 和 $\{Q_i\}$ 同定理 7.1.2,证明:
(1) $Q_{2n} \geqslant x_1(x_2+x_4+\cdots+x_{2n})$;
(2) $Q_{2n-1} \geqslant x_1+x_3+\cdots+x_{2n-1}$;
(3) $Q_n < (1+x_1)(1+x_2)\cdots(1+x_n)$。

15. 已知 π 的连分数是
$$\pi = \langle 3, 7, 15, 1, 292, 1, 1, \cdots \rangle$$
试求它的最初 6 个渐进分数,并求其近似值。

16. 假设二元一次整系数方程 $ax+by=c$,$a>0$,且 $(a, |b|)=1$,$\dfrac{a}{|b|}$ 的渐进分数共有 k 个。试证:$\begin{cases} x_0 = (-1)^k c Q_{k-1} \\ y_0 = (-1)^{k+1} c P_{k-1} \dfrac{b}{|b|} \end{cases}$ 是它的一组解,其中 $\dfrac{P_{k-1}}{Q_{k-1}}$ 是 $\dfrac{a}{b}$ 的第 $k-1$ 个渐进分数。

17. 利用上题的结论求下列方程的整数解：

(1) $43x+15y=8$；(2) $10x-37y=3$。

18. 设无理数 ξ_0 的无限简单连分数为 $\langle x_0, x_1, x_2, \cdots \rangle$，称 $\xi_n = \langle x_n, x_{n+1}, \cdots \rangle$ 为其**第 n 个完全商**$(n \geq 0)$。试求无理数 $\sqrt{29}$ 和 $(\sqrt{10}+1)/3$ 的无限简单连分数，前 7 个完全商，以及该无理数与它的前 6 个渐进分数的差。

19. 设 ξ 是一个无理数，其无限简单连分数为 $\langle x_0, x_1, x_2, \cdots \rangle$。证明：

(1) 当 $x_1 > 1$ 时，$-\xi = \langle -x_0-1, 1, x_1-1, x_2, x_3, \cdots \rangle$；

(2) 当 $x_1 = 1$ 时，$-\xi = \langle -x_0-1, x_2+1, x_3, \cdots \rangle$。

20. 若存在整数 $a、b、c、d$，满足 $ad-bc = \pm 1$，并使得数 u 和 v 满足

$$u = \frac{av+b}{cv+d}$$

则称 u 与 v **等价**。证明：

(1) 数的等价是一种等价关系，即满足等价关系的自反性（或反身性）、对称性和传递性要求；

(2) 有理数一定等价于 0；

(3) 任意两个有理数一定等价；

(4) 设 u 与 v 均为实无理数，则 u 与 v 等价的充分必要条件是它们的无限简单连分数的表现形式为 $u = \langle x_0, x_1, \cdots, x_s, z_0, z_1, z_2, z_3, \cdots \rangle$ 和 $v = \langle y_0, y_1, \cdots, y_t, z_0, z_1, z_2, z_3, \cdots \rangle$。

第 8 章 素性测试和整数分解

判断一个给定的正整数是否是素数(简称**素性测试**),是数论中一个基本而古老的问题。对它的研究,不仅具有很大的理论意义,而且由于很多的实用要求,更具有重要的应用价值。在寻找素数的过程中,尽管有像 Wilson(威尔逊)定理那样的理论方法,而且是充分必要条件,但在实际问题中,由于当 $n \gg 1$ 时,利用 Wilson 定理寻找素数的复杂度说明这是一个 NP 问题,并不是一个实用的方法,故需要寻找其他可行的方法。目前还没有判断素数的可行的精确方法,只能依靠概率的方法来判断一个整数是否是素数,从而引出素数的测试问题。

由于有很多问题都依赖于整数的分解,如利用标准素因数表达式求整数的最大公因数和最小公倍数、欧拉函数求值等,故整数分解问题的理论意义和实用价值更大。

本章主要介绍常用的正整数的素性测试方法和正整数的分解方法。

8.1 素性测试的精确方法

关于素性测试的精确方法,主要有 Wilson 定理和 AKS 定理。

【定理 8.1.1】(Wilson 定理) 整数 p 为素数的充分必要条件是
$$(p-1)! \equiv -1 \pmod{p} \tag{8.1.1}$$

证 必要性:当 $p=2$ 时,显然成立(即 $1! \equiv -1 \pmod 2$)。

设 $p \geqslant 3$,由于 $1 \leqslant a \leqslant p-1$ 时,$(a, p) \equiv 1$,故 a 的逆 $a^{-1} \pmod{p}$ 存在且 $1, 2, \cdots, p-1$ 中任一数的逆恰好也在 $1, 2, \cdots, p-1$ 中。

又因为在 $1, 2, \cdots, p-1$ 中,$a^{-1} \equiv a \pmod{p}$ 的充分必要条件是
$$a^2 \equiv 1 \pmod{p}$$
即
$$a \equiv 1 \text{ 或 } a \equiv -1 \equiv p-1 \pmod{p}$$

所以 $2, 3, \cdots, (p-2)$ 这 $p-3$ 个数两两互相为逆,从而有
$$1 \cdot 2 \cdots (p-2)(p-1) \equiv 1 \cdot (p-1) \equiv -1 \pmod{p}$$

充分性:用反证法。已知 $(p-1)! \equiv -1 \pmod{p}$,由同余性质知
$$p \mid (p-1)! - (-1) = (p-1)! + 1 = c + 1$$

若 $p = ab$ 为合数,则 $1 < a < p$ 且 $a \mid p$,从而由上式知
$$a \mid c + 1$$

又 $1<a<p$(且 $1<b<p$)，则必有
$$a\mid (p-1)!=c$$
所以
$$a\mid (c+1)-c=1$$
与 $a>1$ 矛盾，故 p 为素数。

Wilson 定理的意义在于给出了准确判断素数的一个方法。但对于大素数而言，此方法仅具有理论意义，实用意义并不大，因为其乘法运算量与 p 是同阶无穷大，故当 $p\gg 1$ 时，即便使用当前最快的计算机，也不可能在较短的时间内判断出 p 的素性。

【例 8.1.1】 分别就 $p=7$ 和 13，按照定理 8.1.1 的证明过程验证其正确性。

解 当 $p=7$ 时，显见 $2\cdot 4\equiv 1$，$3\cdot 5\equiv 1\pmod 7$，即
$$2^{-1}\equiv 4\pmod 7,\ 3^{-1}\equiv 5\pmod 7,\ 4^{-1}\equiv 2\pmod 7,\ 5^{-1}\equiv 3\pmod 7$$
又知 $1^{-1}\equiv 1\pmod 7$，$6^{-1}\equiv 6\pmod 7$，故有
$$1\cdot 2\cdots 6\equiv 1\cdot(2\cdot 4)(3\cdot 5)\cdot 6\equiv 6\equiv -1\pmod 7$$
当 $p=13$ 时，有
$$2\cdot 7\equiv 1\pmod{13},\ 3\cdot 9\equiv 1\pmod{13},\ 4\cdot 10\equiv 1\pmod{13}$$
$$5\cdot 8\equiv 1\pmod{13},\ 6\cdot 11\equiv 1\pmod{13}$$
所以
$$1\cdot 2\cdots 12\equiv 1\cdot(2\cdot 7)(3\cdot 9)(4\cdot 10)(5\cdot 8)(6\cdot 11)\cdot 12\equiv 12\equiv -1\pmod{13}$$

【推论】 整数 p 为素数的充分必要条件是
$$(p-1)!\not\equiv 0\pmod p \tag{8.1.2}$$

证 充分性：用反证法。因为当 p 为合数，即 $p=ab$ 时，$(p-1)!$ 中必含因数 a 和 b，故 $(p-1)!$ 必为 p 的倍数，即
$$(p-1)!=kp$$
亦即式(8.1.2)成立。

必要性：由定理 8.1.1，显见必要性成立。

例如，当 $p=12$ 时，因为 $12=2\cdot 6=3\cdot 4$，故必有
$$(12-1)!=1\cdot 2\cdot 3\cdot 4\cdot 5\cdot 6\cdots 11\equiv 12k\equiv 0\pmod{12}$$
而当 $p=9=3^2$ 时，因为 $3\cdot 6=18=2\cdot 9$，故也有
$$(9-1)!=1\cdot 2\cdots 8\equiv 9k\equiv 0\pmod 9$$

另外，印度数学家 Manindra Agrawal, Neeraj Kayal, Nitin Sexena 于 2002 年给出了一个素数的判别法则，后来 Daniel J. Bernstein 给出了一个简洁的证明。

【定理 8.1.2】(AKS 定理) 设 a 是与 p 互素的整数，则 p 是素数的充分必要条件是
$$(x-a)^p\equiv x^p-a\pmod p$$

证 必要性：对每个 $0<i<p$，有

$$(x-a)^p = x^p + \sum_{i=1}^{p-1} \binom{p}{i} x^i (-a)^{p-i} + (-a)^p$$

若 p 为素数，则 $p \mid \binom{p}{i}$ $(0<i<p)$，即

$$(x-a)^p \equiv x^p + (-a)^p \pmod{p}$$

又由 Fermat 定理知，$(-a)^p \equiv -a \pmod{p}$，所以必要性成立。

充分性：用反证法。若 p 是合数，考虑 p 的素因数 r，设 $r^k \parallel p$，则由例 1.5.7 有 $r^k \nmid \binom{p}{r}$，且由 $(p, a) = 1$ 知 $(r^k, a) = 1$，因此 x^r 的系数模 p 不为零，从而，当 $x \in \{0, 1, \cdots, p-1\}$ 时，$(x-a)^p - (x^p - a)$ 模 p 不恒为零，与已知条件矛盾，故充分性成立。

另外，古代的中国人还给出了一种判断素数的方法，即 n 是素数的充分必要条件是 $n \mid 2^n - 2$。因受条件的限制，此方法只是在对较小的正整数测试的基础上凭经验给出的，其必要性是正确的，但其充分性并不完全正确。

8.2　伪素数与 Fermat 测试算法

由费马小定理知，若 n 为素数，则对任意整数 b，$(b, n) = 1$，有

$$b^{n-1} \equiv 1 \pmod{n} \tag{8.2.1}$$

这说明式(8.2.1)是 n 为素数的必要条件。

也就是说，若有整数 b 满足 $(b, n) = 1$，使得 $b^{n-1} \not\equiv 1 \pmod{n}$，则 n 一定不是素数，或者说 n 是一个合数。那么，利用费马小定理(即式(8.2.1))不能肯定一个整数是素数，却能否定一个整数为素数，即肯定一个整数为合数。

由于幂运算 b^{n-1} 有可行的快速算法，故利用费马小定理可构造寻找大素数的有效概率方法。

例如，$(2, 63) = 1$，但 $2^{62} = (2^6)^{10} 2^2 \equiv 4 \not\equiv 1 \pmod{63}$，故由费马小定理的结论可推断 63 必为合数。

然而，由于 $(8, 63) = 1$，且 $8^{62} = (8^2)^{31} \equiv 1 \pmod{63}$，故不能利用 8 否定 63 是素数，当然也不能利用 8 肯定 63 是素数。

【定义 8.2.1】 设 n 是一个奇合数，若有整数 b（$(b, n) = 1$），使得

$$b^{n-1} \equiv 1 \pmod{n}$$

成立，则 n 叫做对于基 b 的**伪素数**。

【例 8.2.1】 判断整数 341 和 561 是否是对于基 $b = 2$ 的伪素数。

解 由于

$$2^{340} \equiv (2^{10})^{34} \equiv 1^{34} \equiv 1 \pmod{341}$$
$$2^{560} \equiv (2^{20})^{28} \equiv (67)^{28} \equiv (67^2)^{14} \equiv 1^{14} \equiv 1 \pmod{561}$$

故由定义 8.2.1 知整数 $341=11 \cdot 31$ 和 $561=3 \cdot 11 \cdot 17$ 都是对于基 $b=2$ 的伪素数。

【例 8.2.2】 判断 111 是否是对于基 $b=2$ 的伪素数。

解 由于
$$2^{110} \equiv 4 \pmod{111}$$

所以 111 不是对于基 $b=2$ 的伪素数。而且由费马小定理可知 111 为合数。

伪素数具有以下性质。

【引理 1】 若整数 $d \mid n$，则 $2^d - 1 \mid 2^n - 1$。

证 设 $n=dq$，则
$$2^n - 1 = 2^{dq} - 1 = (2^d)^q - 1 = (2^d - 1)[(2^d)^{q-1} + (2^d)^{q-2} + \cdots + 2^d + 1]$$

所以必有 $2^d - 1 \mid 2^n - 1$。

【引理 2】 若 n 是对于基 2 的伪素数，则 $m = 2^n - 1$ 也是对于基 2 的伪素数。

证 因为 n 是对于基 2 的伪素数，所以 n 是奇合数，且 $2^{n-1} \equiv 1 \pmod{n}$。既然 n 是合数，必有因数分解式 $n=dq(1<d<n, 1<q<n)$，则由引理 1 知 $2^d - 1 \mid 2^n - 1$，即 $m = 2^n - 1$ 是合数。

又由 $2^{n-1} \equiv 1 \pmod{n}$ 知 $n \mid 2^{n-1} - 1$，从而 $n \mid 2(2^{n-1} - 1) = m - 1$。

由引理 1 知，$2^n - 1 \mid 2^{m-1} - 1$，即 $m \mid 2^{m-1} - 1$，亦即
$$2^{m-1} \equiv 1 \pmod{m}$$

所以 $m = 2^n - 1$ 是对于基 2 的伪素数。

【定理 8.2.1】 存在无穷多个对于基 2 的伪素数。

证 由引理 2 知，若存在整数 n_0 是对于基 2 的伪素数，则整数
$$n_1 = 2^{n_0} - 1, \ n_2 = 2^{n_1} - 1, \ n_3 = 2^{n_2} - 1, \ \cdots$$

都是对于基 2 的伪素数。此处的关键是证明 n_0 的存在性，而由例 8.2.1 知这样的 n_0 是存在的。

【定理 8.2.2】 设 n 是奇合数，则

(i) n 是对于基 b 的伪素数的充分必要条件是 $\text{ord}_n(b) \mid n-1$；

(ii) 若 n 是对于基 b_1 和 b_2 的伪素数，则 n 是对于基 $b=b_1 b_2$ 的伪素数；

(iii) 若 n 是对于基 b 的伪素数，则 n 是对于基 b^{-1} 的伪素数；

(iv) 若有整数 b 使得同余式(8.2.1)不成立，则模 n 的既约剩余系中至少有一半的数使得式(8.2.1)不成立。

判断素数的概率方法的思路如下：

要判断正整数 n 是否为素数，随机选取正整数 b 满足 $(b, n)=1$，若
$$b^{n-1} \equiv 1 \pmod{n}$$

则概率 $P\{n\text{ 为合数}\} \leqslant 50\%$，即 $P\{n\text{ 为素数}\} \geqslant 50\%$。这是由定理 8.2.2 的结论(iv)确定的。

Fermat(费马)测试算法如下：

给定奇整数 $n \geqslant 3$ 和安全参数 t，令 $k=1$
S1 随机选取整数 b，$2 \leqslant b \leqslant n-2$
S2 计算 $d=(b,n)$
S3 判断：若 $d>1$，则 n 是合数，输出"不通过"，结束
S4 计算 $r \equiv b^{(n-1)/2} \pmod{n}$
S5 判断：若 $r \not\equiv \pm 1 \pmod{n}$，则 n 是合数，输出"不通过"，结束
S6 n 通过一轮素性测试，令 $k=k+1$
S7 若 $k \leqslant t$，则转 S1；否则 n 通过 t 轮测试，输出"通过"，结束

其中，"通过"表示 n 通过素性测试，即 n 可能为素数；"不通过"表示 n 未通过素性测试，即 n 肯定为合数。

反复选择 t 个不同的整数 b 进行测试，则通过 t 次素性测试的整数 n 为素数的概率为

$$P\{n\text{ 为素数}\} \geqslant 1-\frac{1}{2^t}$$

但是，在概率判断过程中，存在一组例外的问题，即 Carmichael(卡密歇尔)数。

【定义 8.2.2】 设 n 为合数，如果对所有满足 $(b,n)=1$ 的正整数 b，都有

$$b^{n-1} \equiv 1 \pmod{n}$$

成立，则称 n 为 **Carmichael 数**。

【例 8.2.3】 证明整数 $561 = 3 \cdot 11 \cdot 17$ 是一个 Carmichael 数。

证 对于任何 b，若 $(b,561)=1$，则由整除的性质知 $(b,3)=(b,11)=(b,17)=1$，而由 Fermat 小定理知，此时必有

$$b^2 \equiv 1 \pmod{3}, \quad b^{10} \equiv 1 \pmod{11}, \quad b^{16} \equiv 1 \pmod{17}$$

从而

$$\begin{cases} b^{560} \equiv (b^2)^{280} \equiv 1 \pmod{3} \\ b^{560} \equiv (b^{10})^{56} \equiv 1 \pmod{11} \\ b^{560} \equiv (b^{16})^{35} \equiv 1 \pmod{17} \end{cases}$$

因此，有

$$b^{560} \equiv 1 \pmod{561}$$

即 561 是 Carmichael 数。

关于 Carmichael 数，有以下结论。

【定理 8.2.3】 设 n 是一个奇合数：

(i) 如果 n 是一个大于 1 的平方数，则 n 不是 Carmichael 数；

(ii) 若 $n=p_1p_2\cdots p_k$ 且无平方因子，则 n 是 Carmichael 数的充分必要条件是
$$p_i-1\mid n-1,\ i=1,2,\cdots,k$$

【定理 8.2.4】 每个 Carmichael 数是至少三个不同素数的乘积。

关于 Carmichael 数，还有一些其他结论：

(i) 存在无穷多个 Carmichael 数；

(ii) 当 $n\gg 1$ 时，区间 $[2,n]$ 内至少有 $n^{2/7}$ 个 Carmichael 数。

8.3 Euler 伪素数与 Solovay–Stassen 测试算法

由第 4 章的结论知，若 n 为奇素数，则对任意正整数 b，有
$$b^{(n-1)/2}\equiv\left(\frac{b}{n}\right)(\bmod\ n)$$

那么，类似于 8.2 节，可将此结论用于素数的判断。即对满足 $(b,n)=1$ 的整数 b，若
$$b^{(n-1)/2}\not\equiv\left(\frac{b}{n}\right)(\bmod\ n)$$

则 n 必不是素数。

【例 8.3.1】 用以上条件判断 $n=341$ 是否可能为素数。

解 选 $b=2$，计算
$$2^{170}\equiv 1(\bmod\ 341),\ \left(\frac{2}{341}\right)=-1$$

因为 $2^{170}\not\equiv\left(\frac{2}{341}\right)(\bmod\ 341)$，故 341 不是素数（$341=11\cdot 31$）。

8.3.1 Euler 伪素数

【定义 8.3.1】 设 n 为正奇合数，$(b,n)=1$，如果有
$$b^{(n-1)/2}\equiv\left(\frac{b}{n}\right)(\bmod\ n)$$

则 n 叫做对于基 b 的 **Euler(欧拉)伪素数**。

【例 8.3.2】 判断 $n=1105$ 是否为 Euler 伪素数。

解 选 $b=2$，计算
$$2^{552}\equiv 1(\bmod\ 1105),\ \left(\frac{2}{1105}\right)=1$$

因为 $2^{552}\equiv\left(\frac{2}{1105}\right)(\bmod\ 1105)$，故 1105 是一个对于基 2 的 Euler 伪素数。

Euler 伪素数与伪素数有如下关系。

【定理 8.3.1】 若 n 是对于基 b 的 Euler 伪素数，则 n 是对于基 b 的伪素数。

证 设 n 是对于基 b 的 Euler 伪素数，则由其定义知

$$b^{(n-1)/2} \equiv \left(\frac{b}{n}\right) \pmod{n}$$

将上式两端分别平方，并注意到 $\left(\frac{b}{n}\right) = \pm 1$，则有

$$b^{n-1} = (b^{(n-1)/2})^2 \equiv \left(\frac{b}{n}\right)^2 = 1 \pmod{n}$$

即 n 是对于基 b 的伪素数。

注意：定理 8.3.1 的逆不成立。

例如，由例 8.2.1 和例 8.3.1 知，341 是对于基 2 的伪素数，但不是对于基 2 的 Euler 伪素数。

8.3.2 Solovay–Stassen 测试算法

Solovay–Stassen 测试算法如下：

给定奇整数 $n \geq 3$ 和安全参数 t，令 $k=1$
S1 随机选取整数 b，$2 \leq b \leq n-2$
S2 计算 $d=(b,n)$
S3 判断：若 $d>1$，则 n 是合数，输出"不通过"，结束
S4 计算 $r \equiv b^{(n-1)/2} \pmod{n}$
S5 判断：若 $r \not\equiv \pm 1 \pmod{n}$，则 n 是合数，输出"不通过"，结束
S6 计算勒让德符号 $s = \left(\frac{b}{n}\right)$
S7 判断：若 $r \neq s$，则 n 是合数，输出"不通过"，结束
S8 n 通过一轮素性测试，令 $k=k+1$
S9 若 $k \leq t$，则转 S1；否则 n 通过 t 轮测试，输出"通过"，结束

Solovay-Stassen 测试算法的概率估计：对于待检的整数 n 而言，通过 t 次 Solovay-Stassen 测试后，n 是素数的概率为

$$P\{n \text{ 为素数}\} \geq 1 - \frac{1}{2^t}$$

8.4 强伪素数与 Miller-Rabin 测试算法

测试正整数 n 是否是素数的另一种更好方法的理论基础可描述如下：

设 n 是奇整数,且 $n-1=2^s t$,则有
$$b^{n-1}-1 = b^{2^s t}-1 = (b^t)^{2^s}-1$$
$$= ((b^t)^{2^{s-1}}+1)((b^t)^{2^{s-1}}-1) = (b^{2^{s-1}t}+1)(b^{2^{s-1}t}-1)$$
$$= (b^{2^{s-1}t}+1)(b^{2^{s-2}t}+1)(b^{2^{s-2}t}-1)$$
$$= \cdots$$
$$= (b^{2^{s-1}t}+1)(b^{2^{s-2}t}+1)\cdots(b^{2t}+1)(b^t+1)(b^t-1)$$

因此,对于奇素数 n,若有
$$b^{n-1} \equiv 1 \pmod{n}$$
即
$$b^{n-1}-1 \equiv 0 \pmod{n}$$
亦即
$$(b^{2^{s-1}t}+1)(b^{2^{s-2}t}+1)\cdots(b^t+1)(b^t-1) \equiv 0 \pmod{n}$$
则下列同余式至少有一个成立:
$$b^t \equiv 1 \pmod{n}$$
$$b^t \equiv -1 \pmod{n}$$
$$b^{2t} \equiv -1 \pmod{n}$$
$$b^{2^2 t} \equiv -1 \pmod{n}$$
$$\vdots$$
$$b^{2^{s-1}t} \equiv -1 \pmod{n}$$

或者说,问题可以从另一个角度考虑如下:

设 n 是奇素数,且 $n-1=2^s t$,则有
$$b^{n-1} \equiv b^{2^s t} \equiv 1 \pmod{n}$$

从而必有
$$\sqrt{b^{n-1}} \equiv b^{2^{s-1}t} \equiv \pm 1 \pmod{n}$$

若
$$b^{2^{s-1}t} \equiv 1 \pmod{n}$$

同理又有
$$b^{2^{s-2}t} \equiv \pm 1 \pmod{n}$$
$$\vdots$$

若
$$b^{2t} \equiv 1 \pmod{n}$$

则必有
$$b^t \equiv \pm 1 \pmod{n}$$

由此得到的结论是,若

$$b^t \not\equiv 1 \pmod{n} \text{ 且 } b^{2^i t} \not\equiv -1 \pmod{n}, \quad i=0,1,2,\cdots,s-1$$

则 n 必不是素数。

8.4.1 强伪素数

【定义 8.4.1】 设 n 为正奇合数，且 $n-1=2^s t$ (t 为奇数)，$(b,n)=1$，如果有
$$b^t \equiv 1 \pmod{n}$$
或存在 $r(0 \leqslant r < s)$，使得
$$b^{2^r t} \equiv -1 \pmod{n}$$
则 n 叫做对于基 b 的**强伪素数**。

【例 8.4.1】 测试整数 $n=2047=23 \cdot 89$ 是否是对于基 $b=2$ 的强伪素数。

证 因为
$$n-1=2047-1=2046=2 \cdot 1023$$
$$2^{1023} \equiv (2^{11})^{93} \equiv (-1)^{93} \equiv -1 \pmod{2047}$$

所以，$n=2047$ 是对于基 $b=2$ 的强伪素数。

强伪素数有以下性质。

【定理 8.4.1】 存在无穷多个对于基 2 的强伪素数。

强伪素数与 Euler 伪素数的关系如下：

【定理 8.4.2】 若 n 是对于基 b 的强伪素数，则 n 是对于基 b 的 Euler 伪素数。

【定理 8.4.3】 设 n 是一个奇合数，则 n 是对于基 b 的强伪素数的可能性 $\leqslant 25\%$。

8.4.2 Miller-Rabin 测试算法

Miller-Rabin(米勒-勒宾)测试算法如下：

给定奇整数 $n \geqslant 3$ 和安全参数 k，令变量 $i=1$
设 $n-1=2^s t$，其中 t 为奇数
S1　随机选取整数 b，$2 \leqslant b \leqslant n-2$
S2　计算 $d=(b,n)$
S3　判断：若 $d>1$，则转 S12
S4　令 $j=0$，计算 $r \equiv b^t \pmod{n}$
S5　判断：若 $r \equiv \pm 1 \pmod{n}$，则转 S10
S6　令 $j=j+1$
S7　若 $j<s$，则转 S8；否则转 S12
S8　计算 $r \equiv r^2 \pmod{n}$

S9　判断：若 $r \equiv -1 \pmod{n}$，则转 S10；否则转 S6
S10　令 $i = i+1$（n 通过一轮素性测试）
S11　若 $i \leqslant k$，则转 S1；否则 n 通过 k 轮测试，输出"通过"，转 S13
S12　n 是合数（n 未通过本轮测试），输出"不通过"
S13　结束

Miller-Rabin 测试算法的概率估计：对于待检的整数 n 而言，通过 t 次 Miller-Rabin 测试后，n 是素数的概率为

$$P\{n \text{ 为素数}\} \geqslant 1 - \frac{1}{4^t}$$

【例 8.4.2】　选基 $b=2$，判断 $n=37$ 可否通过素性测试。

解　因为 $n-1 = 37-1 = 36 = 2^2 \cdot 9$，即 $s=2$，$t=9$。

$j=0$ 时，计算

$$r \equiv 2^9 \equiv 31 \not\equiv \pm 1 \pmod{37}$$

$j=1$ 时，计算

$$r^2 \equiv 36 \equiv -1 \pmod{37}$$

故 37 通过素性测试。

【例 8.4.3】　选基 $b=2$，判断 $n=33$ 可否通过素性测试。

解　因为 $n-1 = 33-1 = 32 = 2^5 \cdot 1$，即 $s=5$，$t=1$。

$j=0$ 时，计算

$$r_0 \equiv 2^{2^0 \cdot 1} \equiv 2 \not\equiv \pm 1 \pmod{33}$$

$j=1$ 时，计算

$$r_1 \equiv r_0^2 \equiv 2^{2^1 \cdot 1} \equiv 2^2 \equiv 4 \not\equiv -1 \pmod{33}$$

$j=2$ 时，计算

$$r_2 \equiv r_1^2 \equiv 2^{2^2 \cdot 1} \equiv 4^2 \equiv 16 \not\equiv -1 \pmod{33}$$

$j=3$ 时，计算

$$r_3 \equiv r_2^2 \equiv 2^{2^3 \cdot 1} \equiv 16^2 \equiv 25 \not\equiv -1 \pmod{33}$$

$j=4$ 时，计算

$$r_4 \equiv r_3^2 \equiv 2^{2^4 \cdot 1} \equiv 25^2 \equiv 31 \not\equiv -1 \pmod{33}$$

故 33 未通过素性测试，即 33 是合数。

【例 8.4.4】　证明 589 是合数。

证　因为 $n-1 = 589-1 = 588 = 2^2 \cdot 147$，即 $s=2$，$t=147$，选基 $b=2$。

$j=0$ 时，计算

$$r_0 \equiv 2^{2^0 \cdot 147} \equiv 407 \not\equiv \pm 1 \pmod{589}$$

$j=1$ 时，计算
$$r_1 \equiv r_0^2 \equiv 2^{2^1 \cdot 147} \equiv 407^2 \equiv 140 \not\equiv 1 \pmod{589}$$

故 589 未通过素性测试，即 589 是合数。

事实上，$589 = 19 \times 31$。

【例 8.4.5】 试判断 162 817 是否是素数。

解 因为 $n-1 = 162\,817 - 1 = 162\,816 = 2^{10} \cdot 159$，即 $s=10$, $t=159$，选基 $b=2$。

$j=0$ 时，计算
$$r_0 \equiv 2^{159} \equiv 121\,518 \not\equiv \pm 1 \pmod{162\,817}$$

$j=1$ 时，计算
$$r_1 \equiv r_0^2 \equiv 2^{318} \equiv 121\,518^2 \equiv 99\,326 \not\equiv -1 \pmod{162\,817}$$

$j=2$ 时，计算
$$r_2 \equiv r_1^2 \equiv 2^{636} \equiv 99\,326^2 \equiv 83\,795 \not\equiv -1 \pmod{162\,817}$$

$j=3$ 时，计算
$$r_3 \equiv r_2^2 \equiv 2^{1272} \equiv 83\,795^2 \equiv 118\,900 \not\equiv -1 \pmod{162\,817}$$

$j=4$ 时，计算
$$r_4 \equiv r_3^2 \equiv 2^{2544} \equiv 118\,900^2 \equiv 135\,524 \not\equiv -1 \pmod{162\,817}$$

$j=5$ 时，计算
$$r_5 \equiv r_4^2 \equiv 2^{5088} \equiv 135\,524^2 \equiv 20\,074 \not\equiv -1 \pmod{162\,817}$$

$j=6$ 时，计算
$$r_6 \equiv r_5^2 \equiv 2^{10\,176} \equiv 20\,074^2 \equiv 156\,218 \not\equiv -1 \pmod{162\,817}$$

$j=7$ 时，计算
$$r_7 \equiv r_6^2 \equiv 2^{20\,352} \equiv 156\,218^2 \equiv 74\,662 \not\equiv -1 \pmod{162\,817}$$

$j=8$ 时，计算
$$r_8 \equiv r_7^2 \equiv 2^{40\,704} \equiv 74\,662^2 \equiv 48\,615 \not\equiv -1 \pmod{162\,817}$$

$j=9$ 时，计算
$$r_9 \equiv r_8^2 \equiv 2^{81\,408} \equiv 48\,615^2 \equiv 129\,470 \not\equiv -1 \pmod{162\,817}$$

故 162 817 未通过素性测试，即 162 817 是合数。

8.5 正整数的分解

整数的分解历来是数论领域备受关注且到目前还没有彻底解决的问题之一。而最古老、直观且简单的方法当属**试除法**。其理论依据是定理 1.1.1 的结论(ii)，即 n 是合数，则 n 至少有一个因子 d，满足 $d \leqslant \sqrt{n}$。故可以选 $d=2,3,\cdots,\lfloor\sqrt{n}\rfloor$ 且 d 为素数，用 d 试除 n（对 n 为奇数的情形，只需判断 $d=3,5,7,11,\cdots,\lfloor\sqrt{n}\rfloor$ 且 d 为素数的情形）。

例如：对于 $n=17$，因为 $\lfloor\sqrt{17}\rfloor=4$，且 $3\nmid 17$，故 17 是素数；而对于 $n=187$，因为 $\lfloor\sqrt{187}\rfloor=13$，分别计算可知 3、5、$7\nmid 187$，但 $11\mid 187$，故 187 是合数（$187=11\cdot 17$）。

然而，试除法的计算复杂度太大，并不实用。本节主要介绍与数论知识相关的整数分解方法。而对于涉及其他领域的分解方法，如数域筛法、椭圆曲线法等，将不做介绍。

任何整数 n 都至少有两个正整数因数，即 1 和 n，故将其称为 n 的**平凡因数**，而将介于 1 和 n 之间的因数称为**真因数**或非平凡因数。

其次，由于 n 与 $-n$ 的分解过程和结果是一样的，故本节只考虑正整数的分解。

8.5.1 Fermat 方法

原理：若 n 可表示为 $n=a^2-b^2$，则 $n=(a+b)(a-b)$ 是 n 的一个分解，其中 a、b 为整数。

结论：任何奇合数 $n=st$（s、t 为奇数）均可表示为平方差的方式，即

$$n=\left(\frac{s+t}{2}\right)^2-\left(\frac{s-t}{2}\right)^2$$

思路：研究如何将奇数表示为两个数的平方差。

方法：逐个考察，即从 $b=1$ 开始，依次考察 $n+b^2$ 是否为完全平方数。若 n 为奇合数，则必存在某个 b，使得 $c=n+b^2=a^2$，从而 $n=a^2-b^2=(a+b)(a-b)$ 是 n 的真分解。

特点：当 n 有两个几乎相等的因子 s、t 时，判断速度比较快。因为 $s\approx t$ 时，$\frac{s-t}{2}$ 很小，从而试验的次数就很少。

【例 8.5.1】 利用 Fermat 方法分解 $n=899$。

解 令 $b=1$，则 $c=n+b^2=899+1^2=900=30^2$，从而可得 n 的分解式

$$n=899=30^2-1^2=(30+1)(30-1)=31\cdot 29$$

从本方法的计算过程和例 8.5.1 可以看出，因 a 大 b 小，故观察 $n+b^2$ 是否可表示为 a^2 不太容易。然而，观察 $a^2-n=d$ 是否为一个完全平方数 b^2，更容易一些。如果求出相应的 a、b，满足 $a^2-n=b^2$，即可得到 $n=a^2-b^2$。

因为当知 $a-b\leqslant\sqrt{n}$ 时，必有 $a+b\geqslant\sqrt{n}$，故令 a 从 $\lfloor\sqrt{n}\rfloor+1$ 开始进行试验即可。

【例 8.5.2】 利用 Fermat 方法分解 $n=200\ 819$。

解 因为 $\lfloor\sqrt{200\ 819}\rfloor=448$，故从 449 开始计算并观察，即

$$449^2-200\ 819=782\quad（不是完全平方数）$$
$$450^2-200\ 819=1681=41^2\quad（是完全平方数）$$

故

$$n=200\ 819=450^2-41^2=(450+41)(450-41)=491\cdot 409$$

8.5.2 Fermat 方法的拓展

原理：求 a、b，使 $(\lfloor\sqrt{kn}\rfloor+e)^2-kn=b^2$，令 $\lfloor\sqrt{kn}\rfloor+e=a$，则 $a^2-b^2=kn$，即 $(a+b)(a-b)=kn$，再把问题转化为计算 $\gcd(a\pm b, n)$，即得 n 的因子。

思路：研究如何将奇数的倍数表示为两个数的平方差。

【例 8.5.3】 求 141 467 的因数分解。

解 因为 $\lfloor\sqrt{141\ 467}\rfloor=376$，计算 $(376+e)^2-141\ 467$ 不易找到某个 e，使其为平方数。

令 $k=3$，$kn=3\cdot 141\ 467=424\ 401$，$\lfloor\sqrt{424\ 201}\rfloor=651$，则

$$652^2-424\ 401=703 \quad \text{（不是完全平方数）}$$
$$653^2-424\ 401=2008 \quad \text{（不是完全平方数）}$$
$$654^2-424\ 401=3315 \quad \text{（不是完全平方数）}$$
$$655^2-424\ 401=4624=68^2 \quad \text{（是完全平方数）}$$

故

$$424\ 401=655^2-68^2=(655+68)(655-68)=723\cdot 587$$

即

$$3\cdot 141\ 467=723\cdot 587$$

计算

$$(655+68,\ 141\ 467)=(723,\ 141\ 467)=241$$

故

$$n=141\ 467=241\cdot 587$$

8.5.3 Legendre 方法

原理：分析拓展的 Fermat 方法，即求 u、v，使得

$$u^2\equiv v^2\ (\mathrm{mod}\ n)$$

若 $u\not\equiv\pm v\ (\mathrm{mod}\ n)$，设 $u>v$，则 $\gcd(u\pm v, n)$ 都是 n 的真因子。

结论：若奇数 n 是合数，且至少有两个不同的素因子，则方程 $x^2\equiv v^2\ (\mathrm{mod}\ n)$ 至少有 4 个解。其中视 $x\equiv\pm v\ (\mathrm{mod}\ n)$ 为平凡解，则另外的解就是非平凡解。

所以，问题归结为对给定的 v，解二次同余方程 $x^2\equiv v^2\ (\mathrm{mod}\ n)$，并求非平凡解 $u\not\equiv\pm v\ (\mathrm{mod}\ n)$，再计算 $\gcd(u\pm v, n)$ 以得到 n 的真因子。

【例 8.5.4】 求 $n=4633$ 的因数分解。

解 选 $v=5$，解方程

$$x^2\equiv 25\ (\mathrm{mod}\ 4633)$$

得 $x\equiv\pm 5,\ \pm 118\ (\mathrm{mod}\ n)$，即 $u=118$。计算

$$(118+5, 4633) = (123, 4633) = 41$$
$$(118-5, 4633) = (113, 4633) = 113$$

故
$$4633 = 41 \cdot 113$$

困难：对任意给定的 v，要求 $u \not\equiv \pm v \pmod{n}$，使得 $u^2 \equiv v^2 \pmod{n}$，是比较困难的。

8.5.4 Pollard 方法

Pollard（波拉德）方法是一种启发式搜索方法，其本质是一种随机算法。虽然不能给出其复杂性分析，但实际上是一种较有效的算法。该算法可归纳如下（其中输出 d 为 n 的一个因数）：

> S1　$i \leftarrow 1; k \leftarrow 2$；产生一个随机数 $x_1 (0 < x_1 < n-1)$；$r \leftarrow x_1$
> S2　若 $r \mid n$，则 $\{d \leftarrow r;$ 转 S5$\}$
> S3　$i \leftarrow i+1; x_i \leftarrow x_{i-1}^2 - 1 \pmod{n}$; $d \leftarrow \gcd\{x_i - r, n\}$
> S4　若 $d=1$ 或 $d=n$，则
> 　　$\{$若 $i=k$，则 $\{k \leftarrow 2k; r \leftarrow x_i\}$；
> 　　转 S2$\}$
> S5　输出 d，算法结束

【例 8.5.5】 分解整数 $n = 1387$。

解 算法执行情况如表 8.5.1 所示（其中选 $x_1 = 2$）。

表 8.5.1　例 8.5.5 的算法执行情况

算法步骤	计算
S1　$i \leftarrow 1; k \leftarrow 2$；产生随机数 x_1；$r \leftarrow x_1$	$i=1; k=2, x_1=2, r=2$　　//赋初值
S2　若 $r \mid n$，则 $\{d \leftarrow r;$ 转 S5$\}$	$2 \nmid 1387$
S3　$i \leftarrow i+1; x_i \leftarrow x_{i-1}^2 - 1 \pmod{n}$；$d \leftarrow \gcd\{x_i - r, n\}$	$i=2$： 　$x_2 \equiv 2^2 - 1 \equiv 3 \pmod{1387}$ 　$d = (3-2, 1387) = 1$
S4　若 $d=1$ 或 $d=n$，则 $\{$若 $i=k$，则 $\{k \leftarrow 2k; r \leftarrow x_i\}$；转 S2$\}$	因为 $d=1$ 且 $i=k=2$，所以 　$k = 2 \times 2 = 4, r = x_2 = 3$
S2	$3 \nmid 1387$
S3	$i=3$： 　$x_3 \equiv 3^2 - 1 \equiv 8 \pmod{1387}$ 　$d = (8-3, 1387) = 1$

算法步骤	计算
S4	$d=1$ 且 $i=3\neq 4=k$　　　//判断，无计算
S2	$3\nmid 1387$
S3	$i=4$： $x_4\equiv 8^2-1\equiv 63\pmod{1387}$ $d=(63-3,1387)=1$
S4	因为 $d=1$ 且 $i=k=4$，所以 $k=2\times 4=8,r=x_4=63$
S2→S3	$63\nmid 1387$ $i=5$： $x_5\equiv 63^2-1\equiv 1194\pmod{1387}$ $d=(1194-63,1387)=1$
S4	$d=1$ 且 $i=5\neq 8=k$　　　//判断，无计算
S2→S3	$63\nmid 1387$ $i=6$： $x_6\equiv 1194^2-1\equiv 1186\pmod{1387}$ $d=(1186-63,1387)=1$
S4	$d=1$ 且 $i=6\neq 8=k$
S2→S3	$63\nmid 1387$ $i=7$： $x_7\equiv 1186^2-1\equiv 177\pmod{1387}$ $d=(177-63,1387)=19$
S4	$d\neq 1$ 且 $d\neq 1387$
S5	$d=19$ 为 1387 的因数，输出 d，结束

故

$$1387=19\times 73$$

8.5.5　Kraitchik 方法

问题：Legendre 方法只是一个理论方法，利用它分解正整数实际是个难题。

思想：Kraitchik（克莱特契克）方法就是用较小的数凑成 u 和 v，从而解决 Legendre 方法的实用性问题。

方法：对模 n 的最小非负剩余 $r_i=(x_i^2)_n=((\lfloor\sqrt{n}\rfloor+i)^2)_n$ 进行素因数分解（$i=1$，

2, …), 设 $r_i = p_1^{\alpha_{i1}} p_2^{\alpha_{i2}} \cdots p_k^{\alpha_{ik}}$, $\alpha_{ij} \geqslant 0 (i=1, 2, \cdots; j=1, 2, \cdots, k)$, 观察并寻找某些 r_{i_1}, r_{i_2}, …, r_{i_t}, 使得其连乘积 $\prod_{j=1}^{t} r_{i_j}$ 为一个完全平方数,从而即可找到 u 和 v。实质上就是使得

$$\prod_{j=1}^{t} r_{i_j} = p_1^{s_1} p_2^{s_2} \cdots p_k^{s_k}$$

中的 s_j 均为偶数 $(j=1, 2, \cdots, k)$。

【例 8.5.6】 求整数 $n=111$ 的因数分解。

解 因为 $\lfloor \sqrt{111} \rfloor = 10$,故 $x_i = \lfloor \sqrt{111} \rfloor + i = 10+i$,从 $x_1 = \lfloor \sqrt{111} \rfloor + 1 = 11$ 开始计算 r_i 并将其分解:

$$r_1 = x_1^2 = 11^2 \equiv 10 = 2 \cdot 5 \pmod{111}$$
$$r_2 = x_2^2 = 12^2 \equiv 33 = 3 \cdot 11 \pmod{111}$$
$$r_3 = x_3^2 = 13^2 \equiv 58 = 2 \cdot 29 \pmod{111}$$
$$r_4 = x_4^2 = 14^2 \equiv 85 = 5 \cdot 17 \pmod{111}$$
$$r_5 = x_5^2 = 15^2 \equiv 3 \pmod{111}$$
$$r_6 = x_6^2 = 16^2 \equiv 34 = 2 \cdot 17 \pmod{111}$$

即

$$r_1 = 10 = 2 \cdot 3^0 \cdot 5 \cdot 11^0 \cdot 17^0 \cdot 29^0$$
$$r_2 = 33 = 2^0 \cdot 3 \cdot 5^0 \cdot 11 \cdot 17^0 \cdot 29^0$$
$$r_3 = 58 = 2 \cdot 3^0 \cdot 5^0 \cdot 11^0 \cdot 17^0 \cdot 29$$
$$r_4 = 85 = 2^0 \cdot 3^0 \cdot 5 \cdot 11^0 \cdot 17 \cdot 29^0$$
$$r_5 = 3 = 2^0 \cdot 3 \cdot 5^0 \cdot 11^0 \cdot 17^0 \cdot 29^0$$
$$r_6 = 34 = 2 \cdot 3^0 \cdot 5^0 \cdot 11^0 \cdot 17 \cdot 29^0$$

观察诸 r_i,可以看出

$$r_1 \cdot r_4 \cdot r_6 = (2 \cdot 5)(5 \cdot 17)(2 \cdot 17) = (2 \cdot 5 \cdot 17)^2$$

则由同余的性质,有

$$x_1^2 \cdot x_4^2 \cdot x_6^2 \equiv r_1 \cdot r_4 \cdot r_6 \equiv (2 \cdot 5 \cdot 17)^2 \pmod{111}$$

即

$$(11 \cdot 14 \cdot 16)^2 \equiv (2 \cdot 5 \cdot 17)^2 \pmod{111}$$
$$2464^2 \equiv 170^2 \pmod{111}$$

亦即

$$22^2 \equiv 59^2 \pmod{111}$$

从而可得 $u=22$, $v=59$。再按照 Legendre 方法,即得

$$111 = 3 \cdot 37$$

意义：Kraitchik 方法是整数分解中 B 基数法、连分数法、二次筛法和数域筛法等的基础。

8.5.6　B 基数法——Brillhart‑Morrison 法

问题：Kraitchik 方法的核心是将正整数分解问题归结为如何求小的数来凑成 u 和 v，以满足 $u^2 \equiv v^2 \pmod{n}$。但在构造 u 和 v 的过程中，需要对诸 r_i 的分解结果进行观察，以选择合适的 r_i 和 x_i。

思想（Brillhart（勃瑞尔哈特）和 Morrison（莫利逊））：对 Kraitchik 方法加以改进，即利用指数向量寻求一个序列的子序列，使其乘积为平方数。

思路：对每一个整数 m，由 m 的因式分解构造一个向量 $\boldsymbol{\beta}(m)$。构造方法为：设 p_i 为第 i 个素数，且 $m = p_1^{\alpha_1} p_2^{\alpha_2} \cdots$（$\alpha_i \geqslant 0$，$i = 1, 2, \cdots$），则向量
$$\boldsymbol{\beta}(m) = (\alpha_1, \alpha_2, \cdots)$$
即为对应于整数 m 的向量，称其为整数 m 的**指数向量**。例如，选 $p_1 = 2$，$p_2 = 3$，$p_3 = 3$，$p_4 = 5$，$\cdots$，则
$$6 = 2 \cdot 3 \to \boldsymbol{\beta}(6) = (1, 1, 0, 0, \cdots)$$
$$75 = 3 \cdot 5^2 \to \boldsymbol{\beta}(75) = (0, 1, 2, 0, \cdots)$$

对 Kraitchik 方法中获得的剩余 r_i，构造其对应的指数向量 $\boldsymbol{\beta}(r_i)$，然后从中选若干个 $\boldsymbol{\beta}$ 并对其求和，同时使得其和向量的每个分量都是偶数，进一步地，也就是使得和向量的每个分量模 2 为 0，故利用这些 $\boldsymbol{\beta}$ 对应的 r_i 以及 r_i 对应的 $x_i = \lfloor \sqrt{n} \rfloor + i$ 即可构造 u 和 v。

【**例 8.5.7**】　分解整数 $n = 2041$。

解　若用 Kraitchik 方法分解 $n = 2041$，其实质就是根据 $\lfloor \sqrt{2041} \rfloor = 45$，计算整数函数 $r = Q(x) = x^2 - n$ 的值（$x = \lfloor \sqrt{n} \rfloor + i = 46, 47, 48, \cdots$），从而得无穷序列 $\{r_i\}$：

$$r_1 = Q(46) = 46^2 - 2041 = 75$$
$$r_2 = Q(47) = 47^2 - 2041 = 168$$
$$r_3 = Q(48) = 48^2 - 2041 = 263$$
$$r_4 = Q(49) = 49^2 - 2041 = 360$$
$$r_5 = Q(50) = 50^2 - 2041 = 459$$
$$r_6 = Q(51) = 51^2 - 2041 = 560$$
$$\vdots$$

并将其分解，即
$$r_1 = 75 = 3 \cdot 5^2,\ r_2 = 168 = 2^3 \cdot 3 \cdot 7,\ r_3 = 263$$
$$r_4 = 360 = 2^3 \cdot 3^2 \cdot 5,\ r_5 = 459 = 3^3 \cdot 17,\ r_6 = 560 = 2^4 \cdot 5 \cdot 7$$
$$\vdots$$

然后再观察并依据 r_i 中 p_j 的指数 $\alpha_{ij}(i=1,2,\cdots;j=1,2,\cdots,k)$ 的情形选择合适的 r_i，最后利用选出的 r_i 及其对应的函数值 $Q(x_i)=x_i^2-n$ 构造分解 n 时所需要的 u 和 v。例如本题选 r_1、r_2、r_4 和 r_6。

而 Brillhart - Morrison 法则是利用 4 个数 r_1、r_2、r_4 和 r_6 的分解式
$$r_1=75=3\cdot5^2,\ r_2=168=2^3\cdot3\cdot7,\ r_4=360=2^3\cdot3^2\cdot5,\ r_6=560=2^4\cdot5\cdot7$$
构造这 4 个整数对应的指数向量
$$\boldsymbol{\beta}(75)=(0,1,2,0,0,\cdots),\ \boldsymbol{\beta}(168)=(3,1,0,1,0,\cdots)$$
$$\boldsymbol{\beta}(360)=(3,2,1,0,0,\cdots),\ \boldsymbol{\beta}(560)=(4,0,1,1,0,\cdots)$$
取其前 4 个分量，得子序列 75、168、360、560 对应的有限维指数向量组
$$\boldsymbol{\beta}(75)=(0,1,2,0),\ \boldsymbol{\beta}(168)=(3,1,0,1)$$
$$\boldsymbol{\beta}(360)=(3,2,1,0),\ \boldsymbol{\beta}(560)=(4,0,1,1)$$
对其求和，得
$$\boldsymbol{\beta}(75)+\boldsymbol{\beta}(168)+\boldsymbol{\beta}(360)+\boldsymbol{\beta}(560)$$
$$=(0,1,2,0)+(3,1,0,1)+(3,2,1,0)+(4,0,1,1)$$
$$=(10,4,4,2)$$
其和向量的分量都为偶数。这说明
$$r_1\cdot r_2\cdot r_4\cdot r_6=2^{10}\cdot3^4\cdot5^4\cdot7^2=(2^5\cdot3^2\cdot5^2\cdot7)^2$$
为完全平方数，从而可得 $v\equiv2^5\cdot3^2\cdot5^2\cdot7\pmod{2041}$。

另一方面，该子序列的乘积（模 2041）是否为平方数，只与指数向量的各分量的奇偶性有关，故将向量 $\boldsymbol{\beta}$ 的每个分量模 2 取余，并记为
$$\boldsymbol{b}\equiv\boldsymbol{\beta}\pmod{2}$$
即
$$\boldsymbol{b}(75)\equiv\boldsymbol{\beta}(75)\equiv(0,1,0,0)\pmod{2}$$
$$\boldsymbol{b}(168)\equiv\boldsymbol{\beta}(168)\equiv(1,1,0,1)\pmod{2}$$
$$\boldsymbol{b}(360)\equiv\boldsymbol{\beta}(360)\equiv(1,0,1,0)\pmod{2}$$
$$\boldsymbol{b}(560)\equiv\boldsymbol{\beta}(560)\equiv(0,0,1,1)\pmod{2}$$
对诸二进制向量 $\boldsymbol{b}$ 的对应分量做模 2 的加法运算（也称为**异或运算**），即
$$\boldsymbol{b}(75)\oplus\boldsymbol{b}(168)\oplus\boldsymbol{b}(360)\oplus\boldsymbol{b}(560)$$
$$\equiv\boldsymbol{b}(75)+\boldsymbol{b}(168)+\boldsymbol{b}(360)+\boldsymbol{b}(560)\pmod{2}$$
$$=(0,0,0,0)$$
这同样说明乘积 $r_1r_2r_4r_6=75\cdot168\cdot360\cdot560$ 是一个完全平方数 $(2^5\cdot3^2\cdot5^2\cdot7)^2$，故可选
$$v=2^5\cdot3^2\cdot5^2\cdot7\equiv1416\pmod{2041}$$
同时选与这些 r_i 相关的 $x_i=45+i$ 构造 u，即

$$u = x_1 x_2 x_4 x_6 = 46 \cdot 47 \cdot 49 \cdot 51 \equiv 311 \pmod{2041}$$

则有
$$311^2 \equiv 1416^2 \pmod{2041}$$

且 $311 \not\equiv 1416 \pmod{2041}$。计算
$$(1416-311, 2041) = 13, \quad 2041 \div 13 = 157$$

故
$$2041 = 13 \cdot 157$$

本方法可以**总结**如下：选某个正整数 B，考虑无穷序列 $\{r_i\}$ 中素因子均落在前 B 个素数因子中的那些 r_i，若找到 $B+1$ 个这样的 r_i，则这些 r_i 对应 B 维空间 $B+1$ 个线性相关的向量，这样就解决了构造 u 和 v 的问题，从而也就解决了用较小的数凑成 u 和 v 的问题（实际中只要找到若干个线性相关的向量即可，不一定找到 $B+1$ 个）。

把素数 $p_1, p_2, \cdots, p_B$ 叫做**因子基**。

本方法还可**改进**如下：在指数向量 $\boldsymbol{\beta}(m)$ 的最前面增加一个分量，规定其值为 $0(m>0$ 时）或 $1(m<0$ 时），即在因子基中除了用诸素数 p_i 作为辅助数之外，再增加 -1 作为辅助的数，这样就可以在计算 $r = Q(x) = x^2 - n$ 时选 $x = \lfloor \sqrt{n} \rfloor \pm i$ 进行求值并分解，即利用 $\lfloor \sqrt{n} \rfloor - i$，使得 r 的绝对值变小，并最终降低计算及分解 r 的复杂度及工作量，提高分解 n 的速度。

【例 8.5.8】 用改进后的 B 基数法分解整数 $n = 2041$。

解 选因子基为 -1、2、3、5。针对 $x_i = \lfloor \sqrt{n} \rfloor + i = 45 + i(i = 0, \pm 1, \pm 2, \cdots)$，计算 $r_i = Q(x_i) = x_i^2 - n$ 的值并分解之：
$$r_{-2} = Q(43) = -192 = -2^6 \cdot 3$$

得向量 $\boldsymbol{b}(-192) = (1, 0, 1, 0)$；
$$r_{-1} = Q(44) = -105 = -3 \cdot 5 \cdot 7 \text{（有因子 7，不在基中）}$$
$$r_0 = Q(45) = -16 = -2^4$$

得 $\boldsymbol{b}(-16) = (1, 0, 0, 0)$；
$$r_1 = Q(46) = 75 = 3 \cdot 5^2$$

得 $\boldsymbol{b}(75) = (0, 0, 1, 0)$。

到此即可看出，用 3 个向量 $\boldsymbol{b}(-192)$、$\boldsymbol{b}(-16)$ 和 $\boldsymbol{b}(75)$ 就能构成线性相关向量组。即
$$\boldsymbol{b}(-192) \oplus \boldsymbol{b}(-16) \oplus \boldsymbol{b}(75) = (1, 0, 1, 0) \oplus (1, 0, 0, 0) \oplus (0, 0, 1, 0) = (0, 0, 0, 0)$$

这说明
$$x_{-2}^2 x_0^2 x_1^2 \equiv r_{-2} r_0 r_1 \pmod{2041}$$

即
$$43^2 \cdot 45^2 \cdot 46^2 \equiv (-192)(-2^4) \cdot 75 \pmod{2041}$$

故
$$(43 \cdot 45 \cdot 46)^2 \equiv (2^5 \cdot 3 \cdot 5)^2 \pmod{2041}$$
$$1247^2 \equiv 480^2 \pmod{2041}$$

再求最大公因数 $(1247-480, 2041)=13$，即可完成 2041 的分解。

8.5.7 连分数法

目的：仍然是找 u 和 v，满足 $u^2 \equiv v^2 \pmod{n}$ 且 $u \not\equiv \pm v \pmod{n}$，再按照 Legendre 方法求解。

思路：赋初值，即令

$$b_{-1}=1, b_0=a_0=\lfloor \sqrt{n} \rfloor, x_0=\sqrt{n}-a_0, c_0 \equiv b_0^2 \pmod{n}$$

再针对 $i=1, 2, 3, \cdots$，进行以下运算：

$$a_i = \left\lfloor \frac{1}{x_i} \right\rfloor, \ x_i = \frac{1}{x_{i-1}} - a_i$$
$$b_i \equiv b_{i-2} + b_{i-1} a_i \pmod{n}$$
$$c_i \equiv b_i^2 \pmod{n}$$

将 c_i 做素因数分解，构造相应的 B 表，观察 B 表并选择适当的因子基，从而找到满足条件的 u 和 v。

【**例 8.5.9**】 求 9073 的因数分解。

解 $n=9073$，分别计算，有

$i=0$：
$$b_{-1}=1, b_0=a_0=\lfloor \sqrt{9073} \rfloor=95, x_0=\sqrt{9073}-95$$
$$c_0 \equiv b_0^2 \equiv 95^2 \equiv 9025 \equiv -48 \pmod{9073}$$

$i=1$：

$$a_1 = \left\lfloor \frac{1}{\sqrt{9073}-95} \right\rfloor = \left\lfloor \frac{\sqrt{9073}+95}{48} \right\rfloor = 3$$

$$x_1 = \frac{1}{\sqrt{9073}-95} - 3 = \frac{\sqrt{9073}+95}{48} - 3 = \frac{\sqrt{9073}-49}{48}$$

$$b_1 \equiv b_{-1} + b_0 a_1 \equiv 1+95 \times 3 \equiv 286 \pmod{9073}$$
$$c_1 \equiv b_1^2 \equiv 286^2 \equiv 81\,796 \equiv 139 \pmod{9073}$$

$i=2$：

$$a_2 = \left\lfloor \frac{48}{\sqrt{9073}-49} \right\rfloor = \left\lfloor \frac{48(\sqrt{9073}+49)}{6672} \right\rfloor = 1$$

$$x_2 = \frac{48}{\sqrt{9073}-49} - 1 = \frac{97-\sqrt{9073}}{\sqrt{9073}-49}$$

$$b_2 \equiv b_0 + b_1 a_2 \equiv 95 + 286 \times 1 \equiv 381 \pmod{9073}$$
$$c_2 \equiv b_2^2 \equiv 381^2 \equiv 145\,161 \equiv -7 \pmod{9073}$$

$i = 3$:
$$a_3 = \left\lfloor \frac{\sqrt{9073} - 49}{97 - \sqrt{9073}} \right\rfloor = 26$$
$$x_3 = \frac{\sqrt{9073} - 49}{97 - \sqrt{9073}} - 26$$
$$b_3 \equiv b_1 + b_2 a_3 \equiv 286 + 381 \times 26 \equiv 1119 \pmod{9073}$$
$$c_3 \equiv b_3^2 \equiv 1119^2 \equiv 1\,252\,161 \equiv 87 \pmod{9073}$$

$i = 4$:
$$a_4 = 2,\ b_4 \equiv 2619 \pmod{9073},\ c_4 \equiv -27 \pmod{9073}$$

由 c_i 的素因数分解，选择因子基 $B = \{-1, 2, 3, 7, 87, 139\}$，构造相应的 B 表（见表 8.5.2）。

表 8.5.2 B 表

i	$c_i \equiv b_i^2 \pmod{9073}$	p_i 及其指数					
		-1	2	3	7	87	139
0	$-48 = -2^4 \times 3$	1	4	1			
1	$139 = 139$						1
2	$-7 = -1 \times 7$	1			1		
3	$87 = 87$					1	
4	$-27 = -3^3$	1		3			

选 $i = 0, 4$ 行，对应的指数向量为
$$\boldsymbol{\beta}_1 = (1, 4, 1, 0, 0, 0),\ \boldsymbol{\beta}_2 = (1, 0, 3, 0, 0, 0)$$

满足
$$\boldsymbol{\beta} = \boldsymbol{\beta}_1 + \boldsymbol{\beta}_2 = (2, 4, 4, 0, 0, 0)$$

即各分量均为偶数，或
$$\boldsymbol{\beta} = \boldsymbol{\beta}_1 + \boldsymbol{\beta}_2 \equiv (0, 0, 0, 0, 0, 0) \pmod{2}$$

这说明
$$b_0^2 b_4^2 \equiv (-48)(-27) = 2^4 \times 3^4 = 36^2 \pmod{9073}$$

而
$$b_0 b_4 = 95 \times 2619 = 248\,805 \equiv 3834 \pmod{9073}$$

所以

$$3834^2 \equiv 36^2 \pmod{9073} \quad 且 \quad 3834 \not\equiv 36 \pmod{9073}$$

即 $u=3834$，$v=36$。因此只需求

$$\gcd\{3834+36, 9073\} = 43$$

并由此得到 9073 的分解式

$$9073 = 43 \times 211$$

利用连分数分解整数的另一种**方法**的思路是：设 $\sqrt{n}$ 的简单连分数为 $\sqrt{n} = \langle x_0, x_1, x_2, \cdots \rangle$，令 $\dfrac{P_m}{Q_m} = \langle x_0, x_1, \cdots, x_{n-1}, x_m \rangle (n \geq 0)$ 为其第 m 个渐进分数，则有

$$P_m^2 - nQ_m^2 = (-1)^{m+1} R_{m+1}$$

即

$$P_m^2 \equiv (-1)^{m+1} R_{m+1} \pmod{n}$$

而 R_{m+1} 可用简单递归关系计算。于是，将 $(-1)^{m+1} R_{m+1}$ 在给定的因子基上分解，给出相应的指数向量，并选出一组模 2 相关的向量组，使得 $u^2 \equiv v^2 \pmod{n}$ 即可。1975 年，Brillhart 和 Morrison 用连分数法在计算机上成功地分解了费马数 $F_7 = 2^{2^7} + 1 = 2^{128} + 1$，它是一个 17 位的素数和一个 22 位素数的乘积。

8.5.8 二次筛法

1983 年，Pomerance（鲍门伦斯）提出了分解整数的二次筛法。

二次筛法是对连分数法的改进。连分数法在给定的因子基上分解 $(-1)^{m+1} R_{m+1}$ 时，用试除法，使得计算量可能很大。

思路：选定一组因子基 $p_1, p_2, \cdots, p_B$。该法与 Kraitchik 法一样，通过在因子基上分解诸整数 $Q(x) = x^2 - n (x = \lfloor \sqrt{n} \rfloor + 1, \lfloor \sqrt{n} \rfloor + 2, \cdots)$ 来寻找 u 和 v，以满足 $u^2 \equiv v^2 \pmod{n}$ 且 $u \not\equiv \pm v \pmod{n}$，从而利用 u 和 v 来分解 n。显然设 $p \nmid n$，当 p 是奇素数时，存在整数 x 使 $p \mid Q(x)$ 的充分必要条件是 $\left(\dfrac{n}{p}\right) = 1$（因为此时有 $p \mid x^2 - n$，即 $x^2 \equiv n \pmod{p}$ 成立，所以 n 是 p 的二次剩余）。这样，对因子基中的奇素数 p_i，若 $\left(\dfrac{n}{p_i}\right) = -1$，则不选。

二次筛法的算法步骤如下：

(1) 对因子基中的每个素数 p，用 p 去除 $Q(x) = x^2 - n(x = \lfloor \sqrt{n} \rfloor + 1, \lfloor \sqrt{n} \rfloor + 2, \cdots, \lfloor \sqrt{n} \rfloor + p)$，对能被 p 整除的那些值，算出 $\dfrac{Q(x)}{p}$（因子基中所选的 p 必须使得其能至少整除其中一个 $Q(x)$）。

(2) 若有 x_0 使 $p \mid Q(x_0)$，又 $p \mid Q(x_0 + kp)$，所以其后第 kp 个值自动地被 p 整除（$k = 1, 2, 3, \cdots$）。

第 8 章 素性测试和整数分解

(3) 用(1)和(2)对 $Q(x)$ 进行"筛选",直到这些值最后完全被分解,其所有素因数在因子基中。

(4) 筛法不仅可以对 $Q(x)=x^2-n$ 进行,也可以对更一般的二次多项式 $Q(ax+b)=(ax+b)^2-n$ 进行,这样就可以把计算工作分散到不同的计算机上去做。

(5) 给出相应的 $F_2=\{0,1\}$ 上的指数向量,得到一个 F_2 上的矩阵,求出其线性相关部分。

【例 8.5.10】 用二次筛法分解 $n=4033$。

解 在 $p\leqslant 19$ 的素数中,除了 $\left(\dfrac{4033}{5}\right)=\left(\dfrac{4033}{11}\right)=-1$ 之外,其余均有 $\left(\dfrac{4033}{p}\right)=1$,故可选因子基为 $B=\{2,3,7,13,17,19\}$。从 $x_1=\lfloor\sqrt{n}\rfloor+1=\lfloor\sqrt{4033}\rfloor+1=64$ 开始,计算 $r_i=Q(x_i)=x_i^2-n$ 的值并在 B 上进行分解,结果如表 8.5.3 所示,其中 $x_i=\lfloor\sqrt{n}\rfloor+i=\lfloor\sqrt{4033}\rfloor+i=63+i(i=0,1,2,\cdots)$。

表 8.5.3 筛 选 结 果

x	x^2-n	2	3	7	13	17	19	筛选结果	分解结果
64	63	—	21	3	—	—	—	3	$3^2 \cdot 7$
65	192	96	32	—	—	—	—	32	$2^6 \cdot 3$
66	323	—	—	—	—	19	1	1	$17 \cdot 19$
67	456	228	76	—	—	—	4	4	$2^3 \cdot 3 \cdot 19$
68	591	—	197	—	—	—	—	197	—
69	728	364	—	52	4	—	—	4	$2^3 \cdot 7 \cdot 13$
70	869	—	289	—	—	17	—	17	$3 \cdot 17^2$
71	1008	504	168	24	—	—	—	24	$2^4 \cdot 3^2 \cdot 7$
72	1151	—	—	—	—	—	—	1151	—

如果筛选结果剩下的数很小,这些数在因子基上已经分解成功,其对应指标向量构成 F_2 上的矩阵

$$
\begin{array}{c}
\quad 2\ \ 3\ \ 7\ \ 13\ \ 17\ \ 19 \\
\begin{array}{c}64\\65\\66\\67\\69\\70\\71\end{array}
\begin{pmatrix}
0 & 0 & 1 & 0 & 0 & 0 \\
0 & 1 & 0 & 0 & 0 & 0 \\
0 & 0 & 0 & 0 & 1 & 1 \\
1 & 1 & 0 & 0 & 0 & 1 \\
1 & 0 & 1 & 1 & 0 & 0 \\
0 & 1 & 0 & 0 & 0 & 0 \\
0 & 0 & 1 & 0 & 0 & 0
\end{pmatrix}=A
\end{array}
$$

显然，矩阵 A 的部分行向量之间满足以下关系：
$$b(64)+b(71)=(0,0,1,0,0,0)+(0,0,1,0,0,0)\equiv(0,0,0,0,0,0)\pmod 2$$
$$b(65)+b(70)=(0,1,0,0,0,0)+(0,1,0,0,0,0)\equiv(0,0,0,0,0,0)\pmod 2$$
可分别得出
$$(64 \cdot 71)^2 - (2^2 \cdot 3^2 \cdot 7)^2 \equiv 0 \pmod{4033}$$
$$(65 \cdot 70)^2 - (2^3 \cdot 3 \cdot 17)^2 \equiv 0 \pmod{4033}$$
于是利用上两式中的任一个，即可完成 4033 的分解。例如选第一个等式，则有
$$4544^2 - 252^2 \equiv 0 \pmod{4033}$$
即
$$(4544-252)(4544+252) \equiv 0 \pmod{4033}$$
从而有
$$(4544-252, 4033) = 37$$
故
$$4033 = 37 \cdot 109$$

二次筛法比连分数法的分解速度更快一些。1994 年，众多的计算数论专家利用 Internet 网共同分解了在 1977 年提出的一个有关 RSA 公钥密码筛法的 129 位数，它是一个 64 位素数和一个 65 位素数的乘积。当时的分解算法用的是二次筛法，其因子基有 524 339 个素数，最后经过处理，其对应的 0，1 矩阵 A 还是相当大，共有 188 346 行、188 146 列，但不管怎样，最终还是分解成功。

1988 年，Pollard 提出了整数分解的数域筛法。其思想是通过一些代数数域的代数整数环求 $u^2 \equiv v^2 \pmod n$。1990 年，人们用数域筛法成功地分解了费马数 $F_9 = 2^{2^9}+1$，其中分解了一个 148 位的合数。然而，F_9 是一个特殊形状的合数，所以用二次筛法分解的有关 RSA 的 129 位数，仍然保持着这方面的记录。直到 1996 年，一个大的工作队伍用数域筛法分解了一个 130 位的 RSA 数，这表明分解超过 130 位的整数用数域筛法比用二次筛法更好。

8.5.9 $p-1$ 法

$p-1$ 法由 Pollard 于 1974 年提出，是整数分解的一个重要方法。

思想： 设 n 是一个给定的合数，p 是一个素数且满足 $p|n$。那么，对任意整数 a，若 $(a, p)=1$，则由 Fermat 小定理知 $a^{p-1} \equiv 1 \pmod p$。再由同余的性质，若 $(p-1)|M$，则 $a^M \equiv 1 \pmod p$，故 $p|(a^M-1, n)$，或者 $p|((a^M-1)_n, n)$（由最大公因数性质 1.3.6 知，$(a^M-1, n) = ((a^M-1)_n, n)$），其中 $(a^M-1)_n$ 是由定义 1.1.3 规定的 a^M-1 除以 n 的非负余数。这说明
$$((a^M-1)_n, n) > 1$$

此时，如果$((a^M-1)_n, n) \neq n$，则$d = ((a^M-1)_n, n)$就是n的一个真因数。

由于通常n的素因数p并不知道，所以问题转化为如何选择尽可能小的正整数M，使得$(p-1) | M$。而当n具有较小的素因数p时，可设$p-1 \leq B$，那么，必存在$k (1 \leq k \leq B)$，使$(p-1) | k!$，这样可取$M = k!$。因此，可连续计算

$$(a^{i!}-1)_n \equiv a^{i!}-1 \pmod{n}, \quad i = 1, 2, \cdots, B$$

以找到符合要求的k。

【例 8.5.11】 用 $p-1$ 法分解整数 $n = 2479$。

解 选 $a = 2$，计算 $(2^{i!}-1)_{2479}$ 和 $((2^{i!}-1)_{2479}, 2479)$，可得

$$(2^{1!}-1)_{2479} = 1, (1, 2479) = 1$$
$$(2^{2!}-1)_{2479} = 3, (3, 2479) = 1$$
$$(2^{3!}-1)_{2479} = 63, (63, 2479) = 1$$
$$(2^{4!}-1)_{2479} = 1882, (1882, 2479) = 1$$
$$(2^{5!}-1)_{2479} = 617, (617, 2479) = 1$$
$$(2^{6!}-1)_{2479} = 222, (222, 2479) = 37$$

即 37 是 2479 的一个真因数。而

$$\frac{2479}{37} = 67$$

故

$$2479 = 37 \cdot 67$$

因数 37 是在第 6 步发现的，即 $p = 37$，$p - 1 = 36 = 2^2 \cdot 3^2$，$36 \nmid 5!$，但 $36 | 6!$，因此 $37 | 2^{6!}-1$。

如果在发现n的非平凡因子之前，就出现$(a^{i!}-1)_n = 0$，则说明此a对解决问题无益，遇此情况可以换一个a值继续。

如果n较大，$((a^{i!}-1)_n, n)$常常为1，因此不需要每步都算。若令

$$r_i \equiv 2^{i!} \pmod{n}$$

则

$$r_{i+1} \equiv r_i^{i+1} \pmod{n}$$

于是可设

$$S_1 = ((r_1-1)(r_2-1)\cdots(r_{10}-1))_n, S_2 = ((r_{11}-1)(r_{12}-1)\cdots(r_{20}-1))_n, \cdots$$

则通过计算(S_1, n)，(S_2, n)，$\cdots$，可以提高计算速度。

有时，也可用最小公倍数$[1, 2, \cdots, i]$来替代$i!$。

对于某些合数n，它含有这样一些素因数p，使$p-1$为较多小素数的乘积。这样的n，用$p-1$法分解往往比用连分数法或二次筛法更有效。

习 题 8

1. 用 Wilson 定理判断下列整数的素性：
(1) 17；(2) 39；(3) 49。

2. 用 AKS 定理判断下列整数的素性：
(1) 13；(2) 21；(3) 35。

3. 验证：91 是对于基 3 的伪素数。

4. 验证：45 是对于基 17 和基 19 的伪素数。

5. 证明：如果费马数 $F_n = 2^{2^n} + 1$ 是一个合数，则 F_n 是对于基 2 的伪素数。

6. 证明：如果 p 是一个素数，且 $2^{p-1} - 1$ 是一个合数，则 $2^{p-1} - 1$ 是对于基 2 的伪素数，并举例说明。

7. 证明以下结论：
(1) n 是对于基 b 的伪素数的充分必要条件是 $\mathrm{ord}_n(b) | n - 1$；
(2) 若 n 是对于基 b_1 和 b_2 的伪素数，则 n 是对于基 $b = b_1 b_2$ 的伪素数；
(3) 若 n 是对于基 b 的伪素数，则 n 是对于基 b^{-1} 的伪素数。

8. 证明以下整数是 Carmichael 数：
(1) 1105；(2) $2821 = 7 \cdot 13 \cdot 31$；(3) $27\,845 = 5 \cdot 17 \cdot 29 \cdot 113$。

9. 验证：561 是对于基 2 的 Euler 伪素数。

10. 证明：如果整数 n 是对于基 b_1、b_2 的 Euler 伪素数，则 n 是对于基 $b = b_1 b_2$ 的 Euler 伪素数。

11. 验证：25 是对于基 7 的强伪素数。

12. 验证：1 373 653 是对于基 2 和 3 的强伪素数。

13. 验证：25 326 001 是对于基 2、3、5 的强伪素数。

14. 验证：1387 是对于基 2 的伪素数，但不是对于基 2 的强伪素数。

15. 证明：若 n 是奇合数，则当 $b = 1$ 或 $b = n - 1$ 时，其 Miller-Rabin 测试结果为"通过"。

16. 判断 823 001 是否是素数。

17. 针对中国古代测试素数的方法(即 n 是素数的充分必要条件是 $n | 2^n - 2$)，完成以下问题：
(1) 给出至少 5 个满足上述条件的奇素数；
(2) $n = 2$ 时条件显然为真，证明 n 是奇素数时条件也为真(即必要性成立)；
(3) 能否给出满足 $n | 2^n - 2$ 的最小的奇合数；
(4) 验证 $2^{341} \equiv 2 \pmod{341}$ ($341 = 11 \cdot 31$)，从而说明该方法的充分性不成立。

18. 用 Fermat 方法或拓展的 Fermat 方法分解以下整数：
(1) 2573； (2) 18 209； (3) 164 009； (4) 549 077； (5) 1 070 549。

19. 用 Legendre 方法分解整数 4031 和 20 303。

20. 用 Pollard 方法分解整数 1079 和 2183。

21. 用 Kraitchik 方法或 B 基数法分解整数 3959 和 159 413。

22. 用连分数法分解整数 221 和 979。

23. 用二次筛法分解整数 17 819 和 87 463。

24. 用 $p-1$ 法分解整数 115 943。

25. 分解费马数 $F_5 = 2^{2^5} + 1$。

26. 分解 $R_{17} = \underbrace{11\cdots1}_{17\text{位}}$。

第 9 章 有 限 域

普通代数研究的对象是数,其运算主要是数的普通运算,即通常所说的数的加、减、乘、除、开方等算术运算。

抽象代数(近世代数)研究的对象已由数扩大到包括不是数的事物,其研究的内容是代数系统,即在若干事物之间可以像数那样,有一定的代数结构和运算规律。

抽象代数研究的是带有运算的集合,及代数结构的性质,其有关结论在通信、计算机、网络和信息安全等领域里都有很多应用。

抽象代数最基本的概念主要有群、环、域,其中应用比较广泛的是有限域理论和方法。

本章主要从抽象代数的基本概念和理论出发,重点介绍与数论相关的有限域理论及其应用,即元素个数有限时的群、环、域的概念及其性质和应用。

9.1 集合及其运算

9.1.1 集合

【定义 9.1.1】 若干(有限或无限多个)固定事物的全体称做一个**集合**。组成一个集合的事物叫做这个集合的**元素**(简称元)。没有元素的集合称为**空集合**。一个集合 A 可以表示为

$$A = \{a, b, c, \cdots\}$$

其中,$a, b, c, \cdots$ 是集合 A 的元素。

若 a 是集合 A 的元素,则称 a **属于** A,则记为 $a \in A$;若 a 不属于集合 A,则记为 $a \notin A$。

【定义 9.1.2】 若集合 B 的所有元素都属于集合 A,则称集合 B 是集合 A 的**子集**,记为 $B \subset A$,否则集合 B 不是集合 A 的子集。

若集合 A 和集合 B 所含的元素完全一样,那么集合 A 和集合 B 表示的是同一集合,称集合 A **等于** B,记为 $A = B$。

【定义 9.1.3】 设 A 和 B 为两个集合,则

(i) 由 A 和 B 的所有共同元素组成的集合,称为 A 与 B 的**交集**,记为 $A \cap B$ 或 AB;

(ii) 由至少属于 A 或 B 之一的元素组成的集合,称为 A 与 B 的**并集**或**和集**,记为 $A \cup B$ 或 $A + B$;

(iii) 由属于 A 而不属于 B 的元素组成的集合,称为 A 与 B 的**差集**,记为 $A-B$。
由定义易知:
$$A-B=A-AB$$

【**定义 9.1.4**】 令 $A_1, A_2, \cdots, A_n$ 是 n 个集合,由一切从 $A_1, A_2, \cdots, A_n$ 中按顺序取出的元素 $(a_1, a_2, \cdots, a_n)(a_i \in A_i)$ 所构成的集合称为集合 $A_1, A_2, \cdots, A_n$ 的**积集**(或 **Descartes**(笛卡尔乘积)),记为
$$A_1 \times A_2 \times \cdots \times A_n$$
即
$$A_1 \times A_2 \times \cdots \times A_n = \{(a_1, a_2, \cdots, a_n) \mid a_i \in A_i; i=1, 2, \cdots, n\}$$
若 $A_1 = A_2 = \cdots = A_n = A$,则记 $A_1 \times A_2 \times A_3 \times \cdots \times A_n$ 为 A^n。

9.1.2 映射

【**定义 9.1.5**】 设有一个法则 ϕ,使得对于集合 $A_1 \times A_2 \times \cdots \times A_n$ 中的任何一个元素 $(a_1, a_2, \cdots, a_n)$,在集合 D 中有唯一的一个元素 d 与之对应,则称此法则 ϕ 为集合 $A_1 \times A_2 \times \cdots \times A_n$ 到集合 D 的一个**映射**,记为
$$\phi: A_1 \times A_2 \times \cdots \times A_n \to D$$
其中元素 d 称为元素 $(a_1, a_2, \cdots, a_n)$ 在映射 ϕ 之下的**像**;元素 $(a_1, a_2, \cdots, a_n)$ 称为元素 d 在 ϕ 之下的**原像**(或**逆像**)。

一个映射常用以下符号来描述:
$$\phi: (a_1, a_2, \cdots, a_n) \to d \text{ 或 } d = \phi(a_1, a_2, \cdots, a_n) \text{ 或 } (a_1, a_2, \cdots, a_n) \xrightarrow{\phi} d$$

关于映射,需要说明的是:

(1) 集合 $A_1, A_2, \cdots, A_n$ 及 D 中可能有几个是相同的,例如 $A_1 = A_2 = \cdots = A_n = D = \mathbf{R}$(所有实数构成的集合),对应的映射如
$$\phi: (a_1, a_2, \cdots, a_n) \to a_1^2 + a_2^2 + \cdots + a_n^2$$
或者
$$\phi(a_1, a_2, \cdots, a_n) = a_1^2 + a_2^2 + \cdots + a_n^2$$
这时,ϕ 是一个 $\mathbf{R} \times \mathbf{R} \times \cdots \times \mathbf{R}$ 到 $\mathbf{R}$ 的映射,也称为 $\mathbf{R}^n$ 到 $\mathbf{R}$ 的映射。

(2) 一般情况下,$A_1, A_2, \cdots, A_n$ 的次序不能掉换,只有当 $A_1 = A_2 = \cdots = A_n$ 时,映射 ϕ 才与它们的次序无关。

(3) 映射 ϕ 一定要替每一个元素 $(a_1, a_2, \cdots, a_n)$ 规定一个像 d。

(4) 一个元素只能有唯一的一个像。

(5) 所有的像必须是 D 的元素,但允许其是 D 的一部分元素,即不要求 D 的每一个元素都有原像。也就是说,D 的部分元素可能没有原像。

【定义 9.1.6】 设 ϕ_1 和 ϕ_2 是集合 $A_1 \times A_2 \times \cdots \times A_n$ 到集合 D 的两个映射,若对任何一个元素 $(a_1, a_2, \cdots, a_n)$ 都有
$$\phi_1(a_1, a_2, \cdots, a_n) = \phi_2(a_1, a_2, \cdots, a_n)$$
则称映射 ϕ_1 和 ϕ_2 是**相同的**。

注意:这里强调的"相同",是指映射的结果相同,而 ϕ_1 和 ϕ_2 的表达形式是否相同无关紧要。

【定义 9.1.7】 设 ϕ 是集合 A 到集合 $\overline{A}$ 的一个映射,若集合 $\overline{A}$ 中的每一个元素都至少是集合 A 中某一元素的像,则称 ϕ 为集合 A 到集合 $\overline{A}$ 的一个**满射**。

满射的本质就是像集合的每个元素至少有一个原像。例如,集合 $A=\{1, 2, 3, 4, 5, 6\}$,集合 $\overline{A}=\{奇, 偶\}$,则
$$\phi: 1, 3, 5 \to 奇;\ 2, 4, 6 \to 偶$$
就是一个集合 A 到集合 $\overline{A}$ 的满射。

【定义 9.1.8】 设 ϕ 是集合 A 到集合 $\overline{A}$ 的一个映射,并设当 $a, b \in A$,$\overline{a}, \overline{b} \in B$ 时,有 $a \xrightarrow{\phi} \overline{a}$,$b \xrightarrow{\phi} \overline{b}$,那么,若有
$$a \neq b \Rightarrow \overline{a} \neq \overline{b}$$
则称 ϕ 为集合 A 到集合 $\overline{A}$ 的一个**单射**。

单射的本质在于原像集合 A 中不同的元素在像集合 $\overline{A}$ 中的像不同。

【定义 9.1.9】 设 ϕ 是集合 A 到集合 $\overline{A}$ 的一个映射,若 ϕ 既是满射又是单射,则称其为集合 A 到集合 $\overline{A}$ 的一个**一一映射**。

在集合 A 与集合 $\overline{A}$ 的一个一一映射之下,集合 $\overline{A}$ 中的每一个元素都是而且仅是集合 A 中一个元素的像。

例如:集合 $A=\{1, 2, 3, \cdots\}$,集合 $\overline{A}=\{2, 4, 6, \cdots\}$,则
$$\phi: k \to 2k;\ k=1, 2, \cdots$$
是集合 A 到集合 $\overline{A}$ 的一个一一映射。

【定理 9.1.1】 设 ϕ 是集合 A 到集合 $\overline{A}$ 的一个一一映射,且有 $a \xrightarrow{\phi} \overline{a}$($a \in A$,$\overline{a} \in \overline{A}$),则同时存在一个集合 $\overline{A}$ 到集合 A 的一一映射,将 $\overline{a}$ 映射为 a。称该映射为映射 ϕ 的**逆映射**,记为 ϕ^{-1}。

证 首先利用 ϕ 构造一个集合 $\overline{A}$ 到集合 A 的映射 ϕ^{-1},即利用 ϕ 替集合 $\overline{A}$ 中的每一个元素 $\overline{a}$ 规定一个唯一的在集合 A 中的像。显然,只要规定
$$\phi^{-1}: \overline{a} \to a = \phi^{-1}(\overline{a}),\ 如果 \overline{a} = \phi(a)$$
即可。

易证 ϕ^{-1} 是集合 $\overline{A}$ 到集合 A 的一个一一映射。

定理 9.1.1 说明,对于存在一一映射的集合 A 和集合 $\overline{A}$ 来说,ϕ 与 ϕ^{-1} 总是同时存

在的。

9.1.3 代数运算

【**定义 9.1.10**】 一个 $A \times B$ 到 D 的映射称为一个 $A \times B$ 到 D 的**代数运算**。

代数运算是一个特殊的映射，它一方面有 A 和 B 两个集合，另一方面和一个集合 D 发生关系。也就是说，所给代数运算能够对 $a(a \in A)$ 和 $b(b \in B)$ 进行运算，而得到一个 D 的元素 d，这正是普通运算的特征。例如，数的普通加法就是把任意两个数加起来，从而得到另一个数。

两个元素 a 和 b 的代数运算可用符号"。"来表示，即
$$d = a \circ b$$
例如：$A = \{1, 2\}$，$B = \{1, 2\}$，$D = \{奇, 偶\}$，则 $A \times B$ 到 D 的映射就是代数运算，可以定义为
$$1 \circ 1 = 奇, 2 \circ 2 = 奇, 1 \circ 2 = 奇, 2 \circ 1 = 偶$$
注意：只有在 $A = B$ 的情况下，A、B 的次序才与代数运算无关，这时，$A \times B$ 到 D 的代数运算也是 $B \times A$ 到 D 的代数运算。但是 A 和 B 的次序掉换并不意味着 $a \circ b = b \circ a$ ($a \in A$, $b \in B$)，它仅说明 $a \circ b$ 和 $b \circ a$ 都有意义。正如上例所示
$$1 \circ 2 = 奇, 2 \circ 1 = 偶$$
至于是否有 $a \circ b = b \circ a$，则是由所给的映射 ϕ 决定的，与 A 和 B 的次序并无关系。

最常用的代数运算是 $A \times A$ 到 A 的代数运算，在这样的一个代数运算之下，可以对 A 的任意两个元素加以运算，而结果还是在 A 中。为此有如下定义：

【**定义 9.1.11**】 设 "。" 是一个 $A \times A$ 到 A 的代数运算，则称集合 A 对于代数运算 "。" 是**封闭的**。

9.1.4 同构映射

【**定义 9.1.12**】 设 ϕ 是集合 A 与集合 $\overline{A}$ 间的一个——映射，$\circ$ 与 $\overline{\circ}$ 分别是集合 A 与集合 $\overline{A}$ 的代数运算。若对于 $\forall a, b \in A$，$\overline{a}, \overline{b} \in \overline{A}$ 且 $a \to \overline{a}$，$b \to \overline{b}$，有
$$a \circ b \to \overline{a} \,\overline{\circ}\, \overline{b}$$
则称 ϕ 是对于代数运算 $\circ$ 与 $\overline{\circ}$ 来说 A 与 $\overline{A}$ 之间的一个**同构映射**（简称**同构**）。此时，也称集合 A 与集合 $\overline{A}$ **同构**，记为 $A \cong \overline{A}$。

同构映射的本质是：记 $c = a \circ b \in A$，则按照映射 ϕ 的对应关系，c 在 $\overline{A}$ 中的像元素为 $\overline{c}$。若 ϕ 是同构映射，则必有 $\overline{c} = \overline{a} \,\overline{\circ}\, \overline{b}$（即 $\overline{a \circ b} = \overline{a} \,\overline{\circ}\, \overline{b}$）；否则，未必有 $\overline{c} = \overline{a} \,\overline{\circ}\, \overline{b}$。进一步地，如果将运算 $\circ$ 称为集合 A 的乘法运算，将 $\overline{\circ}$ 称为集合 $\overline{A}$ 的乘法运算，则同构就意味着乘积的像等于像的乘积。

【**例 9.1.1**】 设集合 $A = \{1, 2, 3\}$，集合 $\overline{A} = \{4, 5, 6\}$，集合 A 与集合 $\overline{A}$ 的代数运算

$\circ$ 与 $\bar{\circ}$ 如下：

$\circ$	1	2	3
1	3	3	3
2	3	3	3
3	3	3	3

$\bar{\circ}$	4	5	6
4	6	6	6
5	6	6	6
6	6	6	6

且规定映射 $\phi: 1 \to 4, 2 \to 5, 3 \to 6$。试证明 ϕ 是集合 A 与集合 $\bar{A}$ 的同构映射。

证 因为对 $\forall a, b \in A$，$\bar{a}, \bar{b} \in \bar{A}$ 且 $a \to \bar{a}, b \to \bar{b}$，始终有
$$a \circ b = 3 \to 6 = \bar{a} \bar{\circ} \bar{b}$$
故 ϕ 是集合 A 与集合 $\bar{A}$ 的同构映射。

【**例 9.1.2**】 设整数 $m > 1$，集合 $Z = \{$全部整数$\}$，$\bar{Z} = \{mk \mid k \in Z\}$，$Z$ 和 $\bar{Z}$ 的代数运算 $\circ$ 和 $\bar{\circ}$ 均为整数的普通加法运算，且给定映射 $\phi: k \to mk$。试证明在映射 ϕ 之下，集合 Z 与集合 $\bar{Z}$ 是同构的。

证 映射 ϕ 的一一对应性是显然的。

设 $a, b \in Z$，$a = k_1$，$b = k_2$，则按照映射 ϕ，其在 $\bar{Z}$ 中的像元素分别为 $\bar{a} = mk_1$，$\bar{b} = mk_2$。又设 $c = a \circ b$，则 $c = k_1 + k_2$，从而 $\bar{c} = \phi(c) = m(k_1 + k_2)$。又
$$\bar{a} \bar{\circ} \bar{b} = mk_1 + mk_2 = m(k_1 + k_2) = \bar{c}$$
所以集合 Z 与集合 $\bar{Z}$ 是同构的。

【**例 9.1.3**】 设集合 $\bar{Z} = Z = \{$全部整数$\}$，Z 和 $\bar{Z}$ 的代数运算 $\circ$ 和 $\bar{\circ}$ 均为整数的加法运算，且给定映射 $\phi: k \to k + r$。证明：当 $r \neq 0$ 时，ϕ 是集合 Z 与集合 $\bar{Z}$ 之间的一个一一映射，但不是同构映射。

证 显然，映射 ϕ 是一个一一映射。

设 $a, b \in Z$，$a = k_1$，$b = k_2$，则按照映射 ϕ，其在 $\bar{Z}$ 中的像元素分别为 $\bar{a} = k_1 + r$，$\bar{b} = k_2 + r$。又设 $c = a \circ b$，则 $c = k_1 + k_2$，从而 $\bar{c} = \phi(c) = (k_1 + k_2) + r = k_1 + k_2 + r$。但
$$\bar{a} \bar{\circ} \bar{b} = (k_1 + r) + (k_2 + r) = k_1 + k_2 + 2r \neq \bar{c}$$
所以 ϕ 不是集合 Z 与集合 $\bar{Z}$ 的同构映射。

同理，读者还可证明集合 $A = \{$全部非负整数$\} = \{0, 1, 2, \cdots\}$ 到集合 $\bar{A} = \{$全体平方数$\} = \{0, 1, 4, 9, \cdots\}$ 的映射 $\phi: k \to k^2$ 是集合 A 与集合 $\bar{A}$ 之间的一个一一映射，但当 $\circ$ 和 $\bar{\circ}$ 为整数的加法时，不是同构映射；而当 $\circ$ 和 $\bar{\circ}$ 为整数的乘法时，则为一个同构映射。

可以看出，若 ϕ 是集合 A 到集合 $\bar{A}$ 的同构映射，则 ϕ^{-1} 也是集合 $\bar{A}$ 到集合 A 的同构映射。因为在 ϕ^{-1} 之下，只要规定
$$\phi^{-1}: \bar{a} \to a, \bar{b} \to b$$
就有

$$\overline{a \circ b} \to \overline{a} \circ \overline{b}$$

因此同构与集合 A 和集合 $\overline{A}$ 的次序没有多大关系。

同构在比较集合时有非常好的效果。因为在集合 A 与集合 $\overline{A}$ 同构的条件下,集合 A 如果有一个性质,这个性质完全可以用所规定的 $\circ$ 计算得来,那么集合 $\overline{A}$ 也必有一个完全类似的性质;反过来,集合 $\overline{A}$ 的一个由 $\overline{\circ}$ 决定的性质也确定了集合 A 的一个类似的性质。也就是说,如果集合 A 与集合 $\overline{A}$ 同构,那么集合 A 与集合 $\overline{A}$ 只是形式上的区别(二者可能所含元素不同),而没有本质上的区别(二者具有完全相同的性质)。所以利用同构映射是研究比较两个集合最有效的工具之一,即人们只需深入研究一个集合就可得到与其同构的所有集合的性质。

9.2 群

【定义 9.2.1】 一个非空集合 G 对于一个称为乘法的代数运算"$\circ$"来说构成一个**群**(Group),假如对任意 $a, b, c \in G$,满足:

(i) **乘法封闭性**:$a \circ b \in G$;

(ii) **结合律**:$a \circ (b \circ c) = (a \circ b) \circ c$;

(iii) **单位元**:G 中至少存在一个元素 e,满足 $e \circ a = a \circ e = a$;

(iv) **逆元素**:G 中每个元素 a,都至少存在一个属于 G 中的元素 a^{-1},使得 $a \circ a^{-1} = a^{-1} \circ a = e$。

由定义 9.2.1 定义的群 G 也称为**乘法群**(简称**乘群**)。

所以,乘法群的概念可以归纳如下:

$$\text{群} = \text{非空集合 } G + \text{乘法运算} \begin{cases} (M1) \text{封闭性} \\ (M2) \text{结合律} \\ (M3) \text{单位元} \\ (M4) \text{逆元} \end{cases}$$

为简单起见,记代数运算 $a \circ b$ 为 ab。

按照结合律的要求,当群中多个元素进行运算时,只要不改变参与运算的元素的相对排列次序,运算结果就与这些元素的运算次序(不是排列次序)无关,例如:

$$abcd = a(b(cd)) = a((bc)d) = (ab)(cd)$$

另外,为方便计,将群中单个元素 a 自身的连乘积 $\underbrace{aa \cdots a}_{n\text{个}}$ 记为 a^n,其中规定 $a^0 = e$(单位元)。

【定义 9.2.2】 设 G 为一个群,如果把 G 的元素间的代数运算称为加法,并记为 $a + b$,

则称 G 为**加法群**(简称**加群**)。

在加群中只是把乘群的乘法运算改为加法。如果有 $a,b,c \in G$,则加群的四条性质可描述如下:

(1) 加法封闭性:$a+b=c \in G$;

(2) (加法)结合律:$(a+b)+c=a+(b+c)$;

(3) 零元:存在元素 0(对应乘法中的单位元 e),$\forall a \in G$,有 $0+a=a+0=a$;

(4) 负元:对 G 中的每一个元素 a,存在一个元素 $-a \in G$(对应于乘法中的逆元素 a^{-1}),使 $a+(-a)=(-a)+a=0$。

所以,加群的概念可以归纳如下:

$$\text{加群}=\text{集合 }G+\text{加法运算}\begin{cases}\text{(A1)加法封闭性}\\\text{(A2)加法结合律}\\\text{(A3)加法单位元(零元)}\\\text{(A4)加法逆元(负元)}\end{cases}$$

例如,全体整数对普通加法构成群,全体实数对普通加法也构成群,而全体非 0 实数对普通乘法也构成群。这里的普通加法和普通乘法就是代数运算。

对于加群,还可以定义元素的减法,即 $\forall a,b \in G$,定义

$$a-b=a+(-b)$$

【**例 9.2.1**】 设 Q' 为全体非零有理数集合,验证 Q' 对于运算 $a \circ b=\dfrac{ab}{3}$ 构成一个群(其中 $\dfrac{ab}{3}$ 为通常算术意义上的普通乘除运算)。

证 (1) 封闭性:

$$a \circ b=\frac{ab}{3} \in Q$$

(2) 结合律:

$$(a \circ b) \circ c=\frac{ab}{3} \circ c=\frac{(ab/3)c}{3}=\frac{abc}{9}=\frac{a(bc/3)}{3}=\frac{a(b \circ c)}{3}=a \circ (b \circ c)$$

(3) 单位元:

$$e=3,\ a \circ 3=\frac{a \times 3}{3}=a,\ 3 \circ a=\frac{3 \times a}{3}=a$$

(4) 逆元素:

$$a^{-1}=\frac{9}{a},\ a \circ a^{-1}=\frac{a \times (9/a)}{3}=3=\frac{(9/a) \times a}{3}=a^{-1} \circ a$$

加群和乘群的主要区别在于乘群中不允许有零元素存在,因为零元素对乘法来说是没有逆元素的,而在加群中零元素的存在是加群成立的必要条件,且其逆元素在加群中就是

负元素，所以 0 的负元素就是它自身。

【定义 9.2.3】 一个群 G 对于它的代数运算，若交换律成立，即 $\forall a,b\in G$，都有
$$ab=ba \quad \text{或} \quad a+b=b+a$$
则称 G 为**交换群**或 **Abel(阿贝尔)群**。

如果群 G 的元素个数有限，则称为**有限群**，否则称为**无限群**。群中所含元素的个数称为群的**阶**，记为 $|G|$。

【定义 9.2.4】 群 G 中的元素 a，能使
$$a^r = e$$
成立的最小正整数 r 叫做元素 a 的**阶**。若这样的 r 不存在，则称 a 的阶是**无限的**。

注意：一个群 G 的阶和 G 中元素 a 的阶的概念是不同的。例如：方程 $x^3=1$ 的三个根构成的集合 $G=\left\{x_1=1,\ x_2=\dfrac{-1+\mathrm{i}\sqrt{-3}}{2},\ x_3=\dfrac{-1-\mathrm{i}\sqrt{3}}{2}\right\}$ 对复数的普通乘法构成一个群，其中单位元为 $e=x_1=1$，x_1 的逆元素是 x_1 本身，x_2 和 x_3 互为逆元素，而且 G 是一个可交换群，其阶数为 3，而元素 x_1 的阶则为 1，x_2 和 x_3 的阶均为 3。

【定理 9.2.1】 群具有以下性质：

(i) 单位元 e 唯一。

(ii) 逆元唯一。

(iii) 满足消去律：即对 $a,b,c\in G$，若 $ab=ac$，则 $b=c$(**左消去律**)；若 $ba=ca$，则仍有 $b=c$(**右消去律**)。

(iv) $a,b\in G$，则 $(ab)^{-1}=b^{-1}a^{-1}$，更一般地，有 $(ab\cdots c)^{-1}=c^{-1}\cdots b^{-1}a^{-1}$。

(v) 若 G 是有限群，则对任意 $a\in G$，必存在一个最小常数 r，使 $a^r=e$。此 r 就是元素 a 的阶，且由此还可得 $a^{-1}=a^{r-1}$。

证 (i) 设群 G 还有一个单位元 e'，则由单位元的定义知
$$e'=e'e=e$$

(ii) 若元素 a 除了逆元 a^{-1} 之外，还有一个逆元 a_1^{-1}，则由逆元的定义知
$$a^{-1}a=aa^{-1}=e,\ a_1^{-1}a=aa_1^{-1}=e$$
从而必有
$$a_1^{-1}=a_1^{-1}e=a_1^{-1}(aa^{-1})=(a_1^{-1}a)a^{-1}=ea^{-1}=a^{-1}$$

(iii) 直接由群的定义可得
$$ab=ac\Rightarrow a^{-1}(ab)=a^{-1}(ac)\Rightarrow (a^{-1}a)b=(a^{-1}a)c\Rightarrow eb=ec\Rightarrow b=c$$
$$ba=ca\Rightarrow (ba)a^{-1}=(ca)a^{-1}\Rightarrow b(aa^{-1})=c(aa^{-1})\Rightarrow be=ce\Rightarrow b=c$$

(iv) 设 $c=ab$，由定义知，$c^{-1}=(ab)^{-1}$。但由定义又知
$$c(b^{-1}a^{-1})=(ab)(b^{-1}a^{-1})=a(bb^{-1})a^{-1}=aea^{-1}=aa^{-1}=e$$
$$(b^{-1}a^{-1})c=(b^{-1}a^{-1})(ab)=b^{-1}(a^{-1}a)b=b^{-1}eb=b^{-1}b=e$$

再由性质(ii)知，$c^{-1}=(ab)^{-1}=b^{-1}a^{-1}$。

(v) 设 $|G|=n, a\in G$，并由 G 的定义知
$$\underbrace{aa\cdots a}_{i\text{个}}=a^i\in G, i=1, 2, \cdots, n+1$$

由抽屉原理(将 $n+1$ 个物品放入 n 个抽屉，则至少有一个抽屉的物品数不少于两个)知，必存在整数 m、k，满足 $1\leqslant m<k\leqslant n+1$，使得 $a^m=a^k$，即 $a^{k-m}=e$，令 $r=k-m$，则 $a^r=e$，即 $a\cdot a^{r-1}=e$，所以 $a^{-1}=a^{r-1}$。

【定义 9.2.5】 若群 G 的一个非空子集 G_0 对于 G 中的代数运算也构成一个群，则称 G_0 为 G 的**子群**。

【定理 9.2.2】 若 G_0 为群 G 的子群，则 $|G_0|$ 整除 $|G|$，即 $|G_0|\,|\,|G|$。

【例 9.2.2】 设元素 a 是乘法群 G 的一个 n 阶元素，试证明：

(1) $a^0, a^1, a^2, \cdots, a^{n-1}$ 是 G 中 n 个两两不同的元素，a 的任一次幂皆在其中；

(2) 令集合 $[a]=\{a^0, a^1, a^2, \cdots, a^{n-1}\}$，那么 $[a]$ 对于 G 中运算来说构成 G 的一个 n 阶交换子群。

证 (1) 用反证法。设 $a^0, a^1, a^2, \cdots, a^{n-1}$ 中有 $a^i=a^k$ 且 $0\leqslant i<k<n$，那么必有
$$a^{k-i}=e \text{ 且 } 0\leqslant k-i<n$$
即元素 a 的阶不超过 $k-i$，亦即 a 的阶小于 n，与题设矛盾。

其次，当 $0\leqslant i<n$ 时，a^i 自然在 $a^0, a^1, a^2, \cdots, a^{n-1}$ 中。而当 $i>n$ 时，做带余除法，有
$$i=qn+r, 0\leqslant r<n$$
从而
$$a^i=a^{qn+r}=(a^n)^q a^r=e^q a^r=a^r$$
即 a^i 也在 $a^0, a^1, a^2, \cdots, a^{n-1}$ 中。

(2) 由(1)的结论知 $[a]$ 中元素满足乘法封闭性，其乘法结合律和交换律显然成立，单位元为 $a^0=e$，每个元素 a^i 的逆存在且 $a^{-i}=a^{n-i}$。所以，$[a]$ 对于 G 中运算构成 G 的一个 n 阶交换子群。

【定义 9.2.6】 设 G 为 n 阶交换群。若有 $a\in G$，且使得
$$G=[a]=\{a^0, a^1, a^2, \cdots, a^{n-1}\}$$
则称 G 为 n 阶**循环群**，a 称为 G 的一个**生成元**。

所以，乘法群的循环性指的就是 $a^n=e$，以后凡是 a 的幂大于 n 的元素都重复 $[a]$ 中的元素。即 $m>n$ 时，有
$$a^m=a^{(m)_n}\in G$$

由循环群 G 衍生出来的另外一个问题就是，除了 G 的生成元 a 的阶为 n 外，其他元素的阶是多少？

【定理 9.2.3】 G 是一循环群，a 是 G 中一个 n 阶元素，k 为任一整数，则 a^k 的阶数为

$\frac{n}{(k,n)}$,而且 a^k 也是 n 阶元素的充分必要条件是 $(k,n)=1$。

9.3 环

群是具有一种代数运算的集合,但实际问题中往往需要定义两种运算,例如数的加法和乘法,故本节给出满足两种运算的集合——环。

9.3.1 环

【定义 9.3.1】 一个非空集合 R 称为**环**(Ring),假如在 R 上定义了分别称为乘法和加法的两种运算,且满足以下四条性质:

(i) R 对加法构成一个交换群;
(ii) 乘法封闭性,即 $\forall a, b \in G \Rightarrow ab \in G$;
(iii) 乘法结合律,即 $\forall a, b, c \in R \Rightarrow a(bc)=(ab)c$;
(iv) 乘法对加法满足分配律,即

　　左分配律:$a(b+c)=ab+ac$
　　右分配律:$(b+c)a=ba+ca$

实际上,环就是其中的元素定义了分别称为乘法和加法的两种运算,且满足八条运算性质的一个集合。此八条性质分别为:加法封闭性、加法结合律、加法单位元(零元)、加法逆元(负元)、加法交换律、乘法封闭性、乘法结合律和乘法对加法的分配律。环的概念也可归纳如下:

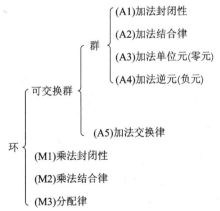

易知,全体整数关于普通加法和普通乘法构成一个环,全体偶数关于普通加法和乘法也构成一个环,更进一步,集合 $A_k=\{ki \mid i=0, \pm 1, \pm 2, \cdots\}$ ($k=1, 2, \cdots$)也关于普通加法和乘法构成一个环。

容易验证,所有实二阶方阵关于矩阵的加法和乘法构成环,且是一个不满足乘法交换律的环。

如果环 R 的元素个数有限,则称为**有限环**,否则称为**无限环**。环中所含元素的个数称为环的**阶**,记为 $|R|$。

【**定理 9.3.1**】 环的运算满足以下**运算定律**:

(i) $c(a-b)=ca-cb$, $(a-b)c=ac-bc$,即环中对负元也适合分配律;

(ii) $0a=a0=0$;

(iii) $(-a)b=a(-b)=-ab$;

(iv) $(-a)(-b)=ab$;

(v) 记 $\underbrace{aa\cdots a}_{n\text{个}}=a^n$,则对任何正整数 m、n,有 $a^m a^n=a^{m+n}$ 和 $(a^m)^n=a^{m\cdot n}$。

若环 R 对乘法运算满足交换律,则称其为**交换环**。

如果在环 R 内存在一个元素 e,它使得

$$ea=ae=a, \quad a \in R$$

则称 R 为**有单位元的环**。

例如,全体整数关于普通加法和乘法运算构成一个有单位元的交换环,而全体偶数关于普通加法和乘法运算构成一个交换环,但不是有单位元的环。

如果在环 R 内有两个元素 a、b 且 $a \neq 0$, $b \neq 0$,有

$$ab=0$$

则称 R 为**有零因子的环**,其中称 a 为 R 的**左零因子**,b 为 R 的**右零因子**。若环 R 内对乘法运算没有零因子,则称 R 为**无零因子的环**。

研究同余运算的目的之一就是构造有限环,尤其是有限的整数环。设 m 为正整数,令集合

$$Z_m=\{0, 1, \cdots, m-1\}$$

则 Z_m 中的数(元素)对普通加法和乘法不构成环,因为它首先满足不了封闭性条件。故有必要用其他方法规定 Z_m 中的加法和乘法运算,使之成为环。

设 $a, b \in Z_m$,若按模 m 的同余运算来规定 a 与 b 的加法和乘法,则由同余运算的性质,显然 Z_m 对这两种运算是封闭的。又由于 Z_m 适合乘法交换律,且 Z_m 中有唯一的单位元 $e=1$ 存在,所以 Z_m 是一个有单位元的交换环。

例如,集合 $Z_{12}=\{0, 1, \cdots, 11\}$ 关于模 12 的普通乘法和加法运算构成一个有单位元的交换环,但其中有零因子,如

$$3 \cdot 4 = 2 \cdot 6 \equiv 0 \pmod{12}$$

而 $Z_7=\{0, 1, \cdots, 6\}$ 则是一个无零因子的环。

【**定义 9.3.2**】 若环 R 的一个非空子集 R_0 对于 R 中的两种代数运算也构成一个环,

则称 R_0 为 R 的**子环**。

【**定理 9.3.2**】 环 R 的一个子集 R_0 构成 R 的子环的充分必要条件为
$$\forall a, b \in R_0 \Rightarrow a - b \in R_0 \text{ 且 } ab \in R_0$$

【**定义 9.3.3**】 含有乘法单位元"1"而无零因子的交换环称为**整环**。

例如，整数集合 $\mathbf{Z}$ 关于数的普通加法和乘法构成一个整环；所有偶数关于数的加法和乘法构成环，但没有单位元，故其不是整环；集合 $Z_7 = \{0, 1, \cdots, 6\}$ 关于模 7 的加法和乘法构成一个有限整环；但集合 $Z_{12} = \{0, 1, \cdots, 11\}$ 关于模 12 的加法和乘法不构成一个整环，因为其有零因子。

任何一个整环都至少含有两个元素（即加法零元和乘法单位元）。而恰有两个元素的整环是存在的，例如 $F_2 = \{0, 1\}$，它对模 2 的加法和乘法运算构成一个整环，事实上，它也为二元域。

【**定义 9.3.4**】 环 R 如果满足以下条件，则称为**除环**。
(i) R 至少包含一个非零元素；
(ii) R 有唯一的乘法单位元；
(iii) 对于乘法运算，R 的每一个非零元都有唯一的逆元。

可以看出，除环就是集合 R 的全体元素关于加法构成一个可交换群，其非零元素关于乘法构成一个群，且乘法对加法满足分配律，但不要求乘法满足交换律。

9.3.2 多项式环

在研究环的种类和性质中，多项式环是一种非常典型和重要的环，它也是将来构造有限域的重要工具之一。因此，下面主要讨论一元多项式及其运算，并讨论其与环的关系，重点是从经典的多项式普通运算开始，逐渐从三个层次定义多项式的加法和乘法运算，从而使得其针对所定义的两种运算构成有限环，并最终过渡到有限域。

在多项式的讨论中，总是以一个预先给定的数域为基础的。高等代数中，多项式形如
$$a_n x^n + a_{n-1} x^{n-1} + a_{n-2} x^{n-2} + \cdots + a_1 x^1 + a_0 x^0$$
其中系数 $a_n, a_{n-1}, a_{n-2}, \cdots, a_1, a_0$ 属于预先给定的数域（例如有理数域、实数域等），这里将其推广到一般情况。

【**定义 9.3.5**】 有限个系数属于预先给定环 R 的单项式 $a_n x^n, a_{n-1} x^{n-1}, \cdots, a_0 x^0$（整数 $n \geq 0$）的形式和
$$f(x) = a_n x^n + a_{n-1} x^{n-1} + a_{n-2} x^{n-2} + \cdots + a_1 x^1 + a_0 x^0 = \sum_{i=0}^{n} a_i x^i$$
称为**系数属于环 R 的多项式**，或简称 R 上的 x **多项式**。其中：$a_i x^i$ 称为多项式 $f(x)$ 的**第 i 次项**；$a_i \in R$ 称为第 i 次项的**系数**。当 $a_n \neq 0$ 时，称 n 为多项式 $f(x)$ 的**次数**，记为 $\partial^\circ f(x)$ 或 $\partial^\circ [f(x)]$，即 $n = \partial^\circ f(x)$。有时，多项式的次数也记为 $\deg f(x)$。

设 $f(x)$ 和 $g(x)$ 是环 R 上 x 的两个多项式，如果它们相同次项的系数相等，则称两个多项式相等，记做

$$f(x)=g(x)$$

需要指出的是

$$a_nx^n+a_{n-1}x^{n-1}+\cdots+a_1x^1+a_0$$

与

$$0x^{n+m}+0x^{n+m-1}+\cdots+0x^{n+1}+a_nx^n+a_{n-1}x^{n-1}+\cdots+a_1x+a_0$$

是两个相等的多项式。

用符号 $R[x]$ 表示环 R 上的所有 x 多项式所组成的集合。在集合 $R[x]$ 中通常算术意义上的多项式加法和乘法（即普通加法和乘法）运算规定如下：

(1) 加法：若 $f(x)$, $g(x)\in R[x]$，

$$f(x)=\sum_{i=0}^{n}a_ix^i,\ g(x)=\sum_{i=0}^{m}b_ix^i$$

那么，令 $M=\max(n,m)$，则当 $n>m$ 时，$M=n$，有

$$b_n=b_{n-1}=\cdots=b_{m+1}=0$$

当 $n<m$ 时，$M=m$，有

$$a_m=a_{m-1}=\cdots=a_{n+1}=0$$

所以 $f(x)$ 和 $g(x)$ 可表示为

$$f(x)=\sum_{i=0}^{M}a_ix^i,\ g(x)=\sum_{i=0}^{M}b_ix^i$$

从而有

$$f(x)+g(x)=\sum_{i=0}^{M}(a_i+b_i)x^i$$

显然，$f(x)+g(x)\in R[x]$，即 $R[x]$ 对上述多项式的普通加法是封闭的，且有

$$\partial°[f(x)+g(x)]=\max(\partial°f(x),\partial°g(x))$$

(2) 乘法：设

$$a_{n+m}=a_{n+m-1}=\cdots=a_{n+1}=0\ (m\geqslant 1)$$
$$b_{n+m}=b_{n+m-1}=\cdots=b_{m+1}=0\ (n\geqslant 1)$$

则两个多项式可表示为

$$f(x)=\sum_{i=0}^{n+m}a_ix^i,\ g(x)=\sum_{i=0}^{n+m}b_ix^i$$

从而

$$f(x)g(x)=\sum_{k=0}^{n+m}\sum_{j=0}^{n+m}a_jb_kx^{j+k}$$

令 $j+k=i(i=0,1,2,\cdots,n+m)$，则当 i 被指定时，$j=0,1,2,\cdots,i$。于是有

$$f(x)g(x) = \sum_{i=0}^{n+m}\bigl(\sum_{j=0}^{i}a_j b_{i-j}\bigr)x^i$$

显然，$f(x)g(x) \in R[x]$，即 $R[x]$ 对上述多项式的普通乘法是封闭的，且有
$$\partial°[f(x)g(x)] = \partial°f(x) + \partial°g(x)$$

可以证明上述多项式的普通加法和乘法具有以下**性质**：

(i) 加法和乘法运算都满足结合律和交换律；
(ii) 零多项式为 $R[x]$ 的零元；
(iii) $-f(x)$ 是 $f(x)$ 的负元；
(iv) 单位元为整数 1；
(v) 乘法对加法满足分配律。

上述关于多项式的运算是最直观、最经典和最朴素的运算，也是这里给出的多项式的第一个层次上的运算。按照这种所谓的普通运算（或算术运算），$R[x]$ 构成一个含有无限多个元素的环，且为整环。

实际问题中需要用到由有限个多项式组成的有限环，故按照上面定义的普通多项式运算是做不到的。下面进一步讨论有限的多项式环。

用符号 $R_q[x]_{m(x)}$ 表示系数属于环 R_q 中的次数低于 $\partial°m(x)$ 的所有多项式的集合。此处 R_q 可视为有限数环，它含有 q 个数（例如选 $R_q = Z_q$）。容易看出，$R_q[x]_{m(x)}$ 是有限元素的集合，其元素可以表示为
$$a_{n-1}x^{n-1} + a_{n-2}x^{n-2} + \cdots + a_1 x + a_0 \in R_q[x]_{m(x)}$$

其中：
$$\partial°m(x) = n; \ a_{n-1}, a_{n-2}, \cdots, a_1, a_0 \in R_q$$

每个 a_i 有 q 种取值，故 $R_q[x]_{m(x)}$ 的元素个数为 q^n。

此处规定集合 $R_q[x]_{m(x)}$ 中两个多项式在运算过程中其系数限定在环 R_q 中（例如系数为模 q 的同余加法和乘法运算）。

例如，选 $q=3$，$n=2$，即 $R_q = Z_3$，其中多项式的加法和乘法运算规定为多项式的普通运算，但系数要模 3，从而有
$$R_3[x]_{m(x)} = \{0, 1, 2, x, x+1, x+2, 2x, 2x+1, 2x+2\}$$

其算例为
$$2x + (2x+1) = 4x+1 \equiv x+1 \pmod 3$$
$$(2x+1) + (x+2) = 3x+3 \equiv 0 \pmod 3$$
$$2x \cdot (2x+1) = 4x^2 + 2x \equiv x^2 + 2x \pmod 3$$
$$(2x+1)^2 = 4x^2 + 4x + 1 \equiv x^2 + x + 1 \pmod 3$$

可以看出，$R_3[x]_{m(x)}$ 对于这种方式的多项式乘法不封闭，例如 $x \cdot (x+1) = x^2 + x \notin R_3[x]_{m(x)}$，故 $R_3[x]_{m(x)}$ 对这种加法和乘法不构成环。但 $R_3[x]_{m(x)}$ 关于加法构成一个可交

换加群,因为其系数为模 3 的同余运算,例如 $2x+(2x+1)=4x+1\equiv x+1\pmod{3}\in R_3[x]_{m(x)}$。

所以,此处限定系数在 R_q 上的多项式运算,可以看做是多项式的第二个层次上的运算。但在这种运算下,$R_q[x]_{m(x)}$ 不能构成环。为使其构成环,需要再次定义其相关代数运算。

以下给出多项式的带余除法与模多项式 $m(x)$ 的同余运算(即多项式的第三个层次上的运算),其中有关结论及其证明与整数的带余除法和同余运算类似,故这里只给出相关结论。

【定理 9.3.3】 若多项式 $f(x),m(x)\in R_q[x]$,且 $m(x)\neq 0$,则 $R_q[x]$ 中存在唯一的一对多项式 $g(x)$ 和 $r(x)$,满足

$$f(x)=g(x)m(x)+r(x),\quad \partial^\circ r(x)<\partial^\circ m(x) \tag{9.3.1}$$

其中 $R_q[x]$ 为系数属于环 R_q 的多项式集合。

【定义 9.3.6】 定理 9.3.3 称为**带余除法定理**,式(9.3.1)称为**多项式的带余除法**,其中 $g(x)$ 称为 $f(x)$ 被 $m(x)$ 除后所得的**商式**,$r(x)$ 称为**余式**,记为 $r(x)=(f(x))_{m(x)}$。

【定理 9.3.4】 设 $m(x)\in R_q[x]$,$m(x)\neq 0$,且 $f(x),g(x)\in R_q[x]$,则 $(f(x))_{m(x)}=(g(x))_{m(x)}$ 的充分必要条件是 $m(x)|f(x)-g(x)$。

【定义 9.3.7】 满足定理 9.3.4 条件的 $f(x)$、$g(x)$ 称为**对多项式模 $m(x)$ 同余**,记为

$$f(x)\equiv g(x)\pmod{m(x)}$$

与整数环的分类一样,可以利用多项式的同余关系将 $R_q[x]$ 进行分类,这样次数低于 $\partial^\circ m(x)$ 的多项式的运算代表了 $R_q[x]$ 中同余多项式的运算关系。

【定理 9.3.5】 设 $f_1(x),f_2(x),m(x)\in R_q[x]$,且 $m(x)\neq 0$,则有

$$(f_1(x)\pm f_2(x))_{m(x)}=((f_1(x))_{m(x)}\pm(f_2(x))_{m(x)})_{m(x)} \tag{9.3.2}$$

$$(f_1(x)\cdot f_2(x))_{m(x)}=((f_1(x))_{m(x)}\cdot(f_2(x))_{m(x)})_{m(x)} \tag{9.3.3}$$

式(9.3.2)和式(9.3.3)分别称为多项式的**模 $m(x)$ 的加法规则和乘法规则**。

到此就可利用上述概念和结论构造多项式有限环 $R_q[x]_{m(x)}$ 了。

按照定理 9.3.5 规定的加法、乘法运算规则,显然 $R_q[x]_{m(x)}$ 中的元素对模多项式 $m(x)$ 的同余加法和乘法运算是封闭的,从而构成了一个有单位元的交换环。其中的加法零元为 0,乘法单位元为 1,元素 $f(x)$ 的负元为 $(-f(x))\pmod{m(x)}$ 或 $-f(x)\equiv m(x)-f(x)\pmod{m(x)}$。

需要注意的是,此处由定理 9.3.5 规定的多项式运算,其特点如下:

(1) 多项式的加、乘结果要模多项式 $m(x)$;

(2) 系数要模整数 q。

例如,对环 $R_3[x]_{(x^2+2x)}$,其算例如下:

$$-(x+2)=-x-2\equiv 2x+1\pmod{x^2+2x}$$

$$2x+(2x+1)=4x+1\equiv x+1 \pmod{x^2+2x}$$
$$(2x+1)+(x+2)=3x+3\equiv 0 \pmod{x^2+2x}$$
$$2x \cdot (2x+1)=4x^2+2x\equiv -6x\equiv 0 \pmod{x^2+2x}$$
$$(2x+1)^2=4x^2+4x+1\equiv -4x+1\equiv 2x+1 \pmod{x^2+2x}$$

所以，$R_3[x]_{(x^2+2x)}$ 按照多项式模 x^2+2x，系数模 3 的同余加法与乘法运算构成一个有单位元 1 的交换环，但它不是一个整环，因为其有零因子 $2x$ 等。它同时也不是一个除环，因为其中有些非零元没有逆元，例如 $f(x)=x$。

9.4 域

9.4.1 域的概念

域也是具有加法和乘法两种运算的集合，但是构成域的条件要比环更为苛刻。

【定义 9.4.1】 如果一个除环的乘法满足交换律，则称其为**域**(Field)。

由定义 9.4.1 可以看出，域是由两种群构成的，即它的所有元素构成的加法交换群和除零元外的元素构成的乘法交换群，且乘法对加法满足分配律。即域就是一个至少有两个元素的集合 F，定义了称为加法和乘法的两种运算，且满足加法封闭性、加法结合律、零元、负元、加法交换律、乘法封闭性、乘法结合律、单位元、逆元、乘法交换律、乘法对加法的分配律共 11 条性质。域的概念也可归纳如下：

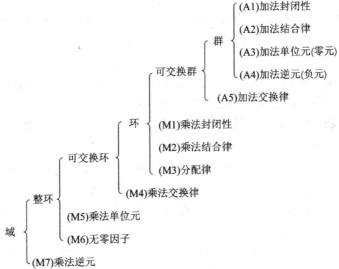

如果域 F 的元素个数有限，则称为**有限域**，否则称为**无限域**。域中所含元素的个数称

为域的**阶**,记为 $|F|$。有限域也称为 **Galois(伽罗华)域**,记为 GF 或 GF(n),其中 n 为其阶。

【定义 9.4.2】 若域 F 的一个非空子集 F_0 对于 F 中的两种代数运算也构成一个域,则称 F_0 为 F 的**子域**,称 F 为 F_0 的**扩域**。

需要说明的是,子域 F_0 的零元就是 F 中的零元,F_0 中的单位元就是 F 中的单位元。

例如,前面提到的多项式环 $R_3[x]_{x^2+2x}$ 不是一个域。又如,$Z_6=\{0,1,2,3,4,5\}$ 对模 6 的加法来说构成可交换加群,但除零元外对乘法来说并不构成群,因为除了前面提到的有零因子外,其非零元只有 1 和 5 有乘法逆元,其他都没有逆元,所以 Z_6 不是域。但 $Z_7=\{0,1,2,3,4,5,6\}$ 关于模 7 的加法和乘法可构成域,因为它本身是一个加群,它的唯一单位元为 1,满足乘法封闭性、交换律和乘法对加法的分配律,每个非零元素都有唯一的逆元,即

$$1^{-1}=1, 2^{-1}=4, 3^{-1}=5, 4^{-1}=2, 5^{-1}=3, 6^{-1}=6$$

因此 $Z_7^+=Z_7-\{0\}=\{1,2,\cdots,6\}$ 构成乘法交换群。

那么,Z_m 在什么条件下才能构成域?

【定理 9.4.1】 集合 $Z_m=\{0,1,2,\cdots,(m-1)\}$ 对模 m 的加法和乘法构成域的充分必要条件是 m 为素数。

证 充分性:由前面对环的讨论已经知道 Z_m 是个有限环,此处只要证明它的非零元集合 $Z_m^+=Z_m-\{0\}=\{1,2,\cdots,(m-1)\}$ 能构成乘法交换群即可。

由同余运算的性质知,对于模 m 的乘法,Z_m^+ 满足封闭性、结合律和交换律,且 $e=1$ 显然是其唯一的单位元,再由费马小定理知,Z_m^+ 的每个元素都存在乘法逆元,所以 Z_m^+ 关于模 m 的乘法构成一个交换群,从而可证明 Z_m 关于模 m 的加法和乘法构成一个域。

必要性:证法一,设 m 为合数,即 $m=m_1 m_2$ 且 $1<m_1, m_2<m$,则至少有

$$m_1 m_2 \equiv m \equiv 0 \pmod{m}$$

即 Z_m^+ 的元素对模 m 的乘法不满足封闭性,亦即 Z_m^+ 关于模 m 的乘法不能构成群,所以当 m 为合数时,Z_m 关于模 m 的加法和乘法运算不能构成域。

证法二,用反证法。设 Z_m 为域,即 Z_m^+ 为乘法交换群,则由 $m_2 \in Z_m^+$ 知其乘法逆 m_2^{-1} 存在,且满足 $m_2 m_2^{-1} \equiv 1 \pmod{m}$,因此有

$$m_1 \equiv m_1 \cdot 1 \equiv m_1(m_2 m_2^{-1}) \equiv (m_1 m_2) m_2^{-1} \equiv 0 \cdot m_2^{-1} \equiv 0 \pmod{m}$$

与假设 $1<m_1<m$ 矛盾,可知 m_2 无逆元,从而 Z_m^+ 不是乘法群。

下面进一步研究多项式有限域。与 Z_m 环到 Z_m 域一样,平行地可将多项式有限环 $R[x]_{m(x)}$ 过渡到多项式有限域 $F[x]_{p(x)}$。

【定义 9.4.3】 若 $f(x), m(x), q(x) \in R[x]$ 且 $m(x) \neq 0$,可写成

$$f(x)=q(x)m(x)+r(x), \partial r(x)<\partial m(x)$$

那么,当 $r(x)=0$ 时,称 $m(x)$ **整除** $f(x)$,并称 $m(x)$ 为 $f(x)$ 的**因式**。$m(x)$ 整除 $f(x)$ 可

记为
$$m(x)|f(x)$$

说明：(1) 多项式的系数是属于某个域的，例如属于某个数域 F 或有限数域 Z_p。

(2) 多项式可分解因式，但它的可分解性和分解成因式的形式都与数域 F 有关。例如，多项式 x^4-4 在不同数域上的分解情况如下：

在有理数域 **Q** 上：
$$x^4-4=(x^2-2)(x^2+2)$$

在实数域 **R** 上：
$$x^4-4=(x-\sqrt{2})(x+\sqrt{2})(x^2+2)$$

在复数域 **C** 上：
$$x^4-4=(x-\sqrt{2})(x+\sqrt{2})(x-\mathrm{i}\sqrt{2})(x+\mathrm{i}\sqrt{2})$$

其中，$\mathrm{i}=\sqrt{-1}$ 为虚数单位。

与多项式集合 $R[x]$ 类似，用 $F[x]$ 表示系数属于域 F 的多项式集合。

【**定义 9.4.4**】 设 $p(x)\in F[x]$ 且 $\partial^\circ p(x)\geqslant 1$，如果它在 $F[x]$ 中的因式只有 F 中不等于零的元素 c 和 $F[x]$ 中的多项式 $cp(x)$，则称 $p(x)$ 是 $F(x)$ 中的一个**既约多项式**（或称**不可约多项式**）。

既约多项式的意义在于该多项式在 $F[x]$ 中不能再分解为次数大于 0 的多项式的乘积，其性质和意义类似于整数环上的素数 p。

例如，有限域 $GF(2)=\{0,1\}$ 上的既约多项式有
$$f(x)=x, x+1, x^2+x+1, x^3+x+1, x^3+x^2+1, x^4+x+1,$$
$$x^4+x^3+x^2+x+1, x^5+x^2+1, x^5+x^3+x^2+x+1,$$
$$x^5+x^4+x^2+x+1, \cdots$$

而 $GF(2)$ 上的可约多项式有：
$$x^2=xx, x^2+1=(x+1)^2, x^2+x=x(x+1), x^4+1=(x+1)(x^3+x^2+x+1)$$

又如，有限域 $GF(3)=\{0,1,2\}$ 上的既约多项式有
$$f(x)=x, x+1, x+2, 2x, 2x+1, 2x+2, x^2+1, \cdots$$

由定义易知，一次多项式必为既约多项式。

与整数的整除性类似，关于 $F[x]$ 中多项式的一些**性质**可归纳如下：

(i) $F[x]$ 中任一多项式（次数不等于零的多项式）$f(x)$ 都可以表示为 $F[x]$ 中的一些既约多项式的乘积；

(ii) 设 $f(x), g(x), p(x)\in F[x]$，$p(x)$ 是既约多项式，若 $p(x)|f(x)g(x)$，则一定有 $p(x)|f(x)$ 或 $p(x)|g(x)$；

(iii) 设 $f(x)\in F[x]$，$f'(x)$ 为 $f(x)$ 的**导式**（或称**微商**、**导数**），若 $f(x)$ 与 $f'(x)$ 互

素，则 $f(x)$ 没有重因式；

(iv) 设 $f(x) \in F[x]$，元素 $\alpha \in F$，则用 $x-\alpha$ 除 $f(x)$ 所得余式是 F 中的元素 $f(\alpha)$；

(v) 设 $f(x) \in F[x]$，元素 $\alpha \in F$，则 α 是 $f(x)$ 的根的充分必要条件是 $(x-\alpha) | f(x)$；

(vi) 设 $f(x) \in F[x]$，$\partial° f(x) = n$，则 $f(x)$ 至多有 n 个两两相异的属于域 F 的根；

(vii) 设 $m(x) \in F(x)$，$m(x) \neq 0$，$f(x)$，$g(x) \in F[x]$，则
$$(f(x))_{m(x)} = (g(x))_{m(x)}$$
的充分必要条件是 $m(x) | f(x) - g(x)$。

【定理 9.4.2】 设 F 是一个域，$p(x)$ 是 $F[x]$ 中的一个 n 次既约多项式，则次数小于 n 且属于 $F[x]$ 的多项式集合 $F[x]_{p(x)}$ 对模 $p(x)$ 的加法和乘法运算构成一个有限域（注意系数在 F 中）。

证 与 Z_p 构成域的证明完全类似。

需注意的是，F 中的零元就是 $F[x]_{p(x)}$ 的零元，F 中的单位元也是 $F[x]_{p(x)}$ 中的单位元。

【例 9.4.1】 选 $p(x) = x^2 + x + 1$。

(1) 验证 $p(x)$ 是 $F_2(x)$ 上的既约多项式；

(2) 证明 $F_2[x]_{(x^2+x+1)}$ 关于模 $p(x)$ 的多项式加法和乘法构成域。

证 (1) 已知 $F_2 = \{0, 1\}$ 为二元域，故以 $x = 0, 1$ 分别代入 $p(x)$，有 $p(0) = p(1) \equiv 1 \not\equiv 0 (\bmod 2)$，即 F_2 中的元素 0 和 1 都不是多项式 $p(x)$ 的根，亦即 $p(x)$ 在 F_2 上无根，故 $p(x)$ 是 $F_2(x)$ 上的既约多项式。

(2) 集合 $F_2[x]_{(x^2+x+1)} = \{0, 1, x, x+1\}$ 上的两个代数运算如下：

$\oplus$	0	1	x	$x+1$
0	0	1	x	$x+1$
1	1	0	$x+1$	x
x	x	$x+1$	0	1
$x+1$	$x+1$	x	1	0

$\otimes$	0	1	x	$x+1$
0	0	0	0	0
1	0	1	x	$x+1$
x	0	x	$x+1$	1
$x+1$	0	$x+1$	1	x

其中：$\oplus$ 表示多项式运算模 $p(x) = x^2 + x + 1$ 且系数模 2 的多项式加法；$\otimes$ 表示多项式运算模 $p(x)$ 且系数模 2 的多项式乘法。例如：

$$(x+1) \oplus x = 2x + 1 \equiv 1 (\bmod 2), \quad (x+1) \otimes (x+1) = x^2 + 2x + 1 \equiv x (\bmod 2)$$

由 $F_2[x]_{(x^2+x+1)}$ 上的代数运算不难看出，$F_2[x]_{(x^2+x+1)}$ 构成域。

9.4.2 域的特征和同构

对加群中的元素运算规定

$$\underbrace{\pm a \pm a \cdots \pm a}_{n \text{个} a} = \pm na$$

【定义 9.4.5】 设 F 是任一域，e 是其单位元。如果对于任意正整数 n，有 $ne \neq 0$ 成立，则称 F 的特征为零。若有 $ne = 0$，则称 F 的特征不等于零。而适合 $ne = 0$ 条件中 n 取最小正整数 p，即 $pe = 0$，则称 F 是**特征为 p 的域**。

例如，有理数域的特征为 0，域 $F_3 = \{0, 1, 2\}$ 的特征为 3，而域 $F_2[x]_{(x^2+x+1)}$ 的特征则为 2。

【定理 9.4.3】 F 是任一域，则 F 的特征要么是 0，要么是素数 p。

【定理 9.4.4】 F 是任一域，如果 F 的特征是 0，那么存在 $a \in F$，$a \neq 0$ 和任意正整数 n，使得 $na \neq 0$，且元素 $0, \pm a, \pm 2a, \pm 3a, \cdots$ 两两相异；如果 F 的特征为 p，那么有 $pa = 0$ 且 p 是适合 $pa = 0$ 的最小正整数，同时 $0, a, 2a, \cdots, (p-1)a$ 这 p 个元素两两相异。如果 n 是任意正整数，则 $na = 0$ 的充分必要条件是 $p|n$。

由定理 9.4.4 可知，当 F 是特征为 0 的域时，F 的加法群中任一非零元都是无限阶的；当 F 是特征为 p 的域时，F 的加法群中任一非零元都是 p 阶元素。

例如，有理数域 $\mathbf{Q}$，对任何 $a \neq 0$ 和正整数 n，显然 $na \neq 0$；而对于有限域 $F_7 = \{0, 1, 2, \cdots, 6\}$，可以验证，使得 $na = 0$ 的最小 n 为 $n = 7$，因为 F_7 的特征为 7。

【定义 9.4.6】 设 F 为域，π 是 F 的最小子域，则称 π 为 F 的**素域**。

首先考察任一有限域 F，其特征为 p，e 是其单位元。令
$$\pi = \{0, 1e, 2e, \cdots, (p-1)e\}$$
可以证明，π 对下面的两种运算构成域：
$$ke + le = (k+l)_p \cdot e$$
$$ke \cdot le = (k \cdot l)_p \cdot e$$
易知 F 的任一子域一定包含单位元 e，当然也包含 π 的所有元素，所以 π 是 F 的最小子域。这段论证也证明了下述定理。

【定理 9.4.5】 F 是特征为 p 的域，e 是它的单位元，则
$$\pi = \{0, 1e, 2e, \cdots, (p-1)e\}$$
是 F 的素域。

特征有限的域上的运算有很多特殊的性质，讨论如下：

【定理 9.4.6】 设 F 是特征为 p 的域，$a, b \in F$，则
$$(a+b)^p = a^p + b^p$$

证 只要注意到 $p | C_p^r$ 即可 $(1 < r < p)$，其中 C_p^r 为组合数。

【推论 1】 F 是特征为 p 的域，$a, b \in F$，则
$$(a-b)^p = a^p - b^p$$

证 由定理 9.4.6 知
$$(a-b)^p = (a+(-b))^p = a^p + (-b)^p = a^p + (-1)^p b^p$$
当 $p > 2$ 时，素数 p 必为奇数，故 $(-1)^p = -1$。

当 $p=2$ 时,有 $2 \cdot 1 = 1+1 \equiv 0 \pmod 2$,于是 $1 \equiv -1$,即 $(-1)^2 \equiv -1$。

故 $(a-b)^p = a^p - b^p$。

【推论 2】 F 是特征为 p 的域,$a_1, a_2, \cdots, a_n \in F$,则

$$(a_1 + a_2 + \cdots + a_n)^p = \sum_{i=1}^n a_i^p$$

【推论 3】 F 是特征为 p 的域,$a, b \in F$,n 是非负整数,则

$$(a \pm b)^{p^n} = a^{p^n} \pm b^{p^n}$$

定理 9.4.6 及其推论给出了特征为 p 的域里所特有的运算规律。

下面讨论域的同构问题。因为同构是一个特殊映射,利用同构的方法去研究具体的域会带来很大的方便。

【定义 9.4.7】 设 F 和 F' 是两个域,如果在两个域之间建立一一对应的映射关系:

$$\phi: a \to \phi(a), \quad a \in F;\ \phi(a) \in F'$$

且上述的一一对应关系保持域的加法运算与乘法运算的对应性。即当 $a, b \in F$,$a \to \phi(a) \in F'$,$b \to \phi(b) \in F'$,$a+b \in F \to \phi(a+b) \in F'$,$ab \in F \to \phi(ab) \in F'$ 时,有

$$\phi(a+b) = \phi(a) + \phi(b)$$

$$\phi(ab) = \phi(a) \cdot \phi(b)$$

则称**域** F 与 F' **同构**。称 ϕ 是从 F 到 F' 的一个**同构映射**,简称同构。

比较 π 与 Z_p,即

$$\pi = \{0, e, 2e, 3e, \cdots, (p-1)e\}$$
$$Z_p = \{0, 1, 2, \cdots, (p-1)\}$$

则 π 与 Z_p 之间是同构的。其中:

映射 $\phi: ke \to k$

模 p 加法:$ke + le \to k + l$

模 p 乘法:$ke \cdot le \to k \cdot l$

故 π 与 Z_p 是同构的。

【定理 9.4.7】 设域 F 与 F' 同构,则两者之间具有下列**性质**:

(i) F 的零元一定映射到 F' 的零元,F 的单位元一定映射到 F' 的单位元;

(ii) 若 $a \in F$,$\phi(a) \in F'$,则必有 $-a \to -\phi(a)$,$a^{-1} \to (\phi(a))^{-1}$;

(iii) $\phi(a-b) = \phi(a) - \phi(b)$,$\phi(ab^{-1}) = \phi(a)(\phi(b))^{-1}$;

(iv) F 和 F' 的特征一定相等。

从同构域的研究可见,在同构的两个域中尽管可以使加法、乘法的运算方式不同,但两者的代数运算规律完全相同,因此,对建立在运算规律之上的域的性质来说,两个域没有什么区别,只不过两者之间相对应的元素用不同的符号代表而已。

所以两个同构的域往往可以看成是同一个域。

基于同构的概念,研究一种域就等于研究了与它同构的所有域。

9.4.3 有限域及其结构

任一域都是由两个群构成的,它的全体元素构成加法交换群,它的全体非零元构成乘法交换群。对有限域来说也是这样,它只不过是由有限的加法交换群和有限的乘法交换群构成的。需要注意的是,此有限乘法群是由有限加法群的非零元素构成的。

用符号 F^* 表示一个域的乘法交换群。在讨论乘法交换群之前先介绍一个特殊的有限乘法交换群。

【例 9.4.2】 设 m 为正整数,试证当 m 为合数(即 $m=m_1m_2\cdots m_n$)时,集合 $Z_m=\{0,1,2,\cdots,(m-1)\}$ 中非零元素关于模 m 的乘法不能构成乘法群,而从 Z_m 中除去零元和零因子,即集合 $Z_m^*=\{a|a\in Z_m,(a,m)=1\}$ 关于模 m 的乘法构成一个乘法交换群。

证 首先,由于含有零元,所以 Z_m 关于模 m 的乘法不能构成群。

其次,当 m 是合数时,$Z_m-\{0\}$ 显然关于模 m 的乘法也不构成乘法群,因为其中有零因子,最典型的零因子有 $m_1,m_2,\cdots,m_n$,因为至少有 $m_1m_2\cdots m_n\equiv 0\pmod{m}$。而 Z_m^* 之所以关于模的乘法能构成群,其原因如下:

(1) 封闭性:由互素的性质知,若 $(a,m)=(b,m)=1$,则必有 $(ab,m)=1$。于是利用带余除法,有
$$ab=qm+(ab)_m,\quad 0\leqslant (ab)_m<m$$
且 $1=(ab,m)=((ab)_m,m)$。所以 $a\otimes b=(ab)_m\in Z_m^*$,即 Z_m^* 中元素对模 m 的乘法运算封闭。

(2) 交换律和结合律:由同余运算的性质知,Z_m^* 中元素满足乘法交换律和结合律。

(3) 单位元:Z_m^* 中的单位元为 1。

(4) 逆元:设 $a\in Z_m^*$,则 $(a,m)=1$,故由定理 3.3.8 知 a 的乘法逆 a^{-1} 存在,且 $(a^{-1},m)=1$,即 $a^{-1}\in Z_m^*$。

对于 $F[x]_{m(x)}$,可与上述过程平行地证明,集合
$$F^*[x]_{m(x)}=\{f(x)|f(x)\in F[x],(f(x),m(x))=1\},\ \partial^\circ f(x)<\partial^\circ m(x)$$
对乘法构成乘法交换群,其中 $f(x)$ 是次数大于 1 的、属于 $F[x]$ 的多项式。

【定理 9.4.8】 任一有限域的乘法群都是循环群。

【定义 9.4.8】 有限域的乘法群的生成元称为这个有限域的**本原元**。

【推论】 设 F 是元素个数为 q 的有限域,那么 F 总共有 $\phi(q-1)$ 个本原元。

讨论有限域的重点之一就是研究其结构,关于此,有以下结论:

【定理 9.4.9】 F 是有限域,如果它包含一个具有 t 个元素的有限域 F_1 作为子域,则 F 的元素个数是 t 的一个幂。

如果取 F_1 为 F 的素域,那么 $t=p$ 为素数。由定理 9.4.9 可推出 F 的元素一定有 p^n

个。由此得如下结论。

【定理 9.4.10】 F 是有限域,设 F 的特征为 p,那么 F 的元素个数是 p 的一个幂。

【定理 9.4.11】 设 p 是任一素数,而 n 是任一正整数,那么总存在一个恰含 p^n 个元素的有限域。

【定理 9.4.12】 任意两个元素个数相同的有限域一定同构。

定理 9.4.10、定理 9.4.11 和定理 9.4.12 就是有限域的**三条结构定理**。

利用上述结论,可以研究 $F_q[x]$ 中 n 次既约多项式的个数。

【定理 9.4.13】 设 F_q 是一个含有 q 个元素的有限域,n 是一个正整数,而 $p_1, p_2, p_3, \cdots, p_m$ 是 n 的所有两两不同的素因数。用 $\Phi_{q,n}(x)$ 表示 $F_q[x]$ 中所有首项系数为 e 的 n 次既约多项式的乘积,则

$$\Phi_{q,n}(x) = (x^{q^n} - x) \Big[\prod_{i=1}^{m} (x^{\frac{q^n}{p_i}} - x)^{-1} \Big] \Big[\prod_{1 \leqslant i < j \leqslant m} (x^{\frac{q^n}{p_i p_j}} - x)^{(-1)^2} \Big]$$

$$\Big[\prod_{1 \leqslant i < j < k \leqslant m} (x^{\frac{q^n}{p_i p_j p_k}} - x)^{(-1)^3} \Big] \cdots (x^{\frac{q^n}{p_1 p_2 \cdots p_m}} - x)^{(-1)^m}$$

再用 $|\Phi_{q,n}|$ 表示 $F_q[x]$ 中首项系数为 e 的 n 次既约多项式的个数,则

$$|\Phi_{q,n}| = \frac{1}{n} \Big[q^n - \sum_{i=1}^{m} q^{n/p_i} + \sum_{1 \leqslant i < j \leqslant m} q^{n/p_i p_j} - \sum_{1 \leqslant i < j < k \leqslant m} q^{n/p_i p_j p_k} + \cdots + (-1)^m q^{n/p_1 p_2 \cdots p_m} \Big]$$

【推论】 $|\Phi_{q,n}| > 0$。

【定义 9.4.9】 F 是有限域,F_q 是它的一个恰含 q 个元素的子域。设 α 是 F 中任一元素,α 在 F_q 上的**极小多项式**是指 α 所适合的 $F_q[x]$ 中的首项系数为 e 的次数最低的多项式。

【引理 1】 F 是有限域,F_q 是它的一个恰含 q 个元素的子域,则 F 中任一元素在 F_q 上都有唯一的一个极小多项式,而且它是 F_q 上的既约多项式。

【引理 2】 设 F 是有限域,F_q 是它的一个恰含 q 个元素的子域,而 α 是 F 中任一元素,假定 α 在 F_q 上的极小多项式 $f(x)$ 是 k 次,则

$$F_0 = \{a_0 + a_1 \alpha + a_2 \alpha^2 + \cdots + a_{k-1} \alpha^{k-1} \mid a_0, a_1, \cdots, a_{k-1} \in F_q\}$$

是 F 的一个子域,而且与 $F_q[x]_{f(x)}$ 同构。如果 F 的元素个数是 q^n,那么必有 $k \mid n$。

【定理 9.4.14】 F 是有限域,F_q 是它的恰含 q 个元素的子域,α 是 F^* 中任一元素,假定 α 在 F^* 中的阶是 l,则 $(q, l) = 1$。再假定 $(q)_l$ 在 Z_l^* 中的阶是 k,则 α 在 F_q 上的极小多项式 $f(x)$ 就是 k 次的,$\alpha, \alpha^q, \alpha^{q^2}, \cdots, \alpha^{q^{k-1}}$ 就是 $f(x)$ 的 k 个两两不同的根,而且它们在 F^* 中的阶都是 l。如果再假定 F 的元素个数是 q^n,则 F 的本原元在 F_q 上的极小多项式一定是 n 次的,它的 n 个根都是 F 的本原元。

【推论】 设 q 是一个素数的幂,而 F_q 是 q 个元素的有限域,如果 $f(x)$ 是 F_q 上的一个 n 次既约多项式,且 $f(x) \neq x$,可以把 F_q 看成 F_{q^n} 的子域,比如取 $F_{q^n} = F_q[x]_{f(x)}$ 即可,则 $f(x)$ 的根都在 $F_{q^n}^*$ 中,而且在 $F_{q^n}^*$ 中有相同的阶。

根据推论,可以给出下面的定义。

【定义 9.4.10】 设 q 是一个素数的幂,$f(x)$ 是 F_q 上的一个 n 次既约多项式,而 $f(x) \neq x$。$f(x)$ 的**周期**定义为 $f(x)$ 在 F_{q^n} 中的 n 个根在 $F_{q^n}^*$ 中的**公共阶**。$f(x)$ 的**指数**定义为用它的周期去除 $q^n - 1$ 所得的商。如果 $f(x)$ 的周期是 $q^n - 1$,则 $f(x)$ 就叫做 F_q 上的**本原多项式**。换句话说,则 $f(x)$ 的根都是 F_{q^n} 的本原元,则 $f(x)$ 就叫做本原多项式。

【定理 9.4.15】 设 q 是一个素数的幂,n 是任意正整数,则 F_q 中一定存在 n 次本原多项式。进一步地,F_q 中首项系数为 1 的 n 次本原多项式的个数是 $\varphi(q^n - 1)/n$。

9.4.4 有限域的构造

由于有限域都是同构的,且同构的域有相同的性质,故只要研究并给出某个域的性质,与其同构的域的性质也就一目了然。因此,可以重点研究多项式有限域,并反过来利用多项式有限域构造其他的域。

一元多项式 $f(x)$ 的运算可分为以下三种:

(1) 使用代数基本规则的普通多项式运算;
(2) 系数运算为模 p 运算的多项式运算,即系数在 Z_p 中;
(3) 系数在 Z_p 中,且多项式被定义为模一个 n 次多项式 $m(x)$ 的多项式运算。

此处构造伽罗华域 $GF(2^n)$,即具有 2^n 个元素的有限域,其主要动机是:

① 定义整数集上满足封闭性的除法运算;
② 利用二进制,使域中的元素与二进制数一一对应;
③ 消除运算结果中的非均匀性;
④ 在硬件上利用线性反馈移位寄存器可以快速实现 $GF(2^n)$ 上的运算,$GF(2^n)$ 上的运算通常比 $GF(p)$ 上的运算快。

首先观察模 8 的加法和乘法运算(见表 9.4.1 和表 9.4.2)。

表 9.4.1 模 8 的加法

	0	1	2	3	4	5	6	7	逆元素
0	0	1	2	3	4	5	6	7	0
1	7	0	1	2	3	4	5	6	7
2	6	7	0	1	2	3	4	5	6
3	5	6	7	0	1	2	3	4	5
4	4	5	6	7	0	1	2	3	4
5	3	4	5	6	7	0	1	2	3
6	2	3	4	5	6	7	0	1	2
7	1	2	3	4	5	6	7	0	1

表 9.4.2　模 8 的乘法

	0	1	2	3	4	5	6	7	逆元素
0	0	0	0	0	0	0	0	0	—
1	0	1	2	3	4	5	6	7	1
2	0	2	4	6	0	2	4	6	—
3	0	3	6	1	4	7	2	5	3
4	0	4	0	4	0	4	0	4	—
5	0	5	2	7	4	1	6	3	5
6	0	6	4	2	0	6	4	2	—
7	0	7	6	5	4	3	2	1	7

观察表 9.4.1 和表 9.4.2，可以得出以下结论：

(1) 在加法运算的结果中，每个数字(或元素)出现的频率相同，而乘法中则不同，其中各数字出现的频数见表 9.4.3；

(2) 加法中每个元素有逆，而乘法中不一定；

(3) Z_n 关于模加构成群，但 $Z_n^+ = Z_n - \{0\} = \{1, 2, \cdots, n-1\}$ 关于乘法不一定构成群，其原因与 n 本身有关，即 n 为素数时可以构成群，为合数时则不能。

表 9.4.3　模 8 的乘法中各元素出现的频率

数字	0	1	2	3	4	5	6	7	合计
频数	20	4	8	4	12	4	8	4	64

同构的意义之一就是利用已知的域，构造具有其他元素的域，以满足各种不同的场合和用途之需。表 9.4.4 和表 9.4.5 是集合

$$GF(2^3) = GF_2[x]_{(x^3+x+1)} = \{0, 1, x, x+1, x^2, x^2+1, x^2+x, x^2+x+1\}$$

上的多项式运算——加法和乘法。其中多项式运算模多项式 $m(x) = x^3+x+1$，系数的运算则模 2。那么，$GF_2[x]_{(x^3+x+1)}$ 关于所规定的运算构成一个具有 2^3 个元素的域。

表 9.4.4　模 x^3+x+1 的加法

	0	1	x	$x+1$	x^2	x^2+1	x^2+x	x^2+x+1
0	0	1	x	$x+1$	x^2	x^2+1	x^2+x	x^2+x+1
1	1	0	$x+1$	x	x^2+1	x^2	x^2+x+1	x^2+x
x	x	$x+1$	0	1	x^2+x	x^2+x+1	x^2	x^2+1
$x+1$	$x+1$	x	1	0	x^2+x+1	x^2+x	x^2+1	x^2
x^2	x^2	x^2+1	x^2+x	x^2+x+1	0	1	x	$x+1$
x^2+1	x^2+1	x^2	x^2+x+1	x^2+x	1	0	$x+1$	x
x^2+x	x^2+x	x^2+x+1	x^2	x^2+1	x	$x+1$	0	1
x^2+x+1	x^2+x+1	x^2+x	x^2+1	x^2	$x+1$	x	1	0

表 9.4.5 模 x^3+x+1 的乘法

	0	1	x	$x+1$	x^2	x^2+1	x^2+x	x^2+x+1
0	0	0	0	0	0	0	0	0
1	0	1	x	$x+1$	x^2	x^2+1	x^2+x	x^2+x+1
x	0	x	x^2	x^2+x	$x+1$	1	x^2+x+1	x^2+1
$x+1$	0	$x+1$	x^2+x	x^2+1	x^2+x+1	x^2	1	x
x^2	0	x^2	$x+1$	x^2+x+1	x^2+x	x	x^2+1	1
x^2+1	0	x^2+1	1	x^2	x	x^2+x+1	$x+1$	x^2+x
x^2+x	0	x^2+x	x^2+x+1	1	x^2+1	$x+1$	x	x^2
x^2+x+1	0	x^2+x+1	x^2+1	x	1	x^2+x	x^2	$x+1$

令二进制集合 $A(2^3)=\{000,001,010,011,100,101,110,111\}$，建立 GF$(2^3)$ 到 $A(2^3)$ 的同构映射

$$\phi_1: a_2x^2+a_1x+a_0 \rightarrow (a_2a_1a_0)_2$$

从而构造 $A(2^3)$ 上的乘法运算表(见表 9.4.6)(读者可以给出 $A(2^3)$ 上的加法运算表，即按位异或)，并可知 $A(2^3)$ 关于这样的加法和乘法也构成一个域。其中 $A(2^3)$ 中两个元素 $(a_2a_1a_0)_2$ 与 $(b_2b_1b_0)_2$ 的乘法运算是通过多项式 $a_2x^2+a_1x+a_0$ 和 $b_2x^2+b_1x+b_0$ 模 x^3+x+1 的乘法而得到的。例如，计算 $100\otimes101$，按照映射

$$\phi_1: 100\leftrightarrow x^2, 101\leftrightarrow x^2+1$$

故计算

$$x^2\otimes(x^2+1)=(x^2(x^2+1))_{x^3+x+1}=x$$

而 $x\leftrightarrow 010$，所以有

$$100\otimes101=010$$

表 9.4.6 F_1 上的乘法运算

$\otimes$	000	001	010	011	100	101	110	111
000	000	000	000	000	000	000	000	000
001	000	001	010	011	100	101	110	111
010	000	010	100	110	011	001	111	101
011	000	011	110	101	111	100	001	010
100	000	100	011	111	110	010	101	001
101	000	101	001	100	010	111	011	110
110	000	110	111	001	101	011	010	100
111	000	111	101	010	001	110	100	011

进一步地，对 $Z_8=\{0,1,2,3,4,5,6,7\}$，建立 $A(2^3)$ 到 Z_8 的同构映射

$$\phi_2: (a_2a_1a_0)_2 \to a=2^2a_2+2a_1+a_0$$

其中 a 为十进制数。由此可得 Z_8 上的加法和乘法运算表（见表 9.4.7 和表 9.4.8），并可知 Z_8 关于这样的加法和乘法也构成一个域。

表 9.4.7　Z_8 上的加法运算

$\oplus$	0	1	2	3	4	5	6	7
0	0	1	2	3	4	5	6	7
1	1	0	3	2	5	4	7	6
2	2	3	0	1	6	7	4	5
3	3	2	1	0	7	6	5	4
4	4	5	6	7	0	1	2	3
5	5	4	7	6	1	0	3	2
6	6	7	4	5	2	3	0	1
7	7	6	5	4	3	2	1	0

表 9.4.8　Z_8 上的乘法运算

$\otimes$	0	1	2	3	4	5	6	7
0	0	0	0	0	0	0	0	0
1	0	1	2	3	4	5	6	7
2	0	2	4	6	3	1	7	5
3	0	3	6	5	7	4	1	2
4	0	4	3	7	6	2	5	1
5	0	5	1	4	2	7	3	6
6	0	6	7	1	5	3	2	4
7	0	7	5	2	1	6	4	3

其中的一一对应关系为

$$a=2^2a_2+2a_1+a_0 \xrightarrow{\phi_2} (a_2a_1a_0)_2 \xrightarrow{\phi_1} a_2x^2+a_1x+a_0$$

即

$$0\leftrightarrow 000 \leftrightarrow 0,\ 1\leftrightarrow 001\leftrightarrow 1,\ 2\leftrightarrow 010\leftrightarrow x$$
$$3\leftrightarrow 011\leftrightarrow x+1,\ 4\leftrightarrow 100\leftrightarrow x^2,\ 5\leftrightarrow 101\leftrightarrow x^2+1$$

$$6\leftrightarrow110\leftrightarrow x^2+x,\ 7\leftrightarrow111\leftrightarrow x^2+x+1$$

例如：

$$3\otimes 5\leftrightarrow 011\otimes 101\leftrightarrow(x+1)\otimes(x^2+1)=((x+1)(x^2+1))_{x^3+x+1}=x^2\leftrightarrow 100\leftrightarrow 4$$

即 $3\otimes 5=4$（当然也可以直接查表 9.4.8 即可）。

此时，实际上定义了三个由不同元素组成的同构的域，一个为 $GF(2^3)$，一个为 $A(2^3)=\{000,001,010,011,100,101,110,111\}$，第三个为 $Z_8=\{0,1,2,3,4,5,6,7\}$。尤其是对于 Z_8 而言，按照通常算术意义上的模 8 的加法和模乘法，是不可能构成域的。

进一步地，还可利用域的性质，定义 Z_8 上的除法运算。例如，规定 Z_8 上的元素 a 除以 $b(b\neq 0)$ 是指

$$\frac{a}{b}=ab^{-1}$$

就可以在 Z_8 上进行加、减、乘、除四则运算了。例如，查表 9.4.8 可知 $2\otimes 5=1$，即 $5^{-1}=2$，故有

$$\frac{3}{5}=3\otimes 5^{-1}=3\otimes 2=6$$

当然，也可以人为地给出另一种对应关系。例如，直接给出 Z_8 与 $GF(2^3)$ 的另一种映射：

$$\phi_3:0\leftrightarrow 1,\ 1\leftrightarrow x,\ 2\leftrightarrow x^2+1,\ 3\leftrightarrow x^2,\ 4\leftrightarrow x^2+x,\ 5\leftrightarrow x^2+x+1,\ 6\leftrightarrow x+1,\ 7\leftrightarrow 0$$

并规定 ϕ_3 为同构映射，则按 $GF(2^3)$ 的运算关系来决定 Z_8 的运算关系，Z_8 的零元就是 7，单位元则为 0，且有

$$3\otimes 5\leftrightarrow x^2\otimes(x^2+x+1)=(x^2(x^2+x+1))_{x^3+x+1}=1\leftrightarrow 0$$

即 $3\otimes 5=0$，且 3 与 5 互逆。

9.4.5 $GF(2^n)$ 域上的计算

选构造多项式域的数域为 $F_2=\{0,1\}$，已知多项式集合

$$\left\{f(x)=a_{n-1}x^{n-1}+a_{n-2}x^{n-2}+\cdots+a_1x+a_0=\sum_{i=0}^{n-1}a_ix^i,\ a_i\in\{0,1\}\right\}$$

与 n 位二进制数 $(a_{n-1}a_{n-2}\cdots a_0)_2$ 一一对应，故 $f(x)$ 的运算可通过二进制数 $(a_{n-1}a_{n-2}\cdots a_0)_2$ 的运算来实现。下面以实际算例予以说明。

关于 $f(x)$ 的加法运算：

设模多项式 $m(x)=a_nx^n+a_{n-1}x^{n-1}+a_{n-2}x^{n-2}+\cdots+a_1x+a_0$ 为域 $F_2[x]$ 上的既约多项式，则 $GF(2^n)=GF_2[x]_{m(x)}$ 关于模 $m(x)$ 的同余加法和乘法构成域。再设

$$f(x)=a_{n-1}x^{n-1}+a_{n-2}x^{n-2}+\cdots+a_1x+a_0\leftrightarrow(a_{n-1}a_{n-2}\cdots a_0)$$
$$g(x)=b_{n-1}x^{n-1}+b_{n-2}x^{n-2}+\cdots+b_1x+b_0\leftrightarrow(b_{n-1}b_{n-2}\cdots b_0)$$

则按照域的同构关系，二进制数集合
$$A(2^n) = \{(a_{n-1}a_{n-2}\cdots a_1 a_0) \mid a_i \in \{0, 1\}\}$$
也为一个域，且有
$$f(x) + g(x) \leftrightarrow (a_{n-1}a_{n-2}\cdots a_0) \oplus (b_{n-1}b_{n-2}\cdots b_0)$$
其中，$\oplus$为按位异或运算。即若令
$$(c_{n-1}, c_{n-2}, \cdots, c_0) = (a_{n-1}, a_{n-2}, \cdots, a_0) \oplus (b_{n-1}, b_{n-2}, \cdots, b_0)$$
则
$$c_i = a_i \oplus b_i \text{ 或 } c_i = a_i + b_i \pmod{2}, \quad i = 0, 1, 2, \cdots, n-1$$

【例 9.4.3】 已知 $m(x) = x^8 + x^4 + x^3 + x + 1$ 为 $GF(2^8)$ 上的既约多项式，$f(x) = x^6 + x^4 + x^2 + x + 1$，$g(x) = x^7 + x + 1$，试计算 $f(x) + g(x)$ 和 $f(x) \times g(x)$。

解 首先知
$$f(x) = x^6 + x^4 + x^2 + x + 1 \leftrightarrow (01010111), \quad g(x) = x^7 + x + 1 \leftrightarrow (10000011)$$
而
$$(01010111) \oplus (10000011) = (11010100)$$
故有
$$f(x) + g(x) = x^7 + x^6 + x^4 + x^2$$
如果映射为域 Z_{256} 上的加法运算，则上式表示
$$87 \oplus 131 = 212$$
对于 $f(x)$ 的乘法，由于
$$(x^8)_{m(x)} = m(x) - x^8 = x^4 + x^3 + x + 1$$
故设 $f(x) = a_7 x^7 + a_6 x^6 + a_5 x^5 + a_4 x^4 + a_3 x^3 + a_2 x^2 + a_1 x + a_0$，则
$$f(x) \times x = a_7 x^8 + a_6 x^7 + a_5 x^6 + a_4 x^5 + a_3 x^4 + a_2 x^3 + a_1 x^2 + a_0 x$$
若 $a_7 = 0$，则
$$(f(x) \times x)_{m(x)} = a_6 x^7 + a_5 x^6 + a_4 x^5 + a_3 x^4 + a_2 x^3 + a_1 x^2 + a_0 x$$
若 $a_7 \neq 0$，则
$$(f(x) \times x)_{m(x)} = (a_6 x^7 + a_5 x^6 + \cdots + a_1 x^2 + a_0 x) + (x^4 + x^3 + x + 1)$$
其二进制表示为
$$(f(x) \times x)_{m(x)} = \begin{cases} (a_6 a_5 a_4 a_3 a_2 a_1 a_0 0), & a_7 = 0 \\ (a_6 a_5 a_4 a_3 a_2 a_1 a_0 0) \oplus (00011011), & a_7 = 1 \end{cases}$$
而对于 $f(x) \times x^i$，可视为 $f_{i-1}(x) \times x$ 套用上述方法进行的计算$(i = 2, 3, \cdots, n-1)$。其中 $f_i(x) = f_{i-1}(x) \times x = f(x) \times x^i$。对于本例的 $f(x) = x^6 + x^4 + x^2 + x + 1$，其结果可归纳为表 9.4.9。

表 9.4.9 $f(x) \times x^i$ 的运算结果

	二进制表示	中间过程	乘积
$f(x) \times x$	$(01010111) \times (00000010)$		(10101110)
$f(x) \times x^2$	$(01010111) \times (00000100)$	$(01011100) \oplus (00010111)$	(01000111)
$f(x) \times x^3$	$(01010111) \times (00001000)$		(10001110)
$f(x) \times x^4$	$(01010111) \times (00010000)$	$(00011100) \oplus (00010111)$	(00000111)
$f(x) \times x^5$	$(01010111) \times (00100000)$		(00001110)
$f(x) \times x^6$	$(01010111) \times (01000000)$		(00011100)
$f(x) \times x^7$	$(01010111) \times (10000000)$		(00111000)

至此，可以利用表 9.4.9 完成 $f(x)$ 与任何多项式 $g(x)$ 的乘法运算，所以

$$f(x) \times g(x) = (x^6 + x^4 + x^2 + x + 1)(x^7 + x + 1)$$
$$= (01010111) \times (10000011)$$
$$= (01010111) \times [(00000001) \oplus (00000010) \oplus (10000000)]$$
$$= (01010111) \oplus (10101110) \oplus (00111000)$$
$$= (11000001)$$
$$= x^7 + x^6 + 1$$

习 题 9

1. 设集合 $A = \{1, 2, 3, \cdots, 100\}$，试给出一个 $A \times A$ 到 A 的映射。
2. 设集合 $A = \{1\}$，$B = \{2\}$，$D = \{奇, 偶\}$，试定义一个 $A \times B$ 到 D 的代数运算。
3. 已知集合 $A = \{a, b, c\}$，试给出 A 的两个不同的代数运算。
4. 已知集合 $A = \{$所有大于 0 的实数$\}$，$\overline{A} = \{$所有实数$\}$，试给出 A 与 $\overline{A}$ 间的一个一一映射。
5. 假定 ϕ 是集合 A 与集合 $\overline{A}$ 间的一个一一映射，$a \in A$，试求 $\phi^{-1}(\phi(a))$ 和 $\phi(\phi^{-1}(a))$。
6. $(0000), (0101), (1010), (1111)$ 四个二进制四位数序列针对什么样的运算能构成群？
7. 全体整数对普通减法是否构成群？
8. 全体非负整数对普通加法和乘法是否构成群？为什么？
9. 全体实数集合 **R** 对普通加法是否构成群？在什么条件下对普通乘法也构成群？
10. 能否用全体有理数集合内的元素构成一个乘法群？

11. 方程 $X^n=1(n\geqslant 1)$ 的根关于复数的乘法运算是否构成群?

12. 证明:群 G 是一个交换群的充分必要条件是对任意的 $a,b\in G$,有 $(ab)^2=a^2b^2$。

13. 集合 R 有下列两种运算,试证明 R 构成一个环。

+	0	a	b	c
0	0	a	b	c
a	a	0	c	b
b	b	c	0	a
c	c	b	a	0

×	0	a	b	c
0	0	0	0	0
a	0	0	0	0
b	0	a	b	c
c	0	a	b	c

14. 环中至少含有几个元素?

15. 所有次数不大于 3 的多项式集合是否构成环?

16. 证明 $f(x)=x^3+x+1$ 是一个既约多项式(在二元数域)。

17. 多项式 $f(x)=x^3+x+1$ 是一个三次本原多项式,设 $f(\alpha)=0$,列出 2^3 个元素的伽罗华域 GF(2^3)(即 F_{2^3})的运算表。

18. 多项式 $f(x)=a_3x^3+a_2x^2+a_1x+a_0$,$a_i\in f_2$,系数按模 2 运算。$f(x)$ 以 x^4 为模。试证:$f(x)$ 对加法构成阿贝尔(Abel)群。

19. 设集合 $A=\{0,1,2\}$,试证 A 对模 3 的加法和乘法运算构成有限域。

20. 给出伽罗华域 GF(7) 的加法和乘法表,并指出哪些元素是生成元。

21. 求 F_2 中次数小于等于 5 的全部既约多项式。

22. 已知多项式 $m(x)=x^4+x+1$ 是 $F_2[x]$ 上的既约多项式,试建立域 GF(2^4)=GF$_2[x]_{m(x)}$ 的加法和乘法表。

23. 利用域 GF(2^4)=GF$_2[x]_{(x^4+x^3+x^2+x+1)}$ 及其同构性,分别使集合 $Z_{16}=\{0,1,2,\cdots,15\}$ 和 4 位二进制数集合 $A=\{0000,0001,0010,\cdots,1111\}$ 构成域,并给出 Z_{16} 和 A 的加法和乘法运算表。

24. 已知多项式 $m(x)=x^6+x+1$ 是 $F_2[x]$ 上的既约多项式,试利用域 GF(2^6)=GF$_2[x]_{(x^6+x+1)}$ 及其同构性质,使集合 $Z_{64}=\{0,1,2,\cdots,63\}$ 形成一个有限域,并计算 $16\oplus 36$ 和 $16\otimes 36$。

25. 已知多项式 $m(x)=x^8+x^5+x^3+1$ 是 $F_2[x]$ 上的既约多项式,试利用例 9.4.3 给出的方法,计算域 GF(2^8)=GF$_2[x]_{m(x)}$ 上的加法 $f(x)+g(x)$ 和乘法 $f(x)\times g(x)$,其中,$f(x)=x^7+x^5+x^4+x+1$,$g(x)=x^6+x^3+x^2+x+1$。

26. 构造 $3^3=27$ 元域 GF(3^3)。

附录 A 素数表与最小正原根表(1200 以内)

p	g	p	g	p	g	p	g	p	g	p	g
3	2	149*	2	337*	10	547	2	757	2	991	6
5	2	151	6	347	2	557	2	761	6	997	7
7*	3	157	5	349	2	563	2	769	11	1009	11
11	2	163	2	353	3	569	3	773	2	1013	3
13	2	167*	5	359	7	571*	3	787	2	1019*	2
17*	3	173	2	367*	6	577*	5	797	2	1021*	10
19*	2	179	2	373	2	587	2	809	3	1031	14
23*	5	181*	2	379	2	593*	3	811*	3	1033*	5
29*	2	191	19	383*	5	599	7	821*	2	1039	3
31	3	193*	5	389*	2	601	7	823*	3	1049	3
37	2	197	2	397	5	607	3	827	2	1051*	7
41	6	199	3	401	3	613	2	829	2	1061	2
43	3	211	2	409	21	617	3	839	11	1063*	3
47*	5	223*	3	419*	2	619*	2	853	2	1069*	6
53	2	227	2	421	2	631	3	857*	3	1087*	3
59*	2	229*	6	431	7	641	3	859	2	1091*	2
61*	2	233*	3	433*	5	643	11	863*	5	1093	5
67	2	239	7	439	15	647*	5	877	2	1097*	3
71	7	241	7	443	2	653	2	881	3	1103*	5
73	5	251	6	449	3	659*	2	883	2	1109*	2
79	3	257*	3	457	13	661	2	887*	5	1117	2
83	2	263*	5	461*	2	673	5	907	2	1123	2
89	3	269*	2	463	3	677	2	911	17	1129	11
97*	5	271	6	467	2	683	5	919	7	1151	17
101	2	277	5	479	13	691	3	929	3	1153*	5
103	5	281	3	487	3	701*	2	937*	5	1163	5
107	2	283	3	491	2	709*	2	941*	2	1171*	2
109*	6	293	2	499	7	719	11	947	2	1181*	7
113*	3	307	5	503*	5	727*	5	953*	3	1187	2
127	3	311	17	509*	2	733	6	967	5	1193*	3
131*	2	313*	10	521	3	739	3	971	6		
137	3	317	2	523	2	743*	5	977	3		
139	2	331	3	541*	2	751	3	983*	5		

注:加 * 者表示 10 为其原根。

附录 B $\sqrt{k}$ 的连分数

k	$\sqrt{k}$ 的连分数	k	$\sqrt{k}$ 的连分数	k	$\sqrt{k}$ 的连分数
2	$\langle 1, \overline{2} \rangle$	20	$\langle 4, \overline{2, 8} \rangle$	37	$\langle 6, \overline{12} \rangle$
3	$\langle 1, \overline{1, 2} \rangle$	21	$\langle 4, \overline{1, 1, 2, 1, 1, 8} \rangle$	38	$\langle 6, \overline{6, 12} \rangle$
5	$\langle 2, \overline{4} \rangle$	22	$\langle 4, \overline{1, 2, 4, 2, 1, 8} \rangle$	39	$\langle 6, \overline{4, 12} \rangle$
6	$\langle 2, \overline{2, 4} \rangle$	23	$\langle 4, \overline{1, 3, 1, 8} \rangle$	40	$\langle 6, \overline{3, 12} \rangle$
7	$\langle 2, \overline{1, 1, 1, 4} \rangle$	24	$\langle 4, \overline{1, 8} \rangle$	41	$\langle 6, \overline{2, 2, 12} \rangle$
8	$\langle 2, \overline{1, 4} \rangle$	26	$\langle 5, \overline{10} \rangle$	42	$\langle 6, \overline{2, 12} \rangle$
10	$\langle 3, \overline{6} \rangle$	27	$\langle 5, \overline{5, 10} \rangle$	43	$\langle 6, \overline{1, 1, 3, 1, 51, 3, 1, 1, 12} \rangle$
11	$\langle 3, \overline{3, 6} \rangle$	28	$\langle 5, \overline{3, 2, 3, 10} \rangle$	44	$\langle 6, \overline{1, 1, 1, 2, 1, 1, 1, 12} \rangle$
12	$\langle 3, \overline{2, 6} \rangle$	29	$\langle 5, \overline{2, 1, 1, 2, 10} \rangle$	45	$\langle 6, \overline{1, 2, 2, 2, 1, 12} \rangle$
13	$\langle 3, \overline{1, 1, 1, 1, 6} \rangle$	30	$\langle 5, \overline{2, 10} \rangle$	46	$\langle 6, \overline{1, 3, 1, 1, 2, 6, 2, 1, 1, 3, 1, 12} \rangle$
14	$\langle 3, \overline{1, 2, 1, 6} \rangle$	31	$\langle 5, \overline{1, 1, 3, 5, 3, 1, 1, 10} \rangle$	47	$\langle 6, \overline{1, 5, 1, 12} \rangle$
15	$\langle 3, \overline{1, 6} \rangle$	32	$\langle 5, \overline{1, 1, 1, 10} \rangle$	48	$\langle 6, \overline{1, 12} \rangle$
17	$\langle 4, \overline{8} \rangle$	33	$\langle 5, \overline{1, 2, 1, 10} \rangle$	50	$\langle 7, \overline{14} \rangle$
18	$\langle 4, \overline{4, 8} \rangle$	34	$\langle 5, \overline{1, 4, 1, 10} \rangle$	51	$\langle 7, \overline{7, 14} \rangle$
19	$\langle 4, \overline{2, 1, 3, 1, 2, 8} \rangle$	35	$\langle 5, \overline{1, 10} \rangle$	52	$\langle 7, \overline{4, 1, 2, 1, 4, 14} \rangle$

续表

k	$\sqrt{k}$ 的连分数	k	$\sqrt{k}$ 的连分数	k	$\sqrt{k}$ 的连分数
53	$\langle 7, \overline{3, 1, 1, 3, 14} \rangle$	58	$\langle 7, \overline{1, 1, 1, 1, 1, 1, 14} \rangle$	63	$\langle 7, \overline{1, 14} \rangle$
54	$\langle 7, \overline{2, 1, 6, 1, 2, 14} \rangle$	59	$\langle 7, \overline{1, 2, 7, 2, 1, 14} \rangle$	65	$\langle 8, \overline{16} \rangle$
55	$\langle 7, \overline{2, 2, 2, 14} \rangle$	60	$\langle 7, \overline{1, 2, 1, 14} \rangle$	66	$\langle 8, \overline{8, 16} \rangle$
56	$\langle 7, \overline{2, 14} \rangle$	61	$\langle 7, \overline{1, 4, 3, 1, 2, 2, 1, 3, 4, 1, 14} \rangle$	67	$\langle 8, \overline{5, 2, 1, 1, 7, 1, 1, 2, 5, 16} \rangle$
57	$\langle 7, \overline{1, 1, 4, 1, 1, 14} \rangle$	62	$\langle 7, \overline{1, 6, 1, 14} \rangle$	68	$\langle 8, \overline{4, 16} \rangle$

附录C F_2 上的既约多项式 ($n \leq 10$)

次数 n	不可约多项式	周期	次数 n	不可约多项式	周期
1	1 0			1 1 1 0 1 0 1 1 1	17
	1 1	1	9	1 0 0 0 0 0 0 1 1	73
2	1 1 1	3		1 0 0 0 0 1 0 0 1	511
3	1 0 1 1	7		1 0 0 0 0 1 1 1 1	73
4	1 0 0 1 1	15		1 0 0 0 1 1 0 1 1	511
	1 1 1 1 1	5		1 0 0 0 1 1 0 1	511
5	1 0 0 1 0 1	31		1 0 0 0 1 1 0 0 1 1	511
	1 0 1 1 1 1	31		1 0 0 1 0 0 1 0 1 1	73
	1 1 0 1 1 1	31		1 0 0 1 0 1 1 0 0 1	511
6	1 0 0 0 0 1 1	63		1 0 0 1 0 1 1 1 1 1	511
	1 0 0 1 0 0 1	9		1 0 0 1 1 0 0 1 0 1	73
	1 0 1 0 1 1 1	21		1 0 0 1 1 0 1 1 1 1	511
	1 0 1 1 0 1 1	63		1 0 0 1 1 1 0 1 1 1	511
	1 1 0 0 1 1 1	63		1 0 0 1 1 1 1 1 0 1	511
7	1 0 0 0 0 0 1 1	127		1 0 1 0 0 0 0 1 1 1	511
	1 0 0 0 1 0 0 1	127		1 0 1 0 0 1 0 1 0 1	511
	1 0 0 0 1 1 1 1	127		1 0 1 0 1 0 0 0 1 1	511
	1 0 0 1 1 1 0 1	127		1 0 1 0 1 0 1 1 1 1	511
	1 0 1 0 0 1 1 1	127		1 0 1 0 1 1 0 1 1 1	511
	1 0 1 0 1 0 0 1	127		1 0 1 0 1 1 1 1 0 1	511
	1 0 1 1 1 1 1 1	127		1 0 1 1 0 0 1 1 1 1	511
	1 1 0 0 1 0 0 1	127		1 0 1 1 0 1 1 0 1 1	511
	1 1 1 0 1 1 1 1	127		1 1 0 0 0 1 0 0 1 1	511
8	1 0 0 0 1 1 0 1 1	51		1 1 0 0 0 1 1 1 1 1	511
	1 0 0 0 1 1 1 0 1	255		1 1 0 0 1 1 1 0 1 1	511
	1 0 0 1 0 1 0 0 1	255		1 1 0 1 0 0 1 1 1 1	511
	1 0 0 1 0 1 1 0 1	255		1 1 0 1 0 1 1 0 1 1	511
	1 0 0 1 1 1 0 0 1	17		1 1 0 1 1 1 1 1 1 1	511
	1 0 0 1 1 1 1 1 1	85		1 1 1 0 0 0 1 1 1 1	511
	1 0 1 0 0 1 1 0 1	255	10	1 0 0 0 0 0 0 1 0 0 1	1023
	1 0 1 0 1 1 1 1 1	255		1 0 0 0 0 0 1 1 1 1	341
	1 0 1 1 0 0 0 1 1	255		1 0 0 0 0 1 1 0 1 1	1023
	1 0 1 1 1 0 1 1 1	85		1 0 0 0 0 1 1 1 0 1	341
	1 0 1 1 1 1 0 1 1	85		1 0 0 0 1 0 0 1 1 1	1023
	1 1 0 0 0 0 1 1 1	255		1 0 0 0 1 0 1 1 0 1	1023
	1 1 0 0 0 1 0 1 1	85		1 0 0 0 1 1 0 1 0 1	93
	1 1 0 0 1 1 1 1 1	51		1 0 0 0 1 0 0 0 1 1 1	341
	1 1 1 0 0 1 1 1 1	255		1 0 0 0 1 0 1 0 0 1 1	341

续表

次数 n	不可约多项式	周期	次数 n	不可约多项式	周期
10	1 0 0 0 1 1 0 0 0 1 1	341	10	1 0 1 0 1 1 0 1 0 1 1	1023
	1 0 0 0 1 1 0 0 1 0 1	1023		1 0 1 1 0 0 0 1 1 1 1	1023
	1 0 0 0 1 1 0 1 1 1 1	1023		1 0 1 1 0 0 1 0 1 1 1	1023
	1 0 0 1 0 0 0 1 0 1 1	1023		1 0 1 1 0 0 1 1 0 1 1	341
	1 0 0 1 0 0 1 1 0 0 1	341		1 0 1 1 0 1 0 1 0 1 1	341
	1 0 0 1 0 1 0 1 0 0 1	33		1 0 1 1 1 0 0 0 1 1 1	1023
	1 0 0 1 0 1 0 1 1 1 1	341		1 0 1 1 1 1 1 0 1 1 1	1023
	1 0 0 1 1 0 0 0 1 0 1	1023		1 0 1 1 1 1 1 1 0 1 1	1023
	1 0 0 1 1 0 1 0 1 1 1	1023		1 1 0 0 0 0 1 0 0 1 1	1023
	1 0 0 1 1 1 0 0 1 1 1	1023		1 1 0 0 0 1 0 0 0 1 1	33
	1 0 0 1 1 1 0 1 1 0 1	341		1 1 0 0 0 1 1 0 1 1 1	1023
	1 0 0 1 1 1 1 0 0 1 1	1023		1 1 0 0 1 0 0 1 1 1 1	1023
	1 0 0 1 1 1 1 1 1 1 1	1023		1 1 0 0 1 0 1 1 0 1 1	1023
	1 0 1 0 0 0 0 1 0 1 1	93		1 1 0 0 1 1 1 1 1 1 1	1023
	1 0 1 0 0 0 0 1 1 0 1	1023		1 1 0 1 0 1 0 0 1 1 1	93
	1 0 1 0 0 0 1 1 1 1 1	341		1 1 0 1 0 1 1 1 1 1 1	341
	1 0 1 0 0 1 0 0 0 1 1	1023		1 1 0 1 1 0 1 1 1 1 1	1023
	1 0 1 0 0 1 1 1 1 0 1	1023		1 1 0 1 1 1 1 0 1 1 1	341
	1 0 1 0 1 0 0 0 0 1 1	1023		1 1 1 0 0 0 0 1 1 1 1	341
	1 0 1 0 1 0 1 0 1 1 1	1023		1 1 1 0 0 0 1 0 1 1 1	1023
	1 0 1 0 1 1 0 0 1 1 1	341		1 1 1 1 1 1 1 1 1 1 1	11

说明：不可约多项式栏中列出了不可约多项式各次幂的系数，最左侧为最高次幂的系数，然后依序是次高次幂的系数，⋯，最右侧是0次幂的系数。例如：111代表多项式 x^2+x+1；10100111 代表多项式 $x^7+x^5+x^2+x+1$。

附录 D F_2 上的本原多项式

(次数 $\gamma \leqslant 168$,每个次数一个)

次数 γ	本原多项式	次数 γ	本原多项式	次数 γ	本原多项式
1	1 0	36	36 11 0	71	71 6 0
2	2 1 0	37	37 12 10 2 0	72	72 53 47 6 0
3	3 1 0	38	38 6 5 1 0	73	73 25 0
4	4 1 0	39	39 4 0	74	74 16 15 1 0
5	5 2 0	40	40 21 19 2 0	75	75 11 10 1 0
6	6 1 0	41	41 3 0	76	76 36 35 1 0
7	7 1 0	42	42 23 22 1 0	77	77 31 30 1 0
8	8 6 5 1 0	43	43 6 5 1 0	78	78 20 19 1 0
9	9 4 0	44	44 27 26 1 0	79	79 9 0
10	10 3 0	45	45 4 3 1 0	80	80 38 37 1 0
11	11 2 0	46	46 21 20 1 0	81	81 4 0
12	12 7 4 3 0	47	47 5 0	82	82 38 35 3 0
13	13 4 3 1 0	48	48 28 27 1 0	83	83 46 45 1 0
14	14 12 11 1 0	49	49 9 0	84	84 13 0
15	15 1 0	50	50 27 26 1 0	85	85 28 27 1 0
16	16 5 3 2 0	51	51 16 15 1 0	86	86 13 12 1 0
17	17 3 0	52	52 3 0	87	87 13 1 0
18	18 7 0	53	53 16 15 1 0	88	88 72 71 1 0
19	19 6 5 1 0	54	54 37 36 1 0	89	89 38 0
20	20 3 0	55	55 24 0	90	90 19 18 1 0
21	21 2 0	56	56 22 21 1 0	91	91 84 83 1 0
22	22 1 0	57	57 7 0	92	92 13 12 1 0
23	23 5 0	58	58 19 0	93	93 2 0
24	24 4 3 1 0	59	59 22 21 1 0	94	94 21 0
25	25 3 0	60	60 1 0	95	95 11 0
26	26 8 7 1 0	61	61 16 15 1 0	96	96 49 47 2 0
27	27 8 7 1 0	62	62 57 56 1 0	97	97 6 0
28	28 3 0	63	63 1 0	98	98 11 0
29	29 2 0	64	64 4 3 1 0	99	99 47 45 2 0
30	30 16 15 1 0	65	65 18 0	100	100 37 0
31	31 3 0	66	66 10 9 1 0	101	101 7 6 1 0
32	32 28 27 1 0	67	67 10 9 1 0	102	102 77 76 1 0
33	33 13 0	68	68 9 0	103	103 9 0
34	34 15 14 1 0	69	69 29 27 2 0	104	104 11 10 1 0
35	35 2 0	70	70 16 15 1 0	105	105 16 0

续表

次数 γ	本原多项式	次数 γ	本原多项式	次数 γ	本原多项式
106	106 15 0	127	127 1 0	148	148 27 0
107	107 65 63 2 0	128	128 29 27 2 0	149	149 110 109 1 0
108	108 31 0	129	129 5 0	150	150 53 0
109	109 7 6 1 0	130	130 3 0	151	151 3 0
110	110 13 12 1 0	131	131 48 47 1 0	152	152 66 65 1 0
111	111 10 0	132	132 29 0	153	153 1 0
112	112 45 43 2 0	133	133 52 51 1 0	154	154 129 127 1 0
113	113 9 0	134	134 57 0	155	155 32 31 1 0
114	114 82 81 1 0	135	135 11 0	156	156 116 115 1 0
115	115 15 14 1 0	136	136 126 125 1 0	157	157 27 26 1 0
116	116 71 70 1 0	137	137 21 0	158	158 27 26 1 0
117	117 20 18 2 0	138	138 8 7 1 0	159	159 31 0
118	118 33 0	139	139 8 5 3 0	160	160 19 18 1 0
119	119 8 0	140	140 29 0	161	161 18 0
120	120 118 111 7 0	141	141 32 31 1 0	162	162 88 87 1 0
121	121 18 0	142	142 21 0	163	163 60 59 1 0
122	122 60 59 1 0	143	143 21 20 1 0	164	164 14 13 1 0
123	123 2 0	144	144 70 69 1 0	165	165 31 30 1 0
124	124 37 0	145	145 52 0	166	166 39 38 1 0
125	125 108 107 1 0	146	146 60 59 1 0	167	167 6 0
126	126 37 36 1 0	147	147 38 37 1 0	168	168 17 15 2 0

说明：本原多项式栏中列出的是该多项式非 0 系数的幂次。例如：(7 1 0)代表多项式 x^7+x+1，(43 6 5 1 0)代表多项式 $x^{43}+x^6+x^5+x+1$。

索引

名　称	章　节
A	
a(对模 m)的逆	3.3
AKS 定理	8.1
B	
BBS 流密码算法	4.6
伴随矩阵	3.7
背包公钥密码算法	3.8
倍数	1.1
变数(或变量)	3.6
标准(素因数)分解式	1.5
并集(或和集)	9.1
不定方程的特解	3.6
不定方程的通解	3.6
不完全商	1.1
部分商	7.1
C	
Carmichael(卡密歇尔)数	8.2
差集	9.1
超递增背包(或简单背包)	3.8
乘法群	9.2
乘法线性同余法	6.6
除环	9.3
纯循环简单连分数(或纯循环连分数)	7.3
D	
Diffie – Hellman(迪菲-海尔曼)密钥交换算法	6.6

Dirichlet(狄利克雷)乘积	2.7
代数运算	9.1
带余除法(或带余数除法、除法算法、欧几里得除法)	1.1
单射	9.1
单位根	5.5
单位数论函数	2.7
单位元	9.2
单向函数	6.7
单向陷门函数	6.7
导式(或微商、导数)	9.4
狄利克雷逆函数	2.7
读出子密钥	4.6
多项式插值	4.6
多项式的次数	4.1
多项式的带余除法	9.3
多项式的导式	4.4
多项式的模 $f(x)$ 乘法规则	9.3
多项式的模 $f(x)$ 加法规则	9.3
多项式的整除	9.4

E

ElGamal(厄格玛尔)加密算法	6.6
Eratosthenes(厄拉多塞)筛法	1.1
Euler(欧拉)函数 $\varphi(n)$	2.4
Euler 定理	3.4
Euler 伪素数	8.3
二次同余方程	5.1
二项同余方程	6.5
二元一次(不定)方程	3.6

F

Fermat(费马)小定理	3.4
Fermat 测试算法	8.2

Fourier 变换矩阵	6.6
发散的无限连分数	7.1
方程同解	4.1
方阵	3.7
封闭性	9.1

G

改进的随机数生成算法	6.6
公倍数	1.4
公因数(或公约数、公因子)	1.3
古典墨比乌斯反演公式	2.5

H

合数	1.1
互素(或互质)	1.3
互相关函数	6.6
环	9.3
环的阶	9.3
混合线性同余法	6.6

J

积集(或笛卡尔乘积)	9.1
积性函数(或乘性函数)	2.8
极小多项式	9.4
集合	9.1
集合同构	9.1
集合相等	9.1
既约多项式(或不可约多项式)	9.4
既约剩余类(或互素剩余类、不可约剩余类、简化剩余类)	3.3
既约剩余系(或缩系、互素剩余系、不可约剩余系、简化剩余系)	3.3
加法群(或加群)	9.2
渐进分数	7.1
交换环	9.3
交换群(或 Abel(阿贝尔)群)	9.2

交集	9.1
矩阵	3.7
矩阵乘法	3.7
矩阵的线性运算	3.7
绝对(值)最小既约剩余系	3.3
绝对最小完全剩余系	3.2

K

可逆矩阵	3.7
可重圆排列	2.5
空集合	9.1
快速 Fourier 变换(FFT)	6.6
扩域	9.4

L

拉格朗日插值公式	4.6
勒让德符号	5.3
勒让德符号的二次互反律	5.3
勒让德符号的欧拉判别法则	5.3
离散 Fourier(傅里叶)变换(DFT)	6.6
离散对数(或指标)	6.3
流密码	4.6

M

Miller-Rabin(米勒-勒宾)测试算法	8.4
Möbius(墨比乌斯)函数 $\mu(n)$	2.5
满射	9.1
满周期	8.8
密钥分存	4.6
幂同余方程	6.6
模重复平方计算法	3.5

N

n 次非剩余	6.5
n 次剩余	6.5

逆矩阵	3.7
逆映射	9.1
逆元素	9.2

P

Pohlid-Hellman(波里德-海尔曼)算法	6.4
$pot_p n$ 函数	2.3
p 进制	1.2
平凡因数	8.5
平方非剩余(或二次非剩余)	5.1
平方剩余(或二次剩余)	5.1
平方剩余的 Euler 判别条件	5.2

Q

强伪素数	8.4
群	9.2
群的阶	9.2

R

RSA 公钥密码算法	3.8

S

Shamir(沙米尔)密钥重构方案	4.6
Shank(商克)算法	6.4
Solovay-Stassen 测试算法	8.3
s 元一次不定方程	3.6
商式	9.3
上整数函数	2.2
生成数列	3.8
剩余(或代表)	3.2
剩余类	3.2
收敛的无限连分数	7.1
数列的(循环)周期(或生成周期)	3.8
数论函数(或算术函数)	2.1
四舍五入函数	2.2

素数（或质数、不可约数）	1.1
素数定理	2.6
素数个数函数 $\pi(n)$	2.6
素数模乘法线性同余法	6.6
素性测试	8.1
素因数分解（或素因子分解）	1.5
素域	9.4
随机数的 BBS 生成算法	3.8
随机数的 Lehmer（莱默）生成算法	3.8

T

特征	9.4
同构映射	9.1
同余	3.1
同余方程（或同余式）	4.1
同余方程的解	4.1
同余方程的解数	4.1
同余方程的特解	4.1
同余方程的通解	4.2

W

Wilson（威尔逊）定理	8.1
完全积性函数	2.8
完全剩余系	3.2
伪素数	8.2
无限环	9.3
无限简单连分数	7.1
无限连分数	7.1
无限连分数的值	7.1
无限群	9.2
无限域	9.4

X

希尔密码算法	3.8

系数	3.6
系数属于环 R 的多项式	9.3
下整数函数 $\lfloor x \rfloor$	1.1, 2.2
线排列	2.5
线性同余法	6.6
相同映射	9.1
像	9.1
消去律	9.2
写入子密钥	4.6
循环简单连分数(或循环连分数)	7.3
循环连分数的周期	7.3
循环群	9.4
循环群的生成元	9.4

Y

雅可比符号	5.4
雅可比符号的二次互反律	5.4
一次同余方程组	4.3
一一映射	9.1
异或运算	8.5
因式	9.4
因数(或除数、约数、因子)	1.1
因子基	8.5
映射	9.1
有单位元的环	9.3
有零因子的环	9.3
有限环	9.3
有限简单连分数	7.1
有限连分数	7.1
有限群	9.2
有限域(或伽罗华(Galois)域)	9.4
有限域的本原元	9.4

索 引

右零因子	9.3
余式	9.3
余数	1.1
域	9.4
域的阶	9.4
域的同构	9.4
元素	9.1
元素的阶	9.2
原根	6.1
原像（或逆像）	9.1
圆排列的周期	2.5

Z

辗转相除法（或广义欧几里得除法）	1.3
真因数（或非平凡因数）	8.5
整除	1.1
整点	5.3
整环	9.3
整数的阶（或指数、乘法周期）	6.1
整数分解的 B 基数法（或 Brillhart（勃瑞尔哈特）和 Morrison（莫利逊）法）	8.5
整数分解的 Fermat 方法	8.5
整数分解的 Kraitchik（克莱特契克）法	8.5
整数分解的 Legendre 法	8.5
整数分解的 Pollard（波拉德）法	8.5
整数分解的二次筛法	8.5
整数分解的 $p-1$ 法	8.5
整数分解的连分数法	8.5
整数分解的试除法	8.5
整数分解的拓展 Fermat 方法	8.5
指数向量	8.5
中国剩余定理（或孙子定理、孙子剩余定理）	4.3
子环	9.3

子集	9.1
子密钥	4.6
子群	9.2
子域	9.4
最大非正既约剩余系	3.3
最大非正完全剩余系	3.2
最大非正余数	1.1
最大负既约剩余系	3.3
最大负完全剩余系	3.2
最大负余数	1.1
最大公因数(或最大公约数、最大公因子)	1.3
最小非负既约剩余系	3.3
最小非负完全剩余系	3.2
最小非负余数	1.1
最小公倍数	1.4
最小绝对余数	1.1
最小正既约剩余系	3.3
最小正完全剩余系	3.2
最小正余数	1.1
左零因子	9.3

参 考 文 献

[1] 潘承洞,潘承彪. 简明数论. 北京:北京大学出版社,1998.
[2] 柯召,孙琦. 数论讲义. 2版. 北京:高等教育出版社,2003.
[3] William Stallings. 密码编码学与网络安全:原理与实践. 4版. 孟庆树,王丽娜,傅建明,等,译. 北京:电子工业出版社,2006.
[4] 卢开澄. 计算机密码学. 2版. 北京:清华大学出版社,1998.
[5] 陈恭亮. 信息安全数学基础. 北京:清华大学出版社,2004.